全国农业高职院校"十二五"规划教材

猪病防治技术

ZHUBING FANGZHI JISHU

田培育　主编
魏国生　主审

中国轻工业出版社

图书在版编目（CIP）数据

猪病防治技术/田培育主编. —北京：中国轻工业出版社，
2014.1

全国农业高职院校"十二五"规划教材

ISBN 978 - 7 - 5019 - 9570 - 7

Ⅰ.①猪… Ⅱ.①田… Ⅲ.①猪病 - 防治 - 高等职业教育 -
教材 Ⅳ.①S858.28

中国版本图书馆 CIP 数据核字（2013）第 284588 号

责任编辑：马 妍 贾 磊

策划编辑：马 妍 责任终审：张乃柬 封面设计：锋尚设计
版式设计：锋尚设计 责任校对：李 靖 责任监印：张 可

出版发行：中国轻工业出版社（北京东长安街 6 号，邮编：100740）
印 刷：三河市万龙印装有限公司
经 销：各地新华书店
版 次：2014 年 1 月第 1 版第 1 次印刷
开 本：720 × 1000 1/16 印张：22
字 数：446 千字
书 号：ISBN 978 - 7 - 5019 - 9570 - 7 定价：39.00 元
邮购电话：010 - 65241695 传真：65128352
发行电话：010 - 85119835 85119793 传真：85113293
网 址:http://www.chlip.com.cn
Email:club@ chlip.com.cn

如发现图书残缺请直接与我社邮购联系调换

120554J2X101ZBW

全国农业高职院校"十二五"规划教材
畜牧兽医类系列教材编委会

（按姓氏拼音顺序排列）

主　任

蔡长霞　黑龙江生物科技职业学院

副主任

陈晓华　黑龙江职业学院
于金玲　辽宁医学院
张卫宪　周口职业技术学院
朱兴贵　云南农业职业技术学院

委　员

韩行敏　黑龙江职业学院
胡喜斌　黑龙江生物科技职业学院
李　嘉　周口职业技术学院
李金岭　黑龙江职业学院
刘　云　黑龙江农业职业技术学院
解志峰　黑龙江农业职业技术学院
杨玉平　黑龙江生物科技职业学院
赵　跃　云南农业职业技术学院
郑翠芝　黑龙江农业工程职业学院

顾　问

丁岚峰　黑龙江民族职业技术学院
林洪金　东北农业大学应用技术学院

本书编委会

主　编

田培育　黑龙江生物科技职业学院

副主编

莫胜军　黑龙江生物科技职业学院

张学栋　黑龙江农业经济职业学院

参编人员

（按姓氏笔画排列）

王雪东　黑龙江职业学院

杨兴东　周口职业技术学院

葛云兰　黑龙江农业工程职业学院

主　审

魏国生　哈尔滨谷实农牧科技集团

前言 / PREFACE

根据国务院《关于大力发展职业教育的决定》、教育部《关于全面提高高等职业教育教学质量的若干意见》和《关于加强高职高专教育人才培养工作的意见》的精神，2011 年中国轻工业出版社与全国 40 余所院校及畜牧兽医行业内优秀企业共同组织编写了"全国农业高职院校'十二五'规划教材"（以下简称"规划教材"）。本套教材根据高职高专"项目引导、任务驱动"的教学改革思路，对现行畜牧兽医高职教材进行改革，对学科体系下多年沿用的教材进行了重组、充实和优化，形成了适应岗位需要，突出职业技能，便于教、学、做一体化的畜牧兽医专业系列教材。

《猪病防治技术》是规划教材之一，为高职高专院校畜牧兽医类专业的一门核心课程教材，主要以养猪生产企业的猪常见传染病、寄生虫病、内科疾病、外产科疾病的防治和疾病诊治等为主线进行编写，共设 5 个模块 17 个单元。模块一为猪常见传染病及其防治；模块二为猪常见寄生虫病及其防治；模块三为猪内科疾病及其防治；模块四为猪外产科疾病及其防治；模块五为猪病防治技能训练。前 4 个模块中每一个模块均包括单元内容、知识链接和复习思考题等项目。其中单元内容对知识内容进行了分类，使学生一目了然，便于全面掌握。知识链接内容较为丰富，使学生对知识的理解更容易、更全面，有利于提高学生的学习兴趣。最后一个模块为实践实训，与前面知识相对应，旨在培养学生多种学习能力和多项技能水平，尤其可以提高学生的实践能力。本教材除作为高职高专畜牧兽医类院校专业教材外，还可作为中等职业院校畜牧养殖类专业学生及基层畜牧兽医人员、专业化养猪场的技术员和饲养员的参考书。

本教材编写分工如下：主编田培育负责模块一中单元一、单元二和单元三的编写，并负责全书的统稿；王雪东负责模块一中单元四、单元五和知识链接的编写；葛兰云负责模块二的编写；莫胜军负责模块三的编写；杨兴东负责模块四的编写；
张学栋负责模块五的编写。

　　由于作者水平有限，错误在所难免，敬请读者批评指正。

田培育

2013. 10

目录 / CONTENTS

模块一 猪常见传染病及其防治

模块二　猪常见寄生虫病及其防治

模块三　猪内科疾病及其防治

参考文献

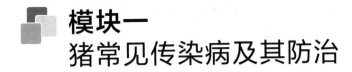

模块一
猪常见传染病及其防治

单元一 | 猪病毒性传染病

一、猪瘟

猪瘟是由猪瘟病毒引起的一种急性热性传染病，其特征为高热稽留和小血管变性引起的广泛性出血、梗死和坏死。急性病例呈败血症变化，慢性病例以纤维素性坏死肠炎为特征。

（一）病原

猪瘟病毒是 RNA 病毒，属黄病毒科瘟病毒属，病毒粒子呈圆形球状，直径 35～50nm，核衣壳的直径约为 29nm，二十面对称衣壳囊膜，囊膜厚约6nm。病毒分布于病猪机体内各种组织器官和体液，其中以血液、淋巴结、脾脏含毒量最高。每克组织含毒量可达数百万个猪最小感染量，病毒可通过母体胎盘感染给胎儿，有一些弱毒株疫苗可通过给妊娠母猪注射使胎猪建立自动免疫。猪瘟病毒能在猪胚或乳猪脾、肾、骨髓、淋巴结、白细胞、结缔组织或者肺组织的细胞中培养，但在这些细胞上不产生明显病变。猪瘟病毒最适的 pH 为 5.2，其范围为 pH4～10；对热的抵抗力为：60℃需经 16～24h，72～76℃需经 1h 可致病毒失去传染力。干燥条件下病毒易死亡，被污染的环境如能保持干燥和经强烈阳光暴晒，经 1～4 周即可使病毒失去传染性。此外，腐败也易使病毒死亡，尸体腐败后 2～4d 病毒可失活，在腐败的骨髓内可存活 20d，在冰冻条件下可经久存活。猪瘟病毒对各种常用消毒药有抵抗力，对碱性消毒药物最为敏感，如苛性钠、生石灰等。

（二）流行病学

1. 易感性

各种品种的猪对猪瘟病毒都有易感性，而且与猪的年龄、性别、营养无关。

2. 传染源

病猪是最主要的传染源，病猪的排泄物和分泌物污染环境而散发病毒。病猪尸体的脏器，急宰病猪的肉尸、脏器、污水都可成为危险的传染源，此外也包括病毒感染的饲料和饮水。蝇类、蚯蚓、肺丝虫都可在一定时间内保存猪瘟病毒。

3. 传播途径

猪瘟的流行主要是由猪瘟病毒在易感猪之间传递而引起。大型猪场群体暴发猪瘟时，主要传播途径是病毒通过病猪的尿、粪便以及眼、鼻分泌物，直接接触感染。病毒由口腔经扁桃体、口腔黏膜和呼吸道黏膜感染。被猪瘟病毒污染的饲料、饮水、饲养工具、运输工具、畜牧兽医人员、饲养人员、管理人员、参观者、屠宰工人以及与病猪直接接触人员的工作服、鞋等，如未彻底消毒，都可成为传染媒介。

4. 流行特点

各种年龄猪只均可发病，一年四季流行，传染性极强，具有高的发病率和死亡率，一旦发生则具有毁灭性，严重地威胁养猪业的发展。此外，母猪免疫水平低下时，感染强毒可引起亚临床感染，并可通过胎盘感染仔猪，导致母猪繁殖障碍。有些弱毒株制成疫苗接种仔猪后，病毒在猪体内持续复制长期带毒，毒力可逐渐加强，数月后常引起仔猪发病死亡，并传染给易感猪。

（三）临床症状

猪瘟潜伏期短的为2d，一般为5～10d，最长达21d。根据临床症状可分最急性型、急性型、亚急性型、慢性型和温和型的非典型猪瘟。

1. 最急性型

体温高达41℃以上稽留一至数日死亡，可视黏膜和腹部皮肤有针尖大密集出血点，病程1～4d，多突然发病死亡。

2. 急性型

体温41℃以上稽留不退，死前降至常温以下，发病时精神极度沉郁，两眼无神，伏卧嗜睡，全身无力，行动迟缓，摇摆不稳，发抖，常喜钻入草堆，呈怕冷状。初期眼结膜潮红，后期苍白，眼角开张不全，眼角处初期有多量黏液。皮肤常见潮红充血。减食或停食，有时可见呕吐。患猪便秘，排干粪球状，附带血的黏液或伪膜，有的病猪可出现腹泻，或便秘和腹泻交替。后期转为脓性分泌物，呈褐色而粘着两眼，不能张开，口腔黏膜不洁，在齿龈、口角等黏膜处可见有出血点，通常在外阴部、腹下、四肢内侧薄皮部有出血点或出血斑。在猪包皮内常积有尿液，排尿时流出异臭、浑浊、有沉淀物尿液。血液学变化有一定规律，患猪因病程的进展，随着体温升高白细胞数减少，约 $13 \times 10^9/L$ 以下，有的可降至 $4 \times 10^9/L$，通常发病后 $4 \sim 7d$ 最低。血小板也明显减少。病程 $7 \sim 21d$ 时常并发巴氏杆菌和副伤寒感染。

3. 亚急性型

症状与急性相似，体温先升高后下降，然后又可升高，直到死亡。病程长达 $21 \sim 30d$，皮肤有明显的出血点，耳、腹下、四肢、会阴等可见陈旧性出血点或新旧交替出血点，仔细观察可见扁桃体肿胀溃疡，舌、唇、齿龈结膜有时也可见到。病猪日渐消瘦衰竭，行走摇晃，后驱无力，站立困难，转归死亡。本型多见于流行中后期或者老疫区。

4. 慢性型

病程 1 个月以上，体温时高时低，全身衰弱，精神不振，食欲不佳，病猪消瘦、贫血，便秘与腹泻交替，皮肤有陈旧性出血斑或坏死痂。

5. 温和型

其症状和病变不典型，病情缓和，发病率和病死率均低，主要发生于断奶后的仔猪及架子猪，表现症状轻微，不典型，病情缓和，病理变化不明显，病程较长，体温稽留在 40℃ 左右，皮肤无出血小点，但有淤血和坏死，食欲时好时坏，粪便时干时稀，病猪十分瘦弱。仔猪病死率较高，成猪一般可耐过的怀孕期母猪感染猪瘟病毒，可引起死胎、滞留胎、木乃伊胎、早产、产出弱小或颤抖的仔猪。

（四）病理变化

猪瘟的病理变化，因病毒毒力大小和机体的免疫状态、感染的潜伏期长短及继发细菌感染情况不同而各不相同。

1. 眼观病理变化

（1）最急性型　常见本病流行早期，突发高热而无明显症状并且迅速死亡，浆膜、黏膜和肾脏中仅有极少数的点状出血，淋巴结轻度肿胀、潮红或出血。

（2）急性型　此型具有典型的败血症变化。皮肤出血主要见于耳根、颈、腹部、腹股沟部、四肢内侧。初期可见淡红色充血区，以后红色加深，有明显的小出血点。病程稍久，出血点可相互融合形成扁豆大的紫红色斑块。病程久者，出血部组织常继发坏死形成黑褐色干固痂皮。切开皮肤可见到皮下组织、脂肪及肌肉出血。淋巴结变化具有特征性，几乎全身淋巴结都具有出血性淋巴结炎的变化。主要表现淋巴结肿胀，外观呈深红色乃至紫红色，切面呈红白相间的大理石状外观，尤以颌下、咽背、耳下、腹股沟、支气管、胃门、肾门、脾门、肝门、肠系膜、额内等淋巴结的病变最明显。脾脏一般不肿胀，脾边缘有粟粒至黄豆大、深于脾颜色呈紫红色隆起的出血性或贫血性梗死灶，呈结节状，表面稍膨隆，切面多呈楔形，有时多数梗死灶联接成带状，一个脾可出现几个或十几个梗死灶，其检出率为30%～40%，具有诊断意义。肾脏病变极明显和常见，也是建立诊断的指标之一。在急性病变的基础上出现大量的点状出血，量少时可见出血点散在，量多时密布整个肾脏表面，密如麻雀卵样，切面肾皮质和髓质均见有点状和线状出血，肾乳头、肾盂常见有严重出血，输尿管、膀胱黏膜处有出血，膀胱黏膜少数病例可见有大面积的出血性浸润。消化道表现在口角、齿龈、颊部和舌面黏膜有出血点或坏死灶，舌底部偶见梗死灶，大网膜和胃肠浆膜常见有小点状出血，胃底部黏膜可见出血溃疡灶，大肠和直肠黏膜随病程进展出现滤泡溃疡，也常见有大量出血点，小肠和大肠孤立和集合淋巴滤泡肿胀。病灶周围可见炎性反应，呈现扣状肿。回盲瓣口的淋巴滤泡常肿大出血和坏死。

呼吸系统：在喉和会咽软骨黏膜常有出血斑点，扁桃体常见有出血或坏死，胸膜有点状出血，胸腔液增量，淡黄红色，肺有局灶性出血斑块，有时可见肺淤血水肿。

心血管：心包积液、心外膜、冠状沟和两侧纵沟及心内膜均见有出血斑点，数量和分布不等。

中枢神经系统：主要见于软脑膜和脑实质有针尖大小的出血点。

（3）亚急性型　常见在本病经常流行地区及流行的中期，病程2～4周，败血性病变轻微，有新旧交替的出血点。主要病变在淋巴结和肾、脾，在耳根的皮肤，股内侧常出现出血坏死样病灶，断奶仔猪的胸壁肋骨和肋软骨结合处的骨骺线明显增宽。

（4）慢性型　可见有败血症的变化，但较轻微，即器官出血性变化出现降低，出血点数量少，可见有陈旧性出血斑点，淋巴结切面可见有出血吸收灶。本型特征性病变为回肠末端和盲结肠，特别是回盲口处有轮层状溃疡。

2. 病理组织学变化

猪瘟的病理组织学变化具有特征性，病毒攻击的靶器官为淋巴系统和血管系统。

（1）血管的变化　猪瘟病毒主要侵害微血管，其次是中、小血管，而大血管很少受到侵害。其病变在皮肤、肾、淋巴结、肝等组织内的毛细血管或小动脉，表现为管壁内皮细胞肿胀、核增大、淡染、缺乏染色质，若表现分裂、增殖则是细胞核浓染而向管腔突出。病变严重时，小动脉壁均匀红染呈玻璃样透明变性，病程较长的病例，见小血管内皮增殖，使血管腔狭窄，闭塞形成内皮细胞瘤样。

（2）淋巴结的变化　淋巴结是猪瘟病毒最早攻击的靶器官，其病理变化根据病程经过可分以下三种类型。第一型（小肿型）多见于最急性型和急性型。淋巴结被膜、小梁和毛细血管周围发生水肿，其中可见有红色的纤维素。淋巴滤泡及其生发中心增大，但滤泡的总数显著减少。淋巴组织中的血管扩张，血管周围白细胞浸润。淋巴组织内的网状细胞和窦内皮细胞发生变性和坏死。第二型常见于急性和亚急性型猪瘟，淋巴结出现大理石样外观，主要表现为淋巴窦内有大量红细胞、炎性水肿液和少量嗜中性粒细胞，毛细血管壁肿胀，内皮细胞核肿大、变圆而淡染。网状细胞变性肿胀，滤泡中的淋巴细胞变性坏死因而萎缩，有时坏死可涉及被膜及小梁。第三型为二型的进一步发展，出血更为严重，红细胞密集，散布于全部淋巴组织，滤泡完全消失，残存的淋巴组织似乎在一片血海中呈孤岛状散在。

（3）脾的变化　除出血性梗死外，在非梗死区内，白髓数目显著减少，但不出现整个脾小体坏死，相反，具空泡状核的网状细胞增多，在增殖的网状细胞浆内常见吞噬有异物，而细胞间散在有变性、崩解的细胞碎屑和玻璃样变。组织学所见为滤泡中央动脉内皮肿胀、管壁增厚和发生玻璃样变，内皮上有血栓黏附常使管腔闭塞，脾组织呈凝固性坏死和出血。电镜观察，见存有抗原的血管内皮及网状细胞内堆积有溶酶体、坏死的碎屑和变性的线粒体。

（4）肾脏变化　肾小球毛细血管丛严重充血和出血，毛细血管内皮肿胀或增生，毛细血管腔内常见有均质红染的透明血栓。肾小管上皮细胞呈明显的颗粒变性和脂肪变性，有时见肾小管管腔内出现圆柱和球形滴状物。肾小管间质血管亦表现充血或出血，间质增生，血管周围见有淋巴细胞浸润。

（5）脑的变化　在多数病例发生非化脓性脑炎，小血管扩张充血出血，内皮肿胀，有浆液渗出致血管周围间隙增宽，有时血管呈透明变性或纤维素样坏死，血管周围有淋巴样细胞浸润，形成脑血管套。神经细胞变化轻微，少数可发生变性，神经胶质细胞增生形成胶质结节，伴发非化脓性脑炎的病例临床上呈现神经症状，即所谓神经型猪瘟。

（6）肠管变化　扣状肿病灶的主要变化是扣状溃疡处的组织全部坏死，失去原有组织结构，成为均质的无构造物和渗出的血浆成分凝成一体，在其表面常见有细菌集落，坏死灶周围有大量坏死、崩解的细胞碎屑，而外围有多量淋巴细胞、嗜中性粒细胞，出血和肉芽组织，坏死深度一般局限在黏膜下层，个别可波及肌层，扣状溃疡周围的肠黏膜呈慢性卡他性肠炎变化。

（五）诊断

猪瘟的病情复杂，病变多种多样，而且多与其他传染病混感，特别是非典型猪瘟的出现，给诊断增加许多困难。及时做出正确诊断，必须采取多种诊断方法，如进行病原学、流行病学、临床血液学、病理剖检、免疫荧光技术、酶标技术等方法的综合诊断。

1. 临床诊断

病猪出现高热稽留，精神高度沉郁，全身衰弱，后躯无力，先便秘后下痢，皮肤的薄皮部有出血点，单纯型的病例出现白细胞减少症和血小板总数下降。一般情况下可做出初步诊断，但应与猪丹毒、猪副伤寒、猎肺疫、猪弓形体、猪链球菌病等进行鉴别诊断。

2. 流行病学调查

猪瘟流行特点是，一般流行初期猪群中仅有一至数头猪发病，经 1 周左右，同群猪相继大批发病。还需注意要调查预防注射、饲料来源、新猪引进、邻近猪群有无疫病发生、治疗效果、发病年龄和季节，以及发病、病死率等。

3. 尸体剖检

对死亡病猪剖检可见全身淋巴结呈现出血性淋巴结炎，切面大理石样外观，皮肤有出血斑点，肾有点状出血，脾不肿大，有出血梗死，膀胱、喉头黏膜及心外膜和胃肠浆膜有出血点。慢性型大肠有扣状肿，然后结合临床流行病学调查和治疗效果进行分析判断，通常可做出诊断。但非典型猪瘟尸体剖检时应注意揭示病变的特征。

4. 实验室检验

包括血液学、病原学、病理组织和血清学检查。

（1）血液学检查　无合并感染情况下，感染猪瘟时白细胞数和血小板数都显著减少，但有细菌并发感染时，白细胞数增多，有些败血性疾病，血小板也减少，慢性猪瘟出血变化消失后，血小板恢复正常。

（2）细菌学检查　采病猪的血、肝、脾、肾、淋巴结等样品镜检和分离培养，如阴性，一般猪瘟可能性大，如阳性时，应注意分析流行病学，病理解剖等资料进行综合判定。

（3）病理组织学　非化脓脑炎的特征（如脑血管套、胶质结节）具有诊断价值。应该注意与其他病毒性脑炎区别，此外，淋巴结、肾、脾的组织变化亦可做为诊断参考。

（4）病毒学诊断　病毒学诊断主要有荧光抗体法、鸡新城疫病毒强化试验等。

（5）血清学监测　应用血清学方法测定猪的群体免疫水平和疫苗免疫效果，为预防注射提供依据。其中包括荧光抗体血清中和试验（FASNT）、免疫中和试验、酶联免疫吸附试验（ELISA）等方法。

（六）预防措施

猪瘟是一种毁灭性疾病，一旦发生，有很高的发病率和病死率，并造成严重的经济损失，因此防疫工作极为重要。

预防工作的基本原则：第一，提倡自繁自养，必须引进种猪时，应就地注射猪瘟兔化弱毒疫苗，待产生免疫后，才可引入，进场后应单独饲养在隔离台 2~3 周；第二，要加强饲养管理和卫生工作，舍内定期大消毒，粪肥指定地点做生物热处理，出入猪场、猪舍应进行消毒，一般情况下杜绝进入猪舍参观；第三，制定科学的免疫程序，进行适时的疫苗接种。其具体方法可根据本地区实际情况进行。

二、猪口蹄疫

口蹄疫是由口蹄疫病毒引起偶蹄动物的一种急性、热性、高度接触性传染病，主要特征是在口腔黏膜、蹄部、乳房、皮肤出现水疱，继而发生溃疡的一类传播速度极快的传染病。

（一）病原

本病毒属微 RNA 病毒科，口蹄病病毒属，形态呈球形，呈二十面体立体对称，病毒粒子直径 20~25nm，无囊膜，单股 RNA。它有 7 个血清型，65 个以上的亚型，我国分布的口蹄疫的病毒型为 O 型、A 型和亚洲 I 型。本病毒在水疱皮和水疱液的含量最高，能在胎猪肾、胎牛肾原代细胞或传代细胞上生长，并出现明显的细胞病变。另外，在牛舌上皮、兔肾等原代细胞上也可见明显的生长繁殖。本病毒对乙醚有抵抗力，于 5℃ 环境下在 50% 甘油盐水中保存水疱皮，其中的病毒可存活 1 年以上，在直射阳光下 1h 即可被杀死。对酸非常敏感，在 pH6.5 的缓冲液中，4℃ 条件下 14h 可灭活 90%；pH5.5 时，1min 可灭活 90%；pH5.0 时 1s 即可灭活 90%。本病毒对碱亦十分敏感，1% NaOH 1min 可杀死病毒，畜舍的消毒常应用 2% NaOH 溶液或 KOH 溶液、4% Na_2CO_3 溶液、1%~2% 甲醛溶液，30% 草木灰水。对化学消毒药抵抗力很强，1∶1000 的升汞溶液、3% 的来苏儿 6h 不能杀灭本病毒。在 1% 石炭酸溶液中可存活 5 个月，70% 酒精中可存活 2~3d，病愈之后病畜仍然带毒和排毒（随尿排出），一般可超过 150d。

（二）流行病学

1. 易感性

偶蹄动物对本病敏感，单蹄动物不发病。

2. 传染源

病猪的尿、粪、乳、呼出的气、唾液、污染的精液、肉、毛、内脏等均有传染性，污染的猪舍、饲料、水、饲养用具都可成为间接传染源。牛、羊、猪、驼可互相传染，但也有牛、羊感染而猪不感染或猪感染而牛、羊不感染的报道。

3. 传播途径

本病的传染性极强，病毒传播方式分为接触传播和空气传播，接触传播又可分为直接接触和间接接触传播。本病主要通过消化道、呼吸道、破损的皮肤、黏膜、眼结膜、人工输精进行直接或间接性的传播。病猪、带毒猪是最主要的直接传染源。感染畜呼出的口蹄疫病毒形成很小的气溶胶粒子后，可以由风传播数十到上百千米，具有感染性的病毒能引起下风处易感畜发病。影响空气传播的最大因素是相对湿度。相对湿度高于 55% 以上，病毒的存活时间较长；低于 55% 很快失去活性。在 70% 的相对湿度和较低气温的情况下，病毒可见于 100km 以外的地区。

4. 流行特点

本病的流行特点是一年四季可发生，但以冬、春、秋季气候比较寒冷时多发，春秋为流行盛期。

（三）临床症状

以蹄部水疱为特征，体温升高，全身症状明显，蹄冠、蹄叉、蹄踵发红、形成水疱和溃烂，有继发感染时，蹄壳可能脱落；病猪跛行，喜卧；病猪鼻盘、口腔、齿龈、舌、乳房（主要是哺乳母猪）也可见到水疱和烂斑；本病一般呈良性经过，大猪很少发生死亡。初生仔猪和哺乳仔猪，特别是日龄很短的仔猪通常呈急性肠炎和心肌炎而突然死亡，病死率可达 60% ~ 80%。病初体温上升至 40 ~ 41℃，食欲下降，精神不振，随着病程的进展，相继在蹄冠、蹄叉、口腔的唇、齿龈、舌面、口、乳房的乳头等部位出现一个、几个或更多的米粒大小的水疱，小水疱可相互融合呈豆粒大、蚕豆大或更大。水疱内的液体初期呈淡黄色透明，以后变成粉红色，其内可有多量的白细胞而变成混浊液泡，水疱自行破裂后形成鲜红色烂斑，表面渗出一层淡黄色渗出物，干燥后形成黄色痂皮，如无继发感染，一般约 1 周左右可结痂痊愈。当继发细菌感染时，则病变向深层组织扩散形成溃疡，可发生化脓性炎和腐烂性炎，严重时造成蹄壳脱落，在硬地上行走时呈明显的跛行。其他部位的皮肤如阴唇、睾丸的病变少见。当口腔出现病灶时可影响猪的咀嚼吞咽，导致食欲减退。

（四）病理变化

病死猪尸体消瘦，鼻镜、唇内黏膜，齿龈、舌面上发生大小不一的圆形水疱疹和糜烂病灶，个别猪局部感染化脓，有脓样渗出物。10 日龄以内的仔猪由于疾病呈急性经过，口蹄疫典型的病理解剖学变化往往未及形成。重症的猪可见虎斑心、心肌扩张、色淡、质变柔软，弹性下降。淋巴系统也发生凝栓性变化，淋巴内混有滤出物。

（五）诊断

口蹄疫的临诊症状主要是口、鼻、蹄、乳头等部位出现水疱。发疱初期或之前，猪表现跛行。一般情况下主要靠这些临诊症状可初步诊断，但要区别于类似症状的猪水泡病、猪水疱疹、水疱性口炎要靠实验室诊断。

1. 病毒分离鉴定

病毒分离鉴定的首选病料是未破裂或刚破裂的水疱皮（液），对新发病死亡的动物可采取脊髓、扁桃体、淋巴结组织等。将病料悬液冻融 2 次，4℃过夜（至少 4h）浸毒，以 3000r/min 离心 15min，除病毒后取上清液接种细胞。或加 1/3 体积氯仿混合摇振数分钟，以 3000r/min 离心 15min，取上清液装入试管中，加棉塞，4℃过夜，氯仿挥发后，接种单层细胞。每份样品接种 2 ~ 4 瓶细胞，另设对照 2 ~ 4 瓶。37℃静止培养 48 ~ 72h。每天观察记录，对照细胞形态应基本正常或少有衰老。接种了样品的细胞如出现典型病变，要及时取出并置 -30℃冻存。无典型病变的细胞瓶要观察至 72h，其后置于 -30℃冻存作为第 1 代细胞/病毒液再盲传，至少盲传 3 代。凡出现典型病变的样品判定为阳性，无典型病变的为阴性。

2. 补体结合试验

根据抗原－抗体系统和溶血系统反应时均有补体参与的原理，以溶血系统作为指示剂，限量补体测定病毒抗原。当病毒抗原与血清抗体发生特异反应形成复合物时，加入的补体因结合于该复合物而被消耗，溶血系统中没有游离补体将不发生溶血，试验显示阳性。

3. 病毒中和试验

口蹄疫病毒血清型划分的依据是型间无交叉免疫保护性，它是型别鉴定的重要方法之一，其检测结果可靠，缺点是动用活病毒，且用时较长，只能在专门的实验室中进行，无法推行于普通实验室。

4. 反向间接血凝试验

将口蹄疫病毒抗体以化学方法偶联于醛化的绵羊红细胞上，当贴附于血细胞上的抗体与游离的抗原相遇时，形成抗原抗体凝集网络，绵羊红细胞也随之凝集，出现肉眼可见的红细胞凝集现象。反向间接血凝试验可作为口蹄疫病毒抗原型别鉴定的初步方法，该方法简便、快捷，适合于田间使用。

5. 反转录－聚合酶链反应

PCR 具备实验诊断所要求的最重要的 3 个要素：①敏感：可将原样品放大上百万倍，使原本少得难以探查到的（pg 级）样本扩增到能在紫外灯下肉眼可见；②特异：核酸片段与引物间的序列互补，使反应呈高度特异；③操作简单快速：RT－PCR 检测的目标物是口蹄疫病毒的 RNA，通常以病毒材料为被检样品，可对各种动物组织和细胞来源的病毒材料进行检测，扩增到的 PCR 片段测定核苷酸序列后，可以确定所属的基因型和基因亚型，进而追踪疫源。

6. 抗体检测

通过检测动物体液中（主要是血清）特异性抗体，可对口蹄疫病毒感染与免疫状况做出诊断，通常采用病毒中和试验和 ELISA 方法，这两种方法也是国际贸易中的指定方法。口蹄疫病毒抗体检测可用于以下几个目的：①诊断急性感染，用同一试验检测急性期和康复期猪血清样品，血清抗体阴转阳或抗体滴度急剧上升表示发生了感染，但诊断的前提是猪无疫苗接种史；②证实猪未被感染，用于国际贸易；③在流行病学调查中检测感染情况；④支持疫病扑灭计划和后期检测；⑤接种疫苗后效价测定。值得提示的是免疫猪有时抗体滴度很低，甚至检测不到抗体，但攻毒后仍能保护。

（六）防治

1. 紧急防治措施

非疫区一旦爆发口蹄疫，应当迅速对疫点进行封锁隔离，病群应全部销毁，运输工具、猪舍、饲养用具等彻底消毒。与疫区临近的非疫区，应在交通要道处设消毒站，对往来车辆进行消毒。在疫区未解除封锁前，严禁从外地购入猪只，同时对非疫区内猪群进行紧急疫苗接种。

2. 预防

目的是保护易感动物，提高易感动物的免疫水平，降低口蹄疫流行的严重程度和流行范围。现行油佐剂灭活疫苗的注射密度达 80% 以上时，能有效遏制口蹄疫流行。疫苗接种可分为常年计划免疫、疫区周围环状免疫和疫区单边带状免疫。实施免疫接种应根据疫情选择疫苗种类、剂量和次数。

3. 治疗

对发病猪首先要加强饲养和护理，并保持猪舍清洁、通风、干燥、暖和，多饮水，加强营养。不食者可进行人工喂饲，对水疱破溃之后的猪，要对破溃面用 0.1% 高锰酸钾，2% 硼酸或 2% 的明矾水清洗干净，再涂布 1% 的龙胆紫溶液或 5% 碘甘油（5% 碘酊和甘油等量制成）。蹄部破溃的用 0.1% 高锰酸钾，2% 硼酸或 3% 煤酚皂溶液清洗干净，并涂青霉素软膏或 1% 龙胆紫溶液。

三、猪水泡病

猪水泡病是由猪水泡病病毒引起的一种急性、热性接触性传染病，其特征是病猪的蹄部、口腔、鼻端和母猪乳头周围发生水疱。此病在临床上很难与口蹄疫、水疱性口炎、水疱疹相区别，但牛、羊不发病。

（一）病原

猪水泡病病毒属小 RNA 病毒科肠道病毒属，病毒直径 22～32nm，能在仔猪肾原代细胞（PKS）和猪肾传代细胞（IBR）上生长。本病毒在淋巴结含量最高，其次是脑脊髓、肝、肾等。可凝集家兔、豚鼠、牛、绵羊、鸡、鸽等动物的红细胞，但不能凝集人的红细胞。本病毒对乙醚和酸稳定，在污染的猪舍内可存活 8 周以上，在病猪粪便内 12～17℃贮存 130d，病猪腌肉 3 个月仍可分离出病毒，在低温下可保存 2 年以上。本病毒不耐热，60℃、30min 和 80℃、1min 即可灭活。本病毒对消毒药抵抗力较强，常用消毒药在常规浓度下短时间内不能杀死本病毒。pH 在 2～12.5 之间都不能使病毒灭活。常用消毒药 30% 来苏儿、0.1% 新洁尔灭、10% 生石灰乳消毒效果均不佳。消毒药中以福尔马林和氨水的效果最好，其次是火碱、漂白粉、生石灰和冰醋酸等。

（二）流行病学

1. 易感性

易感动物本病在自然流行中，仅发生于猪，各种年龄、性别、品种的猪均可感染，牛、羊等家畜不发病，人类有一定易感性。

2. 传染源

发病猪是主要传染源，病猪与健康猪同居 24～45h，即可在鼻黏膜、咽、直肠检出病毒，经 3d 可在血清中出现病毒。在病毒血症阶段，各脏器均含有病毒，带毒的时间：鼻 7～10d，口腔 7～8d，咽 8～12d，淋巴结和脊髓 15d 以上。

3. 传播途径

病毒主要经破损的皮肤、消化道、呼吸道侵入猪体，感染主要是通过接触传播，被病毒污染的饲料、垫草、运动场、用具及饲养员等往往造成本病的传播。

4. 流行特点

本病一年四季均可发生。在猪群高度密集、调运频繁的猪场，传播较快，发病率亦高，可达 70% ~ 80%，但死亡率很低。在密度小、地面干燥、阳光充足、分散饲养的情况下，很少引起流行。

（三）临床症状

潜伏期，自然感染一般为 2 ~ 5d，有的延至 7 ~ 8d 或更长；人工感染最早为 36h。临床上一般将本病分为典型、轻型和隐性型三种。

1. 典型水泡病

典型水泡病特征性的水泡常见于主趾和附趾的蹄冠上。有一部分猪体温升高至 40 ~ 42℃，上皮苍白肿胀，在蹄冠和蹄踵的角质与皮肤结合处首先见到水泡。在 36 ~ 48h，水泡明显凸出，大小和黄豆至蚕豆大不等，里面充满水泡液，继而水泡融合，很快发生破裂，形成溃疡，真皮暴露形成鲜红颜色。病变常环绕蹄冠皮肤的蹄壳，导致蹄壳裂开，严重时蹄壳可脱落。病猪疼痛剧烈，跛行明显，严重病例，由于继发细菌感染，局部化脓，导致病猪卧地不起或呈犬坐姿势。严重者用膝部爬行，食欲减退，精神沉郁。水泡有时也见于鼻盘、舌、唇和母猪的乳头上。仔猪多数病例在鼻盘上发生水泡。一般情况下，如无并发其他疾病不易引起死亡。病猪康复较快，病愈后两周，创面可痊愈，如蹄壳脱落，则相当长的时间才能恢复。初生仔猪发生本病可引起死亡。有的病猪偶可出现中枢神经系统紊乱症状，表现为前冲、转圈、用鼻摩擦或用牙齿咬用具，眼球转圈，个别出现强直性痉挛。

2. 轻型水泡病

只有少数猪在蹄部发生少量水泡，全身症状轻微，传播缓慢，并且恢复很快，一般不易察觉。

3. 隐性型水泡病

不表现任何临床症状，但血清学检查，有滴度相当高的中和抗体，能产生坚强的免疫力，这种猪可能排出病毒，对易感猪有很大的危险性。

（四）病理变化

水泡性损伤是该病最典型和具代表性的病理变化。水泡性损伤的外观及显微观察与猪口蹄疫的损伤均无差别。其他病理变化诸如脑损伤等均无特征性。特征性病变为在蹄部、鼻盘、唇、舌面，有时在乳房出现水疱。个别病例在心内膜有条状出血斑，其他脏器无肉眼可见的病理变化。组织学变化为非化脓性脑膜炎和脑脊髓炎病变，大脑中部病变较背部严重。脑膜含大量淋巴细胞，血管嵌边明显，多数为网状组织细胞，少数为淋巴细胞和嗜伊红细胞。脑灰质和白质发现软化病灶。

（五）诊断

本病一般与猪口蹄疫、猪水疱性口炎、猪水疱疹、猪痘等病在临床症状极为相似，从水疱形态上很难鉴别，要结合流行病学、临床症状和实验室检验进行诊断。

1. 病毒分离与鉴定

取病猪未破溃或刚破溃的水疱皮，经处理后，颈部皮下接种 2～3 日龄的吮乳小白鼠。一般在最初 1～2 代内即可引起感染，实验动物发病死亡。初代分离如呈阴性结果，应继续盲传 2～3 代，分离毒可用猪水泡病抗血清中和后，接种 2 日龄乳鼠以鉴定分离毒。如注射猪水泡病免疫血清中和组小鼠健活，病毒对照或用各型口蹄疫免疫血清中和对照的乳鼠发病死亡，则被检病料为猪水泡病病毒，而不是口蹄疫病毒。

2. 动物接种

将病料分别接种 1～2 日龄和 7～9 日龄小鼠，如两组小鼠均死亡，则为口蹄疫。1～2 日龄小鼠死亡，而 7～9 日龄小鼠不死亡者，为猪水泡病。如病料经过 pH3～5 缓冲液处理，接种 1～2 日龄小鼠死亡者为猪水泡病，反之则为口蹄疫。

3. 补体结合试验

以豚鼠制备诊断血清与待检病料水疱皮或水疱液进行补体结合试验，这可用于水泡病与口蹄疫的鉴别，一般几小时可得出结果。

4. 反向间接血凝试验

以口蹄疫和猪水泡病的高免血清抗体球蛋白（IgG）致敏 1% 醛化的绵羊红细胞，与待检材料（水疱皮或水疱液）进行反向间接血细胞凝集试验，本法快速、简便、特异性强，但不够稳定，可在 2～7h 内快速诊断水泡病和口蹄疫。

5. 免疫荧光试验

将病猪的淋巴结制成冰冻切片，以荧光抗体染色、镜检。

（六）防治

1. 防止将病带到非疫区

不从疫区调入猪只和猪肉产品，运猪和饲料的交通工具应彻底消毒。屠宰的下脚料和泔水等要经煮沸后方可喂猪，猪台内应保持清洁、干燥，平时加强饲养管理，减少应激，加强猪只的抗病力。

2. 加强检疫、隔离、封锁制度

检疫时应做到两看（看食欲和跛行），三查（查蹄、口、体温），隔离应至少 7d 未发现本病，方可并入或调出，发现病猪就地处理，对其同群猪同时注射高免血清，并上报、封锁疫区。封锁期限一般以最后一头病猪恢复后 20d 才能解除，解除前应彻底消毒一次。

3. 免疫预防

在本病常发地区进行免疫预防，用猪水泡病高免血清进行被动免疫有良好效果，免疫期达1个月以上。目前使用的疫苗主要有鼠化弱毒疫苗和细胞培养弱毒疫苗，前者可以和猪瘟兔化弱毒疫苗共用，不影响各自的效果，免疫期可达6个月；后者对猪可能产生轻微的反应，但不引起同居感染，是目前安全性较好的弱毒疫苗。除此之外，还有灭活疫苗，主要是细胞灭活疫苗，该疫苗安全可靠，注射后7~10d产生免疫力，保护率在80%以上，注射后4个月仍有坚强的免疫力。

4. 常用消毒药

对猪舍、环境、运输工具用有效消毒药，如5%氨水、10%漂白粉、3%福尔马林和3%的热氢氧化钠等溶液进行定期消毒。

四、猪流行性感冒

猪流行性感冒是（猪流感）由猪流行性感冒病毒引起的一种猪的急性、高度接触传染性呼吸器官传染病。经常有猪嗜血杆菌或巴氏杆菌混合或继发感染，使病情加重。该病多发生于寒冷季节，病群中所有的猪几乎同时发病出现临床症状。

（一）病原

猪流行性感冒病毒属于正黏病毒科流感病毒属A型（甲型）病毒的一个类型。典型的病毒粒子呈球状，直径80~120nm，有些毒株在分离的初期呈丝状，长短不一，有多形性。病毒粒子有从宿主细胞膜获得的囊膜，为6~7nm厚的双层膜，从宿主细胞芽生时获得，囊膜含有宿主细胞的脂质，但无宿主细胞的蛋白质。病毒的RNA是遗传基因的携带者。血凝素是流行性感冒病毒的主要表面抗原，具有凝集多种动物红细胞的性质。借助血凝素对细胞受体的作用，病毒可附着于细胞，并可诱导产中和抗体，产生免疫保护。神经氨酸酶是病毒粒子表面的另一种重要抗原，其具有免疫原性，能诱发相应的抗体。神经氨酸酶抗体可抑制酶活性，具有免疫保护作用。猪流行性感冒病毒能在鸡胚，猴肾细胞，胎猪气管、肺或鼻上皮组织的器官培养物中增殖，也适应在犊牛肾细胞、犬及人源（张氏结膜）细胞系及鸡胚成纤维细胞、雪貂肾肺细胞上培养。该病毒对干燥和冻干有较强的抵抗力。在-70℃时稳定，冻干可存活数年，保存在50%甘油内的病料中的病毒可存活40d，60℃加热20min可灭活。一般消毒剂对猪流行性感冒病毒都有灭活作用。猪流行性感冒病毒对碘蒸气和碘溶液特别敏感。患流行性感冒后完全康复的猪可对流行性感冒病毒产生免疫力，能够抵抗以后的感染。

（二）流行病学

1. 易感性

各个年龄、性别和品种的猪对猪流行性感冒病毒都有易感性。

2. 传染源

猪流行性感冒的传染源是病猪和带毒猪。患病痊愈后猪带毒6～8周。病毒存在于病猪或带毒猪的鼻汁或气管、支气管渗出液以及肺和肺淋巴结内。在血液、脾、肝、肾、肠系膜淋巴结和脑中难以检出病毒。

3. 传播途径

呼吸道是主要的传播途径，猪或人经由呼吸道感染，猪也可由于食下含病毒的肺丝虫的幼虫而感染。当与猪嗜血杆菌联合感染时，病情趋重，引起间质性肺炎和复杂的肺损伤，猪感染猪流行性感冒病毒后，会刺激免疫器官和组织产生相应的抗体，其中抗血凝素抗体在抗感染免疫中起主要作用。此外，机体体液和呼吸道分泌物中存在的糖蛋白抑制物也能阻止病毒侵入易感细胞。病毒增殖后，局部产生的干扰素还可限制病毒的扩散。所以，流行性感冒的病程短，死亡率低，多数病猪于7～10d左右即可康复，发病前后鼻腔分泌物中含病毒最多，传染性最强。本病接触性传染性极强，传播迅速，常呈地方性流行或大流行。

4. 流行特点

本病的流行有明显的季节性，天气多变的秋末、早春和寒冷的冬季易发生，全群猪几乎同时发病出现临床症状。该病的潜伏期短，一般自然感染病例的潜伏期为2～7d，人工感染的潜伏期为1～2d。虽然本病具有极高的发病率，但死亡率低（4%～10%），动物体况下降是本病造成经济损失的主要原因。有时猪处于恶劣的饲养管理条件下或继发细菌感染，病程就会延长，病情加重，以致发生格鲁布性出血性肺炎或肠炎而死亡。母源性免疫力在本病流行病学中能起一定作用，免疫母猪所生的小猪，根据其母猪血清抗体效价的高低，能受保护长达13～18周，初乳抗体除了对仔猪有保护力外，还能抑制病毒在宿主体内增殖，从而抑制了主动免疫力的产生。

（三）临床症状

该病的发病率高，潜伏期为2～7d，病程1周左右。病猪发病初期突然发热，精神不振，食欲减退或废绝，常横卧在一起，不愿活动，呼吸困难，激烈咳嗽，眼鼻流出黏液。如果在发病期治疗不及时，则易并发支气管炎、肺炎和胸膜炎等，增加猪的病死率。病猪体温高达40～41.5℃，精神沉郁，食欲减退或不食，肌肉疼痛，不愿站立，眼和鼻有黏性液体流出，眼结膜充血，个别病猪呼吸困难，喘气，咳嗽，呈腹式呼吸，有犬坐姿势，夜里可听到病猪哮喘声，个别病猪关节疼痛，尤其是膘情较好的猪发病较严重。发病早期发生白细胞减少，可用病毒中和试验及血细胞凝集抑制试验鉴定康复猪，在发病后期通常见有痉挛性惊厥。

（四）病理变化

猪流行性感冒的病理变化主要在呼吸器官。鼻、咽、喉、气管和支气管的黏膜充血、肿胀，表面覆有黏稠的液体，小支气管和细支气管内充满泡沫样渗出液。胸腔蓄积大量混有纤维素的浆液，病势较重的病例在肺胸膜与肋胸膜亦有纤维素附着。支气管的大量渗出液伴有肺下部的萎陷。肺脏的病变常发生于尖叶、心叶、中间叶、膈叶的背部与基底部，与周围组织有明显的界限，颜色由红至紫、塌陷、坚实，韧度似皮革。肺病变区膨胀不全，其周围常有苍白色的气肿，并有许多出血点。心包腔蓄积含纤维素的液体。胃肠黏膜发生卡他性炎，胃黏膜充血严重，特别是胃大弯部。大肠发生斑块状充血，并有轻微的卡他性渗出物，但无黏膜糜烂。脾脏肿大。颈部淋巴结、纵膈淋巴结、支气管淋巴结肿大多汁。

组织学观察时，在病中期多发生渗出性支气管炎，小支气管和终末细支气管充满含有大量嗜中性粒细胞、淋巴细胞和少量脱落上皮的渗出物。支气管黏膜上皮破碎、脱落，上皮细胞空泡变性，纤毛成团状或消失。支气管周围有大量淋巴细胞和巨噬细胞浸润。肺泡萎陷，内含脱落的肺上皮细胞，少量单核细胞，肺泡壁皱缩、增厚，并伴有单核细胞浸润。肺间质增宽，间质内淋巴管扩张，有淋巴细胞浸润。在病的后期，严重病例可见更为明显的气管和支气黏膜上皮破坏，其管腔完全被白细胞填塞，肺泡充满红细胞、白细胞与凝固的浆液，肺泡壁皱褶、增厚，其中有大量的淋巴细胞。

（五）诊断

根据流行病学、临床症状和病理变化可以作出初步诊断。

本病的特点为各种年龄、性别、品种的猪都可感染，大多在深秋、早春和气候骤变时发病流行。常在几天内全群感染，病程短，发病率高而死亡率低，临床可见支气管肺炎症状和病变。在鉴别诊断时，应注意猪支原体肺炎和本病的区别，二者最易相混淆。前者的发作比较隐蔽，病程缓慢，组织学变化有明显的不同。仔猪包涵体鼻炎的暴发可能与猪流行性感冒相似，而萎缩性鼻炎的病程则要长得多，并伴有面部骨骼的严重变形。

血清学反应中最常用的是血凝抑制试验。使用双份血清，第一份血清样品采于病猪的急性期，第二份采于2~3周后恢复期。如果恢复期血清的抗体效价比急性期血清高4倍以上，就可以诊断为猪流行性感冒。也可采取发病2~3d急性病猪的鼻分泌物、气管或支气管的渗出物，病猪的脾、肝、肺、肺区淋巴结、支气管淋巴结等组织进行病毒分离。以分离的病毒作为抗原，应用已知的各亚型毒株的免疫血清进行血凝抑制试验。

（六）防治

1. 治疗

无有效疫苗，无特效疗法。为了控制继发性感染，可以全群猪给予抗生素和磺胺类药物。解热镇痛、对症治疗可肌注安乃近、复方奎宁、盐酸吗啉胍（病毒灵）注射液等。服用抗生素或磺胺类药物，以防细菌感染。

2. 预防

阴雨潮湿和气候变化急剧的季节，应特别注意猪群的饲养管理，保持猪舍清洁、干燥、防寒、保暖、定期驱虫。尽量不在寒冷多雨、气候骤变的季节长途运输猪。发现猪流行性感冒流行要采取隔离措施，病猪急宰，并加强猪群的饲养管理。猪圈、工具和饲槽要严格消毒，以防止本病的扩散蔓延。

五、猪伪狂犬病

猪伪狂犬病是由伪狂犬病病毒引起的猪和其他动物共患的一种急性传染病，特征为发热、脑脊髓炎的症状。成年猪常为隐性感染，可有流产、死胎及呼吸道症状。哺乳仔猪除呈脑脊髓炎、败血症等综合症状。

（一）病原

本病病原属疱疹病毒科，猪疱疹病毒属。病毒粒子为圆形，直径 150 ~ 180nm，核衣壳直径为 105 ~ 110nm。病毒粒子的最外层是病毒囊膜，囊膜表面有长 8 ~ 10nm 呈放射状排列的纤突。本病毒可在鸡胚绒毛尿囊膜上生长，接种后 3 ~ 4d 能形成大小不一的隆起的白痘斑。病毒可以通过鸡胚的卵黄囊、尿囊腔、尿囊膜中继代适应后，可于接种后 2 ~ 3d 致死胚体并使其全身出血水肿。本病毒的抵抗力较强，在畜舍内的干草上夏季能存活 30d 以上，冬季可存活 46d，56℃、30min 可以被灭活。把病毒保存在 50% 的甘油生理盐水中，在冰箱温度可存活 154d，而滴度几乎不降低。在 4℃ 或 −7℃ 可保存多年。腐败 11d、腌渍 20d 可杀灭病毒。本病毒对热、甲醛、乙醚、紫外线都很敏感，对石炭酸有一定的抵抗力。本病毒能耐受 3% 酚，但不耐受 5% 的酚。5% 石灰乳和 0.5% 苏打溶液，0.5% 硫酸和盐酸 3min，0.5% ~ 1% NaOH 溶液均能将其杀死，在胃蛋白酶、胰蛋白酶于 pH7.6 时 90min 可破坏本病毒。

（二）流行病学

1. 易感性

猪、牛、羊、犬、猫、兔、鼠等多种动物，都可自然感染本病。野生动物如水貂、貉子、北极熊、银狐、蓝狐等也可感染发病，马属动物对本病有较强的抵抗力。

2. 传染源

病猪、带毒猪及带毒鼠类是本病重要的传染源。

3. 传播途径

病毒主要从病猪的鼻分泌物、唾液、乳汁和尿中排出。有的带毒猪可持续排毒 1 年，其他动物的感染与接触猪、鼠类有关。健康猪与病猪，带毒猪直接接触可感染本病。猪、猫、犬常因吃病鼠、病猪内脏经消化道感染。除猪可经直接接触或间接接触发生传染外，其他家畜主要由于食用病尸及病牲畜污染的饲料后经消化道感染。此外，本病还可经呼吸道黏膜、破损的皮肤和配种等发生感染。妊娠母猪感染本病时可经胎盘侵害胎儿。

4. 流行特点

本病一年四季都可发生，但以冬春两季和产仔旺季多发，分娩高峰的母猪多发，窝发病率可达100%，但发病率和死亡率经常在出现分娩高峰后（于分娩高峰滞后约5d）逐渐减少，由整窝发病变为每窝只发病2~3头，死亡率下降。其他母猪舍主要表现为散发，一窝发病3~4头，死亡率也较发病猪舍低。发病猪主要在15日龄以内仔猪，发病最早是4日龄，发病率为98%，死亡率85%。随着年龄的增长，死亡率可逐渐下降，成年猪多轻微发病，但极少死亡，主要发病的母猪舍病程约15d左右，其他母猪舍流行时间稍长为1~2个月，而肥猪舍约为1周左右即可停息。

（三）临床症状

本病潜伏期一般为3~6d，少数达10d。一般乳猪出生后1~3日龄仔猪都很正常，但发现有的乳猪眼眶发红，闭目昏睡，体温升高至41~41.5℃，精神沉郁，口角有大量泡沫或流出唾液，有的病猪呕吐或腹泻，其内容物为黄色。乳猪两耳后竖，初期遇到声音刺激，发生兴奋和鸣叫，后期任何强度疼痛刺激都叫不出声音，只能引起肌肉反射活动（如局部肌肉震颤）。有的病猪后腿抬起呈"鹅步式"。病猪眼睑和嘴角有水肿、腹部几乎都有粟粒大小的紫色斑点，有的甚至全身呈紫色。几乎所有病猪都有神经症状，初期以神经紊乱为主。后期以麻痹为特征，最常见而又突出的是间歇性抽搐，肌肉痉挛性收缩，癫痫发作，角弓反张，仰头歪颈，一般持续4~10min，症状缓解后病猪又站起来，盲目行走或转圈。成年猪一般为隐性感染，若有症状也很轻微，易于恢复。主要表现为发热、精神沉郁，有些病猪呕吐、咳嗽，一般于4~8d内完全恢复。怀孕母猪可发生流产、产下死胎、木乃伊胎，弱胎产下后2~3d死亡。母猪多呈一过性或亚临床感染，很少死亡。公猪感染伪狂犬病毒后，表现出睾丸肿胀、萎缩，丧失种用能力，母猪有时出现厌食、便秘、震颤、惊厥、视觉消失或眼结膜炎。

（四）病理变化

病理变化呈现多样性，可见不同程度的鼻腔卡他或化脓性出血，扁桃体水肿并伴以咽炎和喉头水肿，勺状软骨和会厌皱襞呈浆液性浸润，并常有纤维素性坏死性假膜覆盖，肺水肿、上呼吸道内含有大量泡沫样的水肿液，喉黏膜和浆膜可见点状或斑状出血。淋巴结特别是肠淋巴和下颌淋巴充血、肿大、间有出血。心肌松软、心内膜有斑状出血。肾点状出血性炎症变化，尤其在胃底部可见大面积出血，小肠黏膜充血、水肿、黏膜形成皱褶并有稀薄黏液附着，大肠呈斑块状出血，脑膜充血，水肿、脑实质有点状出血。病程较长者，心包液、胸腹腔液、脑脊髓液都明显增多，肝表面有大量纤维素渗出。

组织学变化表现为肝实质中有大量大小不等的分界明显的坏死灶，多位于肝小叶周边区，坏死组织呈凝固性、粉红色，但色彩深浅不一，其中分布着大量蓝紫色坏死崩解的细胞核碎粒，周围附近小血管充血，血管周围间隙有少量淋巴细胞和单核细胞浸润，其他部分肝细胞肿大，颗粒变性，各级小血管、肝窦充满红细胞，肝小叶结构紊乱。脾组织内有许多分界清晰的坏死区，在坏死区内粉红色坏死物中混杂着多量蓝染的细胞核崩解颗粒及一些红细胞，脾小体多数变成坏死区而消失，小血管多数坏死，红细胞漏出，少数和残存的各级血管周围有淋巴细胞聚集。脾索网状细胞大量增生，脾窦及其周围有多量的红细胞分布，窦内皮细胞、巨噬细胞数目增多，脾窦界限不清。肺组织内有少量的，但界限也很明显的坏死灶，灶内主要是核崩解的蓝色颗粒，衬以少量的粉红色坏死灶溶解物，灶内血管尚完整无损，呈充血、淤血状态。坏死灶周围肺泡壁及间质充血，肺泡腔和间质内有浆液渗出，单核细胞浸润，肺泡上皮和气管黏膜上皮轻度坏死。脑实质中小血管扩张充血，周围有淋巴样细胞，组织细胞呈围管浸润，即形成"脑血管套"。神经胶质细胞弥漫性或局灶性增生，可见多个神经细胞坏死崩解，神经细胞和胶质细胞的核内也可见嗜酸性包涵体，大脑枕叶有胶质细胞增生，形成胶质细胞结节，脑桥、延脑内毛细血管周围亦有单核细胞，小淋巴细胞形成的血管套。肾小球内和间质出血，肾小管颗粒变性，心肌颗粒变性。胃肠黏膜部分坏死，黏膜下出血，淋巴细胞浸润。

患伪狂犬病流产的母猪，其胎盘绒毛膜出现凝固样坏死、滋养层细胞变性，有时在间叶细胞核内只有嗜酸性包涵体和成堆的疱疹病毒粒子。流产胎儿的肝、脾、肾上腺、脏器淋巴结也出现上述的凝固性坏死变化。

（五）诊断

根据临床症状以及流行病学资料分析，可作出初步诊断。要确诊本病则必须结合病理组织学变化或其他实验室诊断。

1. 小动物接种实验

采取病猪脑组织磨碎后，加生理盐水制成10%悬浮液，同时每毫升加青霉素、链霉素各1000IU，离心、沉淀、上清液备用。取健康家兔2只，于后腿多点皮下注射上述组织上清液2mL，家兔于24h后表现有精神沉郁，发热，呼吸加快、脉搏加快。家兔开始先舔接种部位，以后逐渐变成用力撕咬接种点，严重者可出现角弓反张，在地上打滚。仔细观察患部即可发现有出血性皮炎、局部脱毛、皮肤破损出血，家兔表现局部奇痒症状，4~6h后病兔衰竭，倒卧于一侧，痉挛，呼吸困难而亡。病料亦可接种于小鼠，但小鼠要用脑内或鼻腔接种，症状可持续12h，有痒的症状，但小鼠不如兔敏感。病料亦可直接接种猪肾或鸡胚的红细胞，可产生典型的病变。分离出的病毒可再用已知血清做中和试验确诊本病。

2. 血清学诊断

可直接用免疫荧光法、间接血凝抑制试验、琼脂扩散试验、补体结合试验和酶联免疫吸附试验等方法检查。

（六）防治

本病目前无特效的治疗方法。预防办法包括疫苗、血清的应用。根据病毒的特征，一般繁殖母猪只用灭活苗免疫，育肥猪或断奶仔猪应在2~4月龄时用活苗或灭活苗免疫。对于感染发病的猪，可经腹腔注射抗猪伪狂犬病高免血清进行治疗，它对断奶仔猪有明显的效果。同时要采取隔离、消毒、灭鼠等措施，将未受感染的母猪和仔猪以及妊娠母猪与已受感染的猪隔离管理。对暴发本病的猪舍地面、墙壁、设施及用具等隔日消毒 1 次，粪尿放发酵池处理，分娩栏和病猪死后的栏用 2% 烧碱消毒，哺乳母猪乳头用 2% 高锰酸钾溶液洗后，才允许喂初乳。病死猪要深埋，全场范围内要进行灭鼠和扑灭野生动物，禁止散养家禽和阻止猫、犬进入该区。

六、猪乙型脑炎

猪乙型脑炎由乙型脑炎病毒引起。主要以母猪流产、死胎和公猪睾丸炎为特征。日本乙型脑炎又名流行性乙型脑炎，是由日本乙型脑炎病毒引起的一种急性人兽共患传染病。病猪主要特征为高热、流产、死胎和公猪睾丸炎。

（一）病原

乙脑病毒属于披风病毒科黄病毒属。病毒粒子呈球形，有囊膜及囊膜突起，是一种 RNA 病毒，病毒对外界抵抗力不强，在 56℃、30min 灭活，在 −70℃ 或冻干可存活数年，在 −20℃ 下保存 1 年，但毒价降低。在 50% 甘油生理盐水中于 4℃ 保存可存活 6 个月以上。病毒在 pH7 以下或 pH10 以上活性迅速下降，保存病毒的最佳 pH 为 7.5 ~ 8.5。乙脑病毒对化学药品较敏感，常用消毒药都对其有良好的抑制和杀灭作用，如 2% 苛性钠、3% 来苏儿等。对胰酶、乙醚、氯仿等亦敏感。病毒有血凝活性，能凝集鸡、鸽、鸭及绵羊红细胞。病毒生存于患猪中枢神经系统及肿胀的睾丸等组织中，死亡胎儿的脑组织中有可能分离到病毒。在实验动物中，各种年龄的鼠对病毒都很敏感，但以 1 ~ 3 日龄的乳鼠最敏感，小鼠脑内接种后经 2 ~ 4d 开始发病，表现离巢，被毛失去光泽，于 1 ~ 2d 内死亡。该病毒最适宜在鸡胚卵黄囊内繁殖，亦可在鸡胚成纤维细胞、仓鼠肾细胞、猪肾传代细胞上生长繁殖，并产生细胞病变和形成空斑，常用来繁殖和滴定病毒。

（二）流行病学

1. 易感性

目前已知有人、哺乳类、禽鸟类、爬虫类和两栖类动物 60 余种均可被感染。各种品种、年龄、性别猪均易感本病，但 6 个月龄以前的猪更易感，病愈之后不再复发。

2. 传染源毒

该病是自然疫源性疫病，许多动物感染后可成为本病的传染源，猪的感染最为普遍。

3. 传播途径

本病主要通过蚊的叮咬进行传播，病毒能在蚊体内繁殖，并可越冬，经卵传递，成为次年感染动物的来源。

4. 流行特点

由于经蚊虫传播，因而流行与蚊虫的孳生及活动有密切关系，有明显的季节性，80%的病例发生在7、8、9三个月；本病的发病率与种猪来源、猪群更新情况、猪场规模大小等有一定的关系。猪的发病年龄与性成熟有关，大多在6月龄左右发病，其特点是感染率高，发病率低（20% ~ 30%），死亡率低；新疫区发病率高，病情严重，以后逐年减轻，最后多呈无症状的带毒猪。从疫区或流行区引入的祖代种猪、在更新迅速的种猪场、新建的养猪场以及规模较大的母猪繁殖场发病率较高。由于妊娠母猪一般呈隐性感染，病毒经胎盘感染胎儿，对胎儿的致病作用只能在母猪分娩时发现，所以初产的母猪出现死胎的情况。公猪睾丸炎病的高峰在7、8月间，炎症消退后，病睾丸萎缩是逐渐进行的，可延至数日或半年以上才终止。妊娠母猪感染后可引起流产死胎，证明乙脑病毒可通过胎盘垂直感染胎儿。

（三）临床症状

母猪、妊娠新母猪感染乙脑病毒后，首先出现病毒血症，但无明显临床症状。当病毒随血流经胎盘侵入胎儿，致胎儿发病，而发生死胎、畸形胎或木乃伊胎，只有母猪流产或分娩时才发现症状。同一胎的仔猪，在大小及病变上都有很大差别，例如有的胎儿可正常发育，有的产出弱仔，产后不久即死亡；有的胎儿发育正常或较普通胎儿大，但因高度脑水肿死亡；有的胎儿发育一般正常，在分娩过程中死亡或产后不久死亡，胎儿呈各种木乃伊的形成过程。此外，分娩时间多数超过预产期数日，也有按期分娩，有一定例数母猪因整窝胎儿木乃伊化而不能排出体外，长期滞留在子宫内，也有发生胎衣停滞，最终引起母猪发生子宫内膜炎导致繁殖障碍。

人工感染实验猪潜伏期一般为3 ~ 4d，病猪体温突然升高至40 ~ 41℃，呈稽留热，精神不振，食欲不佳，结膜潮红，粪便干燥，如球状，附有黏液，尿深黄色，有的病例后肢呈轻度麻痹，关节肿大，视力减弱，乱冲乱陷，最后后肢麻痹，倒地而死。

公猪常发生睾丸炎，多为单侧性，少为双侧性的。初期睾丸肿胀，触诊有热痛感，数日后炎症消退，睾丸逐渐萎缩变硬，性欲减退，并通过精液排出病毒，精液品质下降，失去配种能力而被淘汰。

（四）病理变化

眼观变化流产母猪子宫内膜显著充血、水肿，黏膜表面覆盖多数黏液性分泌物，刮去分泌物可见黏膜糜烂和小点状出血，黏膜下层和肌层水肿，胎盘呈炎性反应。早产仔猪多为死胎，死胎大小不一，黑褐色，小的干缩而硬固，中等大的呈茶褐色、暗褐色，皮下有出血性胶样浸润。发育到正常大小的死胎，常由于脑水肿而头部肿大，皮下弥散性水肿，脑水增量，肌肉呈熟肉样。各实质器官变性，散在点状出血，血液稀薄不凝固，胎膜充血并散在点状出血，脑、脊髓膜出血并散发点状出血。

出生后存活的仔猪高度衰弱，并有震颤、抽搐、癫痫等神经症状，剖检多见有脑内水肿，颅腔和脑室内脑脊液增多，大脑皮层受压变薄。皮下水肿，体腔积液，肝脏、脾脏、肾脏等器官可见有多发性坏死灶。

公猪的睾丸肿大，多为一侧性，或两侧肿大程度不一。阴囊皱襞消失，发亮，鞘膜腔内潴留有大量黄褐色不透明液体，在睾丸的附睾缘，蔓状静脉丛，鞘膜上有纤维素沉着，蔓状静脉丛胶样化，睾丸实质全部或部分充血，切面可见大小不等的黄色坏死灶，周边有出血，特别常见的是楔状或斑点出血和坏死，坏死灶以小叶为单位，也有近 10 个小叶连片的，面积可达 2cm×3cm，在一个睾丸中可见 10～30 处坏死灶。慢性病例，可见睾丸萎缩硬化，睾丸与阴囊黏连，实质大部分结缔组织化。

组织学变化产出的死胎和出生后出现神经症状的仔猪，在中枢神经系统中见有明显的非化脓性脑炎变化。神经细胞变性和坏死，并有充血出血变化，胶质细胞增生，围管性细胞浸润（管套）。这些变化在大脑皮质纹状体、视丘等部位出现最明显。成年猪这些病变程度较轻。

公猪睾丸鞘膜结缔组织水肿及单核细胞浸润、睾丸间质充血、出血、水肿及单核细胞浸润，睾丸实质初期曲细精管上皮变性。随病程发展，精细胞排列紊乱、坏死、脱落、精子少、曲细精管管腔狭窄，充满细胞坏死碎屑。

（五）诊断

根据本病发生有明显的季节性及母猪发生流产、死胎、木乃伊胎，公猪睾丸一侧性肿大，可作出初步诊断。确诊必须进行实验室诊断，进行病毒分离，荧光抗体试验，补体结合试验，中和试验，血凝抑制试验等。

鉴别诊断：本病易与布鲁氏菌病混淆，但布鲁氏菌病无明显季节性，体温不高，流产主要是死胎，很少木乃伊化，而且没有非化脓性脑炎变化；公猪有睾丸肿，但多为两侧性，且是化脓性炎症，附睾也肿，还可有关节炎，淋巴结脓肿等与本病不同。

（六）防治

按照本病流行病学的特点，消灭蚊虫，是消灭乙型脑炎的根本办法，但由于灭蚊技术措施尚不完善。对控制猪乙型脑炎，目前采用疫苗接种可控制并减少猪乙型脑炎的危害。

疫苗必须在乙脑流行季节前使用有效，一般要求 4 月进行疫苗接种，最迟不宜超过 5 月中旬。因有母源抗体干扰，5 月龄以下仔猪注射失效。因此，接种对象一般是 5 月龄以上的种猪，5 月龄以下的猪免疫效果不良，免疫孕猪无不良反应。一般注射一次即可。如间隔作第二次注射，可进一步增强免疫效果。

七、猪繁殖与呼吸综合征

猪繁殖与呼吸综合征俗称"蓝耳病"，是以母猪繁殖障碍、仔猪出现呼吸道症状和高死亡率为特征的具有高度传染性的病毒性疾病。该病毒主要侵害肺泡内的巨噬细胞,尤以仔猪最易感,破坏了巨噬细胞的免疫功能,造成免疫抑制,易继发多种呼吸道疾病。

（一）病原

本病的病原为动脉炎病毒科动脉炎病毒属的猪繁殖与呼吸障碍综合征病毒,又称莱利斯塔病毒。病毒粒子呈卵圆形,直径为 50～64nm,有囊膜,二十面对称,为单股 RNA 病毒。现已证明,欧洲和美国分离的毒株虽然在形态和理化性状上相似,但用单克隆抗体进行血清学试验和进行核苷酸和氨基酸序列分析时,发现它们存在明显的不同。因此,将猪繁殖与呼吸障碍综合征病毒分为 A、B 两个亚群:A 亚群为欧洲原形;B 亚群为美国原形。

本病毒对寒冷具有较强的抵抗力,但对高温和化学药品的抵抗力较弱。病毒在 -70℃ 可保存 18 个月,4℃ 保存 1 个月;37℃、48h、56℃、45min 则完全丧失感染力;对乙醚和氯仿敏感。

（二）流行特点

1. 易感性

猪繁殖与呼吸障碍综合征病毒只感染猪,各种品种、不同年龄和用途的猪均可感染,但以妊娠母猪和 1 月龄以内的仔猪最易感。

2. 传染源

患病猪和带毒猪是本病的重要传染源。感染母猪能大量排毒,如鼻分泌物、粪便、尿液中均含有病毒。

3. 传播途径

猪繁殖与呼吸障碍综合征病毒的主要传播途径是接触感染、空气传播和精液传播,也可通过胎盘垂直传播。易感猪可经口、鼻腔、肌肉、腹腔、静脉及子宫内接种等多种途径而感染病毒,猪感染病毒后 2～14 周均可通过接触将病毒传播给其他易感猪。从病猪的鼻腔、粪便及尿中均可检测到病毒。易感猪与带毒猪直接接触或与污染有猪繁殖与呼吸障碍综合征病毒的运输工具、器械接触均可受到感染。感染猪的流动也是本病的重要传播方式。

4. 流行特点

本病是一种高度接触性传染病,呈地方流行性。持续性感染是猪繁殖与呼吸障碍综合征病毒流行病学的重要特征,猪繁殖与呼吸障碍综合征病毒可在感染猪体内存在很长时间。仔猪的死亡率高达 80%～100%,肥育猪发病则温和。

（三）临床症状

本病的临床表现不尽相同。自然感染的潜伏期一般平均为 14d;而人工感染的则短,一般为 4～7d。只饲养生长猪和肥育猪的猪场发病率不高,以急性呼吸道感染症为主征（似流感症状）。患猪体温升高到 41℃ 左右,打喷嚏、咳嗽、流鼻液、呼吸急促等,严重时发生呼吸困难,有的可出现"蓝耳",一般不死猪。怀孕母猪全部出现厌食症状，随后出现呼吸道感染症状和行走时四肢僵硬，接着大批流产、死胎、早产、产弱仔，一般可使全场怀孕母猪的 30%，严重的可达 70%，甚至 80% 发病流产。母猪严重缺奶，甚至无奶汁。母猪流产、早产、死胎只发生一胎，对以后的配种、怀孕、产仔没有后遗症（已获免疫力）。乳猪发病率、死亡率随日龄的加大而下降，10 日龄以内死亡率为 80%~100%；10 日龄以上一般为 20%~50%。临床症状主要表现为呼吸道感染症状。生长猪和育肥猪出现呼吸道感染症状，但比乳猪为轻。种公猪症状轻微，只表现咳嗽、打喷嚏、呼吸困难，严重时可出现喘沟；昏睡、精神不振、厌食，精液品质明显下降，而且带病毒。

（四）病理特征

本病的特征性病变发生于肺脏，主要以间质性肺炎为特点。眼观，肺脏膨满，表面有大小不等的点状出血，尖叶和心叶部有灶状肺泡性肺气肿并见淤斑，肋膈面间质增宽、水肿，有红褐色淤斑和实变区。肺切面上见血管断端有凝固不全的血液，支气管断端有少量含泡沫的液体。镜检，肺组织以多中心性间质肺炎为特点。病初炎灶内浸润多量巨噬细胞和小淋巴细胞，肺泡上皮脱落，肺泡膈的增生变化较轻，形成卡他性肺炎的变化；随后肺泡膈中的结缔组织明显增生，淋巴细胞浸润，肺泡隔增厚，肺泡腔变小或消失，被增生的结缔组织所取代，形成典型的间质性肺炎变化。

病毒经呼吸道侵入肺脏后，虽然被巨噬细胞吞噬，但并不被杀灭，而是在其中增生、繁殖，导致部分巨噬细胞破坏、吞噬能力降低或丧失；随后病毒可随巨噬细胞侵入血液而侵害其他组织和器官。由于该病毒对巨噬细胞有破坏作用，可降低机体的抵抗力，故常常引起各种形式的继发性感染。剖检死于本病的仔猪，病猪可见其耳尖、四肢末端、尾巴、乳头和阴户等部位的皮肤呈蓝紫色；病程稍长者，可见整个耳朵、颌下、四肢及胸腹下均呈现紫色，耳壳等部的表皮有水疱、破溃或结痂，头部水肿，胸腔颌腹腔有积水。其他器官的病变，除了一些非特异性变化外，还有两个特点：一是小血管通透性增大或发生纤维素性坏死而引起水肿；二是继发性感染的有关病变，如继发霍乱沙门氏菌感染时，可见有纤维素性坏死性肠炎；继发多杀性巴氏杆菌时，则肺脏病变加重，常伴发有纤维素性肺炎病变；继发链球菌或伪狂犬病时，则还出现化脓性脑脊髓膜炎或非化脓性脑炎等变化。

（五）诊断

病初全群猪出现厌食，随后出现类似流感症状（呼吸道感染症状），接着发生大批怀孕母猪流产、死胎、早产和到产期产下弱仔。发病前出生的 10 日龄以内的乳猪大批死亡。症状出现的顺序是先厌食，随后流产、早产和产死胎，最后出现流感症状。怀孕 50d 以内的母猪不发生流产，只出现厌食和类似流感症状。确诊有赖于实验室诊断。实验室诊断的常用方法除病毒的分离与鉴定外，还可用间接 ELISA 法、免疫荧光法和 RT-PCR 法。

（六）防治

1. 预防

主要措施是清除传染源、切断传播途径、提高猪的抗病力等综合措施。

（1）清除传染源　对有病或带毒母猪应淘汰；对感染而康复的仔猪，应专圈饲养，肥育出栏后圈舍及用具应彻底消毒，间隔 1~2 个月再使用；对已感染本病的种公猪应坚决淘汰。

（2）切断传播途径　设立合理的消毒、隔离措施，定时消毒，并且不留消毒盲区。猪舍应通风良好，经常喷雾、消毒，防止本病的空气传播。

（3）加强免疫、营养以提高猪的抗病力　提高猪的福利，给予合理营养的饲料，不用霉变饲料喂猪，在饲料中添加 0.5% 的肥猪专用保健品大壮素；搞好疫苗注射工作。

（4）免疫注射　一般情况下，种猪接种灭活苗，而育肥猪接种弱毒苗。因为母猪若在妊娠期后三分之一的时间接种活苗，疫苗病毒会通过胎盘感染胎儿；而公猪接种活苗后，可能通过精液传播疫苗病毒。弱毒苗的免疫期为 4 个月以上，后备母猪在配种前进行 2 次免疫，首免在配种前 2 个月，间隔 1 个月进行二免。小猪在母源抗体消失前首免，母源抗体消失后进行二免。灭活苗安全，但免疫效果略差，基础免疫进行 2 次，间隔 3 周，每次每头肌注 4mL，以后每隔 5 个月免疫 1 次，每头 4mL。

2. 治疗

目前尚无特效药，多用广谱抗生素预防并发或继发细菌性感染。用阿司匹林片，每次内服 3~4 片（每片 0.5g），每日 2~3 次，对减轻呼吸道感染有一定的疗效。板蓝根注射液和病毒灵注射液，对减轻症状有一定作用。可用中药板蓝根、大青叶、穿心莲、金银花、茵陈、虎杖、贯众各 30g，煎汁或研成细末拌少量饲料给仔猪和育肥猪内服，对减轻症状和缩短病程有一定作用。

八、猪传染性胃肠炎

该病是由猪传染性胃肠炎病毒引起的一种高度接触性肠道传染病。临床症状以引起 2 周龄以下仔猪呕吐、严重腹泻、脱水和高死亡率（通常 100%）为特征。虽然不同年龄的猪对这种病毒均易感，但 5 周龄以上的猪死亡率很低，较大或成年猪几乎没有死亡。

（一）病原

猪传染性胃肠炎病毒属冠状病毒科冠状病毒属，单股 RNA。形态为球形、椭圆形、多边形等各种形态，直径为 80~120nm，电镜下观察，粒子直径 65~95nm，表面具有棒状纤突，长约 12nm，有囊膜，表面具有花瓣状突出物。本病毒目前只发现 1 个血清型，3 种抗原。但本病毒与猫传染性腹膜炎病毒、犬冠状病毒之间有抗原相关性。病毒存在于发病仔猪的各器官、体液和排泄物中，但以空肠、十二指肠及肠系膜淋巴结中含毒量最高，其滴度为每克组织含 10^6 猪感染剂量。在发病的早期，呼吸系统组织及肾的含量也相当高。

病毒能在猪肾、甲状腺及唾液腺、睾丸组织等细胞培养中增殖和继代，其中以猪睾丸细胞最敏感，可引起明显的细胞病变，在猪肾细胞上需经过几次传代，才看到细胞病变，在弱酸性培养液中，猪传染性胃肠炎病毒增殖的滴度最高。但是有些毒株始终不出现细胞病变，病毒对细胞的致病作用，常因毒株而异。

病毒在冷冻贮存条件非常稳定，-20℃可保存6个月，-18℃保存18个月仅下降1个对数滴度，但在室温或室温以上很不稳定。37℃每24h病毒下降一个对数滴度，56℃、4min，65℃、10min即可杀死病毒。0.5mol/L的氯化镁，可增强病毒对热的抵抗力。本病毒对光敏感，在阳光下曝晒6h即被灭活，紫外线能使病毒迅速失效，可是放在阴暗处7d，仍能保持其感染力。本病毒对乙醚、氯仿及去氧胆酸钠敏感。对胰酶有一定的抵抗力，对0.9%胰酶能抵抗1h，0.05%的福尔马林溶液、0.5%的石炭酸溶液在37℃分别处理20min及50min，即可灭活病毒。病毒在pH4~8时稳定，pH2.5时则被灭活。

（二）流行病学

1. 易感性

各种年龄的猪均有易感性，10日龄以内仔猪的发病率和死亡率很高，而断奶猪、育肥猪和成年猪的症状较轻，大多能自然康复，其他动物对本病无易感性。

2. 传染源

病猪和带毒猪是主要的传染源。它们从粪便、乳汁、鼻分泌物、呕吐物、呼出的气体中排出病毒，污染饲料、饮水、空气、土壤、用具等。主要经消化道、呼吸道传染给易感猪。健康猪群的发病，多由于带毒猪或处于潜伏期的感染猪引入所致。另外，其他动物如猫、犬、狐狸和燕、八哥等也可以携带病毒，间接引起本病的发生。

3. 传播途径

该病毒的贮存宿主至少有四种。第一种是病毒扩散呈亚临床症状的猪场，如育肥猪场或不断有新生仔猪的猪场，病毒可持续存在于这些猪场，一旦到了发病的适应季节，即可引起本病的爆发；第二种是狗、猫、狐狸、燕八哥、苍蝇等带毒、排毒、机械地传播本病；第三种是带毒猪或发病猪通过鼻内分泌物、粪便、乳汁排毒；第四种是感染了该病毒的动物尸体。血液和屠宰后的废弃物可将该病毒传入猪群。

4. 流行特点

根据不同年龄猪的易感性可呈三种流行形式。一是呈流行性，对于易感的猪群，当病毒入侵之后，常常会迅速导致各种年龄的猪发病，从每年12月至次年的4月发病最多，夏季发病最少；二是呈地方流行性，局限于经常有仔猪出生的猪场或不断增加易感猪如肥育猪的猪场中，虽然仔猪能从免疫后的母猪乳汁中获得被动免疫，但受到时间和免疫能力的限制，当病毒感染力超过猪的免疫力时，猪将会受到感染。所以该病毒能长期存在于这些猪群中；三是呈周期性流行，在新疫区主要呈流行性发生，老疫区则呈地方流行性或间歇性的地方流行性发生。在新疫区，几乎所有的猪都发病，10日龄以内的猪死亡率很高，几乎达100%，但断乳猪、育肥猪和成年猪发病后取良性经过，几周以后流行终止。青年猪、成年猪产生主动免疫，50%的康复猪带毒。排毒可达2~8周，最长可达104d之久。在老疫区，由于病毒和病猪持续存在，使得母猪大都具有抗体，所以哺乳仔猪10日龄以后发病率和死亡率均很低，甚至没有发病与死亡。但仔猪断奶后切断了补充抗体的来源，重新成为了易感猪，把本病延续下去。

（三）临床症状

本病的潜伏期一般很短，一般为15~18h，有的可延长2~3d。本病传播迅速，数日内可蔓延全群。仔猪的典型性症状是短暂的呕吐，伴有或继而发生水样腹泻。粪便黄色，绿色或白色，常含有未消化的凝乳块，气味恶臭。排泄物中含有大量的电解质，水分和正常脂肪，呈碱性，但不含有糖，病猪极度口渴，明显脱水，体重迅速减轻。日龄越小，病程越短，病死率越高。10日龄以内的仔猪大都于2~7d内死亡。随着日龄的增长，病死率逐渐降低。痊愈仔猪生长发育不良。某些仔猪发病前先有短期体温升高，发生腹泻后体温下降。

架子猪，肥猪和成年猪的症状较轻，发生一至数日的食欲不振或缺乏，个别猪有呕吐，然后发生水样腹泻，呈喷射状。排泄物灰色或褐色，体重迅速减轻。成母猪泌乳减少或停止，1周左右腹泻停止而康复，极少死亡。某些泌乳母猪发病表现严重，体温升高，无乳，呕吐厌食或腹泻。哺乳仔猪的临床症状与"白痢"相似，地方流行性的传染性胃肠炎主要发生于断奶猪，而且易与大肠杆菌、球虫、轮状病毒感染混淆。

（四）病理变化

主要的病理变化为急性肠炎，从胃到直肠可见程度不一的卡他性炎症。胃肠充满凝乳块，胃黏膜充血；小肠充满气体，肠壁弹性下降，管壁变薄，呈透明或半透明状；肠内容物呈泡沫状、黄色、透明；肠系膜淋巴结肿胀，淋巴管没有乳糜。心、肺、肾未见明显的病理性肉眼病变。

病理组织学变化可见小肠绒毛萎缩变短，甚至坏死，与健康猪相比，绒毛缩短的比例为1:7；肠上皮细胞变性，黏膜固有层内可见浆液性渗出和细胞浸润。肾由于曲细尿管上皮变性尿管闭塞而发生浊肿，脂肪变性。电子显微镜观察，可看到小肠上皮细胞的微绒毛、线粒体、内质网及其他细胞质内的成分变性，在细胞质空泡内有病毒粒子存在。

（五）诊断

1. 临床综合诊断

本病多发生于寒冷季节，不同年龄的猪相继或同时发病，表现水样腹泻和呕吐。10 日龄猪病死率很高，较大的或成年猪经 5 ~ 7d 康复。病死仔猪小肠呈卡他性炎症变化，肠绒毛萎缩。

（1）病原学诊断　最常用的是免疫荧光染色和仔猪人工感染试验。人工接种猪，于接种后第 5 小时至第 7 天可检出感染细胞。利用免疫酶技术检测，可获得同样效果，也可用琼脂扩散试验和对流免疫电泳检查碱性小肠浸出液中的病毒抗原。

（2）血清学诊断　常用中和试验。在呈流行性发生的猪群，应采取双份血清（急性期或康复后）或同时收集不同发病阶段的几头猪血清。在呈地方流行性发生时，最好采取 2 ~ 6 个月龄猪血清做试验，感染后 7 ~ 8d 可检出中和抗体，并可持续 18 个月。琼脂扩散试验也能检测抗体，但不敏感。间接血凝试验和 ELISA 虽很敏感，但需浓缩纯化的病毒抗原。

2. 鉴别诊断

在具有腹泻的仔猪疾病的鉴别诊断方面，应注意与仔猪白痢、仔猪副伤寒、仔猪低血糖及猪轮状病毒感染等疾病相鉴别。一般来说，这些疾病没有绒毛萎缩现象或很轻微，不像猪传染性胃肠炎那样严重。必要时可应用免疫荧光技术。猪传染性胃肠炎小肠壁 77.2% 可见特异荧光反应，肠淋巴为 85.6%，扁桃体为 93.3%。

（六）防治

本病目前无特效治疗方式，常采取下列措施综合防治。

（1）不从有病的地区购进猪只，尤其是冬春该病高发季节要特别注意，对所有新购进的猪要进行隔离饲养观察。一旦发生本病，要立即严密消毒和隔离病猪。对临产母猪应放在消毒过的猪圈内分娩。

（2）平常注意猪舍环境消毒和饲养管理，搞好猪舍环境卫生，注意防寒保暖。但要防止猪舍潮湿闷热，保持舍内空气新鲜，提高猪群健康水平，增强抗病力。规模养猪场实行"全进全出"管理，可有效预防此病的发生。

（3）做好防疫注射工作。对于规模养猪场和老疫区，要用传染性胃肠炎弱毒冻干疫苗进行预防免疫。免疫妊娠母猪于产前 20 ~ 30d 注射 2mL，主动免疫初生仔猪注射 0.5mL，10 ~ 50kg 体重猪注射 1mL，50kg 体重以上的注射 2mL。免疫期均为 6 个月。

（4）猪发病期间要适当停食或减食，及时补液。在患病期间大量补等渗葡萄糖氯化钠溶液，供给大量清洁饮水，可使较大的病猪加速恢复，减少仔猪死亡。不能饮水的病仔猪应静注或腹服腔注射葡萄糖甘氨酸溶液（葡萄糖 43.2g，氯化钠 9.2g，甘氨酸 6.6g，柠檬酸 0.52g，柠檬酸钾 0.1g，无水磷酸钾 4.35g，溶于 2L 水中）。也可采用口服补液盐溶液灌服。

（5）使用抗菌药物防止继发感染，减轻症状。抗菌药物虽不能直接治疗本病，但能有效地防治细菌性疾病的并发或继发性感染。临诊上常见的有大肠杆菌病、沙门氏杆菌病、肺炎以及球虫病等。常用的肠道抗菌药有痢特灵、链霉素、痢菌净、硫酸庆大霉素、氟哌酸、恩诺沙星、环丙沙星等。

九、猪流行性腹泻

猪流行性腹泻是由猪流行性腹泻病毒引起的一种急性肠道性传染病。本病与传染性胃肠炎很相似，在我国多发生在每年 12 月份至翌年 1 ~ 2 月，夏季也有发病的报道。可发生于任何年龄的猪，年龄越小，症状越重，死亡率越高。

（一）病原

猪流行性腹泻病毒属于冠状病毒科冠状病毒属。病毒粒子呈多形性，倾向球形，直径 95 ~ 190nm，外有囊膜，囊膜上有花瓣状突起，核酸型为 RNA 型。从患病仔猪的肠灌液中浓缩和纯化的病毒不能凝集家兔、小鼠、猪、豚鼠、绵羊、牛、马、雏鸡和人的红细胞。病毒只能在肠上皮组织培养物内生长；与猪传染性胃肠炎病毒进行交叉中和试验、猪体交互保护试验、ELISA 试验等，都证明本病毒与猪传染性胃肠炎病毒没有共同的抗原性。病毒对外界环境和消毒药抵抗力不强，对乙醚、氯仿等敏感，一般消毒药都可将它杀死。

（二）流行病学

1. 易感性

各种年龄猪对病毒都很敏感，尤其是哺乳仔猪，断奶仔猪和育肥猪感染发病率高。

2. 传染源

病猪是主要传染源，在肠绒毛上皮和肠系膜淋巴结内存在的病毒，随粪便排出，污染周围环境和饲养用具，以散播传染。

3. 传播途径

本病主要经消化道传染，还可经呼吸道传染，病毒也可由呼吸道分泌物传播。

4. 流行特点

有一定的季节性，多发生于冬季，夏季也有发生的报道，我国多在 12 月至翌年 2 月寒冬季节发生流行。

（三）临床症状

临床表现与典型的猪传染性胃肠炎十分相似。人工感染潜伏期 1 ~ 2d，在自然流行中，潜伏期可能更长。哺乳仔猪一旦感染，症状明显，表现为呕吐、腹泻、脱水、运动僵硬等症状，呕吐多发于哺乳和吃食之后，体温正常或稍偏高。人工接种仔猪后 12 ~ 20h 出现腹泻，呕吐于接种病毒后 12 ~ 80h 出现，脱水和运动僵硬见于接种病毒后 20 ~ 30h，最晚见于 90h。腹泻开始时排黄色黏稠便，以后变成水样便并混杂有黄白色的凝乳块，腹泻最严重时（腹泻 10h左右）排出的粪便几乎全部为水分。呕吐、腹泻的同时患猪伴有精神沉郁、厌食、消瘦及衰竭。

症状的轻重与年龄大小有关，年龄越小，症状越重。1 周以内的哺乳仔猪常于腹泻后 2~4d 内因脱水死亡，病死率约 50%，仔猪出生后感染本病死亡率更高。断奶猪、育成猪症状较轻，出现精神沉郁、食欲不佳、腹泻，持续 4~7d，逐渐恢复正常。成年猪仅发生呕吐和厌食。

（四）病理变化

尸体消瘦脱水，皮下干燥、胃内有多量黄白色的乳凝块。肠管膨满扩张、充满黄色液体。肠壁变薄、肠系膜充血，肠系膜淋巴结水肿。镜下小肠绒毛缩短，上皮细胞核浓缩，破碎，胞浆呈强嗜酸性变性、坏死性变化，肠绒毛显著萎缩。至腹泻 12h，绒毛变得最短，绒毛长度与隐窝深度的比值由正常 7:1 降为 3:1。

（五）诊断

本病的流行病学、临床症状、病理变化基本上与猪传染性胃肠炎相似，只是病死率比猪传染性胃肠炎稍低，在猪群中传播速度也比较缓慢一些，因此仅依靠临床综合诊断方法确诊是比较困难的，主要依靠血清学诊断，常用以下几种方法。

（1）酶联免疫吸附试验（ELISA）　应用双抗体夹心法 ELISA 检查病猪粪便的病毒抗原，病猪一旦出现腹泻时，即可采粪检查。病猪痊愈 2 周以上的，可用间接法 ELISA 检查血清中的抗体。猪感染后 1~3 周即可测出抗体，3~5 周后抗体滴度达高峰，抗体持续时间最短为 18 周，最长可达 22 周以上。

（2）免疫荧光染色检查　本法具有特异性，范围广泛。方法是取病猪小肠作冰冻切片或小肠黏膜抹片，风干后丙酮固定，加荧光抗体染色，充分水洗，封盖镜检，1~2h 即可做出诊断。

（3）人工感染试验　选用 2~3 日龄不喂初乳的仔猪，喂以消毒牛乳，将病猪小肠组织及肠内容物做成悬液。每毫升悬液加青霉素 2000IU 和链霉素 3mg，在室温放置 1h，再接种实验仔猪，如果试验猪发病，再取小肠组织做免疫荧光检查。

（六）防治

1. 预防

平时特别是冬季要加强防疫工作，防止本病传入。禁止从病区购入仔猪进入猪场，应严格执行进出猪场的消毒制度。一旦发生本病，应立即封锁，限制人员参观，严格消毒猪舍用具、车轮及通道。将未感染的预产期 20d 以内的怀孕母猪和哺乳母猪连同仔猪隔离到安全地区饲养，紧急接种疫苗。可注射猪腹泻氢氧化铝灭活苗，对妊娠母猪于产前 30d 接种 3mL，仔猪 10~25kg 接种 1mL，25~50kg 接种 3mL，接种后 15d 产生免疫力，免疫期母猪为 1 年，其他猪为 6 个月。

2. 治疗

通常应用对症疗法，可以减少仔猪死亡率，促进康复。病猪群每日补口服盐溶液（常用处方氯化钠 3.5g，氯化钾 1.55g，碳酸氢钠 2.5g，葡萄糖 20g，水 1000mL）。猪舍应该保持清洁、干燥。对 2～5 周龄病猪可用抗生素治疗，以防止继发感染。可试用康复母猪抗凝血或高免血清每日口服 10mL，连用 3d，对新生仔猪有一定治疗和预防作用。

十、猪细小病毒病

猪细小病毒病是以引起胚胎和胎儿感染及死亡而母体本身不显症状的一种母猪繁殖障碍性传染病。

（一）病原

本病病原属细小病毒科细小病毒属，外观呈圆形或六角形，直径约 20～28nm，二十面体等轴立体对称，主壳由 32 个颗粒组成，无囊膜，基因组为单股线状 DNA。本病毒在几乎所有猪的原代细胞（如猪肾、猪睾丸细胞等）、传代细胞（如 RK15、IBRS2、ST 细胞等）上都能生长繁殖。受感染的细胞表现为变圆、固缩和裂解等病变，并可用免疫荧光技术查出胞浆中的病毒抗原，病毒可在细胞中产生核内包涵体，但包涵体通常散在分布。本病毒能凝集豚鼠、大鼠、小鼠、鸡、鹅、猫、猴和人 O 型红细胞，其中以豚鼠的红细胞最好。鸡的红细胞对本病毒的敏感性有很大的个体差异。病毒感染的细胞培养物对红细胞有轻度的或没有吸附作用。56℃恒温 48h 对该病毒的传染性和凝集红细胞能力均无明显的改变。在 70℃经 2h 处理后仍不失感染力，在 80℃经 5min 加热才可使病毒失去血凝活性和感染性。本病毒的 pH 适应范围很宽，在 pH3～9 间稳定，弱酸性至中性的介质适于其血凝性的保持。病毒对乙醚、氯仿等脂溶剂有抵抗力，甲醛蒸汽和紫外线需要相当长时间才能杀灭本病毒，0.5% 漂白粉或 20% NaOH 溶液处理 5min 可杀灭病毒。

（二）流行病学

1. 易感性

目前猪是唯一的已知宿主，不同年龄、性别的家猪、野猪都可感染。牛、绵羊、猫、豚鼠、小鼠、大鼠的血清中也可存在本病病原的特异性抗体。

2. 传染源

感染本病的母猪、公猪及污染的精液等是本病的主要传染源。本病感染的母猪所产的死胎、活胎、仔猪及子宫内分泌物均含有高滴度的病毒。垂直感染的仔猪至少可带毒 9 周以上。某些具有免疫耐受性的仔猪可能终身带毒和排毒。被感染公猪的精细胞、精索、附睾、副性腺中都可带毒，在交配时很容易传给易感母猪。急性感染期猪的分泌物和排泄物，其病毒的感染力可保持几个月，所以病猪污染过的猪舍，在空舍 4、5 个月后仍可感染猪。

3. 传播途径

污染的猪舍是猪细小病毒的主要储藏所。在病猪移出、空圈4、5个月，经彻底清扫后，再放进易感猪，仍可被感染。污染的食物及猪的唾液等均能长久地存在传染性。本病可经胎盘垂直感染和交配感染。公猪、育肥猪、母猪主要通过被污染的食物、环境，经呼吸道、消化道感染。另外，鼠类也可机械性地传播本病，出生前后的猪最常见的感染途径分别是经胎盘和口鼻。

4. 流行特点

本病常见于初产母猪。一般呈地方流行性或散发。本病的发生与季节关系密切，多发生在每年4~10月份或母猪产仔和交配后的一段时间。一旦发生本病后，可持续多年，病毒主要侵害新生仔猪、胚胎、胚猪。母猪早期怀孕感染时，其胚胎、胚猪死亡率可高达80%~100%。本病的感染率与动物年龄呈正相关，5~6月龄阳性率为8%~29%，11~15月龄阳性率高达80%~100%，在阳性猪群中约有30%~50%的猪带毒。猪在感染细小病毒后3~7d开始经粪便排出病毒，1~6d左右产生病毒血症，以后不规则地进行排毒，污染环境。1周以后可检出血凝抑制抗体，21d内抗体滴定可达1:15000，且能持续数年。

（三）临床症状

仔猪和母猪的急性感染通常都表现为亚临床症状。猪细小病毒感染的主要症状表现为母源性繁殖失能。感染的母猪可能重新发情而不分娩，或只产出少数仔猪，或产生大部死胎、弱仔及木乃伊胎等。当怀孕中期胎儿死亡，死胎连同其内的胎液均被吸收时，唯一可见的症状是母猪的腹围减小。发生繁殖障碍的母猪除出现流产、死产、弱仔、木乃伊及不孕等现象外，大部分无其他明显亚临床症状。个别母猪有体温升高、后躯运动不灵活或瘫痪，关节肿大或体表有凹形肿胀等。在一窝仔猪中有木乃伊胎存在时，可使怀孕期和分娩间隔时间延长，这就易造成外表正常的同窝仔猪的死产。

一般怀孕50~60d感染时多出现死产，怀孕70d感染的母猪则常出现流产症状，而怀孕70d以后感染的母猪则多能正常产仔，但这些猪仔常常有抗体和病毒。此外，本病还可引起产仔瘦小、弱胎，母猪发情不正常、久配不孕等症状。实验感染的新生仔猪可出现呕吐、下痢等症状。

（四）病理变化

1. 眼观变化

妊娠初期（1~70d）是猪细小病毒增殖的最佳时期，因为该病毒适于在增殖能力旺盛的、有丝分裂的细胞内繁殖，所以在此阶段一旦为猪细小病毒感染，则病毒集中在胎盘和胎儿中增殖，故胎儿出现死亡、木乃伊化、骨质溶解、腐败、黑化等病理变化、母猪流产。肉眼可见母猪有轻度子宫内膜炎变化，胎盘部分钙化，胎儿在子宫内有被溶解和被吸收的现象。

大多数死胎、死仔或弱仔皮肤，皮下充血或水肿，胸、腹腔积有淡红或淡黄色渗出液。肝、脾、肾有时肿大脆弱或萎缩发暗，个别死胎、死仔皮肤出血，弱仔生后不久先在耳尖、后在颈、胸、腹部及四肢上端内侧出现淤血，出血斑，半日内皮肤全变紫而死亡。这种情况多见于产前 2 个月左右曾流行过猪瘟的猪场。除上述各种变化外，还见到畸形胎儿，干尸化胎儿（木乃伊）及骨质不全的腐败胎儿。

2. 组织学变化

表现为妊娠母猪黄体萎缩、子宫黏膜上皮和固有层有局灶性或弥漫性单核细胞浸润。死产的胎儿或死产的仔猪取脑作组织学检查，可见非化脓性脑炎变化，血管外膜细胞增生，浆细胞浸润。在血管周围形成细胞性"管套"，主要见于大脑灰质、白质、脑软膜、脊髓和脉络丝。肺、肝、肾等的血管周围也可见炎性细胞浸润。还可见间质性肝炎、肾炎和伴有钙化的胎盘炎。

死于急性猪细小病毒感染的新生动物，心肌弥慢性变性。由于病毒在长骨、肋骨及肋软骨的接合处生长，导致骨质退化。病毒对颅骨和下颅骨膜有明显的亲合性，病毒的复制干扰了这些骨的生长，导致头骨畸形。病毒在肠，特别是小肠腺窝上皮复制引起肠炎。病毒侵袭肝脏可引起肝炎。在上述组织中都可以找到特殊的细胞核内包涵体。

（五）诊断

如果发生流产、死胎、胎儿发育异常等情况而母猪没有其他临诊症状，应考虑到细小病毒感染的可能性。然而要想作出确诊，则必须依靠实验室诊断，可选用木乃伊化胎儿或这些胎儿的肺作病料送检。但大于 70 日龄的木乃伊胎儿，死产仔猪和初生仔猪则不适宜送检。因其中含有相应的抗体而干扰检验。常用的实验室检测方法有以下几种。

1. 免疫荧光检查

此法检测病毒抗原是可靠而敏感的方法。用冰冻切片机制备胎儿组织的冰冻切片，然后与标准的诊断试剂反应，在几个小时内即能作出诊断。若胎儿没有抗体反应，所有胎儿组织都可查到抗原。即使有抗体，一般在胎儿肺中也能查到受感染的细胞。

2. 血清诊断学

有血清中和试验、血凝抑制试验、酶联免疫吸附试验、琼脂扩散试验和补体结合试验等。其中最常用的是血凝抑制试验。病科可采取母猪或 1 岁以上猪的血清，也可用 70 日龄以上感染胎儿的心血或组织浸液。被检血清可先经 56℃、30min 灭活，加入 50% 豚鼠红细胞（最终浓度）和等量的高岭土，摇匀后放室温 15min，2000r/min 离心 10min，然后取上清液，以除掉血清中的非特异性的凝集素和抑制因素。抗原用 4 个血凝单位的标准血凝素，红细胞用 0.5% 豚鼠红细胞悬液，判定标准暂定为 1∶256。

3. 血清学检查

母猪血清如果没有抗体，则可以排除本病的感染。如果一段时间后血清抗体转阳性，并伴有繁殖障碍，则具有诊断意义。检查胎儿死胎和未经哺乳的新生仔猪血清中有无抗体，可以确定是否是子宫内感染。因为母源抗体不能穿过胎盘屏障，当采不到血清时，可将胎儿或胎儿内脏置于塑料袋内，在 4℃ 过夜，收集体液也可以查别抗体。注意与伪狂犬病、猪乙型脑炎、布鲁氏杆菌病鉴别诊断。

（六）防治

本病目前尚无有效的防治方法。在引进种猪时应进行猪细小病毒的血凝抑制试验。初产母猪在其配种前可通过人工免疫接种使获得主动免疫。在人工免疫方面，美国 1980 年已研制成一种灭活苗和一种弱毒疫苗，灭活苗的免疫期可达 4 个月以上。通过猪睾丸细胞 120～165 代致弱的猪细小病毒毒株，以胎猪肾细胞培养制成的弱毒苗，肌注后可预防初产母猪的细小病毒感染，但当直接接种子宫内时对胎儿有致病性，因此这种疫苗只宜用于未怀孕的初产母猪。目前，我国也已研制出灭活疫苗。在母猪配种前 2 个月左右注射可预防本病发生，仔猪母源抗体的持续期可达 16～24 周。在抗体效价大于 1∶80 时可抵抗猪细小病毒的感染。因此在断奶时，将仔猪从污染猪群移到无病污染的地方饲养，可培育出血清阴性猪群，这有利于本病常发区猪场的净化。

十一、猪轮状病毒病

轮状毒病是由猪轮状病毒引起的猪急性肠道传染病，主要症状为厌食、呕吐、下痢。

（一）病原

属于 RNA 病毒，外层衣壳呈车轮状。病毒粒子直径为 65～75nm 的二十面体，经氯化铯梯度离心法测定，密度为 1.36mg/mL，有 32 个颗粒，沉降系数为 525S，核酸有 117 个节段，8～10 种多肽。以哺乳动物为宿主，无媒介体，水平传播。轮状病毒的分离和体外培养一般比较困难。用胰酶对样品提前处理活化病毒的感染性以及在细胞培养的营养液中添加胰酶，有利于病毒的分离培养。不同动物种别的轮状病毒，可采用相应种别的原代肾细胞或有关传代细胞系进行培养。犊牛、马驹、仔猪、小鼠和婴儿的所有轮状病毒均具有共同抗原，可出现交叉反应。

本病毒比较稳定，在 4℃ 能保持形态的完整，加热至 56℃ 经 1h 不能灭活，对乙醚、氯仿有抵抗力。在 pH3～10 的环境中不能使其失去传染性。在粪便中或在没有抗体的牛奶中，室温 18～20℃ 放置 7 个月仍有感染性，本病毒需要胰蛋白酶来活化其感染性。猪轮状病毒的感染主要限于小肠上皮细胞，仔猪小肠下 2/3 处胰蛋白酶浓度最高。

（二）流行病学

1. 易感性

本病的易感宿主很多，犊牛、仔猪、羔羊、狗、幼兔、幼鹿、猴、小鼠、鸡、火鸡、鸭、珍珠鸡和鸽以及儿童均可自然感染而发病，其中以犊牛、仔猪及儿童的轮状病毒病最为常见。

2. 传染源

患病的人、畜及隐性感染的带毒猪，都是重要的传染源。病毒存在于肠道，随粪便排出外界，经消化道途径传染易感的人、畜和禽。痊愈动物从粪便中排毒的持续时间尚不清楚。

3. 传播途径

轮状病毒有一定的交互感染作用，可以从人或一种动物传给另一种动物。特别是人轮状病毒，在人群中普遍存在，容易在牛、猪、羊等哺乳动物中传播。

4. 流行特点

轮状病毒病传播迅速，多发生于晚冬至早春的寒冷季节。卫生条件不良，致病性大肠杆菌和冠状病毒、慢病毒等合并感染，可使病情加剧，病死率增高。

（三）临床症状

自然发病的小猪和实验感染的初生小猪或未吃初乳后的小猪出现的临床症状相似。在感染后 12~24h 内，表现沉郁、食欲不振和不愿活动，以后产生严重腹泻，一般在腹泻后 3~7d 发生死亡，死亡率变化无常。此时小猪脱水严重，体重可丧失 30%。当用病毒给 1~5 日龄的初生小猪或未吃初乳的小猪接种时，死亡率可达 100%。通常 10~21 日龄吃乳的小猪接种时，临床症状温和，腹泻 1~2d 后迅速康复。轮状病毒所致的腹泻物的颜色可从黄、白、黑色，稠度可以是水泻、半固体状和发酵状，或者是类似乳清的液体上漂浮着絮状物。

（四）病理变化

病变主要限于消化道。胃弛缓，其内充满凝乳块和乳汁。肠壁菲薄，半透明，肠内容物为浆液性或水样，灰黄色或灰黑色，小肠绒毛短缩扁平，肉眼也可看出，如用放大镜或解剖显微镜检查更清楚。小肠黏膜的这些变化主要出现在空肠、回肠。肠系膜淋巴结水肿，胆囊肿大。

组织学变化：电镜观察发现，轮状病毒感染主要局限在小肠绒毛的上皮细胞，所以组织学检查病变主要局限在绒毛部，绒毛顶端柱状上皮由于病毒感染、增殖，导致上皮细胞脱落或坏死溶解。绒毛变短，隐窝上皮未分化成熟就移向发病感染的绒毛顶部上皮的位置，所以在绒毛顶部常见未分化成熟的立方上皮所覆盖，固有层可见有淋巴细胞、单核细胞和多形核粒细胞浸润。

（五）诊断

本病发生在寒冷季节，多侵害幼龄动物，突然发生水样腹泻。发病率高而病死率一般较低，主要病变一般在消化道小肠。根据这些特点，可以作出初步诊断。轮状病毒病要与猪传染性胃肠炎、猪流行性腹泻和仔猪黄痢、白痢区别，需进行实验室检查。一般在腹泻开始24h内采取小肠及内容物或粪便，进行病毒抗原检查，方法有电镜法、免疫电镜法、琼脂扩散试验、对流免疫电泳试验、直接荧光抗体试验、酶联免疫吸附试验、双抗体夹心法和放射免疫试验等。

（六）防治

本病无特效治疗药物。在流行地区，可用轮状病毒油佐剂灭活苗或猪轮状病毒弱毒双价苗对母猪或仔猪进行预防注射。油佐剂苗于怀孕母猪临产前30d，肌肉注射2mL；仔猪于7日龄和21日龄各注射1次，注射部位在后海穴（尾根和肛门之间凹窝处）皮下，每次每头注射0.5mL。弱毒苗于临产前5周和2周分别肌肉注射1次，每次每头1mL。同时要使新生仔猪早吃初乳，接受母源抗体的保护，以减少发病和减弱病症。发现病猪，立即隔离到清洁、干燥和温暖猪舍，加强护理，尽量减少应激因素，避免猪群密度过大，清除粪便及其污染的垫草，消毒被污染的环境和器物。

发病猪口服葡萄糖盐溶液效果良好，配方为氯化钠3.5g、碳酸氢钠2.5g、氯化钾1.5g、葡萄糖30g、水1000mL混合溶解，每千克体重口服此液30～40mL，每日2次，同时，进行对症疗法，内服收敛剂，使用抗生素和磺胺药物，以防止继发感染。静脉注射5%葡萄糖盐水和5%碳酸氢钠溶液，可防止脱水和酸中毒。

十二、猪圆环病毒病

猪圆环病毒病是指以Ⅱ型圆环病毒为主要病原、单独或继发/混合感染其他致病微生物的一系列疾病的总称。主要有猪断奶后多系统衰竭综合征（PMWS）、皮炎肾病综合征（PDNS）、猪呼吸道疾病综合征（PRDC）、繁殖障碍、先天性震颤、肠炎等。近年来，猪圆环病毒病作为一种新的病毒病在许多国家广泛流行。

（一）病原

现已知猪圆环病毒（PCV）有两个血清型，即PCV1和PCV2。PCV1为非致病性的病毒，PCV2为致病性的病毒，它是断奶仔猪多系统衰竭综合征的主要病原。此外，猪皮炎及肾病综合征、肠炎等也与猪圆环病毒感染有关。猪圆环病毒为二十面体对称、无囊膜、单股环状DNA病毒。病毒粒子直径为17nm，是目前发现的最小的动物病毒。该病毒对外界的抵抗力较强，在pH3的酸性环境中很长时间不被灭活。该病毒对氯仿不敏感，在56℃或70℃处理一段时间不被灭活。在高温环境也能存活一段时间。该病毒不凝集牛、羊、猪、鸡等多种动物和人的红细胞。

（二）流行病学

1. 易感性

PCV 感染动物试验，发现只有猪产生特异性抗体，而兔、鼠、牛，甚至人都为血清学阴性。PCV1 对猪无致病性，但能产生血清抗体，并且在调查的猪群中普遍存在。猪对 PCV2 具有较强的易感性。

2. 传染源

病猪排出的 PCV 是该病的主要传染源。

3. 传播途径

感染猪可自鼻液、粪便等废物中排出病毒，经口腔、呼吸道途径感染不同年龄的猪。怀孕母猪感染 PCV2 后，可经胎盘垂直传播感染仔猪。人工感染 PCV2 血清阴性的公猪后精液中含有 PCV2 的 DNA，说明精液可能是另一种传播途径。用 PCV2 人工感染试验猪后，其他未接种猪的同居感染率是 100%，这说明该病毒可水平传播。猪在不同猪群间的移动是该病毒的主要传播途径，也可通过被污染的衣服和设备进行传播。

4. 流行特点

该病主要发生在 5~16 周龄的猪，最常见于 6~8 周龄的猪，表现为断奶仔猪多系统衰竭综合征。乳猪极少感染，一般于断奶后 2~3d 或 1 周开始发病，急性发病猪群中，病死率可达 10%，耐过猪后期发育明显受阻。但常常由于并发或继发细菌或病毒感染而使死亡率大大增加，病死率可达 25% 以上。工厂化养殖方式可能与本病有关，饲养管理不善、恶劣的断奶环境、不同来源及年龄的猪混群、饲养密度过高及刺激仔猪免疫系统均为诱发本病的重要危险因素。

（三）临床症状

猪圆环病毒 II 型可引起猪的繁殖障碍，导致母猪返情率增高，流产，产死胎、木乃伊胎和弱仔等，所产仔猪断奶前死亡率上升。公猪感染圆环病毒 II 型后，可通过交配传染给与配母猪，从而导致其繁殖障碍。

1. 断奶仔猪多系统衰竭综合征

多发于 6~8 周龄仔猪，发病率为 20%~60%，死亡率为 5%~35%。仔猪断奶后 2~3 周出现以咳嗽、呼吸困难、逐渐消瘦、死亡率和淘汰率均显著升高为特征的疾病。病猪发热（一般不超过 41℃），食欲减退，继而出现消瘦、被毛粗乱、皮肤苍白或黄疸、呼吸困难等症状。个别猪眼睛有分泌物，腹泻，肘关节和膝关节肿胀。其剖检特征为全身淋巴结肿大和发生心包炎、胸膜肺炎、腹膜炎等，使用多种抗生素治疗效果不理想。

2. 猪皮炎和肾病综合征

通常发生于 8~18 周龄的猪，病猪食欲废绝，体温升高至 41.5℃，皮下水肿。皮肤出现紫红色病变斑块，在会阴部和四肢最为明显，这些斑块有时会相互融合。在极少情况下皮肤病变会消失。也有的病变表现为猪的后躯部位出现紫红色淤血、淤点或淤斑。可视的浅表淋巴结肿大，出现黄色胸水或心包积液。肾脏呈肾小球性肾炎和间质性肾炎，表面可见淤血点。常见症状还有严重下痢和呼吸困难，以及被毛粗乱。

3. 间质性肺炎

主要危害 6 ~ 14 周龄的猪，发病率为 2% ~ 30%，死亡率为 4% ~ 10%。眼观病变为弥漫性间质性肺炎，肺脏颜色呈灰红色。有时可见肺部存在Ⅱ型肺细胞增生区和细支气管上皮坏死并含坏死细胞碎片的区域，肺泡腔内有时可见透明蛋白。

（四）病理变化

本病主要的病理变化为患猪消瘦，贫血，皮肤苍白，黄疸；淋巴结异常肿胀，内脏和外周淋巴结肿大到正常体积的 3 ~ 4 倍，切面为均匀的白色；肺部有灰褐色炎症灶和肿胀，呈弥漫性病变，相对密度增加，坚硬似橡皮样；肝脏发暗，呈浅黄到橘黄色外观，萎缩，肝小叶间结缔组织增生；肾脏水肿（有的可达正常的 5 倍），苍白，被膜下有坏死灶；脾脏轻度肿大，质地如肉；胰、小肠和结肠也常有肿大及坏死病变。

组织学病变呈全身器官、组织广泛性病理损伤。肺有轻度多灶性或高度弥漫性间质性肺炎；肝脏有以肝细胞的单细胞坏死为特征的肝炎；肾脏有轻度至重度的多灶性间质性肾炎；心脏有多灶性心肌炎。在淋巴结、脾、扁桃体和胸腺常出现多样性肉芽肿炎症。断奶仔猪多系统衰竭综合征的病猪主要的病理组织学变化是淋巴细胞缺失。

（五）防治

用抗生素治疗猪圆环病毒病无太大的效果，仅能减少继发性的细菌感染。

（1）减小断奶应激　仔猪断奶后 3 ~ 4 周是预防猪圆环病毒病的关键时期。因此，尽可能减少对断奶仔猪的刺激，避免过早断奶和断奶后更换饲料。在断奶仔猪饲料中按每吨饲料中添加利高霉素 1.2kg、15% 金霉素 2.5kg 或强力霉素 150g、阿莫西林 150g，连续饲喂 15d；避免断奶后并窝并群；避免在断奶前、后 1 周内多次注射疫苗；降低饲养密度，为仔猪提供舒适的环境。

（2）采用抗菌药物　用氟苯尼考、丁胺卡那霉素、硫酸庆大小诺霉素、克林霉素、磺胺类药物等进行治疗，同时应用促进肾脏排泄和缓解类药物进行肾脏的恢复治疗。

（3）采用黄芪多糖注射液并配合维生素 B_1、维生素 B_{12}、维生素 C 肌肉注射，也可以使用佳维素或氨基金维他加入饮水或拌料。

（4）选用新型的抗病毒剂如干扰素、白细胞介素、免疫球蛋白、转移因子等进行治疗，同时配合中草药抗病毒制剂，会取得明显治疗效果。

（5）做好猪瘟、蓝耳病、猪细小病毒、喘气病等疫苗的免疫接种工作。

十三、猪痘

猪痘是由痘病毒引起的一种急性发热性接触性传染病，其特征是皮肤和黏膜上发生特殊的红斑、丘疹和结痂。

（一）病原

本病病原体有两种，一种是猪痘病毒，另一种是痘苗病毒，它们均属痘病毒科脊椎动物痘病毒亚科猪痘病毒属成员。病毒粒子为砖形或卵圆型，大小为 300nm×250nm×200nm 左右。本病毒可在猪的皮肤或其他上皮和睾丸内进行培养继代，也可在发育的鸡胚绒毛尿囊膜、鸡胚细胞、猪肾细胞、兔肾细胞等进行培养。病毒在受感染的细胞内受刺激时，可在细胞浆内形成嗜碱性或嗜酸性包涵体，大小约为 5~30nm，包涵体内有许多小颗粒，即原生小体，也就是病毒抗原。本病毒抵抗力不强，55℃、20min 或 37℃、24h 处理可丧失感染力，但对干燥有抵抗力，在生理盐水悬浮液中，于 0℃至少可保存 5 周以上，晾干至少保存 3 年以上，在干燥的痂皮中病毒可存活几个月，在正常条件下的土壤中可生存几周。在 pH3 的环境中病毒可逐渐丧失感染力，直射阳光或紫外线可迅速灭活病毒。0.5% 福尔马林溶液、3% 石碳酸溶液、0.01% 碘溶液、3% 硫酸、3% 盐酸可在数分钟内杀死病毒，1%~3% 火碱溶液和 70% 酒精溶液 10min 处理即可杀灭病毒。

（二）流行病学

1. 易感性

猪痘病毒只能使猪感染发病，其他动物不发病。以 4~6 周龄的哺乳仔猪多发，断乳仔猪亦敏感，成年猪有抵抗力。

2. 传染源

病猪和病愈带毒猪是本病的传染源。病毒随病猪的水疱液、脓汁和痂皮污染周围环境。

3. 传播途径

该病主要经损伤的皮肤或黏膜感染，也可经呼吸道、消化道传染。此外，猪血虱、蚊、蝇等外寄生虫也可参与传播。此病由病毒引起，直接接触传染。皮肤损伤是猪痘感染的必要条件。猪虱及其他吸血昆虫对皮肤损伤使病毒得以进入皮肤。

4. 流行特点

由痘苗病毒引起的猪痘，各种年龄的猪都感染发病，呈地方流行性。还可引起乳牛、兔、豚鼠、猴等动物感染。本病可发生于任何季节，以春秋天气阴雨寒冷、猪舍潮湿污秽以及卫生差、营养不良等情况下，流行比较严重，发病率很高，致死率不很高。大多数患畜在 3 周后恢复。

（三）临床症状

潜伏期平均 4~7d，病猪体温升高到 41.3~41.8℃，精神食欲不振、喜卧、寒战，行动呆滞，鼻黏膜和眼结膜潮红、肿胀，并有分泌物，分泌物为黏液性。痘疹主要发生于躯干的下腹部和四肢内侧、鼻镜、眼睑、面部皱褶等无毛或少毛部位，也有发生于身体两侧和背部的。典型的猪痘病灶，开始为深红色的硬结节，突出于皮肤的表面，略呈半球状，表面平整，直径达 8mm 左右，临床观察中见不到水疱阶段即转为脓疱。此时病变中间凹陷，局部贫血呈黄色，病变中心高度下降，而周围组织膨胀，脓疱很快结痂，呈棕黄色痂块，痂块脱落后变成无色的小白斑并痊愈。

腹股沟淋巴结是肉眼病变的另一器官。皮内接种的猪，皮肤病变出现 1~2d，腹股沟淋巴结变大，并容易触摸到。病理发展到脓疱期结束时，淋巴结已接近正常。

猪痘一般无明显的水疱和脓疱过程，患猪病变部位常在擦痒时，可使痘疤部破裂，渗出血液或浆液，粘上泥土、垫草后形成痂壳，导致皮肤增厚，呈皮革状，在强行剥离后痂皮下呈现暗红色溃疡，表面附有微量黄白色脓汁。在病程后期，痂皮可裂开、脱落，露出新生肉芽组织，不久又生出新的黑色痂皮，经 2~3 次的蜕皮之后才长出新皮。当有其他病菌继发感染时，可使病情加重，另外在口咽、气管、支气管等处若发生痘疹时，常引起败血症而最终导致死亡。

本病多为良性经过，病死率不高，所以易被忽视，以致影响猪的生长发育。但在饲养管理不善或继发感染时，常使病死率增高，尤其是幼龄猪。

（四）病理变化

痘疹病变主要发生于鼻镜、鼻孔、唇、齿龈、颊部、乳头、齿板、腹下、腹侧、肠侧和四肢内侧的皮肤等处，也可发生在背部皮肤。死亡猪的咽、口腔、胃和气管常发生疱疹。由于猪痘的病情比较轻微，组织学病变可见棘细胞肿胀变性，溶解而出现微细胞化灶，胞核染色质溶解，出现特征性核空泡。当忽视饲养管理时，本病可常继发胃肠炎、肺炎，引起败血症而死亡。

（五）诊断

根据流行病学、临床症状一般不难诊断。本病可见皮肤痘疹，病情严重的或有并发病的可在气管、肺、肠管处发现痘疹。组织学上以上皮细胞核的空泡具有特征性的诊断意义。如果要具体确定本病是由猪痘病毒还是由痘苗病毒引起的，则必须进行病毒的分离和鉴定，其中以中和试验、血凝抑制、动物接种试验比较简便易行。临床上注意本病与口蹄疫、水疱疹、水疱性口炎、水泡病等皮肤病变区别。

（六）防治

目前本病尚无有效疫苗，而且发病后一般治疗也并不能改变本病的病程。患本病时只要加强饲养管理，改善畜舍环境，加强猪本身抵抗力，一般不会引起损失。动物康复后可获得坚强的免疫力，猪痘病毒与痘苗病毒之间无交叉免疫。在引进新猪时，必须对新猪所来自的猪场的病史作详细了解，并在新猪入场前检查皮肤上是否存在痘样病变，平时加强饲养管理，注意消灭血虱等体外寄生虫。

单元二 | 猪细菌性传染病

一、猪丹毒

猪丹毒是猪丹毒杆菌引起的一种急性传染病，其临床与剖检特征为高热、急性败血症、皮肤疹块（亚急性）、慢性疣状心内膜炎及皮肤坏死与多发性非化脓性关节炎（慢性）。

（一）病原

猪丹毒杆菌是一种革兰氏阳性菌，为平直或微弯杆菌，大小为（0.2～0.4）μm×（0.5～0.25）μm，具有明显的形成长丝的倾向。本菌无运动性，不形成荚膜和芽孢。猪丹毒杆菌表面有一层蜡样物质，对各种外界因素抵抗力很强，本菌的液体培养物封闭在安瓿瓶中，可保持活力17～35年之久。在干燥状态下可活3周，尸体内细菌可活288d，阳光下可存活10d。本菌对热较敏感，55℃经15min，70℃经5～10min处理则死亡，但在大块肉中，必须煮沸2.5h才能致死。一般化学消毒药对丹毒杆菌有较强的杀伤力，3%来苏儿溶液、1%～3%苛性钠溶液、5%石灰乳溶液、1%漂白粉溶液、3%克辽林溶液处理5～15min可把本菌杀死。本菌耐酸性较强，猪胃内的酸度不能杀死该菌，可通过胃而进入肠道。在自然条件下，丹毒杆菌使猪（主要为3～12个月龄）发病，3～4周哺乳仔猪亦可发病。猪丹毒杆菌在体外对磺胺药无敏感性，抗生素中对青霉素极为敏感。猪丹毒杆菌具有不同血清型，目前查明主要与猪丹毒杆菌细胞壁的特殊可溶性肽葡聚糖有关，不同血清型猪丹毒杆菌的抗原结构、免疫原性和致病性均有不同程度的差异。猪丹毒血清型研究将对猪丹毒流行病学或实际防治工作具有重要意义。

（二）流行病学

1. 易感性

本病主要发生于猪，3～12个月龄最为敏感，哺乳猪亦可发生。牛、羊、狗、马、鸭、鹅、火鸡、鸽、麻雀、孔雀等也有病例报告，人感染本病时称类丹毒。

2. 传染源

病猪和病愈猪以及健康带菌猪是本病的主要传染源，丹毒杆菌主要存在于病猪的心、肾、脾和肝，以心肾的含菌量最多，主要经粪、尿、唾液和鼻分泌物排出体外；该菌主要存在于健康带菌猪扁桃体和回盲口的腺体处，也可存在胆囊和骨髓里；健康猪扁桃体的带菌率为24.3%～70.5%。

3. 传播途径

病猪、带菌猪以及其他带菌动物都可从粪尿中排出猪丹毒杆菌而污染饲料、饮水、土壤、用具和猪舍等，通过饮食经消化道传染给易感猪。此外本病也可通过损伤皮肤及蚊、蝇、虱等吸血昆虫传播。屠宰场、加工厂的废料、废水、食堂的残羹和腌制、熏制的肉品等也可以成为传染源，常常引起本病的发生，健康带菌猪在应激因素的作用下，机体抵抗力降低，细菌在局部大量增殖侵入血液，引起内源性传染而发病，在流行病学具有重要意义。

4. 流行特点

猪丹毒的流行季节具有一定特点，虽然一年四季均发生，但在北方地区以炎热、多雨季节流行最盛，秋凉以后逐渐减少。而在南方地区，往往冬、春季节也可形成流行高潮，本病常为散发性或地方流行传染，有时也发生暴发流行。猪丹毒杆菌主要侵害 3 ~ 12 月龄的猪，随着年龄的增长对丹毒易感性降低，但 1 岁以上的猪甚至基础母猪和哺乳仔猪也有的发病死亡。

（三）临床症状

猪丹毒的临床症状与细菌的毒力、猪的抵抗力、免疫状态和自然感染的方式以及应激因素有关，通常可分特急性（闪电型或最急性型）、急性败血性、亚急性（疹块）和慢性四型。潜伏期短的 1d，长的 7d。

1. 特急性型

自然感染多为流行初期第一批发病突然死亡的猪，病前无任何症状，前日晚间吃食良好，而次日晨发现猪只死亡，全身皮肤发绀，若为群养猪，其他猪相继发病，并有数头死亡。

2. 急性败血型

此型常见，以突然暴发、急性经过和高死亡为特征。病猪精神不振、高烧不退；不食、呕吐；结膜充血；粪便干硬，附有黏液。小猪后期下痢，耳、颈、背皮肤潮红、发紫；临死前腋下、股内、腹内有不规则鲜红色斑块，指压褪色后而融合一起；常于 3 ~ 4d 内死亡。病死率 80% 左右，不死者转为疹块型或慢性型。哺乳仔猪和刚断乳的小猪发生猪丹毒时，一般突然发病，表现神经症状，抽搐，倒地而死，病程多不超过 1d。

3. 亚急性型（疹块型）

该型是轻型的猪丹毒，病程 1 ~ 2 周。病初体温可达 42℃ 以上，精神不振，食欲不佳，口渴、便秘，时有恶心呕吐。发病后 2 ~ 3d 在身体许多部位的皮肤，特别在颈部胸侧、背部、腹侧、四肢等处出现方块型、菱形或圆形疹块。疹块稍凸起于皮肤表面，大小不一，从几个到几十个不等。初期疹块局部温度升高，充血，指压褪色；后期淤血，颜色变为一致的紫黑色。黑皮肤猪生前疹块不易观察，只有用力触皮肤才可感觉到有疹块存在。一些病例疹块不隆起于皮肤表面，只有急宰后刮毛才被发现。疹块出现 1 ~ 2d 后体温下降，病情好转经 1 ~ 2 周自行恢复。如治疗护理不当，则有些病例症状恶化，转为败血型而死亡。在严重的病例中，许多小疹块融合成较大的皮肤坏死块，久而变成皮革样痂皮，呈盔甲样。若妊娠母猪发病时可发生流产。

4. 慢性型

通常由急性或亚急性型转变为本型，但也有原发性的。一般有慢性浆液性纤维素性关节炎、慢性疣状心内膜炎和皮肤坏死。

（1）**慢性关节炎型** 初期表现四肢关节的炎性肿胀，患肢僵硬、疼痛，急性炎症消失后，则出现关节变形，表现为一肢或两肢的跛行或卧地不起，临床表现的差异与受害关节部位和损害的程度有关，病程数周至数月。

（2）**慢性疣状心内膜炎型** 表现为消瘦、贫血、身体虚弱，常卧伏，厌走动，呼吸困难，听诊时心杂音、节律不齐、心动加速、亢进，如强行激烈走动时，可突然因心衰致死。有的生前未发现任何症状，死后剖检时有菜花样心内膜炎。皮肤坏死，常发现在肩、背、尾和蹄部，坏死部皮肤变黑、干硬如皮革样。随病程的进展，坏死皮肤逐渐与外围组织分离，最后脱落，残留一片无毛而色淡的疤痕而痊愈，若有感染，病情恶化，病程延长。

（3）**皮肤坏死型** 常发生于背、肩、耳、蹄和尾等部。局部皮肤肿胀、隆起、坏死、色黑、干硬、似皮革。逐渐与其下层新生组织分离，犹如一层甲壳。坏死区有时范围很大，可以占整个背部皮肤；有时可在部分耳壳、尾巴、末梢、各蹄壳发生坏死。约经 2～3 个月坏死皮肤脱落，遗留一片无毛、色淡的疤痕而愈。如有继发感染，则病情复杂，病程延长。

（四）病理变化

死于急性败血型的病猪，以败血病及体表红斑等为特征，表现为显著弥漫性皮肤发红。全身淋巴结呈浆液性、出血性炎症。胸腔积浑浊液。心包积液，心外膜与心肌点状出血或有淤血斑。脾呈樱红色，充血，显著肿大，边缘增厚。肝显著肿大、充血，呈棕红色。肾肿大，呈暗红色，皮质部有小出血点。整个消化道呈明显卡他性或出血性炎症，特别是胃底与幽门部、十二指肠、空肠前部尤为严重，黏膜发生弥漫性出血或点状出血，上覆大量黏液。死于亚急性疹块型病猪，在颈、背与腹侧部发生疹块，疹块部的血管扩张，皮肤和皮下组织有轻度或中度的水肿，并有点状出血。慢性关节炎型呈无化脓性病灶，且有增生性病变。多见于一个或几个关节。关节囊内有纤维素性渗出物。慢性心内膜炎常见溃疡性或菜花样疣状赘生物，发生于一个或几个心瓣膜上。

（五）诊断

1. 临床综合诊断

根据流行病学资料、临床症状和病理解剖变化一般可作出诊断，特别是大群猪在流行初期做出本病的诊断尤为重要。本病流行病学具有一定特征，多在高温夏季。主要侵害 3～6 个月的架子猪或育成猪。体温高达 42℃ 以上，高温而尚有一定食欲。皮肤有丹毒性红斑，青霉素治疗有显著疗效。剖检流行第一批死亡猪，脾不肿大或稍肿大，脾切面白髓周围有红晕。消化道呈急性胃肠炎，尤以胃底腺和十二指肠初段为严重。全身淋巴肿胀，为急性浆液性或出血性淋巴结炎。肾肿大，外观花斑样，切面皮质部有肾小球的炎症渗出，呈串珠样明显可见。此外肝、脾等贮血器官暴露空气后由暗红色变为鲜红色。亚急性型猪丹毒具有特征性皮肤疹块，通常是比较容易与其他传染病的皮肤变化区别的。慢性型疣状心内膜炎和关节炎同时可见有贫血性梗死灶。但急性型猪丹毒注意与最急性猪瘟、最急性猪肺疫、猪败血性链球菌、急性猪副伤寒相互区别。

2. 细菌学检查

急性败血型病猪可采取肾、肝、脾、心血，慢性型和亚急性疹块型可采取皮肤疹块、肿胀关节等病料。将上述病料涂片，经革兰氏染色后镜检，当发现革兰氏阳性、菌体平直或稍弯曲的纤细中型杆菌或不分枝的长丝状，呈单在、成双排列，尤其在白细胞内集成丛时，可初判为本病。

3. 细菌培养

利用所取样品接种于鲜血琼脂斜面或接于肉汤中，于37℃恒温箱培养24h，按丹毒杆菌特性进行鉴别定性。

4. 动物实验

将病料加少量灭菌生理盐水，制成乳剂直接注射，也可用培养24h的肉场培养物注射。小白鼠皮下注射0.2mL，鸽子肌注1mL。如被注病料是猪丹毒，则小白鼠和鸽子均在接种后72h内死亡，并可从死亡动物的心血及脾、肝、肾等脏器中分离到猪丹毒杆菌。

5. 血清学检查

常用的血清学方法有血细胞凝集试验、补体结合试验和荧光抗体试验等。

（六）防治

1. 治疗

（1）青霉素疗法　以青霉素治疗有特效，其次是土霉素和四环素，卡那霉素和新霉素基本无效，磺胺类药亦无效。急性型青霉素静脉注射10000IU/kg体重，同时肌注常规剂量的青霉素，以后每日2次肌注，以防复发或转慢性，不宜过早停药，待食欲、体温恢复正常后，再持续2~3d。如果病猪数目较多，则有必要对易感群体进行全群注射治疗。可先采用饮水用药，再继以饲料用药。在饲料中添加青霉素V 200g/t或四环素500g/t。青霉素V还可以用在疾病即将暴发时作预防性投药。

（2）血清疗法　应用抗血清是特异性疗法，剂量为仔猪5~10mL，3~10月龄猪30~50mL。成年猪50~70mL，皮下或静脉注射，经24h再注射1次，如青霉素和抗血清同时应用效果更佳。对病情较重的病例可用5%葡萄糖加维生素C或右旋糖酐以及增加氢化可的松和地塞米松等静脉注射，疗效显著。

2. 预防

（1）免疫接种　猪丹毒杆菌健康带菌率较高，而且能感染许多动物，很难根除传染源，目前防疫措施主要是预防接种疫苗。易发地区，每年春秋进行两次预防注射猪丹毒疫苗。断奶后应及时按窝注射，保证猪群体获得免疫力。

常用的菌苗为猪丹毒弱毒菌苗，大小猪均一律皮下注射 1mL，免疫期 6 个月；猪丹毒氢氧化铝甲醛菌苗，10kg 以上断奶仔猪一律皮下或肌肉注射 5mL，21d 后产生免疫力，免疫期 6 个月；猪丹毒 GC 系弱毒菌，皮下注射 7 亿个菌苗，注射后 7d 产生免疫力，免疫期 5 个月以上；口服为 14 亿个菌苗，拌入饲料（注意要用新鲜饲料）中，服后 9d 产生免疫力，免疫期可达 9 个月。如果生长猪群不断发病，则有必要采取免疫接种，选用二联苗或三联苗，8 周龄一次，10~12 周龄再一次。为防母源抗体干扰，一般 8 周以前不做免疫接种。

（2）定期消毒　没有发病的猪场或地区，平时应坚持做好防疫工作，定期消毒，杀灭病原体。

（3）坚持自繁自养的原则　必要引进和调配种猪时要做好预防接种工作，待产生免疫力后再引进。猪进场后，还应隔离观察 1 个月以上，待无发生疫情后，方可混群。

二、猪肺疫

猪肺疫（猪巴氏杆菌病）是由多种杀伤性巴氏杆菌所引起的一种急性传染病，俗称"锁喉疯"。本病的特征，最急性型呈败血症变化，咽喉部急性肿胀，高度呼吸困难；急性型呈纤维素性胸膜肺炎症状，均由 Fg 型（相当于 A 型）引起；慢性型症状不明显，逐渐消瘦，有时伴发关节炎，多由 F0 型（相当于 D 型）引起。本病分布于世界各地，各种畜禽乃至野生动物都可发病，通常被称为出血性败血症，简称"出败"。

（一）病原

多杀性巴氏杆菌为巴氏杆菌属，两端钝圆，中央微凸的短杆菌，大小为（0.2~0.4）μm×（0.4~0.8）μm，单个存在，无鞭毛，无芽孢，无运动性，产毒株则有明显的荚膜。本菌为革兰氏阴性，用美兰或瑞氏染色呈明显的两极着色性，但陈旧的培养物或多次继代的培养物两极着色不明显。多杀性巴氏杆菌从菌落形态上可分为三个型，即黏液型、光滑型、粗糙型。光滑型为中等大小菌落，对小鼠毒力强；粗糙型则菌落小，对小鼠几乎无毒力；黏液型则介于二者之间。从菌落的荧光性可以分为 F0 型、Fg 型和 Nf 型。F0 型多来源于禽，荧光橘红而带金色，边缘有乳白光带。Fg 则多来源于牛及其他动物，荧光呈蓝绿色而带金光，边缘有狭窄的红黄光带，对猪、牛等家畜是强毒菌，对鸡等禽类毒力弱。Nf 型一般是无毒力型的菌株。本菌的抵抗力很低，在自然界中生存的时间不长，浅层的土壤中可存活 7~8d，粪便中可存活 14d。一般消毒药在数分钟内均可将其杀死。

（二）流行病学

1. 易感性

多种动物和人均有致病性，以猪、牛、兔、鸡、鸭、火鸡最为易感；绵羊、山羊、鹿和鹅次之；马偶可发生。

2. 传染源

病畜（禽）和带菌畜禽是主要传染源。

3. 传播送径

病畜（禽）由其排泄物、分泌物不断排出有毒力的病菌，污染饲料，饮水、用具及外界环境，经消化道而传染于健康畜（禽），或由咳嗽、喷嚏排出的病原，通过飞沫经呼吸道传染。经吸血昆虫的媒介和损伤皮肤、黏膜也可发生传染。当畜禽饲养管理不良，气候恶劣，使动物抵抗力降低时，即可发生内源传染。

4. 流行特征

一般无明显的季节性，但以冷热交替、气候剧变、闷热、潮湿、多雨时期发生较多；一些诱发因素如营养不良、寄生虫、长途运输、饲养管理条件不良等诱因作用促进本病发生。本病一般为散发，有时可呈地方流行性。

（三）临床症状

潜伏期为 1～3d，有时 5～12d。临诊上一般分为最急性、急性和慢性三型。

1. 最急性型

呈败血症症状，常突然发病，迅速死亡。晚间食欲正常，次日清晨死于栏内，来不及或看不到表现症状。发展稍慢的，体温升高（41～42℃）。食欲废绝，全身衰弱，卧地不起，或烦躁不安，心跳加快，呼吸高度困难，颈下咽喉红肿、发热、坚硬，严重者向上延及耳根，向后可达胸前。临死前，呼吸极度困难，呈犬坐姿势，伸长头颈呼吸，有时发生喘鸣声，口鼻流出泡沫，可视黏腹发绀，腹部、耳根和四肢内例皮肤出现红斑，很快窒息死亡。病程 1～2d，病死率 100%。

2. 急性型

该型是本病主要和常见的病型。主要表现纤维素性胸膜肺炎症状，败血症较最急性型轻微。病初体温升高（40～41℃），发生短而干的痉挛性咳嗽，呼吸困难，有黏稠性鼻汁。有时混有血液，后变为湿咳，咳时疼痛。触诊胸部有剧烈的疼痛。听诊有啰音和摩擦音。初期便秘，后期腹泻。病情严重后，呼吸极度困难，呈犬坐姿势，可视黏膜发绀，皮肤有紫斑或小出血点。一般颈部不呈现红肿。心跳加快，心脏衰弱。肌体消瘦无力，卧地不起，多窒息而死。病程 4～6d，有的病猪转为慢性。

3. 慢性型

多见于流行后期，主要表现为慢性肺炎或慢性胃肠炎症状。病猪表现精神沉郁，食欲减退，持续性咳嗽与呼吸困难，鼻流少许黏脓性分泌物。进行性营养不良，极度消瘦，常有泻痢现象。有时出现痂样湿疹，关节肿胀。治疗不良者，多经 2 周以上衰竭而死，病死率 60%～70%。

（四）病理变化

1. 流行性猪肺疫（最急性型）

本病特点是外观见咽喉部和颈部常呈急性肿胀，触摸肿胀部硬实，腹部、耳根及四肢内侧皮肤出现紫红色斑块，用手压之退色。从口、鼻流出白色泡沫样液体。全身可视黏膜呈紫红色。剖检呈急性咽喉炎，咽喉黏膜下组织均呈急性出血性炎性水肿。有多量淡黄色略透明的液体流出，被水肿液浸润的组织呈黄色胶冻样。镜检可见局部水肿液中存有大量病原菌和不同数量的嗜中性粒细胞。咽喉部黏膜肿胀可引起声门部狭窄，因而可严重影响呼吸，甚至导致窒息。水肿可蔓延到舌根部，严重时可波及胸前和前肢皮下。颌下、咽喉及颈部淋巴结呈显著充血、出血、水肿而表现高度肿大，具急性淋巴结炎变化，有的病例可发生淋巴结坏死。全身各部的淋巴结也往往表现不同程度的淋巴结炎。全身浆膜和黏膜往往见有点状出血。胸、腹腔和心包腔内液体量增多，有时见有纤维蛋白渗出。肺多数表现淤血、水肿，有时可见肺组织内存有散在局灶性红色肝变病灶。

2. 散发性猪肺疫

肺部病变特别显著，表现为不同发展阶段的纤维素性肺炎变化。病变可波及一侧或两侧肺叶的大部分。但病变最多见的发生部位为尖叶、心叶的隔叶前部，严重时可波及整个肺叶。病变部肺组织肿大、坚实，表面呈暗红色或灰黄红色，被膜粗糙，有时见附有纤维素性薄膜。病变部与相邻组织界限明显。切面由于病程长短不同，呈现不同色泽的肝变样病灶。有的病灶切面呈暗红色，有的呈灰黄红色，有的病灶以支气管为中心发生坏死或化脓，有的发展为坏疽性肺炎。病灶部肺小叶间质增宽、水肿，故使整个肺切面往往形成大理石样花纹。病灶部周围组织一般均表现淤血、水肿或气肿。胸膜和心外膜也往往同时发生纤维素性炎。表现为胸膜粗糙，具斑块状或点状出血，失去光泽，附有数量不等的纤维蛋白。慢性病例常发生肺、肋胸膜黏连。胸腔内常积有多量黄色浑浊的液体。伴有纤维素性心外膜炎的病例，表现为心包扩张，心包液增多，心外膜充血或出血，在心外膜上或心包液内存有膜状或凝卵样的纤维素凝块。

（五）诊断

在本病的多发季节，发病以中、小猪较多。病猪高热，咽喉部红肿，呼吸困难，剖检见败血症变化或纤维素性肺炎变化，可诊断为猪肺疫，必要时作细菌学检查。

1. 细菌学检查

无菌采取水肿液、胸（腹）腔液、心血、肝、脾、淋巴结等组织。病料涂片，以碱性美蓝染色法或瑞氏法染色，也可用革兰氏染色法。镜检如见有卵圆形短杆菌、两级呈明显浓染、革兰氏阴性小球杆菌时，即可初步判定为巴氏杆菌病。分离培养可应用普通肉汤或马丁肉汤增菌培养后，接种于血平板培养基。

2. 动物接种试验

将病料研磨成糊状，以灭菌生理盐水制成1∶10的悬液（或用肉汤培养基的24h培养物），接种于小白鼠、家兔的皮下或腹腔。接种量小白鼠为0.1～0.3mL，家兔为0.3～0.5mL。如用家兔接种时，应在接种前数日，每日以0.2%～0.5%煌绿2～3滴滴鼻，如为巴氏杆菌带菌兔，则在滴鼻后18～24h出现化脓性鼻炎，这种家兔则不宜再作接种用。

如病料中含有巴氏杆菌强毒株，小白鼠及家兔最早在10h左右即死亡，一般在24～72h死亡。剖检呼吸道及消化道黏膜有出血点，脾脏不肿大，肝脏常见充血、肿大及坏死。试验动物死亡后，应立即剖检，取其心血、肝、脾等脏器进行涂片镜检和培养。

（六）防治

1. 治疗

（1）青霉素80万～240万IU肌注，同时用10%磺胺嘧啶10～20mL加注射用水5～10mL肌注，12h一次，连用3d。

（2）45kg以上猪用氯霉素2500mg、链霉素3000mg、10%氨基比林20mL肌注，6h 1次，连用2次。

（3）庆大霉素1～2mg/kg体重、四环素7～15mg/kg体重，每日2次，直到体温下降为止。

2. 预防

根据本病传播特点，防治首先应增强机体的抗病力。加强饲养管理，消除可能降低抗病能力因素和致病诱因如圈舍拥挤、通风采光差、潮湿、易受寒等。圈舍、环境定期消毒。新引进猪隔离观察1个月后健康方可合群。进行预防接种是预防本病的重要措施，每年春秋两季定期用猪肺疫氢氧化铝甲醛菌苗或猪肺疫口服弱毒菌苗进行两次免疫接种。也可选用猪丹毒、猪肺疫氢氧化铝二联苗，猪瘟、猪丹毒、猪肺疫弱毒三联苗。接种疫苗前几天和后7d内，禁用抗菌药物。发生本病时，应将病猪隔离、封锁、严密消毒。同栏的猪，用血清或用疫苗紧急预防。对散发病猪应隔离治疗，消毒猪舍。

三、猪副伤寒

猪副伤寒即猪沙门氏菌病，是由沙门氏菌属细菌引起仔猪的一种传染病。急性型表现为败血症，亚急性和慢性型以顽固性腹泻和回肠及大肠发生固膜性肠炎为特征。

（一）病原

沙门氏菌为两端钝圆、中等大小的直杆菌，革兰氏染色阴性，无芽孢，一般无荚膜，都有周鞭毛（鸡白痢沙门氏菌除外），菌体大小（0.4～0.9）μm×（1～3）μm，能运动，多数有菌毛。本菌需氧或兼性厌氧，最适生长温度为 35~37℃，最适 pH 为 6.8~7.8，对营养要求不高，能在普通平板培养基上生长。沙门氏菌抗原分为菌体抗原（O 抗原）、鞭毛抗原（H 抗原）、表面抗原（荚膜或包膜抗原，称 Vi 抗原）三种。许多类型的沙门氏菌具有产生毒素的能力，尤其是肠炎沙门氏菌、鼠伤寒沙门氏菌和猪霍乱沙门氏菌。毒素有耐热能力，75℃经 1h 仍有毒力，可使人发生食物中毒。本细菌对干燥、腐败、日光等因素具有一定的抵抗力，在外界环境中可生存数周或数月。在 60℃经 1h，70℃经 30min，75℃经 5min 死亡。对化学消毒剂的抵抗力不强，常用消毒药均能将其杀死。

（二）流行病学

1. 易感性

人、各种畜禽及其他动物对沙门氏菌属中的许多血清型都有易感性，不分年龄大小均可感染，幼龄动物更为易感。猪多发生于 1~4 月龄的仔猪。

2. 传染源

主要是病畜和带菌者，可由粪便、尿、乳汁以及流产的胎儿、胎衣和羊水排出病菌。

3. 传播途径

病菌污染饲料和饮水，经消化道感染健畜。病畜与健畜交配或用病公畜的精液人工授精可发生感染。此外，子宫内感染也有可能。鼠类也可传播本病。健康畜禽的带菌现象非常普遍，病菌可潜藏于消化道、淋巴组织和胆囊内。当外界不良因素使动物抵抗力降低时，病菌可变为活动化而发生内源感染。

4. 流行特点

一年四季均可发生。猪在多雨潮湿季节发病较多，一般呈散发性或地方流行性。环境污染、潮湿、棚舍拥挤、饲料和饮水供应不良、长途运输中气候恶劣、疲劳和饥饿、寄生虫病、分娩、手术、断奶过早等，均可促进本病的发生。

（三）临床症状

潜伏期由 2d 至数周不等，临床分为急性和慢性型。

1. 急性型（败血型）

多见于断奶前后的仔猪，临诊表现为体温升高（41~42℃），精神不振，食欲废绝。后期间有下痢，呼吸困难，耳根、后躯及腹下部皮肤有紫红色斑点，有时出现症状后 24h 内死亡，但多数病程 2~4d，病死率很高。

2. 慢性型（结肠炎型）

临床较为多见，与肠型猪瘟的临诊表现相似。表现为体温升高（40.5~41.5℃），精神不振，食欲减退，寒战，常堆叠一起。眼有黏性或脓性分泌物，上下眼睑常被粘着，少数发生角膜混浊，严重者发展为溃疡，甚至眼球被腐蚀。病初便秘后下痢，粪便淡黄色或灰绿色，恶臭，混有血液、坏死组织或纤维絮片，有时排几天干粪后又下痢，可以反复多次。由于下痢、失水，病猪很快消瘦。有些病猪在病的中、后期皮肤出现弥漫性湿疹，特别是腹部皮肤，有时可见绿豆大、干涸的浆性覆盖物，揭开见浅表溃疡。有些病猪发生咳嗽。病程往往拖延 2~3 周或更长，最后衰竭死亡。有时病猪症状逐渐减轻，状似恢复，但以后生长发育不良或经短期又复发。病死率 25%~50%。有些猪群发生所谓潜伏性"副伤寒"。小猪生长发育不良，被毛粗乱、污秽。体质较弱，偶有下痢。体温和食欲变化不大。一部分患猪发展到一定时期突然症状恶化而引起死亡。

（四）病理变化

1. 急性型（败血型）

病死猪的头部、耳朵和腹部等处皮肤出现大面积蓝紫斑，各内脏器官具有一般败血症的共同变化。全身浆膜与黏膜以及各内脏有不同程度的点状出血，全身淋巴结尤其是肠系膜淋巴结及内脏淋巴结肿大，呈浆液状炎症和出血。心包和心内、外膜有小点状出血。有时有浆液性纤维素性心包炎。脾肿大，被膜偶见散在的小点状出血。切面见脾白髓周围可有红晕环绕。

肾脏皮质部苍白，偶见有细小出血点或斑点状出血，肾盂、尿道和膀胱黏膜也常有出血点。肝脏肿大、淤血，在被膜有时见有出血点。许多病例可见肝内有许多针尖大至粟粒大的黄灰色坏死灶和灰白色副伤寒结节。肺脏多半表现淤血和水肿，气管内有白色泡沫，小叶间质增宽并积有水肿液。肺的尖叶、心叶和隔叶的门下部常有小叶性肺炎灶。极重病例，伴发有纤维素性肺炎。脑膜脑脊髓炎可见于部分病例，病变主要是血管炎。脑膜和脑实质有出血斑点。脑实质的病变为弥漫性肉芽肿性脑炎，偶发脑软化，少数病例还见微小脓肿。病灶内可见细菌栓子。胃黏膜严重淤血和梗死而呈黑红色，病期超过 1 周时，黏膜内浅表性糜烂。肠道通常有卡他性肠炎，严重者为出血性肠炎。肠壁淋巴小结普遍增大，并常发生坏死和小溃疡。

2. 慢性型（结肠炎型）

尸体极度消瘦，腹部和末梢部位皮肤出现紫斑，胸膜下和腿内侧皮肤上常有豌豆大或黄豆大的暗红色或黑褐色痘样皮疹，特征性病变主要在大肠、肠系膜淋巴结和肝脏。

后段回肠和各段大肠发生固膜性炎症。局灶性病变是从肠壁淋巴组织坏死基础上发展起来的。集合淋巴小结和孤立淋巴小结明显增大，突出于黏膜表面，随后其中央发生坏死，并逐渐向深部和周围扩展，同时有纤维素渗出，并与坏死肠黏膜凝结为糠麸样的假膜，这种固膜性痂块因混杂肠内容物和胆汁而显污秽的黄绿色。坏死向深层发展并波及肌层和浆膜层时，可引起纤维素性腹膜炎。少数病灶其坏死性痂块在坏死区周围发生分界性炎症和脓性溶解，随后脱落，遗留圆形或椭圆形溃疡，继之溃疡愈合而成疤痕。

肠系膜淋巴结，咽后淋巴结和肝门淋巴结等均明显增大，有时增大几倍；切面呈灰白色脑髓样（脑髓样增生），并常散在灰黄色坏死灶，有时形成有大块的干酪样坏死物。扁桃体多数致病例伴有病变，表现肿胀、潮红，隐窝内充满黄灰色坏死物，间或有溃疡，肝脏呈不同程度淤血和变性，突出的是肝实质内有许多针尖大至粟粒大的灰红色和灰白色病灶，从表面和切面观察时，可见一个肝小叶内有几个小病灶。脾脏稍肿大，质度变硬，常见散在的坏死灶。肺的心叶、尖叶和隔叶前下部常有卡他性肺炎病灶，若继发巴氏杆菌或化脓细胞感染则发展为肝变区或化脓灶。

（五）诊断

慢性型病例依据流行病学、临诊症状、病理变化，可作出初步诊断。本病为原发性疾病，仅发生在 6 月龄以下，1 ~ 4 月龄的仔猪多发，一般呈散发性。如饲养管理不良、气候恶劣、长途运输等不良条件，可诱发本病呈地方性流行。病猪表现慢性下痢，生长发育不良。剖检可见大肠发生弥漫性纤维素性坏死性肠炎变化。肝、脾及淋巴结有小坏死灶或灰白色结节。急性病例需进行实验室检查才能确诊。

1. 细菌学检查

采取病猪的粪、尿或肝、脾、肾、肠系膜淋巴结，流产胎儿的胃内容物，流产病畜的子宫分泌物少许等作涂片镜检或分离培养。将被检材料制成涂片，自然干燥，用革兰氏染色镜检，沙门氏菌呈两端椭圆或卵圆形，不运动，不形成芽孢和荚膜的革兰氏阴性小杆菌。

将病料直接划线接种在选择培养基（S. S 琼脂、D. C 琼脂）和鉴别培养基（麦康凯琼脂、伊红美蓝琼脂）各一平板，置37℃培养24h。沙门氏菌一般为无色透明或半透明中等大小，边缘整齐、光滑、较扁平的菌落。有的沙门氏菌因产生硫化氢，在 S. S 或 D. C 琼脂上形成中心带黑色菌落。挑取沙门氏菌可疑菌落接种于双糖铁（或三糖铁）斜面，置37℃培养 18 ~ 34h，观察底层葡萄糖产酸或产酸产气，产生硫化氢变棕黑色，上层斜面乳糖不分解。不变色则可初步判定为沙门氏菌，有必要时进行生化试验及动物接种实验等。

2. 血清学试验

挑取双糖铁（或三糖铁）斜面培养物作玻片凝集试验，将沙门氏菌 A ~ F 群多价血清 1 滴置玻片上，然后用铂耳挑取培养物少许，在血清滴中温和均匀后观察，如发生凝集呈阳性反应时，再用 O 单价血清进行鉴定，以确定所属群别。

此外，对流免疫电泳（CIE）、协同凝集试验（COA）、酶联免疫吸附试验（ELISA）、免疫荧光法、基因探针检测、重氮乳反向乳凝与乳凝试验等都可用于沙门氏菌的快速诊断。

（六）防治

1. 预防

加强饲养管理，消除发病诱因。常发生本病的猪群可考虑注射猪副伤寒菌苗，出生后 1 个月以上的哺乳健康仔猪均可使用。采用添加抗生素饲料，有防病和促进仔猪生长发育作用，但要注意抗药菌株的出现。当发现本病时，应立即进行隔离、消毒；死病畜应严格执行无害化处理，以防止病菌散播和人的食物中毒。

2. 治疗

常用抗生素药物有氯霉素、卡那霉素、新霉素等。剂量为氯霉素每日每千克体重 50～100mg，新霉素每日每千克体重 5～15mg，分 2～3 次口服，连用3～5d 后，剂量减半，继续用药 4～7d。

呋喃类药物如呋喃唑酮每日每千克体重 20～40mg，分 2 次口服，连用 3～5d 后，剂量减半，继续服 3～5d。

磺胺甲基异恶唑或磺胺嘧啶每千克体重 20～40mg，加甲氧苄胺嘧啶每千克体重 2～4mg，混合后分 2 次口服，连用 1 周。或用复方新诺明每千克体重70mg，首次加倍，连用 3～7d。

四、猪链球菌病

猪链球菌病是由多种链球菌感染所引起的疾病，包括猪败血性链球菌病和猪淋巴结脓肿。特征为败血症、化脓性淋巴结炎、脑膜炎及关节炎。

（一）病原

猪链球菌是一种革兰阳性球菌，呈链状排列，无鞭毛，不运动，不形成芽孢，但有荚膜。为兼性厌氧菌，但在无氧时溶血明显，培养最适温度为 37℃。菌落细小，直径 1～2mm，透明、发亮、光滑、圆形、边缘整齐，在液体培养中呈链状。猪链球菌的细胞壁内含有多种氨基酸糖，由于氨基酸糖的种类不同，可将链球菌分成 A、B、C、D、E、F、G、H、K、L、M、N、O、P、Q、R、S、T、U 和 V 20 个血清群。其中 C 群引起猪的急性、亚急性败血症、脑膜炎、关节炎、心内膜炎、心包炎、肺炎及化脓性炎症；D 群可引起小猪发生心内膜炎、脑膜炎、关节炎、肺炎；E 群引起猪颈部淋巴结脓肿、化脓性支气管炎、脑膜炎、关节炎；其他如 G、L、M、P、R、S 及 T 群对猪均有不同程度的致病作用，引起猪发生败血症、脑膜炎、心内膜炎、肺炎、关节炎及脓肿等病理过程。到目前为止，共有 35 个血清型（1～34，1/2 型），最常见的致病血清型为 2 型。猪链球菌常污染环境，可在粪、灰尘及水中存活较长时间。该菌在 60℃水中可存活 10min，50℃为 2h。在 4℃的动物尸体中可存活 6 周；0℃时灰尘中的细菌可存活 1 个月，粪中则为 3 个月；25℃时在灰尘和粪中则只能存活 24h 及 8d。苍蝇携带猪链球菌 2 型至少长达 5d，被污染食物可长达 4d。

（二）流行病学

1. 易感性

各种年龄的猪都有易感性，30～50kg 架子猪多发，但败血症型和脑膜脑炎型多见于仔猪，化脓性淋巴结炎型多发于中猪，现代集约化密集型养猪易流行猪链球菌病。猪群流行本病时，与猪经常接触的牛、大犬和禽类不见发病。实验动物中，以家兔最敏感，仓鼠、小鼠次之。

2. 传染源

病猪和病愈带菌猪是本病自然流行的主要传染源。病猪的鼻液、尿、粪、唾液、血液、肌肉、内脏、肿胀的关节内均可检出病原体。

3. 传播途径

本病多经呼吸道和消化道感染。病猪与健康猪接触，或由病猪排泄物（尿、粪、唾液等）污染的饲料、饮水以及物体均可引起猪只大批发病而造成流行。外伤、阉割或注射消毒不严格等也可造成本病的传染和散播。

4. 流行特点

一年四季均可发生，春、秋季节多发，呈地方流行性。

（三）临床症状

1. 败血症型

在流行初期常有最急性病例，往往头晚未见任何症状，次晨已死亡；停食，体温升高（41.5℃以上），精神萎顿，呼吸困难，便秘，类干硬，结膜发绀，突然倒地，从口、鼻流出淡红色泡沫样液体，腹部下有紫红斑。急性病例，常见精神沉郁，体温41.5~42℃，呈稽留热，食欲减退或不食。眼结膜潮红，流泪，有浆液状鼻汁。呼吸浅表而快。少数病猪在病的后期于耳尖、四肢下端、腹下呈紫红色或出血性红斑，有跛行，病程2~4d。

2. 脑膜脑炎型

多见于哺乳仔猪和断奶后小猪。病初体温升高，40.5~42.5℃，不食，便秘，有浆液性或黏液性鼻汁。继而出现神经症状，运动失调，转圈、空嚼、磨牙、仰卧，直至后躯麻痹，侧卧于地，四肢作游泳状运动，甚至昏迷不醒。部分猪出现多发性关节炎、关节肿大。病程1~2d。

3. 关节炎型

该型由前两型转来，或者从发病起即呈关节炎症状。表现一肢或几肢关节肿胀，疼痛，有跛行，甚至不能站立，病程2~3周。

4. 化脓性淋巴结炎（淋巴结脓肿）型

多见于颌下淋巴结，其次是咽部、耳下和颈部淋巴结。受害淋巴结触诊坚硬、发炎肿胀、有热有痛，可影响采食、咀嚼、吞咽和呼吸。有的表现咳嗽，流鼻汁，肿胀中央逐渐变软，化脓成熟，表面皮肤坏死、破溃流出脓汁，以后全身症状也显著好转，化脓部位长出肉芽组织结疤愈合，病程3~5周。

（四）病理变化

1. 最急性型

口、鼻流出红色泡沫液体，气管、支气管充血，充满带泡沫液体。

2. 急性型

皮肤有出血点（胸、耳、腹下部和四肢内侧），皮下组织广泛出血，鼻黏膜紫红色，充血出血。气管充血，充满淡红色泡沫样液体。肺肿大、水肿、出血。全身淋巴结肿大出血，其中肺门淋巴结、肝门淋巴结周边出血。脾肿大，是正常的 1~3 倍，呈暗红色或蓝紫色，柔软，变脆，偶见脾边缘黑红色的出血性梗死灶。胃和小肠黏膜有不同程度的充血和出血。心内膜、心耳有弥漫性出血点。肾肿大，被膜下与切面上可见出血小点。胸腹腔有多量液体（积液），有时有纤维素性渗出物，往往与内脏黏连。有神经症状的，脑膜充血出血，严重者淤血，少数脑膜下积液，白质和灰质有明显的小点出血，脊髓也有类似变化。关节腔内有液体渗出。

（五）诊断

本病的症状和剖检变化比较复杂，容易与多种疾病混治，必须进行实验室检查才能确诊。

1. 细菌学检查

根据不同病型采取病料。败血症型病猪，无菌采取心血、脾、肝、肾和肺等。淋巴结脓肿病猪可用灭菌的注射器吸取未破溃淋巴结脓肿内的脓汁。脑膜炎型病猪，则以无菌操作采取脑脊髓液及少量脑组织。病料制成涂片，用碱性美蓝染色或革兰氏染色法染色后镜检，如见有多数散在的或成双排列的短链圆形或椭圆形球菌，无芽孢，有时可见到带荚膜的革兰氏阳性球菌，可作初步诊断。

分离培养时，怀疑为败血症病猪的，可先采取血液用硫乙醇盐肉汤增菌培养后，再转种于血液琼脂平板上；若为肝、脾、脓汁、炎性分泌物、脑脊液等可直接用铂耳钓取少许病料直接划线接种于血液琼脂平板上进行分离培养，37℃培养 24~48h，形成大头针帽大小、湿润、黏稠、隆起、半透明的露滴样菌落。菌落周围有完全透明的 β 溶血环，少数菌落呈现 α 绿色溶血环。可进一步做涂片镜检和纯培养以及生化特性检查。

2. 动物接种

将病料制成 5~10 倍乳剂，给家兔腹腔或皮下注射 1~2mL，或给小白鼠皮下注射 0.2~0.5mL。接种后家兔和小白鼠均于 12~24h 死亡。死后剖检取心血、肝、脾等涂片，镜检或作进一步分离培养。镜检可见大量链球菌，培养又可分离到纯的致病性链球菌时，可确定为链球菌感染。

3. 耐胆汁水解七叶苷试验

将被检菌接种于胆汁七叶苷琼脂斜面，于 37℃培养 34~48h 时，所有 D 群链球菌在此培养基上生长，并能水解七叶苷使培养基变黑。本试验对检测鉴定 D 群链球菌有 100% 的敏感性和特异性。

4. 荧光抗体技术

用制备的 A、B、C、D、G 等荧光抗体血清，快速检测标本中是否有链球菌，敏感性高，通常在 20h 内出结果。

5. SPA 协同凝集试验

用链球菌特异性抗体致敏 SPA，再将此致敏后的菌液滴加至血平板中的可疑菌落上，在短时间内即出现相应菌落的细菌和致敏菌液的凝集。

6. 乳胶凝集试验

用链球菌群或型特异血清致敏的乳胶颗粒来检测相应的链球菌特异抗原，可在数分钟内出现肉眼可见的凝集现象。

7. 对流免疫电泳

用已知抗体去检测标本中的链球菌抗原。具有快速、简便、特异性强、敏感性高的特点。

（六）防治

1. 治疗

初发病猪每头每次用青霉素 80 万 ~ 180 万 IU，链霉素 1g 混合肌注，连用 3 ~ 5d。氯霉素可按每千克体重 10 ~ 30mg，每日 2 次，肌注。庆大霉素每千克体重 1 ~ 2mg，每日 2 次，肌注。对淋巴结脓肿，可将肿胀部位切开，排除脓汁，用 3% H_2O_2 溶液或 0.1% 高锰酸钾溶液冲洗后，涂以碘酊，不缝合，几天可痊愈。

2. 预防

病毒分离后可作灭活菌苗，用福尔马林灭活后加 Al（OH）$_3$ 振荡，制成油乳灭活菌苗，灭活菌苗肌注 1.5 万 IU/kg 体重。同时用 20% 磺胺嘧啶每 50kg 体重 30mL 肌注，可预防本病。另外链球菌明矾结晶紫菌苗和猪链球菌 ST 弱毒冻干菌苗也可试用。

平时应加强管理，注意平时的卫生消毒工作，病猪尸体及其排泄物等作无害化处理。发病猪群立即将病猪隔离，严格消毒，病猪及可疑病猪立即隔离治疗。病猪恢复后 2 周方允许宰杀。急宰猪或宰后发现可疑病变者，应做高温无害化处理。

五、猪大肠杆菌病

猪大肠杆菌病是由病原性大肠杆菌引起的仔猪一组肠道传染性疾病。仔猪大肠杆菌病根据猪的生长期和病原菌血清型的差异，分为仔猪黄痢、仔猪白痢和猪水肿病三种，以发生肠炎、肠毒血症为特征，其中仔猪黄痢以 O8、O45、O60、O101、O115、O138、O139、O141、O149、O157 等群较为常见，多数具有 K88（L）荚膜抗原，能产生肠毒素；仔猪白痢有一部分与仔猪黄痢和猪水肿病相同，以 O8K88 较为常见；猪水肿病，一部分与仔猪黄痢相同，常见的有 O2、O8、O138、O139、O141 等群，但荚膜抗原有所不同，大多数菌株能溶解绵羊红细胞。

（一）病原

大肠杆菌是革兰氏阴性、中等大小的杆菌，有鞭毛，无芽孢，能运动，但也有无鞭毛不运动的变异株。多数无菌毛，少数菌株有荚膜。菌体大小为（1～3）μm×（0.4～0.7）μm。本菌需氧或兼性厌氧，最适生长温度为37℃，最适生长 pH 为7.2～7.4。营养琼脂上生长24h后，形成圆形、边缘整齐、隆起、光滑、湿润、半透明、近似灰白色的菌落，直径2～3mm。在肉汤中培养18～24h，呈均匀浑浊（S 型菌落），管底有黏性沉淀，液面管壁有菌环。麦康凯琼脂上18～24h后形成红色菌落。伊红美蓝琼脂上产生黑色带金属闪光的菌落。在远藤氏琼脂上形成带金属光泽的红色菌落，SS 琼脂上一般不生长或生长较差，生长者呈红色，菌落较小。能导致仔猪黄痢或水肿病的菌株，多数可溶解绵羊红细胞，血琼脂上呈 β 溶血。

大肠杆菌能发酵多种碳水化合物（包括葡萄糖在内）产酸又产气。大部分菌株迅速发酵乳糖，某些不典型菌株则迟缓或不发酵乳糖。除乳糖发酵试验外，吲哚形成试验、甲基红反应、V－P 试验和枸橼酸盐利用等四项试验（IMViC 试验）是卫生细菌学中常用的检测指标。凡能发酵乳糖产酸产气，并 IMViC 试验为"＋、＋、－、－"者为典型的大肠杆菌。

本菌抵抗力中等，各菌株间可能有差异。常用消毒药在数分钟内即可杀死本菌。在潮湿、阴暗而温暖的外界环境中，本苗的存活不超过1个月；在寒冷而干燥的环境中存活较久。各地分离的大肠杆菌苗株对抗菌药物的敏感性差异较大，且易产生耐药性。亚硒酸盐、亮绿等对本菌生长有抑制作用。

（二）流行病学

1. 仔猪黄痢

仔猪黄痢是出生后几小时到1周龄仔猪的一种急性高度致死性肠道传染病，以剧烈腹泻、排出黄色或黄白色水样粪便以及迅速脱水死亡为特征。

（1）易感性　本病发生于初生后1周以内的仔猪，以1～3d 最为常见，7日龄以上很少发病。同窝仔猪中发病率很高，常在90%以上，50%以下的少，病死率也很高，有的全窝死亡。

（2）传染源　主要是带菌母猪。在发病猪场如不注意卫生防疫工作，使猪群受到感染，引起仔猪大批发病死亡。

（3）传播途径　主要是经消化道感染。带菌母猪由粪便排出病原菌，散布于外界，污染母猪的乳头和皮肤。仔猪吮乳或舔母猪皮肤时，食入感染。下痢的仔猪由粪便排出大量细菌，污染外界环境，通过水、饲料和用具传染于其他母猪，形成新的传染源。

（4）流行特点　没有季节性。在猪场内1次流行之后，一般经久不断，只是发病率和病死率有所下降，如不采取适当的防治措施，则不会自行停息。

2. 仔猪白痢

仔猪白痢是10～30日龄仔猪多发的一种急性肠道传染病，以排泄腥臭的灰白色黏稠稀粪为特征。本病的病死率高，约50%。

本病发生于10～30日龄仔猪，以10～20日龄最多，也较严重。1月龄以上的仔猪很少发生。一窝仔猪中发病常有先后，此愈彼发，拖延十余日才停止。有的仔猪窝发病多，有的仔猪窝发病少或不发病，症状也轻重不一。本病的发生常与各种应激因素有关。如没有及时给仔猪吃初乳，母猪奶量过多、过少或奶脂过高，母猪饲料突然更换、过干或配合不当，气候反常，受寒，圈舍污秽，阴雨潮湿等，都可促进本病的发生或加重本病病情。

3. 猪水肿病

猪水肿病是断奶前后仔猪多发的一种急性肠毒血症，以突然发病、头部水肿、共济失调、惊厥和麻痹、剖检胃壁和肠系膜显著水肿为特征。本病发病率不高，病死率很高（90%以上死亡）。

（1）易感性　断奶不久的仔猪常发，小至数日龄，大至4月龄也偶有发生。体格健壮、生长快的仔猪最为常见。发生过仔猪黄痢的仔猪一般不发生本病。

（2）传染源　主要为带菌母猪和感染的仔猪。

（3）传播途径　由粪便排出病菌，污染饲料、水和环境，通过消化道感染。

（4）流行特点　本病呈地方流行性，一般只限于个别猪群，不广泛传播；有时散发。在猪群中发病率10%～35%，但各猪群、各时期有差异。病死率很高，春、秋季多发。集约化饲养、气温变化、饲养条件改变、免疫状态和其他感染因素的存在等可诱发本病。

（三）临床症状

1. 仔猪黄痢

潜伏期短的在出生后12h内发病，一般为1～3d，7d以上的很少。仔猪出生时体况正常，于12h后，一窝仔猪突然有一两头表现全身衰弱，很快死亡。以后其他仔猪相继发生腹泻，粪便呈黄色浆状，含有凝乳小片。捕捉时在挣扎和叫鸣中，病猪常由肛门冒出稀粪，迅速消瘦、脱水、昏迷而死亡。

2. 仔猪白痢

病猪突然发生腹泻，排出浆状、糊状的粪便，灰白或黄白色，有腥臭，体温和食欲无明显变化。病猪逐渐消瘦，发育迟缓，拱背，行动迟缓，皮毛粗糙无光、不洁，病程3～7d，多数能自行康复。

3. 猪水肿病

患猪突然发病，精神沉郁，食欲减少或废绝，心跳疾速。呼吸初期快而浅，后期慢而深。发病前一两日常有轻度腹泻，后便秘。病猪行走时，四肢无力，共济失调，步态摇摆不稳，有时作圆圈运动。静卧时，表现肌肉震颤，不时抽搐，四肢划动作游泳状。触动时表现敏感，发呻吟或嘶哑的鸣叫，继而前肢或后躯麻痹，不能站立，体温无明显变化。

本病的特殊症状是脸部、眼睑水肿，有时涉及颈部和腹部皮下。有些病猪没有水肿的变化。病程一般为1～2d，个别的可达7d以上。

（四）病理变化

1. 仔猪黄痢

病死仔猪常因严重脱水而显得干瘦，皮肤皱缩，肛门周围沾有黄色稀粪。最显著的病变是胃肠道黏膜上皮变性和坏死。胃膨胀，胃内充满酸臭的凝乳块。胃底部黏膜潮红，部分病例有出血斑块，表面有多量黏液覆盖。镜检，胃黏膜上皮脱落，固有层水肿，有少许炎性细胞浸润；胃腺腺体和腺管的上皮细胞空泡变性、液化性坏死和脱落；严重者腺管仅存框架，整个腺管变成无结构的网状物。小肠，尤其是十二指肠膨胀、肠壁变薄，黏膜和浆膜充血、水肿，肠腔内充满腥臭的黄色、黄白色稀薄内容物，有时混有血液、凝乳块和气泡；空肠、回肠病变较轻，但肠内臌气很显著。大肠壁变化轻微，肠腔内充满稀薄的内容物。镜检，肠黏膜上皮完全脱落，绒毛坦露，固有层水肿，肠腺萎缩，腺上皮细胞空泡化。严重者经液化性坏死，变成网状的纤维素样物质。在固定良好的切片中，可见绒毛的上皮表面有成丛或成层的大肠杆菌，于绒毛固有层见嗜中性粒细胞浸润。肠系膜淋巴结充血、肿大，切面多汁。心、肝、肾表现有不同程度的变性和常有小的凝固性坏死灶；脾淤血，脑充血或有小点状出血，少数病例脑实质有小液化灶。

2. 仔猪白痢

尸体消瘦，脱水，皮肤苍白，肛门及尾根附近黏着灰白色带腥臭味的粪便。主要病变位于胃和小肠前部，胃内有少量凝乳块。胃黏膜充血、出血、水肿性肿胀，表面附有数量不等黏液。一些病例胃内充满气体。肠壁菲薄，灰白半透明，肠黏膜易剥脱，有时可见充血、出血变化。肠内空虚，含大量气体和少量稀薄、黄白色带酸臭味粪便。肠系膜淋巴结肿大、水肿、滤泡肿胀。肝脏浑浊肿胀、胆囊膨满，心肌柔软，心冠脂肪胶样萎缩，肾苍白色，有时肺脏见继发性肺炎变化。组织学观察可见，肠绒毛高度水肿，上皮细胞水肿似杯状细胞样，固有层血管扩张、充血。

3. 猪水肿病

特征的病变是胃壁、结肠肠系膜、眼睑和面部以及颌下淋巴结水肿。胃内常充盈食物，黏膜潮红，有时出血；胃底区黏膜下有厚层的透明有时带血的胶冻样水肿物浸润，使黏膜层和肌层分离。水肿层有时可达 2～3cm 厚，严重的可波及贲门区和幽门区，但轻症病例则呈局部性水肿，需在多处切开胃壁才能发现。结肠祥的肠系膜呈透明胶冻样水肿，充满于肠祥间隙。眼睑和面部浮肿，皮下积留水肿液或透明胶冻样浸润物。颌下淋巴结肿胀、切面多汁，有时有出血。

（五）诊断

1. 仔猪黄痢

根据特征性病理变化和 5 日龄以内的初生仔猪大批发病，泄泻黄色稀粪，就可作出初步诊断。若从病死猪肠内容物和粪便中分离出致病性大肠杆菌，而且证实大多数菌株具有 K 抗原和能产生肠毒素，则可确诊。

肠毒素的测定方法很多。有兔肠段结扎试验、小鼠肠袢试验、皮肤毛细血管通透性亢进试验、乳鼠灌胃试验、细胞培养、Y1 腺瘤细胞和中国仓鼠卵巢（CHO）细胞的形态变化测定、琼脂扩散（Eiek）法、被动免疫溶血法、ELISA、基因探针等。

鉴别诊断时，应注意与猪传染性胃肠炎和猪流行性腹泻等鉴别。

2. 仔猪白痢

根据主要侵袭 10～30 日龄仔猪，体温不高，普遍排泄灰白色稀粪，致死率低，剖检有胃肠卡他性炎症变化，可作出诊断，必要时做细菌学检查。由小肠内容物分离出大肠杆菌，用血清学方法鉴定为常见病原性血清型，则可确诊。

临床上应注意与仔猪黄痢、仔猪红痢、猪密螺旋体痢疾及猪传染性胃肠炎等鉴别。

3. 猪水肿病

根据发病猪的日龄，特征的临床症状及病理变化，一般可作出诊断。确诊须由小肠内容物分离病原性大肠杆菌，鉴定其血清型。临床上应注意与贫血性水肿、缺硒性水肿鉴别，此二者均无明显的神经症状，注射抗贫血药或硒很快收效。

（六）防治

1. 仔猪黄痢

（1）治疗时，应全窝给药。由于细菌易产生抗药性，最好两种药物同时应用。有条件的，作细菌分离和药敏实验，选用敏感药物。常用药有氯霉素、呋喃唑酮、土霉素、新霉素、磺胺甲基嘧啶等。

（2）加强饲养管理，改善母猪的饲料质量和搭配。母猪产房应保持清洁干燥，注意消毒。接产时用 0.1% 高锰酸钾擦拭乳头和乳房，并挤掉每个乳头中的乳汁少许。使哺乳猪尽早吃到初乳。

（3）常发地区，可用大肠杆菌腹泻 K88、K99、987P 三价灭活菌苗，或大肠杆菌 K88、K99 双价基因工程苗给产前一个月怀孕母猪注射，以通过母乳获得被动保护，防止发病。

（4）平时做好圈舍及环境的卫生及消毒工作；做好产房及母猪的清洁卫生和护理工作。

（5）抗生素和磺胺药物疗法：庆大霉素注射液，肌肉注射，一次量每头 8 万 IU，1d 2 次，连用 3d。硫酸卡那霉素注射液，肌肉注射，一次量每千克体重 10～15mg，1d 2 次，连用 3d。对仔猪排出水样的严重的黄痢病，可用"腹泻康"与氧氟沙星注射液混合，肌肉注射，一次量 3～5mL，并喂服葡萄糖液（添加少量精盐），或应用庆大霉素 8 万 IU 稀释于 5% 的糖盐水中，20mL 腹腔注射，1d 2 次，连用 2d。

2. 仔猪白痢

（1）加强对母猪的饲养管理，合理地调配饲料，饲料品种不要突然改变，保持母猪泌乳平衡。

（2）仔猪应实行提早喂料，饲料应营养全面，加强运动，补充饮水，在小猪圈内放些清洁泥土，任其自由舔食。

（3）尽量减少各种应激因素，注意猪舍环境卫生，排除污水，及时清扫粪便，注意干燥。冬季加强保暖，给以足够垫草。

（4）在产前 3d 内消毒液对圈舍四周、地面、垫草和用具消毒，以喷雾器喷湿为宜。每隔 1 周消毒 1 次，连续 3 次。仔猪出生后 12～30d 内多处于严重的缺铁性贫血阶段，致生长发育受阻，抗病力下降。在仔猪 2～6d 内，1 次性肌肉注射 5% 右旋糖酐铁 2mL，含铁量约 100mg，可促进仔猪生长发育，提高抗病力，减少白痢发生。

（5）病猪治疗应取早期，还必须结合病因及发病情况选用和变换药物。目前较为常用的药物有磺胺类和抗生素等，以下处方可做参考。

磺胺类 0.5g，次硝酸铋 0.5g，胃蛋白酶 1.0g，龙胆末 0.5g，混合成散剂，加水成糊状。一日分 1～2 次口服。

新霉素每千克体重 5mg 口服，每日 2 次，连服 3d。

痢特灵（呋喃唑酮）每日 0.1g，分 2 次，连服 3d。

左旋咪唑在母猪产前 4d 按每千克体重 12mg 内服或 10mg 肌肉注射。出生后 7 日龄仔猪每千克体重 10mg 内服或 8mg 肌肉注射可用于预防仔猪白痢。发病仔猪每千克体重 12mg 内服或 10mg 肌肉注射。

3. 猪水肿病

（1）保持猪舍卫生干燥，仔猪适当运动。不要突然改变饲料和饲养方法，防止饲料单一，应增加一些含维生素丰富的饲料。

（2）在饲料内添加适宜的抗菌药物，如氯霉素、土霉素、新霉素，按每千克体重用 5～20mg，呋喃唑酮每千克体重 5～10mg，可预防本病的发生。

（3）本病缺乏特异性的治疗方法，一般用抗菌药物口服，用盐类泻剂，以抑制或排除肠道内细菌及其产物。用葡萄糖、氯化钙、甘露醇等静脉注射，安纳咖皮下注射，利尿素口服，对较慢性的病例有一定的疗效。

（4）在断奶前 20d 和断奶当天各注 1 次亚硒酸钠可预防猪水肿病。0.1% 亚硒酸钠按每 5 千克体重 1～1.5mL 作颈部肌肉注射，次日减半重新注 1 次。

六、猪传染性胸膜肺炎

猪传染性胸膜肺炎又称猪胸膜肺炎，是由胸膜肺炎放线杆菌引起的猪呼吸系统的一种严重的接触性传染病。本病以急性出血性纤维素性胸膜肺炎和慢性纤维素性坏死性胸膜肺炎为特征。

（一）病原

本病病原为胸膜肺炎放线杆菌，该菌为革兰氏染色阴性小球杆菌，并具有多形性，菌体表面被覆荚膜，在有的菌株培养物表面电镜观察到纤细的菌毛，无运动性，不形成芽孢。

本菌为兼性厌氧菌，在 10% CO_2 条件下，可生成黏液状菌落，巧克力琼脂上培养 24~48h，形成不透明淡灰色的菌落，直径 1~2mm。菌落有两种类型，一种为圆形，坚硬的"蜡状型"，有黏性；另一种为扁平、柔软、闪光型菌落。有荚膜的菌株在琼脂平板上可形成带彩虹的菌落，在牛或羊血琼脂平板上通常产生 β 溶血环。本菌产生的溶血素与金黄色葡萄球菌的 β 毒素具有协同作用，在血琼脂平板上可产生 CAMP 反应。

根据荚膜多糖分类，迄今已发现有 12 个血清型，其中血清 5 型进一步分成 5a 和 5b 二个亚型。各国（地区）所流行的血清型不尽相同，不同血清型之间的毒力有差异。血清 8 型与血清 3、6 型，血清 1 型与 9 型有血清学交叉反应。我国主要以血清 7 型为主，2、4、5、10 型也存在。

本菌抵抗力不强，易被一般消毒药杀灭，但对结晶紫、杆菌肽、林肯霉素有一定抵抗力。

（二）流行病学

1. 易感性

各种年龄的猪均易感，通常以 6 周到 6 月龄的猪较为多发。重症病例多发生于育肥晚期，死亡率约 20%~100% 不等。

2. 传染源

病猪和带菌猪是本病的传染源。猪场或猪群之间的传播，多数由于引进或混入带菌猪、慢性感染猪所致。

3. 传播途径

病菌主要存在于患猪的支气管、肺脏和鼻汁中。病菌从鼻腔排出后形成飞沫，通过直接接触而经呼吸道传播，拥挤和通风不良可加速传播。种公猪在本病的传播中也起重要作用。

4. 流行特点

多在 4~5 月和 9~11 月发生，具有明显的季节性。饲养环境突然改变、密集饲养、通风不良、气候的突变及长途运输等诱因可引起本病发生，因此又称为"运输病"。本病的危害程度随饲养条件改善而降低。

（三）临床症状

人工接触传染的潜伏期为 1~7d。本病根据病程经过可分为最急性型、急性型、亚急性型和慢性型。

1. 最急性型

同舍或从不同舍的一个或几个猪突然发病，开始体温 41.5℃ 以上，沉郁，不食，短时的轻度腹泻和呕吐，无明显呼吸系统症状。后期呼吸高度困难，常呈犬坐姿势，张口伸舌，从口鼻流出泡沫样淡血色的分泌物，脉搏增速，心衰，耳、鼻、四肢皮肤呈蓝紫色，24～36h死亡。个别幼猪死前见不到症状。病死率高达80%～100%。

2. 急性型

同舍或不同舍的许多猪患病，体温40.5～41℃，拒食，呼吸困难，咳嗽，心衰。由于饲养管理及气候条件的影响，病程长短不定，可能转为亚急性或慢性。

3. 亚急性和慢性型

多由前者转来，体温39.5～40℃，食欲废绝，不自觉地咳嗽或间歇性咳嗽。生长迟缓，出现一定程度的异常呼吸，这种状态经过几日乃至1周，或治愈或症状进一步恶化。在慢性猪群中常存在隐性感染的猪，一旦有其他病原体经呼吸道感染，可使症状加重。最初暴发本病时，可见到流产，个别猪可发生关节炎、心内膜炎和不同部位的脓肿。

（四）病理变化

1. 最急性型

可见患猪流血色鼻液，气管和支气管充满泡沫样血色黏液性分泌物。其早期病变颇似内毒素休克病变，表现为肺泡与间质水肿，淋巴管扩张，肺充血、出血和血管内有纤维素性血栓形成。肺炎病变多发于肺的前下部，而在肺的后上部，特别是靠近肺门的主支气管周围，常出现周界清晰的出血性突变区或坏死区。

2. 急性型

肺炎多为两侧性，常发生于尖叶、心叶和膈叶的一部分。病灶区呈紫红色，坚实，轮廓清晰，间质积留血色胶样液体，纤维素性胸膜炎明显。肺脏以外的病变，表现为肾小球毛细血管、入球动脉和小叶间动脉有透明血栓，血管壁纤维素样坏死，此为内毒素血症所致。

3. 亚急性型

肺脏可能发现大的干酪性病灶或含有坏死碎屑的空洞。由于继发细菌感染，致使肺炎病灶转变为脓肿，后者常与肋胸膜发生纤维性黏连。

4. 慢性型

常于膈叶见到大小不等的结节，其周围有较厚的结缔组织环绕，肺胸膜黏连。

（五）诊断

根据流行病学、临诊症状和病理变化可以做出初步诊断，确诊需进行实验室诊断。

1. 直接镜检

从鼻、支气管分泌物和肺脏病变部位采取病料涂片或触片，革兰氏染色，显微镜检查，如见到多形态的两极浓染的革兰氏阴性小球杆菌或纤细杆菌，可进一步鉴定。

2. 病原的分离鉴定

将无菌采集的病料接种在7%马血巧克力琼脂、划有表皮葡萄球菌十字线的5%绵羊血琼脂平板或加入生长因子和灭活马血清的牛心浸汁琼脂平板上，于37℃含5%～10% CO_2条件下培养。如分离到的可疑细菌，可进行生化特性、CAMP试验、溶血性测定以及血清定型等检查。

3. 血清学诊断

包括补体结合试验、2－巯基乙醇试管凝集试验、乳胶凝集试验、琼脂扩散试验和酶联免疫吸附试验等方法。国际上公认的方法是改良补体结合试验，该方法可于感染后10d检查血清抗体，可靠性比较强，但操作烦琐，目前认为酶联免疫吸附试验较为实用。

（六）防治

1. 预防

（1）首先应加强饲养管理，严格卫生消毒措施，注意通风换气，保持舍内空气清新。减少各种应激因素的影响，保持猪群足够均衡的营养水平。

（2）应加强猪场的生物安全措施。从无病猪场引进公猪或后备母猪，防止引进带菌猪；采用"全进全出"饲养方式，出猪后栏舍彻底清洁消毒，空栏1周才重新使用。

（3）对已污染本病的猪场应定期进行血清学检查，清除血清学阳性带菌猪，并制定药物防治计划，逐步建立健康猪群。在混群、疫苗注射或长途运输前1～2d，应投喂敏感的抗菌药物，如在饲料中添加适量的磺胺类药物或泰妙菌素、泰乐菌素、新霉素、林肯霉素和壮观霉素等抗生素，进行药物预防，可控制猪群发病。

（4）疫苗免疫接种，目前国内外均已有商品化的灭活疫苗用于本病的免疫接种。一般在5～8周龄时首免，2～3周后二免。母猪在产前4周进行免疫接种。可应用包括国内主要流行菌株和本场分离株制成的灭活疫苗预防本病，后者效果更好。

2. 治疗

（1）猪群发病时，应以解除呼吸困难和抗菌为原则进行治疗，并要使用足够剂量的抗生素和保持足够长的疗程。本病早期治疗可收到较好的效果，但应结合药敏试验结果而选择抗菌药物。一般可用青霉素、新霉素、四环素、泰妙菌素、泰乐菌素、磺胺类等。

（2）在饲料中添加抗生素进行治疗也有较好的效果。每吨精料添加强力霉素800g，或恩诺沙星200～400g，连续饲喂7～10d，也有较好的预防治疗效果。

七、猪传染性萎缩性鼻炎

猪传染性萎缩性鼻炎是一种由支气管败血波氏杆菌或产毒素多杀巴氏杆菌

引起的猪呼吸道慢性传染病。该病是以猪鼻甲骨萎缩，鼻部变形及生长迟滞为主要特征。

（一）病原

产毒素多杀巴氏杆菌是本病的主要病原，支气管败血波氏杆菌是本病的一种次要的、温和型病原。根据特异性荚膜抗原，可将多杀巴氏杆菌分为 A、B、D、E 四个血清型，诱发该病的产毒多杀巴氏杆菌，绝大多数属于 D 型，而且毒力较强；少数属于 A 型，多为弱毒株，来自不同型毒株的毒素具有抗原交叉性，因而它们的抗毒素之间有交叉保护性。

支气管败血波氏杆菌为球杆菌或小杆菌，呈两极染色，革兰氏染色阴性，有的有荚膜，有鞭毛，有运动性，无芽孢，大小为（0.2～0.3）μm×1.0μm，散在或成对排列，偶呈短链状。需氧菌，在肉汤中培养有腐霉味，常见有丝状形态。在普通培养基上生长良好。培养的第 1 天，在麦康凯培养基上几乎看不到生长，血琼脂上菌落也很小。第 2 天，麦康凯培养基上形成淡白色的菌落，血琼脂上形成白色、圆形较大菌落，有溶血环。在血液－甘油－马铃薯培养基上 37℃、24h 可见黄色不透明的直径达 1mm 的圆形菌落。不分解糖类，不产生吲哚，不产生硫化氢，能利用枸橼酸盐，还原硝酸盐为亚硝酸盐。石蕊牛乳呈碱性反应，尿素分解与过氧化氢酶试验呈强阳性，血浆凝固酶阳性。此菌的抵抗力不强，常用消毒剂均对其有效。

（二）流行病学

1. 易感性

不同年龄的猪都有易感性，通常以幼猪的病变最为明显。除猪外，本病对犬、猫、牛、马、羊、鸡、麻雀、猴、兔、鼠、狐及人也能引起慢性鼻炎和化脓性支气管肺炎。

2. 传染源

病猪和带菌猪是本病的传染源，其他带菌动物也能作为传染源使猪感染发病，鼠类可能成为本病的自然宿主。

3. 传播途径

主要经飞沫传播，病猪、带菌猪通过接触经呼吸道将病原传给仔猪。

4. 流行特点

不同年龄的猪都有易感性，但只有生后几天至几周的仔猪感染后才能发生鼻甲骨萎缩。较大的猪可能只发生卡他性鼻炎，咽炎和轻度的鼻甲骨萎缩。成猪感染后看不到症状而成为带菌者。

（三）临床症状

发病仔猪打喷嚏、流鼻涕、喷鼻息，有不同程度的卡他性鼻炎，产生不同量的浆液性或黏液性鼻分泌物。最早 1 周龄，6～8 周龄最显著。猪表现不安，到处拱地、奔跑，以后病情逐渐加重，持续 3 周以上开始发生鼻甲骨萎缩。感染猪在整个生长期间将继续打喷嚏、流鼻涕、气喘；同时有不同量的浆液性、脓性分泌物流出。严重时，打喷嚏可损伤鼻黏膜的血管流出鼻血。往往是单侧性的，可在猪舍墙壁或猪背上看到血迹。病猪剧烈喷嚏后，可从鼻内喷出黏液性、脓性物质，甚至鼻甲碎片。

鼻甲骨在发病后3~4周开始萎缩，鼻腔阻塞，呼吸困难、急促，可能有明显的脸变形。上颚、上颌骨变短以致出现脸部"上撅"。鼻背上皮肤和皮下组织形成皱褶。有时可见嘴向一侧偏斜的症状，主要是一侧骨生长受阻引起，并不是所有出现严重鼻甲萎缩的病猪都有明显的脸变形。暴发该病时，由于鼻泪管阻塞，流出的眼泪和灰尘粘在一起，在猪内眼角下皮肤上形成半月形放射状条纹，称为泪斑。一些临床参数已被用来对发病水平进行检测和定量，如猪鼻部眼观扭转的范围、喷嚏的次数等。猪在感染2~4周后血清中可出现凝集抗体，并持续至少4个月。

（四）病理变化

病变仅限于鼻腔的邻近组织，最有特征的变化是鼻腔的软骨和骨组织的软化和萎缩。主要是鼻甲骨萎缩，特别是鼻甲骨的下卷曲最为常见。进行病理解剖诊断时，可沿两侧第一二臼齿间的连线踞成横断面，然后观察鼻甲骨的形状和变化。正常的鼻甲骨分成上下两个卷曲，整个鼻腔被上下卷曲占据。上鼻道比下鼻道稍大，鼻中隔正直。当鼻甲骨萎缩时，卷曲变小而钝直，甚至消失，使真腔变成一个鼻道，鼻中隔弯曲，鼻黏膜常有黏脓性或干酪样分泌物。

（五）诊断

由临床症状、病理变化和微生物检查，可作出正确的诊断。

1. 细菌学检查

鼻外部消毒后，用无菌棉拭子插入鼻腔中较深的部分，轻轻转动几次，使其沾上黏液或分泌物，立即放入装有肉汤的小试管中，塞紧管塞，送检。用棉签蘸取鼻腔深部的黏液，制成涂片，染色，镜检，见多量两端钝圆的短杆状的革兰氏阴性菌。

2. Pm分离株的产毒素能力检查

采用豚鼠皮肤坏死试验进行。用马丁肉汤37℃培养36h的菌液0.1mL注射于体重350g健康豚鼠背部皮内，观察72h。皮肤出现直径大于0.5cm以上的坏死区为阳性反应（DNT⁺），无反应或仅一过性红肿为阴性（DNT⁻）。

3. X线摄片检查

摄影时胶片贴在病猪的硬腭。X射线从鼻背向鼻腔投照，片上即可显示黏膜和鼻甲骨的变化，检查前必须对猪进行镇静、麻醉或作机械性绑定，费时费力。

4. 血清学试验

猪血清中可检查出支气管败血波氏杆菌的凝集抗体，但其诊断价值很小。猪感染本病后2~4周，血清中即出现凝集抗体，至少维持4个月。但一般感染仔猪须在12周龄后才可以检出此种抗体。

鉴别诊断时，应该注意与传染性坏死性鼻炎、骨软病、猪传染性鼻炎、猪细胞巨化病毒感染等相区别。

（六）防治

引进猪时作好检疫、隔离，淘汰阳性猪。以含药添加剂饲喂，同时改善环境卫生，消除应激因素，猪舍用2%火碱水每周消毒2次。

用支气管败血波氏杆菌（Ⅰ相菌）灭活菌苗或支气管败血波氏杆菌及D型产毒素多杀巴氏杆菌灭活二联苗接种在母猪产仔前2个月及1个月接种，通过母源抗体保护仔猪几周内不感染。也可以给1~3周龄仔猪免疫接种，间隔1周进行第二免。

治疗可参照以下方法：每头每次肌注30%安乃近5mL，青霉素G160万IU和链霉素100万IU，10%百热定10mL，10%磺胺嘧啶钠10mL；静脉或腹腔注射10%葡萄糖生理盐水1000mL，并加10%维生素C 4mL。

八、猪李氏杆菌病

猪李氏杆菌病主要是由产单核细胞李氏杆菌引起的人、家畜和禽类的共患传染病。在猪以脑膜炎、败血症和单核细胞增多症、妊娠母猪发生流产为特征的传染病。

（一）病原

猪李氏杆菌病病原体是产单核细胞李氏杆菌，该菌为革兰氏阳性的小杆菌，大小为（0.4~0.5）μm×（0.5~2）μm 在血涂片中有单个分散的或两个病原呈"V"形或并列排列。本菌无荚膜，菌体周围有1~4根鞭毛，能运动。现在已知的有7个血清型和11个亚型，对猪致病的以2型较为多见。本菌对周围环境的抵抗力很强，在土壤、粪便、干草上能生存很长时间，能耐食盐和碱，但常用的消毒药能将其杀死。

李氏杆菌在普通琼脂培养基上，通常于72h内开始生长，一般在斜面的基部或培养基的边缘生长，但以在凝集水附近发育较好。将本菌移植于琼脂平扳上培养24~48h后，呈中等大小的扁平菌落，表面光滑、边缘整齐、半透明状，在透光检查时呈淡蓝色或浅灰色。作反射光线检查时呈乳白色。

（二）流行病学

（1）易感性　本病的易感动物很广泛，几乎各种家畜、家禽和野生动物都可自然感染，人也有易感性。

（2）传染源　患病动物和带菌动物是本病的传染源。该菌可从粪、尿、乳汁、流产胎儿、子宫分泌物、精液、眼、鼻分泌物中分离到，也可从污水、土壤、垃圾内分离到。

（3）传播途径　主要经消化道感染，也可能通过呼吸道、眼结膜及受损伤的皮肤感染。污染的饲料和饮水可能是主要的传播媒介，吸血昆虫也起着媒介的作用。

（4）流行特点　本病的发生有一定季节性，主要发生于冬季和早春。通常呈散发，发病率很低，病死率很高。

（三）临床症状

该病分为败血型、脑膜脑炎型和混合型。

1. 败血型

多发生于仔猪，表现体温升高，精神沉郁，食欲减少或废绝，口渴，有的表现全身衰弱、僵硬、咳嗽、腹泻、皮疹、呼吸困难、耳部和腹部皮肤发绀，病程为 1 ~ 3d，病死率高，妊娠母猪常发生流产。

2. 脑膜脑炎型

多发生于断奶后的猪，也见于哺乳仔猪。表现初期兴奋，共济失调，步态不稳，肌肉震颤，无目的的乱跑，在圈舍内转圈跳动，或不自主的后退，或以头抵地不动；有的头颈后仰，两前肢或四肢张开呈典型的观星姿势，或后肢麻痹拖地不能站立。严重的侧卧、抽筋、口吐白沫，四肢乱划。病猪反应性增强，给予轻微刺激就发生惊叫。病程 1 ~ 3d，长的可达 4 ~ 9d。

3. 混合型

多发生于哺乳仔猪，常突然发病，病初体温高达 41 ~ 42℃，吮乳减少或不吃。粪干尿少，中、后期体温降到常温或常温以下。多数病猪表现脑膜脑炎症状。

（四）病理变化

1. 败血型

除见一般的败血症病变外，主要的特征性病变是局灶性肝坏死。其次，在脾脏、淋巴结、肺脏、肾上腺、心肌、胃肠道和脑组织中也可发现较小的坏死灶。镜检，坏死灶中细胞破坏，并有单核细胞和一些嗜中性粒细胞浸润。

2. 脑膜脑炎型

可见脑膜和脑实质充血、发炎和水肿。脑髓液增量，稍显浑浊，内含较多的细胞成分。脑干，特别是脑桥、延髓和脊髓变软，有小的化脓灶。镜检见脑软膜、脑干后部，特别是脑桥、延髓和脊髓的血管充血。血管周围有以单核细胞为主的细胞浸润，还可能发生弥漫性细胞浸润和细微的化脓灶。而组织坏死则较少，浸润区的神经细胞被破坏，但病变并非局限于灰质。有些病例，病变可累及三叉神经节。流产母畜可见子宫内膜充血以至广泛坏死，胎盘子叶常见有出血和坏死。

（五）诊断

根据临床症状、病理变化和细菌学检查即可作出初步诊断。应注意与猪伪狂犬病、猪传染性脑脊髓炎等进行鉴别。

1. 诊断特点

患猪表现有脑膜脑炎的神经症状。血液中单核细胞增多，孕畜流产；剖检见脑及脑膜充血、水肿，肝有小坏死灶。脑组织切片可见有以单核细胞浸润为主的血管套和微细的化脓灶等病变，可作初步诊断。确诊需作菌体分离培养和动物接种试验。

采取的病畜血液、肝脏、脾脏、肾脏、脑脊液、脑组织及流产胎儿的肝组织等做触片和涂片镜检，如发现有呈"V"字形或"Y"字形的排列或并列的革兰氏阳性小杆菌即可确诊，必要时可再进行细菌分离培养和动物接种试验。

2. 动物接种试验

取幼兔或豚鼠1只，用本菌的24h肉汤培养物1滴，滴入动物一侧结膜囊内，另一例为对照，观察5d。一般在接种24～36h内，出现化脓性结膜炎。也可取0.5mL菌悬液（3×10^8/mL），于幼兔耳静脉注射。在3～5d内，幼兔血液内的单核细胞可上升40%以上。小鼠接种时，可选择10～20g小鼠1只，取0.3mL肉汤培养物于腹腔注射，在5d内将其杀死，可发现其肝、脾有坏死灶，如进行分离培养可找到本菌。

（六）防治

加强饲养管理，搞好环境卫生。减少各种潜在性应激因素，加强营养，控制寄生虫，使动物保持高水平的抗感染能力。病畜隔离治疗，消毒圈舍、环境，处理好粪便。

治疗以链霉素较好，但易引起抗药性。大剂量的抗生素或磺胺类药物，可取得一定疗效。有人认为氨苄青霉素加庆大霉素效果较好。

九、猪布鲁氏菌病

猪布鲁氏菌病是由布氏杆菌引起的人兽共患的慢性传染病。以孕猪流产、种公猪睾丸炎为特征。在家畜中，除猪对本病易感外，牛和羊也易发病。人类与病畜或带菌动物及流产物接触，食用未经消毒的病畜肉、乳及乳制品，均可招致感染而发生波浪热。

（一）病原

病原为布氏杆菌中的猪布氏杆菌。已知猪布氏杆菌主要有4个生物型，但各型在形成上并无太大差异。它们都是细小的球杆菌或短杆菌，无运动性，不形成芽孢和荚膜，革兰氏染色呈阴性。

该菌具有极强的侵袭力和扩散力，不仅可通过破损的皮肤、黏膜侵入机体，还可以通过正常的皮肤和黏膜侵入机体。所以，兽医工作者在处理患布氏杆菌病公母猪时，应加强防护。布氏杆菌的抵抗力比较强，在土壤、水内和皮毛上能生存较长时间，例如在布片上室温可存活5d；在干燥的土壤中可生存37d；在冷暗处及胎儿体内能保存6个月。但本菌对一般消毒药抵抗力不强，如3%漂白粉、10%生石灰乳、2%烧碱液、1%来苏儿等都能迅速将其杀死。

（二）流行病学

1. 易感性

布氏杆菌一般分羊型、牛型、猪型布氏杆菌，猪对猪型布氏杆菌最易感染，对羊型也可感染，对牛型一般不感染。本菌对未达到性成熟的猪不敏感，只对性成熟后的公、母猪敏感，特别是怀孕母猪最敏感，尤其是头胎怀孕母猪更易感染。

2. 传染源

病猪和带菌猪是本病的主要传染源，而被污染的饲料、饮水、猪舍和用具等则是扩大再传染的主要媒介。

3. 传播途径

可通过消化道、生殖道及正常或破损的皮肤与黏膜感染，还可通过胎盘感染胎儿。但也可经配种、损伤的皮肤和吸血昆虫的叮咬而感染。

4. 流行特点

母猪感染后 4～6 个月，75% 可以恢复，不再有活菌存在；公猪的恢复率在 50% 以下；乳猪感染时，到成猪仅 2.5% 带菌。这说明大部分感染猪可以自行恢复，仅少数猪成为永久性的传染源。应强调指出：猪型布氏杆菌对人有感染性。因此，人在缺乏消毒和防护的条件下进行接产、护理病猪，最易造成传染。病猪肉和内脏均含有大量的病原菌，加工不当食用后可使人感染。

（三）临床症状

1. 怀孕母猪

流产可发生在妊娠的任何时期，有的在妊娠的 2～3 周即流产；有的则接近妊娠期满而早产；但流产最多发生在妊娠的 4～12 周。病猪流产前的主要征兆是精神沉郁，发热，食欲明显减少，阴唇和乳房肿胀，有时从阴道常流出黏性红色分泌物。早期流产时，因母猪多将胎儿连同胎衣吃掉，故常不易被人发现。后期流产的胎衣不下的情况很少，偶见因胎儿不下而引起子宫炎或子宫内膜炎，以致下次配种不孕。如果配种后已怀孕，则第二次可正常产仔，极少见重复流产。流产后一般经过 8～16d 方可自愈，但排毒时间较长，需经 30d 以上才能停止。

2. 种公猪

表现为睾丸炎，可单侧亦可双侧发病。发病睾丸肿大、疼痛，有时可波及附睾及尿道。病情严重时，有病的睾丸极度肿大，状如肿瘤，而无病侧的睾丸则萎缩，并依附于肿大的睾丸上。随着病情的延长，愈后可出现睾丸萎缩，甚至阳痿，失去种用价值。

不论公、母猪在本病过程中还会出现一后肢或双后肢跛行，关节肿大，甚至瘫痪。出现跛行约占发病数的 41%，瘫痪的很少见。

（四）病理变化

猪布鲁氏菌的病理变化除各器官出现或多或少的布氏杆菌结节外，母猪主要的病变见于流产后的子宫、胎膜和胎儿；公猪的主要病变发生于睾丸。

1. 流产母猪的病变

子宫的主要病变是绒毛叶间隙有污灰色或黄色无气味的胶样渗出物。有化脓杆菌的脓肿呈粟粒状，帽针头大，呈灰黄色，位于黏膜深部，并向表面隆突，称此为子宫粟粒性布氏杆菌病。胎膜由于水肿而增厚，表面覆盖有纤维蛋白和脓汁。胎儿通常因感染而死亡，多呈败血症变化，主要病变为：浆膜与黏膜有出血点与出血斑，皮下组织发生炎性水肿；脾脏明显肿大，出血，呈现出败血性脾炎变化；淋巴结肿大；肝脏出现小坏死灶；脐带也常呈现炎性水肿变化。

2. 公猪的病变

常见的病变是睾丸受侵，据统计有34%～95%的患病公猪有睾丸病变。病初，睾丸肿大，出现化脓性或坏死性炎症；后期病灶可发生钙化，睾丸继发萎缩，使生殖能力消失。切开睾丸，肿大的睾丸多呈灰白色，有大量的结缔组织增生，在增生组织中常见出血及坏死灶；而萎缩的睾丸多发生出血和坏死，睾丸的实质明显减少。除睾丸外，附睾、精囊、前列腺和尿道球腺等均可发生相同性质的炎症。此外，一些病猪还经常出现化脓性关节炎、滑腱炎及腱鞘炎，从而导致猪出现运动障碍。

（五）诊断

虽然本病的流行病学资料、发生流产的情况、胎儿及胎衣的病理变化、胎衣不易滞留以及不育等均有助于诊断，但又因本病的临床症状和病理变化均无明显特征，同时隐性感染动物较多，故诊断本病时应以实验室检查为依据，结合流行情况、临床症状和病理变化进行综合诊断。

布鲁氏菌病的实验室检查方法很多，而最简单使用的方法是布氏杆菌病琥红平板凝集反应。采取被检猪血液，待凝固后，分离血清作为被检材料。准备0.2mL 吸管和洁净的玻璃板以及琥红平板凝集反应抗原。先用蜡笔在波板上画成4cm²的方格，每一方格中放置 1 份 0.03mL 的被检血清，摇动抗原瓶使抗原均匀悬浮，用0.2mL 吸管吸取抗原，在每一方格的血清样品旁加入 0.03mL 抗原，用牙签搅拌血清和抗原，使其均匀混合，于4min 内判定结果，出现凝集现象者为阳性反应，否则判为阴性。此外，用于猪群的布鲁氏菌病检疫的方法，常用的有血凝集反应、补体结合试验和变态反应等。

鉴别诊断时，猪布鲁氏菌病的最明显的症状是流产，这需与发生相同症状的一些疾病相互鉴别，如可引起流产的弯曲菌病、胎毛滴虫病、钩端螺旋体病、乙型脑炎和弓形虫病等。鉴别的关键是病原体的检出和特异性抗体的检测。

（六）防治

1. 预防

（1）对本病应着重于预防，体现预防为主的原则。常规预防在未感染猪群中，控制本病传入的最好方法是自繁自养；必须引进种猪时，要严格执行检疫，即将引入的猪只隔离饲养两个月，同时进行布鲁氏菌病的检查，两次检查全为阴性者，才能与原有的猪群接触，进行正常条件下的饲养。即便是清净的猪群，每年还应定期检疫（一般情况下是一年一次），一旦发现病猪或疑似猪，应立刻坚决予以淘汰。

每年应用猪布鲁氏菌 2 号弱毒活苗（简称 S2 苗）进行免疫接种。在此应该强调指出，弱毒活苗，对人仍有一定的毒力，在使用过程中应做好工作人员的自身防护。

（2）紧急预防　当猪群中发现流产时，除及时隔离病猪，深埋胎儿和阴道分泌物，对环境进行彻底消毒（常用 3%～5% 来苏儿消毒）外，还须尽快做出诊断。如确诊为本病，应立即用凝集反应方法对猪群进行检疫，检出的阳性猪一律淘汰；凝集反应阴性猪须用 S2 苗进行预防接种，饮服两次，间隔30～45d，每次剂量为 200 亿活菌。同时在饲料中添加 1% 促免 1 号饲喂 15d，增强免疫效果。若猪群头数不多，而发病率或感染患病很高时，最好全部淘汰，重新建立猪群。

（3）在疫区消灭的基本原则是检疫、隔离、控制传染源、切断传播途径、培养健康猪群和定期进行免疫接种。另外，种公猪在配种前也进行检疫，以防隐性感染种猪对猪群的持续性传染。

2. 治疗

良种公、母猪必须保留的，必须在严格隔离下进行，医护人员要加强自身防护，严防感染。

（1）20% 盐酸土霉素 10mL，分两点深部肌肉注射，隔天 1 次，连注 3 次；复方新诺明 20mL，一次肌肉注射，每天一次，连注 3～4 次。以上两药同时使用，不要混合注射。

（2）本病是一种慢性感染，以引起流产和睾丸炎为特点，一旦出现症状就失去治疗价值。又因布氏杆菌是兼性细胞内寄生菌，化学药物的治疗作用不明显。因此，对病猪一般不进行治疗，而是淘汰和屠宰。

单元三 | 猪其他传染病

一、猪支原体肺炎

猪支原体肺炎又称猪地方流行性肺炎或猪霉形体肺炎，是由猪肺炎支原体引起的呼吸道接触性传染病。

（一）病原

猪肺炎支原体无细胞壁，属多形态微生物。对外界抵抗力较弱，排出体外一般不到 36h 便失去致病力。常用消毒药均能达到消毒目的。

（二）流行病学

1. 易感性

不同年龄和品种的猪均能感染，但乳猪和断乳仔猪易感性高，发病率和病死率较高。母猪和成年猪多呈慢性和隐性。

2. 传染源

病猪和带菌猪是本病的传染源。

3. 传播途径

支原体存在于病猪肺部及鼻液中，通过咳嗽、气喘排出体外，通过气流传播。

4. 流行特点

本病一般无明显季节性，但在寒冷及冷热多变的季节发病较多。如果饲养管理不好，过于拥挤，猪舍潮湿，都会降低猪只抵抗力，使本病易于发生。

（三）临床症状

潜伏期一般为 11 ~ 16d，最短的潜伏期 3 ~ 5d，最长可达 1 个月以上。主要症状为咳嗽和气喘。体温无多大变化，病初食欲正常。咳嗽次数连续增多，特别在早上及剧烈运动后和喂食时，发生连续咳嗽。随着病情发展而发生呼吸困难，表现为明显的腹式呼吸，严重时张口喘气。此时，病猪精神很差，食欲减少，体躯日渐消瘦，皮毛粗乱，走路时弓背，行走缓慢，喜卧怕冷。一般病程较长，大多拖延 2 ~ 3 个月以上。常因抵抗力降低而并发猪肺疫。

在新母猪、怀孕和哺乳母猪，常容易发生急性型支原体肺炎，少数病猪体温稍有升高，病程 7d 左右，常因衰竭和窒息而死亡。

（四）病理变化

主要病变只见于肺。急性死亡见肺有不同程度的水肿和气肿。在心叶、尖叶、中间叶及部分病例的膈叶出现支气管炎，以心叶最为显著。病变部的颜色如鲜嫩的肌肉，俗称肉变。随着病程的延长或病情加重，病变部颜色变为浅红色或灰白色，俗称胰变或虾肉变。病变区与正常肺组织界限清楚。其他内脏无明显变化。

（五）诊断

根据流行病学，临床症状和病变特征可作诊断。但在流行初期仅出现个别病例时，应注意与流行性感冒、猪肺疫等病相区别。

1. 猪流行性感冒

这是一种突然暴发并迅速蔓延的传染病，猪群中的大部分猪在 2~3d 内都可以发病。病猪体温升高，不食，但恢复迅速，死亡率较低。大部分猪经 1 周左右的发病期后，流行迅速停息。

2. 猪肺疫

猪肺疫为散发性或地方流行性传染病，临床症状为体温升高，食欲废绝。病程 1~2d。主要病变为败血症或纤维素性肺炎，取病猪心血或肝抹片，经染色镜检可见两极浓染的多杀性巴氏杆菌。

（六）防治

1. 预防

（1）未发病地区和猪场应坚持自繁自养原则，尽量不从外地引进猪只，如必须引进，要严格隔离和检疫。

（2）加强饲养管理，做好兽医卫生工作，推广人工授精，避免种公、母猪直接接触，保护健康母猪群。

（3）在疫区，应加强猪场饲养管理，增强猪的抵抗力；母猪单圈饲养，不随便调动；小猪按窝饲养，不随便混群，并促使病母猪早日康复，能大大降低小猪的发病率；利用定期 X 射线透视等检疫方法清除病猪和可疑病猪，逐步扩大健康猪群。

（4）对发病风险较高的猪场，进行疫苗接种是控制支原体肺炎的有效措施。疫苗或采用猪肺炎支原体疫苗，每年的 8~10 月份对后备猪和种猪进行免疫接种 1 次，注射部位为右侧肋间。对仔猪 7~10 日龄首免，60~80 日龄进行第二次免疫，注射部位为颈部肌肉注射。

2. 治疗

（1）土霉素治疗　剂量为 30~40mg/kg 体重，肌肉注射，每天 1 次，连注 3~5d。病情较轻，一般加强饲养管理可促使康复。病情严重或已停止吃食的猪，用土霉素治疗后，症状即可得到显著改善。

（2）卡那霉素　小猪 4 万~5 万 IU/kg 体重，大猪 2 万~3 万 IU，肌肉注射，每天 1 次，3~5d 为一个疗程。每疗程间隔为 7~10d，一般轻症 1~2 个疗程，重症 3~4 个疗程。

二、猪附红细胞体病

猪附红细胞体病是目前养猪业中广泛流行的一种以贫血为主要特征的传染

病，近年来由于该病引起的猪只死亡，使养猪业蒙受严重的损失。

（一）病原

附红细胞体有人认为是单细胞原虫的一种，属寄生虫，也有人认为是立克次氏体目，乏浆体科，属附红细胞体属，真菌类。目前尚未形成共识。一般以寄生宿主命名，但病原的种类与宿主之间的关系不甚清楚，有待进一步研究。其形态呈环状、哑铃状、S形、卵圆形、逗点形或杆状，大小介于 0.1 ~ 2.6μm 之间。无细胞壁，无明显的细胞核、细胞器，无鞭毛，属原核生物，2800倍显微镜下，可见分布不均的类核糖体。外有一层胞膜，下有微管（透视镜下）。增殖方式有二分裂法、出芽和裂殖法。一般认为增殖发生在骨髓部位，但尚存在争议。常单独或呈链状附着于红细胞表面，也可游离于血浆中。附红细胞体发育过程中，形状和大小常发生变化，可能也与动物种类、动物抵抗力等因素有关。

对干燥和化学药品的抵抗力很低，但耐低温，在5℃时可保存15d，在冰冻凝固的血液中可存活31d，在加15%甘油的血液中于 -79℃ 条件下可保存80d，冻干保存可活765d。一般常用消毒剂均能杀死病原，如0.5%石炭酸溶液于37℃、3h就可将其杀死。

（二）流行病学

1. 易感性

附红细胞体对宿主的选择并不严格，人、牛、猪、羊等多种动物均可感染，且感染率比较高。各种阶段猪的感染率达80% ~ 90%；人的感染阳性率可达86%；而鸡的阳性率更高，可达90%。但除了猪之外的其他动物发病率不高。猪附红细胞体病可发生于各龄猪，但以仔猪和长势好的架子猪死亡率较高，母猪的感染也比较严重。

2. 传染源

患病猪及隐性感染猪是重要的传染源。

3. 传播途径

目前还不十分清楚。猪通过摄食血液或带血的物质，如舔食断尾的伤口、互相斗殴等可以直接传播。间接传播可通过活的媒介如疥螨、虱子、吸血昆虫（如刺蝇、蚊子、蜱等）传播。注射针头的传播也是不可忽视的因素，因为在注射治疗或免疫接种时，同窝的猪往往用一只针头注射，有可能造成附红细胞体人为传播。附红细胞体可经交配传播，也可经胎盘垂直传播。在所有的感染途径中，吸血昆虫的传播是最重要的。

4. 流行特点

附红细胞体病多发生于温暖的夏季，尤其是高温高湿天气，冬季相对较少。附红细胞体病是由多种因素引发的疾病，仅仅通过感染一般不会使在正常管理条件下饲养的健康猪发生急性症状，应激是导致本病爆发的主要因素。通常情况下只发生于那些抵抗力下降的猪，分娩、过度拥挤、长途运输、恶劣的天气、饲养管理不良、更换圈舍或饲料及其他疾病感染时，猪群亦可能爆发此病。

（三）临床症状

猪附红细胞体病因畜种和个体体况的不同，临床症状差别很大。主要引起仔猪体质变差，贫血，肠道及呼吸道感染增加；育肥猪日增重下降，急性溶血性贫血；母猪生产性能下降等。

1. 哺乳仔猪

5d 内发病症状明显，新生仔猪出现身体皮肤潮红，精神沉郁，哺乳减少或废绝，急性死亡，一般 7 ~ 10 日龄多发，体温升高，眼结膜皮肤苍白或黄染，贫血症状，四肢抽搐、发抖、腹泻、粪便深黄色或黄色黏稠，有腥臭味，死亡率在 20% ~ 90%，部分很快死亡。大部仔猪临死前四肢抽搐或划地，有的角弓反张。部分治愈的仔猪会变成僵猪。

2. 育肥猪

根据病程长短不同可分为三种类型：急性型病例较少见，病程 1 ~ 3d；亚急性型病猪体温升高，达 39.5 ~ 42℃。病初精神萎顿，食欲减退，颤抖转圈或不愿站立，离群卧地。出现便秘或拉稀，有时便秘和拉稀交替出现。病猪耳朵、颈下、胸前、腹下、四肢内侧等部位皮肤红紫，指压不褪色，成为"红皮猪"。有的病猪两后肢发生麻痹，不能站立，卧地不起。部分病畜可见耳廓、尾、四肢末端坏死。有的病猪流涎，心悸，呼吸加快，咳嗽，眼结膜发炎，病程 3 ~ 7d，或死亡或转为慢性经过；慢性型患猪体温在 39.5℃左右，主要表现贫血和黄疸。患猪尿呈黄色，大便干如栗状，表面带有黑褐色或鲜红色的血液。生长缓慢，出栏延迟。

3. 母猪

症状分为急性和慢性两种。急性感染的症状为持续高热（体温可高达42℃），厌食，偶有乳房和阴唇水肿，产仔后奶量少，缺乏母性；慢性感染猪呈现衰弱，黏膜苍白及黄疸，不发情或屡配不孕，如有其他疾病或营养不良，可使症状加重，甚至死亡。

（四）病理变化

主要病理变化为贫血及黄疸。皮肤及黏膜苍白，血液稀薄、色淡、不易凝固，全身性黄疸。皮下组织水肿，多数有胸水和腹水。心包积水，心外膜有出血点，心肌松弛，色熟肉样，质地脆弱。肝脏肿大变性呈黄棕色，表面有黄色条纹状或灰白色坏死灶。胆囊膨胀，内部充满浓稠明胶样胆汁。脾脏肿大变软，呈暗黑色，有的脾脏有针头大至米粒大灰白（黄）色坏死结节。肾脏肿大，有微细出血点或黄色斑点，有时淋巴结水肿。

（五）诊断

1. 血液镜检

附红细胞体感染后 7 ~ 8d，猪主要表现为高热和溶血性贫血，这时血液内有大量附红细胞体，血液检查很容易发现。取高热期的病猪血一滴涂片，生理盐水 10 倍稀释，混匀，加盖玻片，放在 400~600 倍显微镜下观察，发现红细胞表面及血浆中有游动的各种形态的虫体。附着在红细胞表面的虫体大部分围成一个圆，呈链状排列。红细胞呈星形或不规则的多边形。

2. 血涂片染色

血涂片用姬姆萨染色，放在油镜暗视野下检查发现多数红细胞边缘整齐、变形，表面及血浆中有多种形态的染成粉红色或紫红色的折光度强的虫体。但要注意染料沉着而产生的假阳性。镜检应当与临床症状和病理变化相联系才能对该病进行正确诊断。

3. 血清学检查

诊断方法包括 IHA 试验、补体结合试验（CFT）或 ELISA 方法，但抗体的产生与病原数量的增多（而不是与感染发生的时间）有暂时的相关性。这意味着抗体的产生呈波浪形，即使数次急性发作后，抗体滴度也只能在一定时间内维持较高水平，之后便会下降到阈值以下，这表明假阴性是常见的。血清学诊断方法只适用于群体检查。

此外，可辅以生物学诊断、PCR 方法等进一步进行诊断鉴定。

4. 鉴别诊断

（1）与猪瘟鉴别的区别。

①猪瘟流行无明显季节性，猪瘟弱毒苗预防注射完全控制流行。

②猪瘟无贫血和黄疸病症。

③猪瘟呈现以多发性出血为特征的败血症变化，在皮肤、浆膜、黏膜、淋巴结、肾、膀胱、喉炎、扁桃体、胆囊等组织器官都有出血，淋巴结周边出血是猪瘟的特征病变。

④在发生猪瘟时，约有 25%~85% 的病猪脾脏边缘具有特征性的出血梗死病灶。慢性猪瘟在回肠末端、盲肠，特别是回盲口有许多轮层状溃疡（扣状溃疡）。

（2）与猪呼吸与繁殖障碍综合征鉴别的区别。

①猪呼吸与繁殖障碍综合征无贫血和黄疸症状。

②猪呼吸与繁殖障碍综合征呼吸困难明显，剖检肺部有明显的病变。

③猪附红细胞体病用四环素类抗生素治疗效果好。

（六）防治

1. 预防

加强饲养管理，保持猪舍、饲养用具卫生，减少不良应激等是防止本病发生的关键。夏秋季节要经常喷洒杀虫药物，防止昆虫叮咬猪群，切断传染源。在实施诸如预防注射、断尾、打耳号、阉割等饲养管理程序时，均应更换器械、严格消毒。购入猪只应进行血液检查，防止引入病猪或隐性感染猪。本病流行季节给予预防用药，可在饲料中添加土霉素或金霉素添加剂。

2. 治疗

治疗猪附红细胞体病的药物虽有多种，但真正有特效的不多，每种药物对病程较长和症状严重的猪效果都不好。由于猪附红细胞体病常伴有其他继发感染，因此对其治疗必须附以其他对症治疗才有较好的疗效。下面是几种常用的药物。

（1）血虫净（或三氮脒、贝尼尔）。用每千克体重 5～10mg，用生理盐水稀释成5%溶液，分点肌肉注射，1d 1 次，连用 3d。

（2）咪唑苯脲。每千克体重用 1～3mg，1d 1 次，连用 2～3d。

（3）四环素、土霉素每千克体重 10mg 和金霉素每千克体重 15mg，口服、肌注或静注，连用 7～14d。

（4）新胂凡纳明每千克体重 10～15mg 静脉注射，一般 3d 后症状可消失。

三、猪密螺旋体痢疾

猪密螺旋体痢疾又称"血痢"或"黑痢"，是由致病性猪痢疾蛇形螺旋体引起猪的一种严重的肠道传染病。主要临诊症状为严重的黏液性和黏液性出血性下痢，急性型以出血性下痢为主，亚急性和慢性以黏液性腹泻为主。剖检病理特征为大肠黏膜发生卡他性、出血性及坏死性炎症。

（一）病原

猪痢疾蛇形螺旋体，属于蛇形螺旋体属成员，存在于病猪的病变肠段黏膜、肠内容物及排出的粪便中。猪痢疾蛇形螺旋体，革兰氏染色阴性，苯胺染料或姬姆萨染色液着色良好，组织切片以镀银染色为好，可见两端尖锐、形如双雁翼状，菌体长 6～8μm，宽 0.32～0.38μm，有 4～6 个弯曲，新鲜病料在暗视野显微镜下，可见其活泼地以长轴为中心旋转运动，即蛇样运动在电子显微镜下可见细胞壁与外膜之间有 7～9 条轴丝，轴丝在靠近细胞中部发生重叠，具有运动性和溶血性。

本菌为严格的厌氧菌，对培养条件要求较严格，一般不做培养。猪痢疾蛇形螺旋体对结肠、盲肠的致病性不依赖于其他微生物，但肠内固有的厌氧微生物则是本菌定居的必要条件和导致病变严重。所以，用本菌口服感染无菌猪时，不发生症状和病变。猪痢疾蛇形螺旋体含有两种抗原成分，一种为蛋白质抗原，多种特异性抗原，可与猪痢疾蛇形螺旋体的抗体发生沉淀反应，而不与其他动物蛇形螺旋体抗体发生反应；另一种为脂多糖抗原，是型特异性抗原，可用琼脂扩散试验将本菌分为 4 个血清型。

对外界环境抵抗力较强，在密闭猪舍粪尿沟中可存活 30d，土壤中4℃时能存活 102d，粪便中 5℃时存活 61d，25℃时存活 7d，37℃时很快死亡。对阳光照射、加热和干燥敏感。兽医实践中常用的消毒药和常用浓度，如过氧乙酸、氢氧化钠、煤酚皂等可迅速将其杀死。

（二）流行病学

1. 易感性

仔猪出生后通过消化道感染，在断奶前后发病。在自然情况下，只引起猪发病。不同品种、不同年龄的猪均可感染，以 2～3 月龄幼猪发生最多。小猪的发病率和病死率比大猪高。一般发病率 70%～80%，病死率 30%～60%。

2. 传染源

病猪和带菌猪是主要的传染源，康复猪带菌率高，带菌时间可长达数月。

3. 传播途径

患畜或带菌猪粪便排出大量病菌，污染饲料、饮水、猪圈、饲槽、用具、周围环境、运输工具及母猪躯体（包括奶头），经消化道感染，健康猪吃入污染的饲料、饮水感染。

4. 流行特点

本病一年四季均可发生，流行初期呈最急性和急性，病死率高，其后多呈亚急性和慢性，影响猪的生长发育。带菌猪在正常的饲养管理条件下常不发病，当有降低猪体抵抗力的不利因素，如饲养管理不良、缺乏维生素和矿物质、运输、寒冷、过热等应激因素，可促进本病发生并加重病情。本病流行过程时间长，猪群可反复发病，在较大的猪场，常可达几个月。

（三）临床症状

本病潜伏期为 3d 至 2 个月以上，自然感染多数为 1～2 周。猪群暴发本病时，起初多呈急性，后逐渐缓和，转为亚急性和慢性。在新爆发本病时，常有最急性病例突然死亡，看不到腹泻等明显症状。

1. 急性型

急性病例最常见的症状是出现程度不同的腹泻。一般是先拉软粪，渐变为黄色稀粪，内混黏液或带血。病情严重时所排粪便呈红色糊状，内有大量黏液、血块及脓性分泌物，有的拉灰色、褐色甚至绿色糊状粪，有时带有很多小气泡，并混有黏液及纤维素性坏死伪膜。病猪精神不振，厌食及喜饮水，弓背，脱水，行走摇摆，腹部卷缩，腹痛，用后肢踢腹，被毛粗乱、无光泽，迅速消瘦，后期排粪失禁。肛门周围及尾根被粪便沾污，起立无力，极度衰弱，最后死亡。大部分病猪体温正常，有的体温达到 40～40.5℃，但不超过 41℃。

2. 亚急性和慢性

亚急性和慢性病例病状较轻，下痢，粪中含较多黏液和坏死组织碎片，血液较少；病期较长，进行性消瘦，生长停滞，发育不良。部分病例可自然康复，但在一定时间内可复发，甚至发生死亡。从拉稀粪开始至死亡，约经 7～10d。少数病猪经治疗不见好转，病程可达 15d 以上。

（四）病理变化

本病的特征性病变主要在大肠（结肠、盲肠），尤其是回、盲肠接合部，而小肠一般没有病变。剖检见病尸明显脱水，显著消瘦，被毛粗乱和被粪便污染。急性期病猪的大肠壁和大肠系膜充血、水肿，肠系膜淋巴结也因发炎而肿大。结膜黏膜下的淋巴小节肿胀，隆突于黏膜表面。黏膜明显肿胀，被覆有大量混有血液的黏液。当病情进一步发展时，大肠壁水肿减轻，而黏膜表层形成一层出血性纤维蛋白伪膜。剥去假膜，肠黏膜表面有广泛的糜烂和潜在性溃疡。当病变转为慢性时，黏膜面常被覆一层致密的纤维素性渗出物。本病的病变分布部位不定，病轻时仅侵害部分肠段，病重时则可分布于整个大肠部分，而病的后期，病变区扩大，常呈广泛分布。

病理组织学的特征是肠黏膜上皮坏死脱落，毛细血管裸露，破裂或通透性增大，故大量红细胞和纤维蛋白渗出，并于坏死的上皮混在一起被覆在黏膜表面。肠绒毛初因杯状细胞与上皮细胞增生而伸长；病重时常发生萎缩、变性和坏死。镀银染色时常在黏膜表层和腺窝内发生大量猪痢疾蛇形螺旋体，有的密集呈网状。一般而言，本病的病理变化主要局限于黏膜和黏膜下层，而肌层和外膜的病变轻微或无变化。

（五）诊断

1. 病原学诊断

（1）镜检 取病猪新鲜粪便或大肠黏膜制成涂片，用姬姆萨、草酸铵结晶紫或复红染色液染色、镜检，高倍镜下每个视野见 3 个以上具有 3 ~ 4 个弯曲的较大螺旋体；或将病料制成悬滴或压滴标本用暗视野检查，亦可见到每视野 3 ~ 5 条蛇形螺旋体，即可初步确诊此病。

（2）分离培养 常用棉拭子采集结肠黏液或粪便样品，接种于选择培养基上，进行厌氧培养。常用培养基为酪蛋白胰酶消化大豆琼脂，可在其中加入 5% ~ 10% 马血液或牛血液，以及壮观霉素 $400\mu g/mL$，或多黏菌素 $200\mu g/mL$，培养温度为 38 ~ 42℃，每隔两天检查一次，当培养基上出现无菌落 β 溶血区时，即表明可能有本菌生长，应继代分离培养、镜检，一般传 2 ~ 4 代即可分纯，并做生化试验。

2. 动物试验

用分纯的菌株或结肠病料，胃管投服 10 ~ 12 周龄的健康幼猪，若 50% 的感染猪发病，表明该菌株有致病性。也可用分纯菌株对 10 ~ 12 周龄健康猪或 1.5 ~ 2kg 健康家兔做结肠结扎试验。接种菌液后，经 48 ~ 72h 扑杀，检查各肠段，可见肠腔内渗出液增多，内含黏液、纤维素、血液，肠黏膜肿胀、充血、出血，抹片镜检有多量蛇形螺旋体，则可确定为致病性菌株，非致病性菌株接种肠段或注入生理盐水的对照肠段则无上述变化。

3. 血清学诊断

有凝集试验、免疫荧光试验、间接血凝试验、琼脂扩散试验、酶联免疫吸附试验等，以凝集试验和酶联免疫吸附试验较好，可作为综合判断的一项指标。

4. 鉴别诊断

本病虽然与许多猪的腹泻性疾病以混淆，如猪传染性胃肠炎、猪流行性腹泻、仔猪红痢、仔猪白痢和仔猪黄痢等，在诊断时注意鉴别，但更应与猪副伤寒和猪肠腺瘤病相区别。

（1）猪副伤寒　本病多为败血症变化，常在实质器官及淋巴结内有出血点和坏死灶，不仅大肠有严重的纤维素性坏死炎症变化，而且小肠内常有出血和坏死性病灶，黏膜的坏死可累及整个肠壁。病原诊断时可从坏死的组织及肠道中分离出沙门氏菌病，而检不出猪痢疾蛇形螺旋体。

（2）猪肠腺瘤病　本病又叫增生性肠炎或肠出血性综合征，主要侵害小肠，而大肠的病变不明显，大肠内容物中的血液和坏死碎片来自小肠，取粪便分离培养时，可分离到痰弯曲菌和黏液弯曲菌。

（六）防治

1. 预防

严禁从病场购入带菌种猪，坚持自繁自养原则；如果必须引入种猪时，需从无本病的猪场引入，运回的猪隔离观察和检疫2个月，确认健康者方可并群饲养。平时做好猪舍及环境的清洁卫生和消毒；及时清扫圈舍，搞好粪便管理；做好防鼠灭蝇工作；消毒后的猪舍，空闲1个月后方可引进新猪饲养。猪场发现病猪最好全部淘汰，以除祸患。对发病群及时用药物治疗和实施药物预防。坚持药物防治，加强饲养管理和严格的消毒卫生相结合的净化措施，可收到较好的控制和净化效果。

2. 治疗

对猪密螺旋体痢疾的治疗药物较多，对病猪及时用药，常有一定效果。

（1）痢菌净　按每千克体重5mg计算，口服，每日2次，连服3～5d为一疗程；或用0.5%痢菌净溶液，每千克体重0.5mL，肌肉注射，连用3～5d。

（2）二甲硝基咪唑　每升水中加入0.25g，溶解后供病猪饮服，连饮5d；每吨饲料加入100g喂服，可作预防。或按每千克体重5～10mg，分两次口服，连服3～4d。

（3）新霉素　按每吨饲料中加入140g喂饲，连喂3～5d；每吨饲料中加入100g喂饲，可供预防，连用20d。

（4）林可霉素　每吨饲料中加入100g喂饲，连喂21d；每吨饲料加入40g喂饲，供作预防。

（5）泰乐菌素　按每千克体重2～4mg计算，肌肉注射，连用3～5d；或每升水中加入62g，供饮服，连用3～5d；每吨饲料中加入100g喂服，可作预防。

（6）杆菌肽　按每吨饲料中加入500g喂饲，连用21d；预防时，每吨饲料中加入250g喂饲；或按每升水中加入0.26g供饮服，连用7d。

（7）土霉素　按每吨饲料中加入100～200g喂饲，连喂3～5d；预防时用量减半。

需要指出，该病用药治疗后症状已见消失，但易复发，需要坚持按疗程治疗，并和改善饲养管理相结合，方能收到好的效果。

四、猪钩端螺旋体病

该病是一种人兽共患病和自然疫源性传染病。临床病猪表现发热、黄疸、血红蛋白尿、流产、出血性素质、水肿等症状。在我国南方地区较为严重。

（一）病原

本病的病原属于细螺旋体属的钩端细螺旋体。钩端细螺旋体对人、畜和野生动物都有致病性。钩端螺旋体有很多血清群和血清型，目前全世界已发现的致病性钩端螺体有 25 个血清群，至少有 190 个不同的血清型。引起猪钩端螺旋体病的血清群（型）有波摩那群、致热群、秋季热群、黄疸出血群，其中波摩那群最为常见。

钩端螺旋体形态呈纤细的圆柱形，身体的中央有一根轴丝，螺旋丝从一端盘旋到另一端（12～18 个螺旋），长 6～20μm，宽为 0.1～0.2μm，细密而整齐。暗视野显微镜下观察，呈细小的珠链状，革兰氏染色为阴性，但着色不易。常用的染色方法是姬姆萨氏染色和镀银染色。钩端螺旋体在宿主体内主要存在于肾脏、尿液和脊髓液里，在急性发热期，广泛存在于血液和各内脏器官。钩端螺旋体能人工培养，但培养基的成分较特殊（如需新鲜灭活的兔血清、吐温－80、林格氏液等）。常用的培养基如柯索夫培养基和希夫纳培养基等。钩端螺旋体是严格需氧，最适培养温度 28～30℃，最适 pH 为 7.2～7.5。钩端螺旋体的生化特性不活泼，不能发酵糖类。对外界环境有较强的抵抗力，可以在水田、池塘、沼泽和淤泥里至少生存数月。在低温下能存活较长时间。对酸、碱和热较敏感。一般的消毒剂和消毒方法都能将其杀死。常用漂白粉对污染水源进行消毒。

（二）流行病学

1. 易感性

各种年龄的猪均可感染，但仔猪发病较多，特别是哺乳仔猪和断奶仔猪发病最严重，中、大猪一般病情较轻，母猪不发病。

2. 传染源

传染源主要是发病猪和带菌猪。钩端螺旋体可随带菌猪和发病猪的尿、乳和唾液等排于体外污染环境。猪的排菌量大，排菌期长，而且与人接触的机会最多，对人也会造成很大的威胁。人感染后，也可带菌和排菌。人和动物之间存在复杂的交叉传播，这在流行病学上具有重要意义。鼠类和蛙类也是很重要的传染源，它们都是该菌的自然贮存宿主。鼠类能终生带菌，通过尿液排菌，造成环境的长期污染。

3. 传播途径

本病通过直接或间接传播方式，主要途径为皮肤，其次是消化道、呼吸道以及生殖道黏膜。吸血昆虫叮咬、人工授精以及交配等均可传播本病。

4. 流行特点

该病的发生没有季节性，但在夏、秋多雨季节为流行高峰期。本病常呈散发或地方性流行。

（三）临床症状

1. 急性型黄疸型

多发生于大猪和中猪，呈散发生，偶尔也见到暴发。病猪体温升高、厌食、皮肤干燥，有时见病猪用力在栏栅或墙壁上摩擦至出血，1~2d 内全身皮肤和黏膜泛黄，尿浓茶样或血尿。几天内，有的数小时内突然惊厥而死，病死率很高。

2. 亚急性和慢性型

多发生于断奶前后至30kg 以下的小猪，呈地方流行性或暴发，常引起严重的损失。病猪病初有不同程度的体温升高，眼结膜有的潮红，有时有浆性鼻漏，食欲减退，精神不振。几天后，眼结膜有的潮红浮肿、有的泛黄，有的病猪上下颌、头部、颈部甚至全身水肿，指压凹陷，俗称"大头瘟"。尿液变黄、茶尿、血红蛋白尿甚至血尿，一进猪栏就闻到腥味。病猪有时腹泻，逐渐消瘦，无力。病程由十几天至一个多月。病死率50%~90%。恢复的猪往往生长迟缓，有的成为"僵猪"。怀孕母猪感染钩端螺旋体后可能发生流产，流产率20%~70%。母猪在流产前后有时兼有其他症状，甚至流产后发生急性死亡，但多数除了流产以外见不到其他症状。流产的胎儿有死胎、木乃伊胎，也有衰弱的胎儿，常于产后不久死亡。

（四）病理变化

1. 急性型

此型以败血症、全身性黄疸和各器官、组织广泛性出血以及坏死为主要特征。皮肤、皮下组织、浆膜和可视黏膜、肝脏、肾脏以及膀胱等组织黄染和不同程度的出血。皮肤干燥和坏死。胸腔及心包内有浑浊的黄色积液。脾脏肿大、淤血，有时可见出血性梗死。肝脏肿大，呈土黄色或棕色，质脆，胆囊充盈、淤血，被膜下可见出血灶。肾脏肿大、淤血、出血。肺淤血、水肿，表面有出血点。膀胱积有红色或深黄色尿液。肠及肠系膜充血，肠系膜淋巴结、腹股沟淋巴结、颌下淋巴结肿大，呈灰白色。

2. 亚急性和慢性型

表现为身体各部位组织水肿，以头颈部、腹部、胸壁、四肢最明显。肾脏、肺脏、肝脏、心外膜出血明显。浆膜腔内常可见有过量的黄色液体与纤维蛋白。肝脏、脾脏、肾脏肿大。成年猪的慢性病例以肾脏病变最明显。有时可见拉血尿症状。本病需注意和附红细胞体病及仔猪溶血性贫血鉴别诊断。

（五）诊断

1. 微生物学检查

生前检查早期用血液，中后期用肾髓和尿。死后一般取肝、肾、脾，用暗视野直接镜检。

2. 血清学检查

显微凝集试验是诊断各种钩端螺旋体最可靠的试验。在没有明显临床症状的情况下，血清学检验是确诊钩端螺旋体的主要方法，血清的凝集度达到1∶100或更高时，可做出诊断。其他方法还有补体结合试验、酶联免疫吸附试验等。

3. 多价苗紧急接种试验

诊断有困难的地方，应用人的钩端螺旋体 5 价苗进行紧急接种，若为本病，接种后 14d 内新病例不再出现，疫情不再发展。

（六）防治

1. 预防

消除带菌排菌的各种动物，感染带菌猪只与易感猪只隔离饲养，防止传染人群；消除和清理被污染的水源、饲料、用具等以防止散播；预防接种，提高猪群免疫力，及时用钩端螺旋体病多价苗进行紧急预防接种。

预防和控制本病，人医和兽医必须密切配合。平时做好灭鼠工作，以病畜和带菌畜实行严格控制，进行带菌治疗及菌苗免疫。保护水源不受污染，经常清理污水及垃圾。发病率的地区定期进行菌苗接种。

2. 治疗

（1）无症状带菌者的治疗　在猪群中发现有感染者，应全群治疗。链霉素肌肉注射，或每 200kg 体重猪用 0.25g 口服，连用 5d。

（2）急性、亚急性猪的治疗　必须对病因治疗的同时辅助对症治疗。每吨饲料中混入 400g 氯霉素喂服或每天每头母猪喂服 1g，连用 10d。同时静脉注射维生素 C、葡萄糖和强心利尿制剂，可以提高治疗效果。

单元四 | 猪传染病的综合防治

传染病是由各种病原微生物引起的能在人与人、动物与动物或人与动物之间相互传播的一类疾病。而猪的传染病则是对猪危害最严重的一类疾病，它不仅可以引起猪的大批量死亡，也可以造成养猪业猪肉产品的严重损失。随着现代化养殖业的逐渐发展，养殖规模不断扩大，猪及产品流通渠道多而频繁，进出口贸易不断增加，致使猪的某些传染病更易发生和传播。某些人兽共患的猪传染病更加直接威胁人类健康。由猪传染病所造成的经济损失巨大，甚至对有些国家的国民经济都会产生重大影响。因此，做好猪传染病的防治工作，保证养猪业顺利、健康的发展，对于发展养殖业生产和国民经济，保障人们的身体健康都具有重大意义。

一、猪传染病防治的基本原则和内容

（一）猪传染病防治的基本原则

1. 建立和健全各级防疫机构

猪传染病的防治工作是一项与农业、商业、外贸、卫生、交通等部门以及和人们的经济活动都有密切关系的重要工作。只有在有关部门的密切配合下，从全局出发，大力合作，统一部署，全面安排，才能把防治工作做好。但防治工作的主体在于各级防治机构，特别是基层防治机构尤为重要，它是保证防治措施的贯彻和执行的关键所在。

2. 贯彻"预防为主、防重于治"的方针

搞好饲养管理、防疫卫生、预防接种、检疫、隔离、消毒等综合性防治措施，提高动物的抗病能力和健康水平，控制和杜绝传染病的发生、传播和蔓延，降低发病率和死亡率。实践证明，做好平时的预防工作，很多传染病是可以避免发生的，即使一旦发生传染病，也能及时得到控制。

3. 落实和执行有关法规

我国于1991年发布了《中华人民共和国进出境动植物检疫法》，对我国动物检疫的原则和办法作了详尽的规定。2008年修订施行的《中华人民共和国动物防疫法》对我国动物防疫工作的方针政策和基本原则作了明确而具体的规定。动植物检疫法和动物防疫法是我国目前执行的主要兽医法规。

（二）猪传染病防治工作的基本内容

猪传染病的流行过程是一个复杂的过程，采取适当的防治措施来消除或切断传染源、传播途径和易感动物群形成的三个因素之间的相互联系作用，就可以终止传染病继续传播，采取消灭传染源、切断传播途径、提高猪只群体抗病力的综合防疫措施，才能有效地降低传染病的危害。防治工作主要包括以下几方面内容：

①加强饲养管理，搞好卫生消毒工作，增强猪机体的抗病能力，提高猪群整体健康水平。贯彻自繁自养的原则，防止外来疫病传入猪群，对引入猪要隔离观察并严格检疫，控制与净化猪群中已有疫病的策略与技术措施，减少疫病传播。

②拟订和执行定期预防接种和补种计划。对于一些尚未研制出有效疫苗进行预防的传染性疾病，尚可采取药物预防。

③定期杀虫、灭鼠，进行粪便无害化处理。

④认真贯彻执行国境检疫、交通检疫、市场检疫和屠宰检验等各项法规和制度，根据传染病的特点和流行现状，制定有效的检疫程序，定期对猪群进行抽样检查或全群检查。及时隔离、淘汰某些有特定病原微生物的感染猪。发现传染病，应按国家规定进行处理并消灭传染源。

⑤各地兽医机构应调查研究当地的疫情分布，组织相邻地区进行联防协作，依据规模化猪场不同生产阶段的特点合理制定疫病控制方案。对传染病有计划地进行消灭和控制，并防止外来疫病的侵入。

二、检疫

猪的传染性疾病，不但可以在猪群中传播，还可以通过屠宰、加工、搬运以及烹饪和食用等环节，经肉制品将病传染给人，对人类的健康形成威胁。所以必须加强兽医卫生检疫检验管理工作，及时找出传染源，并根据现行的肉品卫生检疫检验规程作适当的处理，使对人畜可能有害的屠宰产品及时淘汰或做无害化处理，以保障人们的健康和防止疾病的流行。检疫就是用各种兽医科学的诊断方法，对动物及其产品进行某些规定传染病的检查，并采取相应的措施防止传染病的发生和传播。猪的传染病对养猪业的危害及影响不可小觑，加强养猪业的检疫工作，是一项重要的防疫措施。不仅发生传染病时在疫区要进行检疫，在没有发生传染病时也要进行经常性的检疫。检疫的目的是加强兽医监督工作，防止猪传染病、寄生虫病或其他生物源性疾病的传入或传出，直接保护畜牧业生产（养猪业）的发展，促进该地区的经济发展，保障人民身体健康和维护对外贸易的信誉。

（一）检疫的范围

（1）按照检疫的性质、类别可分为以下几种。

①生产性的检疫：包括大型农牧场、集体或个人饲养的猪只或猪群。

②观赏性的检疫：包括动物园的观赏猪（如野猪）、艺术团体的演艺猪等。

③贸易性的检疫：包括进出口猪只或猪群、市场交易的猪及其产品。

④过境检疫：包括列车、船、飞机运载的猪及其产品。

（2）按照被检疫的实体主要有以下几种。

①猪：包括猪场或个人饲养的猪群、实验用猪、野猪等。

②猪产品：包括生皮张、生毛类、生肉、脏器、血液、骨、蹄等。

③运载工具：包括运输猪及其产品的车船、飞机、包装、铺垫材料、饲养工具和饲料等。

（二）检疫的对象

猪的传染病很多，但并不是所有的传染病都被列入检疫对象。检疫对象主要有我国尚未发生而国外常发生的疫病；急性、烈性传染病；危害较大或目前防治有困难的疫病；人兽共患的动物疫病和国家规定及公布的检疫对象。我国动物检疫的对象由农业部规定和公布，各省、自治区和直辖市的农牧部门可从本地区实际需要出发，根据国家规定的检疫对象适当增减，列入本地区检疫对象中。除此，两国签订的有关协定和贸易合同中规定的某些疫病，以及各地根据实际情况补充规定的某些疫病均可列入检疫对象。

2008 年 12 月农业部公布的包括猪在内的动物疫病病种名录，共计157 种。

1. 一类动物疫病（17 种）

口蹄疫、猪水泡病、猪瘟、非洲猪瘟、高致病性猪蓝耳病、非洲马瘟、牛瘟、牛传染性胸膜肺炎、牛海绵状脑病、痒病、蓝舌病、小反刍兽疫、绵羊痘和山羊痘、高致病性禽流感、新城疫、鲤春病毒血症、白斑综合征。

2. 二类动物疫病（77 种）

（1）多种动物共患病（9 种） 狂犬病、布鲁氏菌病、炭疽、伪狂犬病、魏氏梭菌病、副结核病、弓形虫病、棘球蚴病、钩端螺旋体病。

（2）牛病（8 种） 牛结核病、牛传染性鼻气管炎、牛恶性卡他热、牛白血病、牛出血性败血病、牛梨形虫病牛焦虫病、牛锥虫病、日本血吸虫病。

（3）绵羊和山羊病（2 种） 山羊关节炎脑炎、梅迪 - 维斯纳病。

（4）猪病（12 种） 猪繁殖与呼吸综合征（经典猪蓝耳病）、猪乙型脑炎、猪细小病毒病、猪丹毒、猪肺疫、猪链球菌病、猪传染性萎缩性鼻炎、猪支原体肺炎、旋毛虫病、猪囊尾蚴病、猪圆环病毒病、副猪嗜血杆菌病。

（5）马病（5 种） 马传染性贫血、马流行性淋巴管炎、马鼻疽、马巴贝斯虫病、伊氏锥虫病。

（6）禽病（18 种） 鸡传染性喉气管炎、鸡传染性支气管炎、传染性法氏囊病、马立克氏病、产蛋下降综合征、禽白血病、禽痘、鸭瘟、鸭病毒性肝炎、鸭浆膜炎、小鹅瘟、禽霍乱、鸡白痢、禽伤寒、鸡败血支原体感染、鸡球虫病、低致病性禽流感、禽网状内皮组织增殖症。

（7）兔病（4 种） 兔病毒性出血病、兔黏液瘤病、野兔热、兔球虫病。

（8）蜜蜂病（2 种） 美洲幼虫腐臭病、欧洲幼虫腐臭病。

（9）鱼类病（11 种）　草鱼出血病、传染性脾肾坏死病、锦鲤疱疹病毒病、刺激隐核虫病、淡水鱼细菌性败血症、病毒性神经坏死病、流行性造血器官坏死病、斑点叉尾鮰病毒病、传染性造血器官坏死病、病毒性出血性败血症、流行性溃疡综合征。

（10）甲壳类病（6 种）　桃拉综合征、黄头病、罗氏沼虾白尾病、对虾杆状病毒病、传染性皮下和造血器官坏死病、传染性肌肉坏死病。

3. 三类动物疫病（63 种）

（1）多种动物共患病（8 种）　大肠杆菌病、李氏杆菌病、类鼻疽、放线菌病、肝片吸虫病、丝虫病、附红细胞体病、Q 热。

（2）牛病（5 种）　牛流行热、牛病毒性腹泻/黏膜病、牛生殖器弯曲杆菌病、毛滴虫病、牛皮蝇蛆病。

（3）绵羊和山羊病（6 种）　肺腺瘤病、传染性脓疱、羊肠毒血症、干酪性淋巴结炎、绵羊疥癣、绵羊地方性流产。

（4）马病（5 种）　马流行性感冒、马腺疫、马鼻腔肺炎、溃疡性淋巴管炎、马媾疫。

（5）猪病（4 种）　猪传染性胃肠炎、猪流行性感冒、猪副伤寒、猪密螺旋体痢疾。

（6）禽病（4 种）　鸡病毒性关节炎、禽传染性脑脊髓炎、传染性鼻炎、禽结核病。

（7）蚕、蜂病（7 种）　蚕型多角体病、蚕白僵病、蜂螨病、瓦螨病、亮热厉螨病、蜜蜂孢子虫病、白垩病。

（8）犬猫等动物病（7 种）　水貂阿留申病、水貂病毒性肠炎、犬瘟热、犬细小病毒病、犬传染性肝炎、猫泛白细胞减少症、利什曼病。

（9）鱼类病（7 种）　鮰类肠败血症、迟缓爱德华氏菌病、小瓜虫病、黏孢子虫病、三代虫病、指环虫病、链球菌病。

（10）甲壳类病（2 种）　河蟹颤抖病、斑节对虾杆状病毒病。

（11）贝类病（6 种）　鲍脓疱病、鲍立克次体病、鲍病毒性死亡病、包纳米虫病、折光马尔太虫病、奥尔森派琴虫病。

（12）两栖与爬行类病（2 种）　鳖腮腺炎病、蛙脑膜炎败血金黄杆菌病。

（三）检疫的分类

根据动物及其产品的动态和运转形式，动物检疫可分为以下几种类型：

（1）产地检疫　产地检疫是指在动物生产地区的检疫。可分为集市检疫、收购检疫、屠宰场检疫。

（2）运输检疫　运输检疫是指对通过铁路、公路、水路、航空运输的动物及其产品的检疫。分为铁路检疫和交通要道检疫。

（3）国境口岸检疫（又称进出境检疫、口岸检疫）　为了维护国家主权和国际信誉，保障我国农牧业生产安全，我国在国境各重要口岸设立动物检疫机构，执行检疫任务。必须根据《中华人民共和国进出境动植物检疫法》的规定实施检疫。国境口岸检疫按性质不同又可分为进境检疫、出境检疫、旅客携带动物检疫、国际邮包检疫和过境检疫。

三、消毒

消毒是用物理方法（机械清扫、日光曝晒、高温加热、焚烧等）或化学方法（消毒剂）消灭存在于环境中和物体表面的病原微生物。实际上，消毒并不能达到无菌状态，但消毒能阻断外来病原，可有效控制环境中的病原微生物的数量，使其感染力不足以引起猪群发病，或防止传染病蔓延。

（一）消毒的种类

根据消毒的目的及进行的时机可将其分为以下几种。

1. 预防消毒

结合平时的饲养管理对动物圈舍、场地、用具、饲料、饮水等进行定期消毒，以达到预防一般传染病发生的目的。

2. 随时消毒

在发生传染病时，为了及时消灭刚从患病猪体内排出的病原微生物而进行的不定期消毒。消毒的对象包括患病猪所在的圈舍、隔离场地、患病猪的分泌物、排泄物，以及可能被病猪接触过而污染的一切场所、用具和物品，以防止病原微生物蔓延和扩散。通常在疫区解除封锁前，应定期多次消毒，患病猪隔离圈舍应每天随时消毒。

3. 终末消毒

在患病猪解除隔离、转移、痊愈或死亡后，或者在疫区解除封锁之前，为了消灭疫区内可能残留的病原微生物所进行的全面彻底的大消毒。

（二）消毒的方法

常用的消毒主要有机械、物理、化学和生物热等方法。

1. 机械清除法

机械清除法是指用清扫、洗刷、通风、过滤等机械方法清除病原微生物的方法。随着污物的清除，大量病原微生物也随之而被清除，因而是最普通最常用的方法。在清除之前，为避免打扫时尘土飞扬，造成或加快病原微生物散播，可根据需要先用清水或某些化学消毒剂喷洒地面、墙壁及所有要清除的地方。但是机械清除却不能达到彻底消毒的目的，要想达到彻底消毒，还必须配合其他消毒方法进行。

通风也具有消毒的意义。它虽不能抑制病原微生物的繁殖或杀灭病原微生物，但可在短期内使舍内空气交换，减少病原微生物的数量。通风时间视温差大小可适当掌握，一般不少于30min。

2. 物理消毒法

物理消毒法是指用阳光、紫外线、干燥、高温（火焰灼烧、熏蒸消毒、蒸汽消毒）等物理方法杀灭病原微生物。

（1）阳光、紫外线和干燥　阳光是天然的消毒剂，其光谱中的紫外线具有较强的杀菌能力，阳光的灼热和蒸发水分引起的干燥也具有一定的杀菌作用。一般病毒和非芽孢性病原菌，在直射的阳光下由几分钟至几小时可以杀死，就是抵抗力很强的细菌芽孢，连续几天在强烈的阳光下反复曝晒，也可以变弱或被杀灭。因此，阳光对于牧场、草地、畜栏、用具和物品等的消毒具有很大的现实意义，应该充分利用。在实际工作中，很多场合，如尸体剖检室、实验室、甚至工作人员食堂，都在使用人工紫外线来进行空气消毒。革兰氏阴性菌对紫外线消毒最为敏感，革兰氏阳性菌次之。一些病毒也对紫外线敏感，但紫外线消毒对细菌芽孢无效。

（2）高温

①火焰烧灼和烘烤：是简单而有效的消毒方法，但其缺点是很多物品由于烧灼而被损坏，因此实际应用并不广泛。不易燃的畜舍地面、墙壁可用喷火消毒。金属制品也可用火焰烧灼和烘烤进行消毒，但是有锋利刀刃或剪刃的金属器械不宜使用此法。

②煮沸消毒：是经常应用而又效果确实的方法。大部分非芽孢病原微生物在100℃的沸水中迅速死亡。大多数芽孢在煮沸后15～30min内也能致死。煮沸1～2h可以消灭所有的病原微生物。如果是玻璃器械消毒，应在加热前先放入冷水中，以防玻璃突然遇热而破裂。此种方法可广泛用于各种金属、木质、玻璃用具、衣物、橡胶制品等的消毒。

③高压蒸气消毒：此种灭菌方法需要特制的灭菌器，其原理是利用蒸气在容器内的积聚而产生压力，使容器内的温度高于常压下水沸腾的温度。通常使用的蒸汽压为0.1～0.137MPa，温度可达121.6～126.6℃，维持30min左右，能杀灭所有的细菌，包括细菌芽孢。此种方法可用于各种金属、玻璃用具、衣物等的消毒。

④焚烧：此种方法是消灭一切病原微生物最有效的方法，故用于消毒最危险的猪传染病的粪便（如炭疽）。焚烧的方法是在地上挖一个壕，深75cm，宽75～100cm，在距壕底40～50cm处加一层铁梁（要比较密些，否则粪便容易漏下），在铁梁下面放置木材等燃料，在铁梁上放置欲消毒的粪便。如果粪便太湿，可混合一些干草，以便迅速烧毁。焚烧完毕，将粪便和污染过的地表土层铲除15～25cm，加入20%漂白粉溶液后，一起填土掩埋在坑内，坟丘表面要做好警戒性标志。此种方法的缺点是损失有用的肥料，并且需要用很多燃料，故此法除非必要，一般较少应用。

（3）掩埋　掩埋地点要远离住宅、牧场和水源，防止造成污染；地质宜选择沙土地，这样的土壤干燥多孔，可以加快尸体的腐败分解；地势要高燥，能避开洪水冲刷，因为有些病菌的存活期较长，如猪丹毒杆菌在掩埋的尸体内就能存活 7 个多月，如果遭到洪水冲刷，很容易使病菌散播，形成新的传染源。掩埋时将污染的粪便与漂白粉或新鲜的生石灰混合，然后深埋于地下，约2m 左右，此种方法简而易行，在目前条件下较为实用。但其缺点是病原微生物可经由地下水散布，以及肥料有所损失。

3. 化学消毒法

化学消毒法是指用化学药物杀灭病原微生物。用于杀灭病原微生物的药物叫消毒剂。在选择消毒剂时应考虑对该病原微生物的消毒力强、对人和动物的毒性小、不损害被消毒的物体、易溶于水、在消毒的环境中比较稳定、消毒持续时间长、使用方便和价格低廉等特点，但此方法对于细菌芽孢的杀灭作用较弱。此种方法常用于各种金属、玻璃用具、橡胶制品等的消毒。常见的消毒药物有：

（1）碱类消毒剂　如火碱、生石灰和草木灰。火碱不能用做猪体消毒，3%～5%的溶液作用 30min 以上可杀灭各种病原体。10%～20%的石灰水可涂于消毒床面、围栏、墙壁，对细菌、病毒有杀灭作用，但对芽孢无效。

（2）双链季铵盐类消毒剂　如百毒杀、双季铵盐络合碘。此类药物毒性极低、安全、无味、无刺激性，且对金属、织物、橡胶和塑料等无腐蚀性，应用范围很广，是一类理想的消毒剂。有的产品还结合杀菌力强的溴原子，使分子亲水性和亲脂性明显有所提高，更增强了杀菌作用，对各种病原均有强大的杀灭作用。此类消毒剂可用于饮水、喷雾、带猪消毒、浸泡等消毒。

（3）醛类消毒剂　如甲醛溶液（福尔马林）。可用于空舍消毒（舍内有猪的情况下不得使用）。使用方法：放于舍内中间，按每立方米空间用甲醛30mL、高锰酸钾 15g，再加等量水，密闭熏蒸 2～4h，开窗换气后待用。2%的甲醛溶液可用于器械的消毒。

（4）氧化剂　如过氧乙酸。可用于载猪工具、猪体等消毒，配成 0.2%～0.4%的水溶液喷雾。

（5）卤素类消毒剂　如漂白粉、碘伏等。

4. 生物热消毒法

主要用于粪便、排泄物、污水和其他废物的生物发酵处理等，也是简便易行、普遍推广的一种消毒方法。在粪便等堆沤过程中，利用粪便中的微生物发酵产热，可使粪堆内部温度高达 70℃以上，经过一段时间后，就可以杀死病毒、细菌（芽孢除外）、寄生虫卵等病原体，从而达到消毒的目的，同时又保持了粪便的良好肥效。但如果粪便中含有炭疽、气肿疽等芽孢杆菌，则应焚毁或加有效化学药品处理。

（1）堆粪法　堆粪法是指在距农牧场 100～200m 以外的地方设一堆粪场，在堆粪场地面挖一浅沟，深约 20cm，宽 1.5～2m，长度不限，具体随粪便的多少而定。先将无传染性病原微生物的粪便或稿秆等堆至 25cm 厚，其上堆放欲消毒的粪便、垫草等，高达 1 ~ 1.5m，如此堆放 3 周到 3 个月，即可用以肥田。当粪便较稀时，应加些杂草，太干时倒入稀粪或加水，使其干稀程度适中，以促其迅速发酵。粪堆好后，在粪堆的外表面，覆盖一层厚 10cm 的稻草或杂草，然后再在草外面封盖一层 10cm 厚的泥土。堆放 1 ~ 3 个月后即达消毒目的。此法适用于干固粪便的处理。

（2）发酵池法　发酵池法适用于饲养较大量猪群的农牧场，多用于稀薄粪便的发酵。具体操作：距农牧场 200 ~ 250m 以外无居民、河流、水井的地方挖筑粪便堆放坑池若干个（坑池的数量与大小取决于每天运出的粪便数量）。池可筑成方形或圆形，池底和内壁用砖砌后再抹以水泥，使之不透水，以防止污染地下水源。如果土质干固、地下水位低，可以不必用砖和水泥。使用时先在池底垫一层稻草或其他秸秆，或者倒一层干粪，然后将每天清除出的粪便垫草等倒入池内，直到快满时，在粪便表面铺一层干粪或杂草，上面盖一层泥土封好。如条件许可，可用木板盖上，以利于发酵和保持卫生。粪便经用上述方法处理后，经过 1 ~ 3 个月即可掏出作肥料用。在此期间，每天所积的粪便可倒入另外的发酵池，如此轮换使用提前挖好的发酵池。

（3）采用生物热消毒应注意的事项　首先，堆料内应加放垫草、稻草或秸秆之类含有机质丰富的东西，以保证堆料中有足够的有机质作为微生物活动的物质基础；其次，堆料时应疏松，切忌夯压，以保证堆内有足够的空气供微生物代谢；再次，堆料的干湿度要适当，含水量应在 50% ~ 70%；最后，堆肥时间要足够，需等腐熟后方可积肥，在夏季需 1 个月左右，冬季需 2 ~ 3 个月方可腐熟。

（三）猪场消毒的要点

1. 从场外进入生活区

猪场大门口设喷雾消毒室、紫外光消毒室，入场人员先通过内部消毒通道，然后进入紫外光消毒室，室内墙壁中部设紫外线灯，下铺麻袋，麻袋用 2% 火碱液洒湿。在紫外光消毒室内消毒 15min，紫外灯与人体之间的距离不应超过 2m，否则无效。外来购猪人员最好换上场内备用的胶鞋，换上场内备用工作衣服。

2. 从生活区进入生产区

本场员工从生活区进入生产区要经过洗澡、更换衣服、胶鞋，然后通过装有约 20 ~ 25cm 深的消毒液的通道后，方可进入生产区。非本场人员或本场回场人员要进入生产区之前，至少要在生活区隔离一个晚上，洗澡、更换新的生活衣物，第 2 天方可通过本场工作人员的经过方式进入生产区。

平时可直接将消毒液喷洒于工作服、帽上，工作人员的手臂及皮肤裸露处以及器械物品可用蘸有消毒液的纱布擦拭，而后再用水清洗。如工作人员的手臂及皮肤裸露处有伤口，应先用 2% 碘酊涂擦后，再贴上创可贴。场内发生疫病时，应将穿戴的工作服、帽及器械、用具浸泡于有效化学消毒液中，工作人员的手臂及皮肤裸露部位用消毒液擦洗、浸泡一定时间后，再用清水洗去消毒药液，并贴上胶布防止感染。接触过烈性传染病如炭疽的工作人员可采用有效抗菌素预防治疗。未经消毒不可离开现场，以免引起病原扩散。

另外，猪场所应用的饲料、药物、医疗器械，以及工作人员所食用的食物等也应进行消毒。例如人所食用的猪肉食物，如为不经过高温消毒的猪肉，细菌可长期存在并且繁殖，例如链球菌。此外，其中一部分细菌和病毒对人不至致病，而对猪却有很高的致病性，所以猪场的工作人员在猪场期间尽量避免携带或食用猪肉食物。

3. 运输工具的消毒

装运猪只的车辆、船只等用具在运输前后，都必须于指定地点进行消毒。对运输途中未发生传染病的车辆进行一般的粪便清除及热水洗刷即可。运输过程中发生过一般传染病或有感染一般传染病可疑者，车厢应先清扫猪的粪便、排泄物、残渣及污物，然后用热水自车厢顶棚开始，由车厢内逐渐向外进行冲洗，直至冲洗后的污水不呈粪黄色为止，洗刷后进行消毒。发生过恶性传染病的车厢，应先用有效消毒药液喷洒消毒后再彻底清扫。清除污物后再用消毒药消毒，两次消毒的间隔时间为半小时，最后一次消毒后 2~4h 再用热水洗刷后方可使用。发生过一般传染病的车厢内的粪便，需经发酵处理后再利用；发生过恶性传染病的车厢内的粪便，应集中烧毁，以防传染病蔓延扩散。

4. 猪场场地及猪舍消毒

首先对场地及猪舍进行机械清扫，用清水或消毒液喷洒畜舍地面、饲槽等，以免灰尘及病原微生物飞扬，随后对棚顶、墙壁、饲养用具、地面等清扫，彻底扫除粪便、垫草及残余饲料等污物，该污物按粪便消毒法处理。水泥地面的动物舍用清水彻底冲洗地面、粪槽（沟）和清粪工具等。用5%来苏儿溶液、1%漂白粉溶液或其他对芽孢有效的消毒液对猪舍进行药物喷洒消毒。消毒时按"先里后外、先上后下"的顺序喷洒为宜，即先由远门处开始，对天棚、墙壁、饲槽和地面按顺序均匀喷洒，后至门口。圈舍启用前，打开门窗通风，用清水洗刷饲槽、水槽等，不留死角，消除药味。若发生了传染病，则应选择对该种传染病病原有效的消毒剂。定期对保温箱、补料槽、饲料车、料箱、针管等进行消毒。一般先将用具冲洗干净后，可用 0.1% 新洁尔灭或 0.2%~0.5% 过氧乙酸消毒，然后在密闭的室内进行熏蒸。

5. 污水的消毒

兽医院、牧场、产房、隔离室、病圈以及农村屠宰场所，经常有病原微生物污染的污水排出，如果这种污水不经处理任意外流，很容易使疫病散布出去，而给邻近的农牧场和居民造成很大的威胁。因此对污水的处理是很必要的。

污水的处理方法有沉淀法、过滤法、化学药品处理法等。其中比较实用的是化学药品处理法。方法是先将污水处理池的出水管用一闸门关闭,将污水引入污水池后,加入化学药品(如漂白粉或生石灰)进行消毒,消毒药的用量视污水量而定,一般 1000mL 污水加入 2～5g 漂白粉。

6. 粪便的消毒

常用的方法有生物热消毒法、焚烧法、化学消毒法及掩埋法。患传染病和寄生虫病病畜、粪便的消毒方法有多种,如焚烧法、化学药品消毒法、掩埋法和生物热消毒法等。实践中最常用的是生物热消毒法,此法能使非芽孢病原微生物污染的粪便变为无害,且不丧失肥料的应用价值。

7. 垫料消毒

对于猪场的垫料,可以通过阳光照射的方法进行。这是一种最经济、最简单的方法,将垫草等放在烈日下,曝晒 2～3h,能杀灭多种病原微生物。对于少量的垫草,可以直接用紫外线等照射 1～2h,可以杀灭大部分微生物。

(四)猪场消毒的程序

1. 人员消毒

工作人员进入生产区净道和猪舍要经过洗澡、更衣、紫外线消毒。养殖场一般谢绝参观,严格控制外来人员,必须进入生产区时,要洗澡,换场区工作服和工作鞋,并遵守场内防疫制度,按指定路线行走。进入养殖场的人员,必须在场门口更换靴鞋,并在消毒池内进行消毒,场门口设消毒池,用 2%～3% 火碱溶液,3d 更换一次。有条件的养殖场,在生产区入口设置消毒室,在消毒室内洗澡、更换衣物,穿戴清洁消毒好的工作服、帽和靴经消毒池后进入生产区。消毒室经常保持干净、整洁。工作服、工作靴和更衣室定期洗刷消毒,每立方米空间用 42mL 福尔马林熏蒸消毒 20min。工作人员在接触畜群、饲料、种蛋等之前必须洗手,并用 1:1000 的新洁尔灭溶液浸泡消毒 3～5min。

2. 环境消毒

猪舍周围环境每 2～3 周用 2% 火碱消毒或撒生石灰一次,场周围及场内污水池、排粪坑、下水道出口,每月用漂白粉消毒一次。在大门口猪舍人口设消毒池,使用 2% 火碱或 5% 来苏儿溶液,注意定期更换消毒液。每隔 1～2 周,用 2%～3% 火碱溶液(氢氧化钠)喷洒消毒道路;用 2%～3% 火碱,或 3%～5% 的甲醛或 0.5% 的过氧乙酸喷洒消毒场地。

被病畜(禽)的排泄物和分泌物污染的地面土壤,可用 5%～10% 漂白粉溶液、百毒杀或 10% 氢氧化钠溶液消毒。停放过芽孢所致传染病(如炭疽、气肿疽等)病畜尸体的场所,应严格加以消毒,首先用 10%～20% 漂白粉乳剂或 5%～10% 优氯净喷洒地面,然后将表层土壤掘起 30cm 左右,撒上干漂白粉并与土混合,将此表土运出掩埋。或用漂白粉(每平方米加漂白粉 5kg),将漂白粉与土混合,加水湿润后原地压平。

3. 猪舍消毒

每批猪只调出后要彻底清扫干净,用高压水枪冲洗,然后进行喷雾消毒或熏蒸消毒。用化学消毒液消毒时，消毒液的用量一般是以畜禽舍内每平方米面积用 1~1.5L 药液。消毒时，先喷洒地面，然后墙壁，先由离门远处开始，喷完墙壁后再喷天花板，最后再开门窗通风，用清水刷洗饲槽，将消毒药味除去。在进行畜禽舍消毒时，也应将附近场院以及病畜、禽污染的地方和物品同时进行消毒。

4. 猪舍的预防消毒

在一般情况下，猪舍应每年进行两次（春秋各一次）预防消毒。在进行猪舍预防消毒的同时，凡是猪停留过的处所都需进行消毒。在采取"全进全出"管理方法的机械化养猪场，应在每次全出后进行消毒。产房的消毒在产仔结束后再进行一次。

（1）猪舍的预防消毒　多用气体熏蒸消毒，所用药品是福尔马林和高锰酸钾。方法是先按照猪舍面积计算所需用的药品量，一般每立方米空间，用福尔马林 25mL、水 12.5mL、高锰酸钾 25g。计算好用量以后将水与福尔马林混合。猪舍（或其他畜舍）的室温不应低于正常的室温（8~15℃）将畜、禽舍门窗紧闭。其后将高锰酸钾倒入，用木棒搅拌，经几秒钟后可见浅蓝色刺激眼鼻的气体蒸发出来，此时应迅速离开畜禽舍，将门关闭。经过 12~24h 后方可将门窗打开通风。

（2）猪舍的临时消毒和终末消毒　发生各种传染病而进行临时消毒及终末消毒时，用来消毒的消毒剂随疫病的种类不同而异。一般肠道菌、病毒性疾病，可选用 5% 漂白粉或 1%~2% 氢氧化钠热溶液。但如发生细菌芽孢引起的传染病（如炭疽、气肿疽等）时，则需使用 10%~20% 漂白粉乳、1%~2% 氢氧化钠热溶液或其他强力消毒剂。在消毒畜禽的同时，在病畜禽舍、隔离舍的出入口处应放置设有消毒液的麻袋片或草垫。

（3）带猪消毒　常用的药物有 0.2%~0.3% 过氧乙酸溶液，每立方米空间用药 20~40mL，也可用 0.2% 的次氯酸钠溶液或 0.1% 新洁尔灭溶液。0.5% 以下浓度的过氧乙酸对人畜无害，为了减少对工作人员的刺激，在消毒时可佩戴口罩。本消毒方法全年均可使用，一般情况下每周消毒 1~2 次，春秋疫情常发季节，每周消毒 3 次，在有疫情发生时，每天消毒 1~2 次。带猪消毒时可以将 3~5 种消毒药交替进行使用。

（4）猪体保健消毒　妊娠母猪在分娩前 5d，最好用热毛巾对全身皮肤进行清洁，然后用 0.1% 高锰酸钾溶液擦洗全身，在临产前 3d 再消毒 1 次，重点要擦洗会阴部和乳头，保证仔猪在出生后和哺乳期间免受病原微生物的感染。哺乳期母猪的乳房要定期清洗和消毒，一般每隔 7d 消毒 1 次，严重发病的可按照污染猪场的状况进行消毒处理。新生仔猪，在分娩后用热毛巾对全身皮肤进行擦洗，要保证舍内温度（舍温在 25℃ 以上），然后用 0.1% 高锰酸钾溶液擦洗全身，再用毛巾擦干。

四、药物预防

药物预防是为了预防某些疫病，在猪的饲料或饮水中加入某种安全的药物进行集体的化学预防，在一定时间内，可以使猪不受易感性疫病的危害，也是预防和控制猪群传染病的有效措施之一。群体化学药物预防是猪传染病防治的一个较新途径，某些疫病在具有一定条件时采用此种方法可以收到显著的效果。

猪可能发生多种传染病，其中有些传染病目前已研制出有效的疫（菌）苗来预防，但还有不少传染病尚无疫（菌）苗可利用。有些病虽有疫（菌）苗，但实际应用还有问题。因此，应用药物防治猪的传染病也是一项重要的措施。在药物预防中，应使用安全而廉价的化学药物，加入饲料或饮水中进行群体化学药物预防，即所谓的保健添加剂。常用的化学药物有磺胺类药物、抗生素和硝基呋喃类药物，此外还有氟哌酸、吡哌酸和喹乙醇等。在饲料中添加上述药物对预防仔猪腹泻、猪支原体肺炎等有较好效果。

对于一些尚未研制出有效疫苗进行预防的传染性疾病来说，药物预防是一个比较有效的途径。目前用于预防的药物有两大类，一类是用于杀灭体内外病原微生物和寄生虫的抗菌添加剂，如土霉素、伊维菌素、磺胺类药等。在预防猪传染病时，短时间使用是有益的，但不当的使用药物，尤其是滥用抗生素，将导致病原微生物对这些抗药物产生耐药性，同时也会造成药物在体内的残留，影响肉的品质。另一类是微生态制剂，是利用动物正常微生物群制成的活菌剂。常用的有调痢生（8501）、乳康生、促菌生（止痢灵）等。在服用微生态制剂时，禁用抗菌类药物。然而，长期使用化学药物预防，容易产生耐药性菌株，从而影响防治效果。因此需要经常进行药物敏感试验，选择有高度敏感性的药物用于防治。进行药物预防时，应选择敏感药物并交替轮换，以免产生耐药菌株。加入饲料中的预防药物应搅拌均匀。猪在出栏前一段时间应停止使用，以避免肉产品中药物残留超标。

五、猪传染病诊断与疫情报告

（一）疫情报告

任何饲养、生产、经营、屠宰、加工、运输猪及其产品的单位和个人，一旦发现猪发生传染病或疑似猪发生传染病时，必须立即向当地动物防疫检疫机构报告。特别是可疑为口蹄疫、炭疽、狂犬病、猪瘟等重要传染病时，一定要迅速将发病时间、地点、发病数、死亡数、临诊症状、剖检变化、怀疑病名及防疫措施情况，详细向上级有关部门报告，并通知邻近有关单位和部门注意，立即展开预防工作。上级部门接到报告后，除及时派人到现场协助诊断和紧急处理外，应根据具体情况逐级上报。

当猪发生突然死亡或怀疑发生传染病时，应立即通知兽医人员。在兽医人员尚未到场或尚未做出诊断之前，应采取以下措施：将疑似传染病的猪进行隔离，派专人管理；对患病猪只接触过的地点和污染的环境、用具等进行消毒；兽医人员未到达前，猪的尸体应保留完整；未经兽医人员的检查同意，不得随便宰杀，宰杀后的皮、肉、内脏未经兽医检验，不得食用。

（二）疫病诊断

及时而正确的诊断是防治工作的重要环节，它关系到能否有效地组织防治措施，以便将损失降低到最小。由于传染病的特点各有不同，应根据具体情况而定，有时仅需要采用其中的一、两种方法就可以做出诊断。如不能立即确诊时，应采取病料尽快送有关单位检验进行确诊。在未得出诊断结果前，应根据初步诊断，采取相应紧急措施，防止疫病蔓延。诊断方法有：

1. 流行病学诊断

流行病学诊断是在流行病学调查（即疫情调查）的基础上进行的。疫情调查可在临诊诊断过程中同时进行，应按照流行病学调查的内容和方法进行，并做出诊断。流行病学诊断往往与临诊诊断结合在一起，进行综合诊断，有些猪传染病的临诊症状虽然基本上是一致的，但其流行的特点和规律却很不一致。如口蹄疫、水泡性口炎、水泡病和水疱性疹等病，临诊症状几乎完全一样，无法区别，但在流行病学方面却很容易分辨。

2. 临诊诊断

临诊诊断是最基本的诊断方法。它是通过兽医检查人员采取触诊、嗅诊等方法，或借助一些简单的器械如体温计、听诊器等直接对患病猪进行直接检查。有时也包括血、粪、尿的常规检验。此种方法对于某些具有特征临诊症状的典型病例，经过仔细的临诊检查，容易做出最终诊断，如破伤风、放线菌病、猪支原体肺炎等。但是临诊诊断具有一定的局限性，特别是对发病初期尚未出现有明显诊断意义的特征性症状的病例和非典型病例，依靠临诊检查往往难于做出确诊。在很多情况下，临诊诊断只是提出可疑疫病的大致范围而做出的初步诊断，必须结合其他诊断方法才能做出确诊。在进行临诊诊断时，应注意对发病猪群的整体所表现出的综合症状加以分析判断，不要单凭个别或少数病例的症状轻易下结论，以免误诊。

3. 病理学诊断

病理学诊断是应用病理解剖学的方法，对患传染病死亡的病猪尸体进行剖检，查看其病理变化。一般情况下，患传染病死亡的病猪尸体，多有一定的病理变化，可作为诊断的重要依据之一，如猪瘟、猪支原体肺炎时，都具有特征性的病理变化，常常有很大的诊断价值。但最急性死亡和早期屠宰的病例，有时特征性的病变尚未出现，所以在病理剖检诊断时应尽可能多检查几例，并选择症状较典型的病例进行剖检。有些疫病除肉眼检查外，还需要作病理组织学检查。有的病还需要检查特定的组织器官，如疑为狂犬病时应取大脑海马角组织进行包涵体检查。采取病料必须在死后立即进行，夏季不超过 5~6h，冬季不超过 24h。在短时间内能送到检验单位去，不必用化学药品保存，否则可加入 10% 福尔马林溶液或 95% 酒精溶液，将发生病理变化的器官组织或部分尸体固定，以待专业人员进行检查。

4. 微生物学诊断

微生物学诊断是指应用兽医微生物学的方法检查传染病的病原微生物。

（1）病料的采集　无菌操作采集病料是微生物学诊断的重要环节，可以直接影响到检验结果的准确性。病料力求新鲜，最好能在濒死时或死后数小时内采集，尽量制造无菌环境采取病料，减少杂菌污染，用具器皿应尽可能严格消毒。通常可以根据所怀疑疫病的类型和特性来决定采取哪些器官或组织的病料。

（2）病料涂片镜检　通常用有显著病变的不同组织器官的不同部位涂抹数片，进行染色镜检。抹片后要注意，不要将发生病变的组织随意丢弃，以防造成传染病的扩散。此法对于某些具有特征性形态的病原微生物，可以迅速做出诊断，如炭疽杆菌、巴氏杆菌等。

（3）分离培养和鉴定　用人工培养的方法将病原微生物从病料中分离出来，细菌、真菌、螺旋体等可选择适当的人工培养基，病毒等可选用禽胚以及各种动物或组织培养等方法分离培养，将病原微生物复壮后，根据其形态学、培养特性、动物接种及免疫学试验等方法做出鉴定。

（4）动物接种试验　通常选择对该种传染病病原微生物最敏感的动物进行人工感染试验。将采取的病料用适当的方法对实验动物进行人工接种，然后根据对不同动物的致病力、临床症状和病理变化特点来帮助诊断。当实验动物死亡或经一定时间剖杀后，进行病理剖检，观察体内变化，并采取病料进行涂片检查和分离鉴定。一般选用的实验动物有家兔、小鼠、豚鼠、仓鼠、家禽、鸽子等。

5. 免疫学诊断

免疫学诊断是指用免疫学的方法诊断传染病。

（1）血清学试验　是利用抗原和抗体特异性结合的免疫学反应进行诊断。可以用已知的抗体（免疫血清）来测定被检材料中的抗原；也可以用已知的抗原来测定被检动物血清中的特异性抗体。实践中常常采取的血清学试验有中和试验、凝集试验、沉淀试验、溶细胞试验、补体结合试验以及免疫荧光试验、免疫酶技术、放射免疫测定、单克隆抗体和核酸探针等。

（2）变态反应　猪发生某些传染病（主要是慢性传染病）时，可对该病病原微生物或其产物（某种抗原物质）的再次进入产生强烈反应。能引起变态反应的物质（病原微生物、病原微生物产物或抽提物）称为变态原，如结核菌素、鼻疽菌素等。采用一定的方法将其注入患病动物时，可引起局部或全身反应，由此可诊断出被检猪患有该传染病。

6. 分子生物学诊断

分子生物学诊断又称为基因诊断，主要是针对不同病原微生物所具有的特异性核酸序列和结构进行检测。具有代表性的技术主要有：

（1）核酸探针技术 该技术又称为基因探针、核酸分子杂交技术。主要有原位杂交、斑点杂交、Southen 杂交、Norhtern 杂交。主要优点是：对病毒、细菌、支原体、立克次氏体、原虫等都能做出快速、准确的诊断；对病原微生物进行准确分类鉴定；在混合感染物中能直接检测出主要病原；能检出隐性感染的动物；可对动物产品或食品进行检验。

（2）PCR 技术 该技术又称为体外基因扩增技术，是根据已知的病原微生物特异性核酸序列确定致病性微生物，进而确诊某种传染病。目前已经可以利用 PCR 进行诊断的传染病有口蹄疫、猪瘟、猪伪狂犬病、猪细小病毒病、猪支原体感染等。

（3）DNA 芯片技术 该技术是在核酸杂交、测序的基础上发展而来。应用 DNA 碱基配对和序列互补原理。目前在动物医学上还处于初步研究阶段。

综上所述，每一种诊断方法都有其特定的作用和适用范围，单靠某一种方法不能诊断所有的传染病和带菌（毒）动物，有些传染病尽可能应用几种方法进行综合诊断。

六、猪传染病的扑灭措施

（一）隔离

在发生传染病时，将患病猪和可疑感染的猪进行隔离是防治传染病的重要措施之一。其目的是为了控制传染源，便于管理消毒，阻断流行过程，防止健康猪只继续受到传染，以便将疫情控制在最小范围内就地消灭。因此，在发生传染病时，应首先查明疫病的蔓延程度，逐头检查临诊症状，必要时进行血清学和变态反应检查，同时要注意的是，不使进行的检查工作成为疫病散播的额外因素。根据检疫结果，将所有受检猪分为患病猪、可疑感染病猪和假定健康猪三类，以便区别对待。

1. 患病猪

患病猪包括有典型症状或类似症状，或经某些特定检查方法而呈阳性的猪。它们是最主要的传染源，应选择不易散播病原微生物、消毒处理方便的场所进行隔离。如果患病猪数量较多，可集中隔离在原来的猪舍内。隔离期间应特别注意严密消毒，加强卫生管理工作以及对患病猪的护理工作，须有专人看管，并及时进行治疗。对没有治疗价值的病猪，由兽医人员根据国家有关规定进行严密处理。隔离场所禁止一切无关人员及动物出入和接近。工作人员出入应遵守消毒制度。隔离区内的饲料、饲槽、粪便等物品，未经彻底消毒处理，不得运出。

2. 可疑感染病猪

可疑感染病猪是指未发现任何症状，但与患病猪及其污染环境有过明显接触的猪，如同群、同圈、同槽、同牧、使用共同的水源、用具等。这样的猪有可能处在潜伏期，并有排菌（毒）的危险，应在消毒后另选地方将其隔离、看管，限制其活动，仔细观察，若出现症状，则按患病猪处理。有条件时应立即进行紧急免疫接种或预防性治疗。隔离观察时间的长短，可根据该病潜伏期的长短而定，经一定时间不发病者，可取消对其的限制。

3. 假定健康猪

假定健康猪是指无任何症状，也未与上述两类病猪明显接触，而且是在疫区内的猪。对这类病猪应采取保护措施，严格与患病猪和可疑感染病猪分开饲养管理，加强防疫消毒，立即进行紧急免疫接种和药物预防。必要时可根据实际情况分散喂养或转移至偏僻牧地。

（二）封锁

1. 封锁的概念和目的

当发生某些重要传染病时，把疫源地封闭起来，防止疫病病原体向安全区散播和健康猪误入疫区而被传染，以达到保护其他地区猪的安全和人员的健康，把疫病迅速控制在封锁区之内和集中力量就地扑灭的目的。

2. 封锁的对象和程序

根据《中华人民共和国动物防疫法》的规定，当确诊为口蹄疫、炭疽、猪水泡病、猪瘟、非洲猪瘟等一类传染病，或当地新发现的某种动物传染病时，由当地县级以上地方人民政府畜牧兽医行政管理部门立即派人到现场，划定疫区范围，及时报请同级人民政府发布疫区封锁令，将疫区封锁，并将疫情等情况逐级上报有关畜牧兽医行政管理部门。

3. 执行封锁的原则和封锁区的划分

执行封锁时应掌握"早、快、严、小"的原则，即执行封锁应在流行早期，行动要果断迅速，封锁要严密，范围不宜过大。封锁区的划分，必须根据该传染病的流行规律和特点，疫病流行的具体情况和当地的地理、环境、居民等的具体条件进行充分研究，确定疫点、疫区和受威胁区。

4. 封锁区内外应采取的措施

封锁区的边缘设立明显标志，指明绕道路线，设置监督岗哨，禁止易感动物通过封锁线。在必要的交通路口设立检疫消毒站，对必须通过的车辆、人员和非易感动物进行消毒。

疫点要严禁人员、动物、车辆出入和动物产品及疑似受到污染的物品运出。在特殊情况下人员必须出入时，需经有关兽医人员许可，经严格消毒后出入。对病死猪及其同群其他猪只，县级以上农牧部门有权采取扑杀、销毁或无害化处理等措施。疫点出入口必须有消毒设施，疫点内用具、圈舍、场地必须进行严格消毒，疫点内的猪粪便、排泄物、垫草、受污染的饲料必须在兽医人员监督指导下进行无害化处理。做好杀虫灭鼠工作。

疫区交通要道必须建立临时性检疫消毒哨卡，备有专人和专门的消毒设备，监视猪及其产品移动，对出入人员、车辆进行消毒。停止集市贸易和疫区内猪及其产品的采购。禁止运出污染饲料。未受到污染的动物产品如必须运出疫区时，需经县级以上农牧部门批准，在兽医防疫人员监督指导下，经外包装消毒后方可运出。非疫点的易感动物，必须进行检疫或预防注射。农村、城镇饲养的猪必须圈养。

受威胁区主要采取预防措施，如易感动物及时进行免疫接种，以建立免疫带，易感动物不许进入疫区，不得饮用由疫区流过来的水，禁止从疫区购买动物、饲料和动物产品。注意对解除封锁后不久的地区买进的动物或其产品进行隔离观察，必要时对动物产品进行无害处理。对处于受威胁区内的屠宰场、猪产品加工厂、动物产品仓库进行兽医卫生监督。

5. 解除封锁的条件

疫区内（包括疫点）最后一头患病猪扑杀或痊愈后，经过该病一个潜伏期以上的检测、观察，未再出现患病猪时，经彻底消毒清扫，由县级以上畜牧兽医行政管理部门检查合格后，经原发布封锁令的政府发布解除封锁，并通报邻近地区和有关部门。疫区解除封锁后，病愈猪需根据其带菌（毒）时间，控制在原疫区范围内活动，不能将它们调到安全区去。

单元五 | 猪的免疫接种

一、免疫接种的概念

免疫接种是利用疫苗、菌苗、类毒素等生物制品，激发动物机体产生特异性抵抗力，使易感动物转化为不易感动物，从而保证群体不受病原侵袭。有组织有计划地进行免疫接种，是预防和控制动物传染病的重要措施之一。

二、免疫接种的分类和要求

根据免疫接种进行的时机不同，可分为预防接种和紧急免疫接种两类。

（一）预防接种

预防接种指在经常发生某些传染病或有某些传染病潜在的地区，或经常受到邻近地区某些传染病威胁的地区，为了防患于未然，平时有计划地给健康动物群进行的免疫接种。预防接种通常使用疫苗、菌苗、类毒素等生物制剂作抗原激发免疫，使经过预防接种的猪对某些传染病有较高的抵抗力。用于人工自动免疫的生物制剂可统称为疫苗，包括用细菌、支原体、螺旋体制成的菌苗以及用病毒制成的疫苗和用细菌外毒素制成的类毒素。接种后经一定时间（数天至3周），可获得数月至1年以上的免疫力。

（二）紧急免疫接种

紧急免疫接种是指在发生传染病时为了迅速控制和扑灭疫病的流行，而对疫区和受威胁区尚未发病的猪进行的应急性免疫接种。

在疫区应用疫苗进行紧急接种时，必须对所有受到传染威胁的猪逐头进行详细观察和检查，进行紧急接种的方法仅能对正常无病的猪使用。对患病猪及可能已受感染的处于潜伏期的患病猪，必须在严格消毒的情况下立即隔离，不能再接种疫苗。由于在外表正常无病的猪群中可能混有一部分处于潜伏期的猪，这部分猪在接种疫苗后不但不能获得保护，反而促使其更快发病，因此在紧急接种后一段时间内，猪群中发病数有急剧增多的可能，尤其是潜伏期短的传染病。相反，如果为正常无病的猪紧急接种的疫苗属于急性传染病的疫苗，一般潜伏期较短，而接种疫苗后又很快产生抵抗力，最终可能使发病率下降，使流行平息。由此可见，使用的疫苗产生免疫力的时间比潜伏期短时，才能使紧急接种产生良好的效果。

在疫区及周围的受威胁区进行紧急免疫接种，其目的是建立"免疫带"以包围疫区，就地扑灭疫情，以防疫区扩大。免疫带大小视疫区及受威胁区传染病的性质而定。某些流行性强大的传染病如口蹄疫等，其免疫带在周围5~

10km 以上。建立免疫带这一措施必须与疫区的封锁、隔离、消毒等综合性措施相配合才能取得较好的效果。

三、免疫接种计划及免疫程序

（一）制定免疫接种计划

对于经常发生传染病的地区，或受邻近地区某些传染病威胁的地区，或有某些传染病潜在的地区，均要针对所发生过的或可能发生的传染病以及流行季节等情况，制定每年的预防接种计划。对幼龄、体质弱、发热、有慢性病及妊娠后期的猪，如果不是已经受到传染病的威胁，最好暂时不予接种，待以后上述情况改变后再补种。从外地引入的猪或当时因故未接种的猪也必须补种，以提高防疫密度。

（二）制定免疫程序

目前没有适用于各地区和所有养猪场的固定的免疫程序，应根据当地的实际情况合理制定，并且不断改进。制定猪场的免疫程序时，要考虑当地和猪场疫病流行情况和规律，猪的种类、年龄和健康状况，猪场的生产实际与饲养管理水平，母源抗体的干扰以及疫苗的种类、性质、免疫途径等各种因素。血清学抗体监测和疫苗免疫效果的评价是重要的参考依据。一定区域或养猪场，可能会发生多种传染病，这就需要多种疫苗联合使用，而所使用的疫苗的性质和免疫期又各不相同，因此需要根据各种疫苗的免疫特性，合理地制定免疫程序。

（三）准备

1. 根据已制定出的猪免疫接种计划进行准备

确定接种日期，准备足够的疫苗、器材、药品，免疫登记表，安排及组织接种和动物保定人员，按照免疫程序有计划地进行免疫接种。

2. 检查生物制剂

免疫接种前，必须对所使用的疫苗进行仔细检查，不符合要求的一律不得使用，并及时无害化处理。检查疫苗时如发现有下列情况的一种及以上者不得使用。

（1）没有瓶签或瓶签模糊不清，没有经过合格检查者。

（2）过期失效者。

（3）生物制品的质量与说明书不符者，如色泽、沉淀、制品内有异物、发霉或有异味。

（4）瓶塞松动或瓶壁破裂者。

（5）没有按规定方法保存者，如加氢氧化铝的菌苗经过冻结后，其免疫力可降低。

3. 检查猪只

免疫接种前，对要进行预防接种的猪只进行临诊检查，必要时进行体温检查。凡体质过于瘦弱的猪、妊娠后期的母畜、未断奶的幼畜、体温升高者或疑似患病的猪均不应接种疫苗，对这些猪应待条件适宜时及时补种。

4. 消毒器械

将所用器械利用高压蒸汽灭菌器灭菌 20～30min 或煮沸消毒 30min，冷却后用无菌纱布包裹备用。

5. 人员

免疫接种前，对饲养人员及相关人员进行免疫接种知识的培训，明确免疫接种的重要性，注意对免疫接种后猪的管理与观察。

（四）稀释疫苗

各种疫苗使用的稀释液、稀释倍数和稀释方法按照使用说明书进行。

1. 注射用疫苗的稀释

用 70% 酒精棉球擦拭消毒疫苗和稀释液的瓶盖，然后用带有针头的灭菌注射器吸取少量稀释液注入疫苗瓶中，充分振荡溶解后，再加入全量的稀释液，充分混匀。

2. 饮水用疫苗的稀释

饮水（或气雾）免疫时，疫苗最好用蒸馏水或去离子水稀释，也可用洁净的深井水或泉水稀释，不能用自来水，因为自来水中的消毒剂会把疫苗中活的微生物杀死，使疫苗失效。稀释前先用酒精棉球消毒疫苗的瓶盖，然后用带有针头的灭菌注射器吸取少量的蒸馏水注入疫苗瓶中，充分振荡溶解后，抽取溶解的疫苗放入干净的容器中，再用蒸馏水把疫苗瓶反复冲洗几次，使全部疫苗所含病毒（或细菌）都被冲洗下来。然后按一定剂量加入蒸馏水。疫苗稀释时最好在水中加入 0.1% 脱脂奶粉或山梨糖醇，可提高免疫效果。

（五）接种

1. 皮下注射

注射部位多在耳根后方。注射方法是左手拇指与食指捏取皮肤成皱褶，右手持注射针管在皱褶底部稍倾斜快速刺入皮肤与肌肉间，缓缓推药。注射完毕，将针拔出，立即以药棉揉擦，使药液散开，便于疫苗的释放。

2. 皮内注射

注射部位多在尾根或尾下。目前仅羊痘弱毒疫苗采用皮内注射。此法仅作参考。注射方法是常规消毒，用左手指捏起皮肤成皱褶，右手持针从皱褶顶部与之呈 20°～30° 角向下刺入皮肤内，缓慢注入疫苗。

3. 肌肉注射

注射部位采用臀部或颈部。注射方法为左手固定注射部位，右手拿注射器，针头垂直刺入肌肉内，然后左手固定注射器，右手将针芯回抽一下，如无回血，将药液缓慢注入。若发现有回血，应立刻更换注射位置。如猪只表现不安或皮厚不易刺入，可将注射针头取下，右手拇指、食指和中指紧持针尾，对准注射部位迅速刺入肌肉，然后针尾与注射器连接可靠后，注入疫苗。注射时要将针头留有 1/4 在皮肤外面，以防折针后不易拔出。

4. 饮水免疫

将可供口服的疫苗，如仔猪副伤寒活疫苗和多杀性巴氏杆菌活疫苗等，将疫苗混于水中，猪群通过饮水而获得免疫。饮水免疫时，应按猪群头数和每头猪平均饮水量，准确计算需用稀释后的疫苗剂量，以保证每头猪都能饮到一定量的疫苗。免疫前应限制饮水，夏季一般4h，冬季一般为6h，保证疫苗稀释后在较短时间内饮完。混有疫苗的饮水要注意温度，一般以不超过室温为宜。

本法具有省时省力，减少应激的优点，适用于大群猪的免疫。但是由于每头猪的饮水量多少不一，饮水免疫时应分两次完成，即连续2d，每天饮1次，这样可缩小个体间饮苗量的差距。

5. 滴鼻

如伪狂犬病疫苗和猪传染性萎缩性鼻炎灭活疫苗等可用于滴鼻接种。将疫苗经稀释液稀释，每头猪每个鼻孔滴5滴，新生仔猪在出生3d即可滴鼻免疫。

6. 气雾免疫

此法是用压缩空气通过气雾发生器将稀释疫苗喷射出去，使疫苗形成直径 $1 \times 10^{-6} \sim 1 \times 10^{-5}$m 的雾化粒子，均匀地浮游在空气之中，通过呼吸道吸入肺内，以达到免疫目的。

（1）室内气雾免疫　此法适用于有房舍饲养条件的猪场。免疫时，疫苗用量主要根据房舍大小而定，可按下式计算：

$$疫苗用量 = \frac{D \times A}{t \times V}$$

式中：D 为计划免疫剂量；A 为免疫室容积（L）；t 为免疫时间（min）；V 为呼吸常数，即猪每分钟吸入的空气量（L）。

疫苗用量计算好以后，即可将猪赶入室内，关闭门窗。操作者将喷头由门窗缝伸入室内，使喷头保持与猪头部同高，向室内四面均匀喷射。喷射完毕后，让猪在室内停留 20～30min。操作人员要注意防护，戴上大而厚的口罩，必要时可佩带防毒面具。如出现症状，应及时就医。

（2）野外气雾免疫　疫苗用量主要以猪的数量而定。例如为1000头猪喷射疫苗，每头猪免疫剂量为50亿活菌，则需50000亿，如果每瓶疫苗含活菌4000亿，则需12.5瓶，用500mL无菌生理盐水稀释。实际应用时，往往要比计算用量略高一些。免疫时，如每群猪的数目较少，可几群合并为适当的头数，将猪群赶入四周有矮墙的圈内。操作人员手持喷头，站在畜群中，喷头与猪头部同高，朝猪头部喷射。操作人员要边喷射，边走动，使每一头猪都有吸入机会。如遇微风，还必须注意风向，操作人员应站在上风，以免雾化粒子被风吹走。喷射完毕，让猪在圈内停留数分钟即可放出。进行野外气雾免疫时，操作人员更需要注意个人防护。本法具有省时、省力的优点，适于大群猪的免疫，缺点是需要的疫苗数量多，浪费的疫苗较多。

（六）护理和观察

接种后的猪可发生暂时性的抵抗力降低现象，应对其进行较好的护理，加强饲养管理，有时还可发生疫苗反应，需仔细观察，期限一般为 7 ~ 10d。对有反应者予以适当治疗，极为严重的可屠宰。

免疫程序也不是固定不变的，应根据实际应用的效果随时进行合理的调整。例如已经进行免疫接种的妊娠猪，所产仔猪在一定时间内存在有母源抗体，可建立一定程度的自动免疫，因此，对幼龄仔猪免疫接种，往往效果并不理想。例如：母猪于配种前后接种猪瘟疫苗，所产仔猪由于从初乳中获得母源抗体，在 20 日龄以前对猪瘟具有坚强的免疫力，30 日龄以后母源抗体急剧衰减，40 日龄以后几乎完全丧失。因此，可根据哺乳仔猪获得的母源抗体的原因，在 20 日龄左右首次免疫接种，65 日龄左右进行第二次接种，这是目前国内认为较为合理的猪瘟免疫程序。另外也曾有报道指出，出生仔猪在吃初乳以前接种猪瘟弱毒疫苗，可免受母源抗体的影响而获得可靠的免疫力。

四、免疫接种后的反应

生物制剂对机体来说是异物，接种后总会有反应过程，不过反应的性质和强度有所不同。有的不良反应可引起持久的或不可逆的组织器官损害或功能障碍而致后遗症。根据其反应性质的不同，可将免疫接种后的反应分为以下几个类型。

（一）正常反应

正常反应是指由于生物制品本身的特性而引起的反应，其性质与反应强度随制品而异。有些活疫苗，接种后实际是一次轻度感染，会发生局部或全身反应。但正常反应一般在几个小时或 1 ~ 2d 左右可自行消失。

（二）严重反应

严重反应是指反应较重或发生反应的猪的数量超过正常比例。发生严重反应的原因可能是由于某批生物制品质量较差，或是使用方法不当，如接种剂量过大、接种方式不正确、接种途径错误等，或是个别猪只对某种生物制品过敏等引起。这种反应通过严格控制生物制品质量和遵照使用说明书可以减少到最低限度。

（三）合并症

合并症是指与正常反应性质不同的反应。主要包括超敏感（血清病、过敏休克、变态反应等）、扩散为全身感染（接种活疫苗后，防御机能不全或遭到破坏时可发生）和诱发潜伏感染。有些反应是不可预期的。

五、几种疫苗的联合使用

使用多联多价制剂和联合免疫的方法，可能是彼此促进，有利于产生抗体；也可能产生相互抑制，阻碍产生抗体。因此要适当地选择疫苗的联合使用。猪的机体对疫苗的刺激反应也有一定的限度，同时注入种类过多，不仅可能引起较剧烈的反应，而且还有可能减弱机体产生抗体的机能，从而降低预防接种的效果。因此哪些疫苗可以同时接种，还必须通过试验来确定。

目前已经得到应用的猪传染病的联苗有：猪丹毒、猪巴氏杆菌二联灭活疫苗；猪瘟、猪丹毒、猪巴氏杆菌三联活疫苗；猪瘟、猪丹毒二联疫苗等。联合疫苗是预防接种的发展方向，将会不断有新的联合疫苗出现。

知识
链接

一、猪传染病的传染与流行过程

（一）传染病的感染

病原微生物侵入动物机体，并在一定的部位定居、生长、繁殖，从而引起机体一系列的病理反应，这个过程称为感染，也称传染。

病原微生物进入猪的机体后不一定引起感染。在多数情况下，猪的身体条件不适合侵入的病原微生物生长繁殖，或猪的机体能迅速动员防御力量将侵入者消灭，从而不出现可见的病理变化和临床症状，这种状态称为抗感染免疫，也就是机体对病原微生物有不同程度的抵抗力。动物对某一病原微生物没有免疫力（亦即没有抵抗力）称为有易感性。病原微生物只有侵入有易感性的机体才能引起感染过程。

（二）感染的类型

病原微生物的侵犯与猪的机体抵抗侵犯的斗争是错综复杂的，受多方面因素的影响，因此感染过程表现出各种形式或类型，常见的主要有以下几种。

1. 按感染来源分外源性感染和内源性感染

外源性感染指病原微生物从猪体外侵入机体引起的感染过程，大多数传染病属于这一类。如果病原微生物是寄生在猪机体内的条件性病原微生物，在机体正常的情况下，免疫力较强时，它并不表现其病原性。但当机体受不良因素的影响，致使猪机体的抵抗力下降，可引起病原微生物活化，毒力增强，大量繁殖，最后引起猪出现一系列的病理反应，这就是内源性感染，如猪肺疫。

2. 按病原种类分单纯感染和混合感染，原发感染和继发感染

单纯感染（或单一感染）是指由一种病原微生物所引起的感染，大多数感染过程属这种感染。由两种或两种以上的病原微生物同时引起的感染称混合感染。如猪同时感染巴氏杆菌和大肠杆菌。如果猪在感染了一种病原微生物之

后，在机体抵抗力减弱的情况下，又由新侵入的或原来存在于体内的另一种病原微生物引起的感染，称为继发感染。最初的感染称为原发感染。如慢性猪瘟常出现由多杀性巴氏杆菌或猪霍乱沙门氏菌引起的继发感染。由混合感染和继发感染引起的传染病，都表现严重而复杂的临诊症状和病理变化，给兽医人员及相关人员的诊断和防治增加了困难。

3. 按临床表现分显性感染和隐性感染，一过型和顿挫型感染

显性感染指表现出该病所特有的明显的临诊症状的感染过程。隐性感染指在感染后不呈现任何特征性临诊症状而呈隐蔽经过的感染过程。隐性感染的猪或称为亚临诊型，有些猪虽然外表看不到症状，但体内可呈现一定的病理变化；有些隐性感染的猪既不表现临床症状，又无肉眼可见的病理剖检变化，但它们却能排出病原微生物而散播传染，一般只能用微生物学和血清学方法才能检查出来。这些隐性感染的猪，在机体抵抗力降低时，病原微生物大量繁殖，又转化为显性感染。

一过型（或消散型）感染指猪病初症状较轻，特征性症状还未出现即行恢复的感染。顿挫型感染指病初症状较重，与急性病例相似，但特征性症状尚未出现即迅速消退恢复健康的感染。常见于传染病的流行后期。

4. 按感染部位分局部感染和全身感染

局部感染指由于猪机体的抵抗力较强，而侵入的病原微生物毒力较弱或数量较少，病原微生物局限在一定部位生长繁殖，并引起该部位发生一定病变的感染。如化脓性葡萄球菌、链球菌等所引起的各种化脓创。如果猪机体抵抗力较弱，病原微生物突破了机体的各种免疫防御屏障侵入血液向全身扩散，则发生全身感染和严重中毒的情况。表现形式主要有菌血症、病毒血症、毒血症、败血症、脓毒败血症等。

5. 按发病严重性分良性感染和恶性感染

一般常以患病猪的死亡率作为判定传染病严重性的主要指标。如果该病没有引起猪的大批死亡可称为良性感染。相反，如能引起猪的大批死亡的，则可称为恶性感染。

6. 按病程长短分最急性型、急性型、亚急性型和慢性型感染

最急性型感染指病程短促，常在数小时内或 1d 内，症状和病理变化不显著而突然死亡的感染。常见于传染病的流行初期。急性型感染病程较短，几天至 2~3 周不等，并伴有明显的典型症状。亚急性型感染病程稍长，可达 3~4 周，症状不如急性型显著，而比较缓和。慢性型感染病程发展缓慢，常在 1 个月以上，临诊症状常不明显或不表现出来。

7. 按病毒感染时间分持续性感染和慢病毒感染

持续性感染指猪长期处于感染状态。这是由于入侵的病毒不能杀死宿主细胞，亦不能被宿主体内免疫细胞吞噬或杀死，从而形成病毒与细胞间的共生平衡，感染猪可长期或终生带毒，而且经常或反复不定期地向体外排出病毒，但

常缺乏临诊症状，或出现与免疫病理反应有关的症状，但常不致死。慢病毒感染又称长程感染，是指潜伏期长，发病呈进行性且最后以死亡为转归的病毒感染。其与持续性感染的不同点在于疾病过程缓慢，但不断发展且最后常引起死亡。

以上感染类型都是从某个侧面相对进行分类的，各型之间会出现交叉、重叠和相互转化。识别这些感染类型对判断预后、防治和流行病学调查都具有重要意义。

（三）传染病的特征

凡由病原微生物引起，具有一定的潜伏期和临诊表现，并具有传染性的疾病，称为传染病。传染病的表现虽然多种多样，但亦具有一些共同特征，以此可与其他非传染病相区别。

1. 临床表现和病理变化

由病原微生物与猪的机体相互作用从而引起特征性的临床表现和病理变化，每一种传染病都有其特异的致病微生物存在，经过一定的潜伏期和疫病的过程，使猪的机体表现出该种病特征性的综合症状。如猪瘟是由猪瘟病毒引起的，引起猪脾脏梗死是其特征性病理变化。

2. 传染病具有传染性和流行性

传染性是指从患传染病的猪体内排出的病原微生物，侵入另一个健康猪体内，并引起同样症状的特性。这是传染病与非传染病相区别的一个重要特征。流行性是指在一定适宜条件下，在一定时间内，某一地区猪群中可能有许多猪被感染，致使传染病向着这个地区蔓延散播而形成流行的特性。

3. 被感染的动物发生特异性反应

在感染发展过程中由于病原微生物的抗原刺激作用，机体发生免疫生物学改变，产生特异性抗体和变态反应等。这种改变可以用血清学方法检验抗体等检查出来。

4. 耐过猪能获得特异性免疫

猪耐过某种传染病后，在大多数情况下均能产生特异性免疫，使猪的机体在一定时期内或终生不再感染该种传染病。

（四）猪传染病发生的条件

1. 具备一定数量和足够毒力的病原微生物以及适宜的侵入门户

没有病原微生物，传染病就不能发生。病原微生物的毒力弱或数量少，一般也不引起传染病。病原微生物想要侵入猪的机体，也要有一定的感染部位（侵入门户），否则也不引起传染病。

2. 具有对该传染病的易感性

只有当猪对某种病原微生物具有易感性，该种病原微生物才能引起传染病。同一毒力和数量的不同病原微生物，侵入抵抗力不同的同一种猪，可产生不同的结果，有的临诊症状严重，有的轻微，有的不发病。

3. 具有可促使病原微生物侵入猪机体的外界环境

外界环境条件如温度、湿度、化学药剂等能影响病原微生物的生命力和毒力、猪机体的易感性、病原微生物接触和侵入猪的可能性和程度。没有一定的外界环境条件，传染病也不能发生。

总之，在传染病的发生过程中，病原微生物的致病作用和猪的机体的防御机能，是在一定的外界环境条件下，不断相互作用的过程，只有具备病原微生物、猪的易感性和外界环境这三个条件，猪的传染病才能发生。了解传染病在猪个体中发生的条件，对于控制和消灭猪的传染病有重要意义。

（五）传染病的病程经过

猪的传染病的病程经过，在大多数情况下具有一定的规律性，一般分为四个阶段。

1. 潜伏期

从病原微生物侵入猪的机体开始，到疾病的临诊症状刚刚开始出现时为止，这段时间称为潜伏期。病原微生物的种类、数量、毒力和侵入途径、部位，不同猪的品种或个体的易感性不同，使潜伏期的长短差异很大，但相对来说还是有一定的规律性（表1-1）。一般来说，急性传染病的潜伏期的差异范围变动较小，并且潜伏期较短；慢性传染病以及症状不太显著的传染病潜伏期的差异变动较大，并且潜伏期也较长、不规则。同一种传染病潜伏期短促时，疾病经过一般较严重，反之，潜伏期延长时，病程一般较轻缓。了解各种传染病的潜伏期，对于传染病的诊断，确定传染病的封锁期，控制传染来源，制定防治措施，都具有重要的实际意义。

表1-1　　　　　　　　　　一些主要传染病的潜伏期

病名	平均时间	最短时间	最长时间
炭疽	1～5d	数小时	2周
巴氏杆菌病	1～5d	数小时	10d
口蹄疫	2～4d	14～16h	11d
布鲁氏菌病	2周	5～7d	2个月以上
结核病	16～45d	1周	数个月
破伤风	1～2周	1d	1个月以上
狂犬病	2～8周	8d	可达1年以上
坏死杆菌病	3d	数小时	15d
猪瘟	1周	2d	3周
猪丹毒	3～5d	1d	7d
仔猪副伤寒	1～2周	3d	1个月
猪水泡病	3～5d	1～2d	1周左右
猪支原体肺炎	1～2周	3～5d	1个月
气肿疽	2～5d	1d	7～9d

2. 前驱期

潜伏期后到该病特征症状出现前，称前驱期。是疾病的征兆阶段。多数传染病呈现一般症状，如体温升高、食欲减退、精神沉郁、呼吸及脉搏增数、生产性能降低等。前驱期通常只有数小时至一两天。这一阶段的变化，只能诊断动物患病，不能确诊具体的疾病。

3. 明显期

明显期也叫发病期，指前驱期后到该病全身的主要症状或特征性症状明显表现出来的时期。例如亚急性猪丹毒，皮肤出现红色疹块特征病变。此阶段是疾病发展到高峰的阶段，比较容易识别，在诊断上有重要意义。

4. 转归期

转归期为传染病发展到最后结局的时期。表现为痊愈（康复）或死亡两种情况。如果病原微生物的致病性增强，或猪体的抵抗力减弱，则感染过程以猪的死亡为转归；如果猪体的抵抗力得到改进和增强，则机体逐渐恢复健康，表现为临诊症状逐渐减轻，体内的病理变化逐渐减弱，生理机能逐渐恢复正常。值得一提的是，机体在一定时间内还有带菌（毒）排菌（毒）现象存在，但在一定时期内保留免疫学特性，直至最后病原微生物可被消灭清除。

（六）猪传染病的流行

猪传染病的流行过程，指从猪个体感染发病，发展到猪群体发病的过程，也就是传染病在猪群中发生、发展和终止的过程。猪传染病能够在猪群之间通过直接接触感染或间接地通过媒介物（生物或非生物）互相感染，构成流行。

（七）流行过程的三个基本环节

传染病在猪群中蔓延流行，必须具备传染源、传播途径和猪属于该种传染病的易感动物这三个基本环节，若缺少任何一个环节，新的传染就不可能发生，也不可能构成传染病在猪群中的流行。同样，当流行已经形成时，若切断任何一个环节，流行即告终止。因此，要针对传染病流行过程的三个基本环节采取综合性防治措施，如消灭传染源，阻断传播途径、提高易感猪的抗病力，来中断或杜绝流行过程的发生和发展，是预防和扑灭猪传染病的主要手段。

1. 传染源（或传染来源）

传染源是指某种传染病的病原微生物在其寄居、生长、繁殖，并能排出体外的猪的机体。具体地说，传染源就是受感染的猪，包括患病猪和病原携带者。

（1）患病猪　患病猪是主要的传染源。不同患病时期的猪，作为传染源的意义也不相同。前驱期和症状明显期的患病猪可以排出大量毒力强大的病原微生物，因此这个时期的传染源的作用也最大。

患病猪能排出病原微生物的整个时期称为传染期。不同传染病传染期长短不同。各种传染病的隔离期就是根据传染期的长短来制定的。为了控制传染源，对患病猪原则上应隔离至传染期终了为止。

（2）病原携带者 病原携带者是指外表不表现任何临床症状，但能够携带并排出病原微生物的猪，是更危险的传染源。如果检疫不严格，常被误认为是健康猪而参与调运，从而将病原微生物散播到其他地区，造成新的流行。病原携带者是一个统称，如已明确所带病原微生物的性质，也可以相应地称为带菌者、带毒者、带虫者等。病原携带者一般可分为以下两种类型：

①潜伏期和恢复期病原携带者：一般来说，处于这两个时期的病原携带者，其传染性很弱抑或没有传染性，但还有一些传染病如猪支原体肺炎等，在临诊痊愈的恢复期仍能排出病原微生物，少数传染病如狂犬病、口蹄疫和猪瘟等，在潜伏期的后期能够排出病原微生物。对于这种病原携带者，应考查其病史，并进行多次病原学检查方能查出。不同疾病在病愈后病原携带的时间长短不一，3 个月以内的，称为急性病原携带者，如猪瘟、口蹄疫等；3 个月以上的，称为慢性病原携带者，如猪支原体肺炎等。

②健康病原携带者：是指过去没有患过某种传染病但却能排出该种病原微生物的猪。一般认为这是隐性感染的结果，通常只能靠实验室检查方法检出。这种携带状态一般时间短，作为传染源的意义有限，但巴氏杆菌病、沙门氏菌病、猪丹毒等病的健康病原携带者较多，可成为重要的传染源。

病原携带者存在着间歇排出病原微生物的现象，因此需反复多次对其进行病原学检查，只有结果均表现为阴性时，才能排除病原携带状态。消灭和防止引入病原携带者是传染病防治工作艰巨的主要任务之一。

2. 传播途径

病原微生物由传染源排出后，通过一定的方式再侵入其他具有易感性的猪所经的途径称为传播途径。研究传染病传播途径的目的在于切断传播途径，防止具有易感性的猪受感染。传播途径可分为水平传播和垂直传播两大类。

（1）水平传播 水平传播是指传染病在群体或个体之间以水平形式横向传播。在传播方式上可分为直接接触传播和间接接触传播。

①直接接触传播是指病原微生物通过传染源与具有易感性的猪直接接触而引起的传播方式。如交配、舔咬、触嗅等。如狂犬病。

②间接接触传播是指病原微生物通过传播媒介使具有易感性的猪发生传染的方式。大多数传染病都是通过这种方式传播的。将病原微生物从传染源传播给具有易感性的猪的各种外界环境因素称传播媒介。传播媒介可能是生物（媒介者），也可能是无生命的物体（媒介物或称污染物）。以间接接触为主要传播方式，同时也可以通过直接接触传播的传染病称为接触性传染病。间接接触传播一般通过以下几种途径传播。

a. 经污染的饲料、饮水和物体传播：传染源的分泌物、排泄物和病死猪尸体及其流出物污染了饲料、牧草、水源、饲槽、用具、畜舍、车船等，都有可能引起以消化道为主要侵入门户的传染病，如口蹄疫、猪瘟、沙门氏菌病等。

b. 经空气（飞沫和尘埃）传播：虽然空气不适于所有病原微生物的生存，但空气可作为媒介物成为病原微生物在一定时间内暂时存留的环境。经空气传播主要是通过飞沫和尘埃为媒介。患病猪由于咳嗽、打喷嚏时喷出带有病原微生物的微细泡沫，如果被健康猪吸入而感染称飞沫感染。所有的呼吸道传染病主要是通过飞沫而传播的，如结核病、猪支原体肺炎、猪流行性感冒等。一般猪饲养密度大、舍内黑暗、通风不良、寒冷和猪集中等，有利于传染病的空气传播。从传染源排出的分泌物、排泄物和处理不当的尸体散布在外界环境中，病原微生物附着物干燥后，由于空气流动的冲击，带有病原微生物的尘埃在空气中飞扬，被具有易感性的猪吸入而感染称尘埃感染。但实际上尘埃传播的作用比飞沫要小，因为只有少数的病原微生物在外界环境的生存能力较强，能够能耐过干燥或阳光的暴晒。能经过尘埃传播的传染病有结核病、炭疽等。

c. 经污染的土壤传播：随患病猪的排泄物、分泌物或其尸体一起进入土壤并长期生存的病原微生物称土壤性病原微生物。一些病原微生物形成芽孢后能在土壤中长期生存，如果猪伤口感染了土壤中的芽孢，在一定条件下即可能引起感染，如破伤风和恶性水肿等；猪啃食受到污染的牧草或土壤时亦可被感染，如炭疽和气肿疽等。引起猪丹毒的病原微生物虽然不形成芽孢，但对干燥和腐败等外界环境因素的抵抗力较强，落入土壤中能生存一定时间。土壤性病原微生物一旦污染土壤，可形成长久疫源地，造成严重后患。

具有传染源及其排出的病原微生物所存在的地区称为疫源地。疫源地具有向外传播病原微生物的条件。因此可能威胁其他地区，尤其是临近区域的安全。疫源地的含义要比传染源的含义广泛得多，除传染源之外，它还包括被污染的环境以及这个范围内的可疑猪群、贮藏宿主以及饲料、水源、用具等。

通常将范围小的疫源地或单个传染源所构成的疫源地称为疫点。有某种传染病正在流行的地区称为疫区，其范围除患病猪所在的畜牧场、自然村外，还包括患病猪于发病前（该病的最长潜伏期）后曾经活动过的地区。多个疫点连接成片围成的区域，并范围较大即构成疫区。从防疫工作的实际出发，有时也将某个比较孤立的畜牧场或自然村称为疫点，所以疫点与疫区的划分不是绝对的。疫区周围临近区域可能受到威胁的地区称为受威胁区。疫区和受威胁区又统称非安全区。受威胁区以外的地区为安全区。

疫源地的存在有一定的时间性，但时间的长短由多方面的复杂因素所决定。只有当最后一个传染源死亡或痊愈后不再携带病原微生物，或已经离开该疫源地，对所污染的外界环境及所有物品的表面进行彻底消毒，并且经过该病的最长潜伏期，不再有新病例出现，还要通过血清学检查猪群均为阴性反应时，才能认为该疫源地已被消灭。如果没有外来的传染源和传播媒介的侵入，这个地区将不再有这种传染病存在了。

自然疫源地有些传染病的病原微生物在自然条件下，即使没有人类或家畜的参与，也可以通过传播媒介感染动物造成流行，并且长期在自然界不断繁殖产生子代，这些传染病称为自然疫源性疾病。存在自然疫源性疾病的地区，称为自然疫源地。自然疫源性疾病具有明显的地区性和季节性等特点，并受人和动物活动的影响。自然疫源性传染病主要有流行性出血热、森林脑炎、狂犬病、伪狂犬病、犬瘟热、流行性乙型脑炎、黄热病、非洲猪瘟、蓝舌病、口蹄疫、鹦鹉热、恙虫病、Q 热、鼠型斑疹伤寒、蜱传斑疹伤寒、鼠疫、土拉杆菌病、布鲁氏菌病、李氏杆菌病、蜱传回归热、钩端螺旋体病、弓形虫病等。

d. 经生物媒介传播：主要是指节肢动物、野生动物和人类。

节肢动物：主要有虻类、螫蝇、蚊、蠓、家蝇和蜱等。它们主要是机械性传播，通过在患病猪（或尸体）和健康猪之间的刺螫吸血和污染排泄（或分泌）物而散播病原微生物。也有少数是生物性传播，某些病原微生物（如立克次体）在感染猪前，必须先在一定种类的节肢动物（如蜱）体内经过一定的发育阶段才具有致病能力。

野生动物：野生动物的传播可以分为机械性传播和生物性传播两类。机械性传播是野生动物本身对该病原微生物无易感性，但可机械地传播疾病，如乌鸦啄食炭疽猪尸体后，从粪便排出炭疽杆菌芽孢，从而使得炭疽芽孢得到扩散。生物性传播是野生动物本身对病原微生物有易感性，受感染后再传染给其他易感动物，在此野生动物实际上是起了传染源的作用。如狐、狼、吸血蝙蝠等将狂犬病传染给其他动物，鼠类传播沙门氏菌病、钩端螺旋体病、布鲁氏菌病、伪狂犬病等。

人类：人类除在人兽共患病中作为传染源外，饲养人员和畜牧兽医技术人员在工作中如不注意遵守防疫卫生制度，衣物和器械消毒不严时，也很容易机械性传播病原微生物。如体温计、注射针头等器械可能成为猪瘟、炭疽等病的传播媒介。

（2）垂直传播从广义上讲属于间接接触传播，它包括以下几种方式：经胎盘传播、经卵传播、经产道传播等。

猪传染病的传播途径比较复杂，每种传染病都有其特定的传播途径，有的有多种途径，有的有一种途径。即使是同一种传染病，不同的病例也可能有不同的传播途径。

3. 猪群的易感性

猪群的易感性是指猪群体对某种传染病病原微生物感受性的大小。猪易感性的高低虽然与病原微生物的种类和毒力强弱有关，但主要还是由猪的遗传特征、特异免疫状态、外界环境条件等因素的影响。该地区易感动物群体中具有易感性的猪的个体所占的比例，直接影响到传染病能否造成流行以及流行的严重程度。

（八）传染病的流行特征

1. 流行过程的表现形式

在猪传染病的流行过程中，根据在一定时间内发病率的高低和传播范围的大小（即流行强度），可分为下列四种表现形式。

（1）散发性　发病猪数量不多，并且在一个较长的时间内只有零星地散在发生的病例出现，疾病的发生无规律性，并且发病时间和地点没有明显的关联时，称为散发。

（2）地方流行性　在一定的地区和猪群中，发病猪的个体数量较多，但传播范围常局限于一定地区并且是呈较小规模的流行，可称为地方流行性。它有两方面的含义：一方面表示在一定地区一个较长的时间里发病的数量稍微超过散发性。另一方面除了表示一个相对的数量以外，有时还包含着地区的区域性的意义。如猪丹毒、猪支原体肺炎等常以地方流行性的形式出现。

（3）流行性　流行性是指在一定时间内一定猪群发病率较高，传播范围较广的一种流行。发病数量并没有绝对数界限，当对某种病称其为流行时，各地各猪群出现的病例数是不一致的。流行性疾病传播范围广、发病率高，如不加强防治，常可迅速传播到几个乡、县甚至省。如口蹄疫、猪瘟等。

（4）大流行　大流行是一种大规模的流行，流行范围可扩大至全国，甚至几个国家而呈世界范围。在历史上口蹄疫和流感等都曾出现过大流行。

上述几种流行形式之间的界限是相对的，并且不是固定不变的。

2. 流行过程的季节性和周期性

（1）季节性　某些猪传染病常常发生于一定的季节，或在一定的季节出现发病率显著上升的现象，称为流行过程的季节性。出现季节性的原因主要是：季节对病原微生物在外界环境中的生存和散播的影响；季节对动物性传播媒介的影响；季节对猪活动和抵抗力的影响等。

（2）周期性　某些猪传染病经过一定的间隔时期（常以数年计），还可能再度流行，这种现象称为流行过程的周期性。

猪传染病流行过程的季节性和周期性是可以改变的。如果我们掌握其特性和规律，采取综合性防治措施，改善饲养管理，增强机体抵抗力，有计划地做好预防接种等，可以使传染病不发生季节性或延长周期性流行的时间间隔。

3. 影响流行过程的因素

猪传染病的流行过程必须具备传染源、传播途径和猪的易感性三个基本环节。只有这三个基本环节相互连结，协同作用时，传染病才有可能发生和流行。猪活动所在的环境和条件保证了这三个基本环节相互连结、协同起作用，而这个因素正是各种自然因素和社会因素。它们是通过对三个环节中某一环节的直接作用，或对三者之间相互关系的间接作用，而影响流行过程的。

（1）自然因素　对流行过程有影响的自然因素主要包括气候、气温、湿度、阳光、雨量、植被、地形、地理环境等，它们对三个环节的作用错综复杂。如支原体肺炎的隐性病猪，在寒冷潮湿的季节里病情加重，咳嗽频繁，排出病原微生物增多，从而使该病传染的机会也增加；反之，在干燥、温暖的季节里，如果饲养管理较好，病情容易好转，咳嗽减少，散播传染的机会也减少。日本乙型脑炎主要通过蚊虫叮咬传播，所以猪的发病有很明显的季节性。

（2）社会因素　影响猪传染病流行过程的社会因素主要包括地区的政治、经济、文化、科学技术水平、民俗民风、饮食方式以及贯彻执行法令法规的情况等。这些既可能是促进猪传染病流行的原因，也可能是有效消灭和控制传染病流行的关键所在。因此，严格执行兽医法规和采取相应的防治措施，这是控制和消灭传染病的重要保证。

（九）流行病学调查的内容

流行病学调查的内容根据调查的目的和类型的不同而有所不同。一般有以下几个方面：

1. 本次流行情况调查

对本次疫病发生的基本情况进行调查，调查的主要内容包括最初发病的时间，患病猪最早死亡的时间，死亡出现高峰的时间，高峰持续的时间，以及各种时间之间有何关系；最初发病的地点，随后蔓延的情况，目前疫情的分布及蔓延趋向；各种频率指标、感染率、发病率、病死率；疫区内各种猪的数量和分布，发病和受威胁猪的品种、数量、年龄、性别；采取了哪些措施及效果。

2. 疫情来源调查

本区域过去曾否发生过类似的传染病，流行的方式，是否经过确诊及结论，何时采取过哪些防治措施及效果，附近地区曾否发生，有无历史资料可查，这次发病前曾否由外地引进猪及其产品或饲料，输出地有无类似疾病等；可能存在的生物、物理和化学等各种致病因素，死亡猪尸体、粪便及排泄物如何处理等。

3. 传播途径和方式调查

本地各类有关猪的饲养管理方法，猪调运情况、牧场情况，防疫卫生情况；交通检疫、市场检疫和屠宰检疫的情况，病死猪的处理，有哪些助长疫病传播蔓延的因素和控制扑灭疫病的经验；疫区的地理、地形、河流、交通、气候、植被；野生动物、节肢动物和鼠类等传播媒介的分布和活动情况，它们与疫病的发生及蔓延传播有何关系等。

4. 相关资料调查

该地区的政治、经济基本情况，人们生产和生活活动以及流动的基本情况和特点，猪防疫检疫机构的工作情况，当地有关人员对疫情的看法等。

调查者可根据以上调查内容设计出简明、直观、便于统计分析的表格及提纲，调查中做好调查记录。

（十）流行病学调查的主要方法

1. 询问调查

这是流行病学调查中一个最主要的方法。询问对象主要是猪饲养管理人员、疫病防疫检疫人员，以及与生产管理相关的知情人员等。通过询问座谈等方式，力求查明传染源、传播媒介、自然情况、猪群体资料、发病和死亡情况等，并将调查收集到的资料分别记入流行病学调查表格中。

2. 现场观察

调查人员对疫区的情况进行观察，以便进一步了解流行病发生的经过和关键问题的所在。可根据不同种类的疾病进行不同重点项目的调查。

3. 实验室检查

为了确定诊断，往往还需要对患病猪或可疑病猪应用病原学、血清学、变态反应、尸体剖检和病理组织学等各种诊断方法进行检查。通过检查可以发现隐性传染源，证实传播途径，掌握猪群体免疫水平，发现有关病因因素等。为了解外界环境因素在流行病学上的作用，可对有污染嫌疑的各种物体（水、饲料、土壤、猪肉产品）和传播媒介（节肢动物或野生动物）进行微生物学检查和理化检查，确定可能的传播媒介或传染源。

4. 生物统计学方法

在调查时可应用生物统计学的方法统计疫情。必须对所有的发病猪数、死亡猪数、屠宰数以及预防接种数等加以统计、登记和分析整理。

（十一）流行病学调查的分析与统计

流行病学分析是应用流行病学调查材料来揭示传染病流行过程的本质以及相关因素。流行病学调查分析中常用的统计指标有：

1. 发病率

发病率是指一定时期内某猪群中发生某病新病例的比例。发病率能较全面地反映出传染病的流行情况，但还不能说明整个流行过程，因为常有许多猪呈隐性感染，而同时又是传染源。

$$发病率（\%）=\frac{一定时期内某动物群体某病的新病例数}{同时期该群动物平均数}\times100$$

2. 死亡率

死亡率是指由于某传染病死亡的猪数占该品种猪总数的百分比。它能表示该病在猪群中造成死亡的百分比，而不能说明传染病发展的特性，仅在死亡率高的急性传染病时才能反映出流行状态。但对于不易致死或发病率高而死亡率低的传染病来说，则不能表示出流行范围广泛的特征。因此，在传染病发展期还要统计发病率。

$$死亡率（\%）=\frac{某动物群在一定时期内由于某病死亡动物数}{同时期该种动物总数}\times100$$

3. 病死率

病死率是指由于某病死亡的猪总数占该病患病猪总数的百分比。它能表示某病在临诊上的严重程度，因此能比死亡率更为精确地反映出传染病的流行过程和特点。

$$病死率（\%）=\frac{某时期内由于某病死亡动物数}{同时期患该病动物数}\times100$$

二、猪群健康的监测与保健技术

目前通过遗传育种手段，猪的生产性能得到很大提高，同时，猪的体质、抗逆性等也相对有所下降，对营养、饲养、管理等各种环境条件变化更加敏感。随着养猪集约化程度的不断提高，猪群更加集中，与此相关的疫情也变得更加复杂，稍有疏忽，疫情就很可能在猪群中迅速传播开，往往造成巨大的经济损失。因此，各饲养猪群的大型农牧场、集体或个人，应采取各种主动措施、提高猪群健康水平、减少或避免各种疾病的侵袭。

（一）猪群的健康监测

做好猪群的健康检测工作，及时发现亚临床症状，尽早控制疫情，把传染病消灭在萌芽状态是非常重要的。在实际操作中，监测方法主要有以下几种：

1. 观察猪群

饲养人员对自己所负责猪场的猪只要随时观察，如发现异常，应及时向兽医或技术人员汇报。猪场技术人员和兽医每日至少巡视猪群 2~3 遍，并与饲养人员经常保持联系，互通信息，以掌握猪群动态。在进行观察猪群时，不管是饲养人员还是技术人员，都要要认真、细致，掌握好观察技术、观察时机和方法。生产过程中可采用"三看"，即"平时看精神、喂饲看食欲、清扫看粪便"，并结合考虑猪的年龄、性别、生理阶段、季节、温度、空气等，有重点、有目的地观察。对观察中发现的异常情况，应仔细分析，查明原因，尽早采取措施加以解决。如属一般疾病，在兽医人员的指导下，采用对症治疗或淘汰。如是烈性传染病，则及时上报，并在兽医人员的指导下，立即捕杀，妥善处理尸体，采取紧急消毒、紧急免疫接种等措施，防止其蔓延扩散。

对异常猪只及时淘汰，可提高生产水平，减少耗料和用药，更有利于维护全群的安全，因为这些猪可能处于传染病的潜伏期，甚至是带菌带毒者，是危险的传染源或潜在的传染源，因此要及时切断其传染源头，对控制传染病的扩散或传播有很好的抑制作用。

2. 测量统计

特定的品种或杂交组合，要求特定的饲养管理水平，并同时表现特定的生产水平。通过测量统计，便可了解饲养管理水平是否适宜，猪群的健康是否处于最佳状态。良好的饲养管理，能让猪发挥出最大遗传潜力，同时也可使猪的健康水平有所提高。猪所表现的生产力水平的高低就是反应饲养管理好坏和健康状况最好的标尺。例如，猪的受胎率低、产仔数少，往往与配种技术不佳、饲养管理不当和某些疾病有关；出生重低与母猪怀孕期营养不良有关；21d 窝重小、整齐度差与母乳不足、补料过晚或不当、环境不良或受到疾病侵袭有关；肉猪日增重低、饲料报酬差有可能是猪群潜藏某些慢性疾病或饲养管理不当。

3. 尸体剖检

通过对濒死病猪或病死猪尸体的剖检，检查各器官组织有无病变或病变的种类、程度等，了解猪病的种类及严重程度，如有必要，可做病理组织切片进行观察并确诊。

4. 屠宰厂检查

在屠宰厂检查屠宰猪只各器官组织有无异常或病变，了解有无某种传染病及严重程度。

5. 抗原、抗体的测定

检查和测定血清及其他体液中的抗体水平，是了解猪只免疫状态的有效方法。被检猪血清中如果存在某种抗体，说明被检猪曾经与同源抗原接触过，抗体的出现意味着被检猪正在患病，或过去患过病并呈耐过，或意味着被检猪接种该种抗原疫苗已经产生效力。如果抗体水平下降，表示这些抗体可能是该种传染病或接种疫苗的残余抗体。接种疫苗后测定抗体，可以明确人工免疫的有效程度，并且可以作为参考确定以后再次接种疫苗的时间。怀孕母猪接种疫苗后，仔猪可通过吸吮初乳获得母源抗体。测定仔猪体内的母源抗体量，可了解仔猪的免疫状态，同时也是确定仔猪何时再次接种疫苗的重要依据。临床可以利用检查抗体的技术，进行检查和鉴别抗原、诊断疾病。生产现场可用全血凝集试验等较简单的方法进行某些疾病的检疫，淘汰反应阳性猪，净化猪群。

（二）猪群的保健措施

为了保证猪群有较高的健康水平，必须采取各种主动措施，防患于未然。

1. 场址选择与建筑物布局

场址选择与建筑物布局要重点考虑切断疫病的传播途径、防止疫病的蔓延扩散。猪场场址应选择地势高燥、背风、向阳、水源充足、水质良好、排水排污方便、无污染、供电和交通方便的地方，并远离铁路、公路、城镇，距离居民区 500m 以上，离屠宰场、畜产品加工厂、垃圾场及污水处理场所、风景区 1000m 以上，猪场周围建有围墙或防疫沟，整体建筑不得违反兽医法规中的所有规定要求。场址最好设置于种植区内，有利于种养结合，形成良性的生态循环。猪场的建筑物布局既要考虑生产管理方便，又要避免猪、人、饲料、粪便等的交叉污染。猪场的生活区与生产管理区、生产区、隔离区要严格分开。

2. 创造良好的居住环境，加强饲养管理

良好的居住环境和高水平的饲养管理不仅可以提高猪只生产性能，而且也是提高猪群健康水平、增强猪群抵抗力、降低猪群易感性、预防传染病发生的积极主动措施。因此平时应保持圈舍清洁舒适，通风良好，采光充足，冬季保温防寒，夏季凉爽防暑。合理制定并严格执行各类猪的饲养管理规程，提高猪群的健康水平。

3. 坚持自繁自养

猪场频繁到各地引种，极易将各种病原引入本场，同时，由于新引猪与原有猪体质不同，耐受性不同，敏感程度亦不同，因而对不同病原微生物的易感性可能不同，极易暴发传染病。因此，猪场应坚持自繁自养，尽可能少引或不引种，特别对于种源缺乏或不稳定的地区。

4. 精选种源，引种检疫

当猪场规模扩大，需要引入猪种时，为防止引猪带来传染病，猪场需由特定猪场的健康猪群提供引进猪只，而不应由几个不同的猪场或猪群提供。同时，引种前必须详细了解该猪场猪群的健康状况，并要求猪场满足如下3个条件：确定有可靠的免疫程序；有良好的供应历史；保证没有特定的传染病。另外，引种时应进行检疫，引入猪不应有猪瘟、伪狂犬病、传染性胃肠炎、流行性腹泻、疥癣等病。引种后还应将新进猪种集中于隔离区，进行隔离观察2～3个月，检疫合格后才可与原猪群合群。

5. 隔离饲养，全进全出

猪的生产饲养方式主要有连续饲养和隔离饲养、全进全出等几种。

（1）连续饲养　连续饲养是在一栋猪舍饲养几批年龄不同的猪群，转群或出售时不能一次全部调出，新猪群调入时部分猪舍仍留有尚未调走猪群。这种饲养方式尚存有不足之处：一方面容易造成剩余猪群在上一批调出猪群及下一批引入新猪时，增加其应激性而使其抵抗力下降；另一方面还容易造成各种慢性传染病的循环感染。

（2）隔离饲养　隔离饲养又称多隔离点生产，是国外商品猪生产用的越来越多的一种健康管理系统名称。这种系统的基础是将处于生命周期不同阶段的猪养在不同的地方。多点养猪时，生产过程分为配种、妊娠和分娩期、保育期、育肥期几个阶段。可将这些处于不同阶段的猪分别放在3个分开的地方饲养，距离最少在500m以上。也可采用两点系统，即配种、妊娠和分娩在一个地方，保育猪和育肥猪在一个地方。采用这一方法时，宜采用早期断乳（10～20日龄），并在每次搬迁隔离前对猪群进行检测，清除病猪和可疑病猪。这样有利于消灭原猪群中存在的病原微生物，防止循环感染。隔离饲养与全进全出方法结合使用，效果更好。

（3）全进全出　即同批猪同期进一栋猪舍（场），同期出一栋猪舍（场），猪全部调出后，经彻底清扫消毒后空闲1周再引进下一批猪。这样可以消灭上一批猪留下的病原微生物，为新引进的猪提供一个清洁、卫生的环境，进一步避免循环感染和交叉感染。同时，同一批猪日龄接近，也便于饲养管理和各项技术的贯彻执行。

6. 卫生消毒

消毒就是杀灭或清除传染源排到外界环境中的病原微生物。其目的是切断传播途径，阻止猪传染病的传播和蔓延。不同传染病的传播途径，消毒工作的重点也就不同。

主要经消化道传播的传染病，如猪瘟、猪丹毒、猪肺疫、口蹄疫、猪传染性胃肠炎、大肠杆菌病、仔猪副伤寒等，是通过误食被病原微生物污染的饲料、饮水，或接触被病原微生物污染的饲养工具等传播的，因此搞好环境卫生，加强饲料、饮水、地面、饲槽、饲养工具等的消毒，在预防该类传染病上具有重要意义。

主要经呼吸道传播的传染病，如流行性感冒、猪支原体肺炎、萎缩性鼻炎等，患病猪在呼吸、咳嗽、喷嚏时将病原微生物排入空气中，并污染环境空气及饲槽、饮水、饲养工具等物体的表面，然后通过飞沫、飞沫核、尘埃，借助于流动的空气传染给健康猪只，为了预防这类传染病，对污染的猪舍内空气和物体表面进行彻底消毒具有重要意义。

一些接触性传染病，如猪痘、猪支原体肺炎等，主要是通过健康猪体表的皮肤、黏膜的直接接触而传播的，控制这类传染病可通过对猪皮肤、黏膜和有关工具的消毒来预防。

某些生物性传播媒介：蚊蝇等昆虫传播的传染病，如乙型脑炎、猪丹毒等；鼠类等猪传播的传染病，如沙门氏菌病、钩端螺旋体病、布鲁氏菌病、伪狂犬病等，这些传染病的预防必须采取必要的杀虫灭鼠等综合措施，以减少传染病的传播扩散。

对不属于特定传染病的病原微生物引起的一般外科感染、呼吸道感染、泌尿生殖道感染，虽然没有特定的传染源，但其病原微生物都来自外界环境、自身体表或自然腔道等，为预防这类感染和疾病的发生，对外界环境、猪体表及腔道、畜牧生产和兽医诊疗的各个环节及各个空间角落采取预防性消毒也是非常必要的。

7. 免疫接种

免疫接种是激发猪只机体产生特异性抵抗力，降低猪易感性的重要手段，是预防和控制猪传染病发生的重要措施之一。对某些传染病，如猪瘟等，免疫接种更具有关键性的作用。所以猪场应严格按照免疫程序进行免疫接种。

8. 猪场禁养其他动物

猪场严禁饲养禽、犬、猫等动物；猪场食堂不准外购猪只及其产品；职工家中不准养猪。

9. 杀虫、灭鼠

虻、蝇、蚊、蜱等节肢猪都是家畜疫病的重要传播媒介。因此，杀灭这些昆虫，在预防和扑灭猪疫病方面有重要意义。鼠除了破坏建筑、偷吃饲料外，还是多种人畜传染病的传播媒介和传染源，因此，灭鼠对于防病灭病和提高经济效益具有重要意义。

10. 病猪尸体及粪便处理

因患传染病而死亡的病猪尸体，含有大量病原微生物，是散播疫病最主要的传染源之一。因此，对病猪应严格进行检查，尽快确诊，及时送隔离室。未经兽医人员，不得自行解剖，需要剖解的死猪及时送到解剖化验室，经兽医检后，认为是传染病或疑似传染病的猪不得随意处理，更不能食用或拿到集市上出售，以免散播疫病或发生食物中毒。通常的处理办法是烧毁、深埋或化制后作工业原料。处理粪便常用的方法有生物热消毒法、焚烧法、化学消毒法及掩埋法，其中以生物热消毒法最为常用。

11. 严格兽医卫生防疫制度

猪场应有明确、完善的兽医卫生防疫制度，并有专人负责，严格执行。

三、猪传染病的免疫预防

对养猪业来说，最重要的因素就是预防。免疫接种是防治猪传染病发生的关键措施。用疫（菌）苗给猪接种，能使猪体产生特异性的抵抗力，在一定时间内能使猪只不被某种传染病传染，这是预防和控制猪传染病的有效手段。

（一）疫苗的类型

兽用疫苗是指由病原微生物或其组分、代谢产物经过特殊处理所制成的，用于人工主动免疫，预防疫病的生物制品。兽用生物制品的猪疫苗种类很多，但当前猪常用的疫苗有以下几种。

1. 弱毒活疫苗

此类疫苗是指通过人工致弱或筛选的自然弱毒株，但仍保持良好的抗原性和遗传特性的毒株，用以制备的疫苗。如猪瘟兔化弱毒疫苗、猪蓝耳病弱毒疫苗等。此类疫苗的特点是：疫苗能在猪体内繁殖，接种少量的免疫剂量即可产生坚实的免疫力，接种次数少，不需要使用佐剂，免疫产生快，免疫期长。其缺点是：稳定性较差，有的毒力可能发生突变，返祖，储存与运输不方便。

2. 灭活疫苗

此类疫苗是将病原微生物经理化方法灭活后，仍能保持免疫原性，接种猪后能使其产生自动免疫，这类疫苗称为灭活疫苗。如 O 型猪口蹄疫灭活疫苗、猪支原体肺炎灭活疫苗等。此类疫苗的特点是：疫苗性质稳定，使用安全，易于保存和运输，便于制备多价苗或多联苗。其缺点是：疫苗接种后不能在猪体内繁殖，必须依靠再次接种来维持免疫能力，因此使用时接种剂量较大，接种次数较多，免疫期较短，不产生局部免疫力，并需要加入适当的佐剂以增强免疫效果。此类疫苗包括组织灭活疫苗和培养物灭活疫苗，加入佐剂后又称氢氧化铝胶灭活疫苗和油佐剂灭活疫苗等。

3. 基因缺失疫苗

此类疫苗是利用基因工程技术，将具有强毒株毒力相关基因切除后构建的活疫苗。如伪狂犬病毒 TK、gE、gG 缺失疫苗等。此类疫苗的特点是：安全性好，不易返祖；免疫原性好，可产生坚实的免疫力；免疫期长，尤其是适于局部接种，诱导产生黏膜免疫力。

4. 多价疫苗

　　多价疫苗是指将同一种细菌或病毒的不同血清型混合而制成的疫苗，如猪链球菌病多价血清灭活疫苗和猪传染性胸膜肺炎多价血清灭活疫苗等。其特点是：对多血清型的微生物所致疫病的猪可获得完全的保护力，而且适于不同地区使用。

　　5. 联合疫苗

　　联合疫苗是指由两种或两种以上的细菌或病毒联合制成的疫苗，如猪丹毒、猪巴氏杆菌二联灭活疫苗和猪瘟、猪丹毒、猪巴氏杆菌三联活疫苗等。其特点是：接种猪后能产生相应疾病的免疫保护，减少接种次数，进而减少应激刺激，使用方便。但与单苗相比，多联苗免疫的效果不确切。

　　6. 亚单位疫苗

　　此类疫苗是经细菌或病毒粗抗原中分离提取来，具有某一种或几种具有免疫原性的生物学活性物质，除去"杂质"后而制成的疫苗，如巴氏杆菌的荚膜抗原疫苗、大肠杆菌的菌毛疫苗等。此类疫苗的特点是疫苗不含有微生物的遗传物质，因而无不良反应，使用安全，免疫效果较好。但其缺点是生产工艺复杂，生产成本较高，不利于广泛应用。

　　7. 类毒素疫苗

　　此类疫苗是将细菌产生的外毒素经甲醛脱毒后，使其致病性消失，而保留免疫原性所制成的生物制品，如破伤风类毒素、肉毒类毒素等。接种猪后可诱导机体产生抗毒素，获得主动免疫，还可用于免疫猪以制备抗毒素血清。

　　除此之外，还有基因工程重组活载体疫苗、核酸疫苗、合成肽疫苗、抗独特型疫苗及转基因植物疫苗等，部分有待于进一步开发，才能用于猪病的防治实践。

（二）不同工艺疫苗的保存特点

　　1. 冷冻真空干燥疫苗

　　大多数的活疫苗都采用冷冻真空干燥的方式冻干保存，可延长疫苗的保存时间，保持疫苗的效价。病毒性冻干疫苗常在 -15℃以下保存，一般可有效保存 2 年。细菌性冻干疫苗在 -15℃保存时，一般可有效保存 2 年；2~8℃保存时，可有效保存 9 个月。

　　2. 油佐剂灭活疫苗

　　这类疫苗为灭活疫苗，以白油为佐剂乳化而成，为大多数病毒性灭活疫苗所采用的方式。油佐剂疫苗注入肌肉后，疫苗中的抗原物质可以缓慢释放，从而可以使疫苗的作用时间延长。这类疫苗 2~8℃保存，禁止冻结。

　　3. 铝胶佐剂疫苗

　　以铝胶按一定比例混合而成，大多数细菌性灭活疫苗采用这种方式，与油佐剂疫苗相比，铝胶佐剂疫苗作用时间较快。2~8℃保存，不宜冻结。

　　4. 蜂胶佐剂灭活疫苗

　　以提纯的蜂胶为佐剂制成的灭活疫苗，蜂胶具有增强免疫的作用，可增加疫苗免疫的效果，减轻注苗反应。这类灭活疫苗作用时间比较快，但制苗工艺要求高，需高浓缩抗原配苗。2～8℃保存，不宜冻结，用前充分摇匀。

（三）疫苗的接种方法

猪用疫苗最常用的接种方法是肌肉或皮下注射法，如猪瘟兔化弱毒疫苗和猪蓝耳病灭活疫苗等皮下或肌肉注射接种。其次是滴鼻免疫接种，如伪狂犬病疫苗和猪传染性萎缩性鼻炎灭活疫苗等可用于滴鼻接种。再次是口服免疫接种，如仔猪副伤寒活疫苗和多杀性巴氏杆菌活疫苗等可经口服免疫接种疫苗。另外也有经穴位注射接种的疫苗，如猪传染性胃肠炎和流行性腹泻疫苗采用猪后海穴接种，效果较好。

（四）疫苗稀释液的选择与使用

不同的疫苗，即使是同一种接种方法，其使用的稀释液也不尽相同。细菌性活疫苗必须使用铝胶生理盐水稀释；病毒性活疫苗注射免疫时，应用灭菌的生理盐水或蒸馏水稀释；饮水免疫可用冷开水或井水稀释。某些特殊的疫苗，需使用厂家配用的专用稀释液。使用的稀释液要尽可能减少热原反应，质量不能出现问题，否则会造成免疫接种失败。

（五）使用疫苗免疫注意事项

疫苗接种前，要认真阅读瓶签及使用说明书，了解疫苗的有效期、疫苗瓶子有无破损、贮藏条件，严格按照规定稀释疫苗和使用疫苗，明确装量、稀释液、稀释度、每头剂量、使用方法及有关注意事项，不得任意变更，防止造成事故；仔细检查疫苗的外包装与瓶内容物，变质、发霉及过期的疫苗不能使用。记清注意事项；油苗要摇均使用；如果是冻干苗，稀释液要少于疫苗头份。同时仔细阅读使用说明书与瓶签是否相符。疫苗贮藏温度均应符合说明书要求，低温冷藏，严防日晒及高温。且稀释后尽快用完。疫苗稀释后其效价会不断下降，在气温15℃以下4h失效、15～25℃则2h失效、25℃以上1h内失效。因此，稀释后的疫苗要在规定的时间内用完，不能过夜，否则废弃。

预防注射前，应详细了解被注射猪的品质及健康状态。凡体质瘦弱、患病、怀孕后期或饲养管理不良的猪不宜进行免疫。发高烧、老弱、病残猪只不要接种疫苗。免疫接种还要考虑母源抗体。尤其是仔猪初次免疫，应按母源抗体的消长情况选择适宜的时机进行接种。如果接种的早则受到母源抗体的干扰而影响免疫效果，如果接种时间过晚，没有保护力的时间过长，猪群发生传染病的危险性较大，可通过免疫监测，依抗体的水平来确定。

抗生素对细菌性灭活疫苗一般没有影响，可以同时使用，分别肌注。注射活菌疫苗前后各7d内不得使用抗生素，两种细菌性活疫苗可同时使用，分别肌注。注射病毒性疫苗的前后各4d内不准使用抗病毒药物和干扰素等，两种病毒性活疫苗一般不要同时接种，应间隔7～10d，以免产生相互干扰。病毒性活疫苗和灭活疫苗可同时使用，分别肌注。

正在潜伏期的猪只接种弱毒活疫苗后，可能会激发疫情，甚至引起猪只发病死亡。妊娠母猪尽可能不要接种弱毒活疫苗，特别是病毒性活疫苗，避免经胎盘传播，造成仔猪带毒。

认真仔细地注射疫苗，确保注射数量与部位的准确无误。尤其要注意的是，不得将疫苗注射在坏死的肌肉上。如果有流出的现象，一定要重新注射。虽然抗体水平的高低与疫苗注射剂量呈正相关性，但是免疫接种时不要人为地随意增大剂量，超大剂量的接种会导致免疫麻痹，使免疫细胞不产生免疫应答，一定要按规定的免疫剂量注射。同时免疫接种的次数也不宜过多，一定要科学合理，接种次数过多，对猪的应激刺激也越大，有时当抗体水平高时再接种疫苗会发生中和反应，反而导致猪体免疫力下降。

不要随意联合使用疫苗。在不了解情况时，不要几种疫苗同时免疫接种。从当前情况来看，灭活疫苗联合使用出现相互影响的现象比较少，有的还有促进免疫的作用。弱毒疫苗联合使用出现的相互影响较多，如相互促进、相互抑制、互不干扰等，故在没有科学的实验数据和研究结论时，不要随意将两种不同的疫苗联合免疫接种。

猪机体对抗原的刺激反应性是有限度的，同时接种疫苗的种类和数量过多时，不仅妨碍猪机体针对主要疫病高水平免疫力的产生，而且还有可能出现不良反应而降低机体的抗病能力。因此，给猪群进行免疫预防时，尽可能使用单独的疫苗，少用联合疫苗与多联苗。

注射接种疫苗时，要做到一头猪一个针头，消毒后使用，以免经针头传播疾病。条件不允许的，最多只能一栏猪用一个针头。注射用具在使用前一定要严格消毒后方能使用，如蒸煮消毒20min以上；注射部位先用碘酊消毒，后用酒精棉花擦干再注入疫苗，防止通过注射而发生交叉感染。注射完疫苗后，一切器械与用具都要严格消毒，疫苗瓶集中消毒废弃，以免散毒污染猪场与环境，造成可能存在的隐患。

复习思考题

1. 猪瘟的流行病学、临床症状和病理变化特征是什么？
2. 如何预防猪瘟？免疫接种时应注意哪些问题？
3. 猪繁殖性传染病有哪些？如何预防？
4. 猪呼吸性传染病有哪些？如何区分和预防？
5. 猪消化性传染病有哪些？如何区分和预防？
6. 猪神经性传染病有哪些？如何预防？
7. 试述猪传染性胃肠炎的诊断要点和防控措施。
8. 何为感染？感染的类型有哪些？猪传染病的特征是什么？
9. 传染病的病程经过分哪几个阶段？各有哪些表现？潜伏期在传染病防

治中的实践意义是什么？

10. 传染病流行过程必须具备哪三个基本环节？各环节之间有什么联系？在防治猪传染病中有什么重要意义？

11. 传染病的传染来源包括哪几类？为什么说患病猪是主要传染源，而病原携带者是更危险的传染源？

12. 传染病的传播途径主要包括哪些内容？了解传播途径有何意义？

13. 传染病流行过程的表现形式及特点有哪些？

14. 何谓传染病流行过程的季节性和周期性？

15. 影响传染病流行过程的因素有哪些？

16. 消毒的目的是什么？常用的消毒方法和消毒剂有哪些？

17. 何谓紧急免疫接种？其作用是什么？

18. 猪传染病的治疗原则及方法有哪些？

19. 免疫接种的类型有哪些？在防治猪传染病发生和流行中的重要意义？

20. 实际预防接种工作应注意哪些问题？

21. 检疫的范围、种类和对象有哪些？检疫对疫病的防治有何意义？

22. 疫情报告和现场措施在扑灭传染病中有何作用？

23. 猪场隔离和封锁在实际扑灭传染病措施中有何作用？

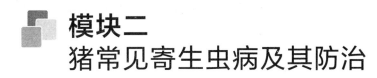

模块二
猪常见寄生虫病及其防治

单元一 | 消化系统寄生虫病

一、猪蛔虫病

猪蛔虫病是猪蛔虫寄生于猪小肠引起的一种线虫病。主要特征是仔猪生长发育不良，严重者发育停滞，甚至死亡。

（一）病原

猪蛔虫病的病原为蛔科蛔属的猪蛔虫，是寄生于猪小肠的大型线虫。活体呈淡红色或淡黄色，死后呈苍白色。虫体呈中间较粗，两端较细的圆柱形（图 2-1）。虫体头端有 3 个唇片，1 片背唇较大，2 片腹唇较小，排列成"品"字形。唇之间为口腔，口腔后为大食道。

虫卵近似圆形，黄褐色，卵壳厚，由四层组成，最外层为呈波浪形的蛋白质膜。虫卵大小为 60μm。未受精卵较狭长，多数没有蛋白质膜，或有而甚薄，且不规则，内容物为很多似油滴状的卵黄颗粒和空泡。温度对虫卵发育速度影响很大，在 28～30℃时，虫卵内胚细胞发育为第 1 期幼虫需 10d，12～18℃时需 40d。虫卵发育为感染性虫卵需 3～5 周。进入猪体内的感染性虫卵发育为成虫需 2～2.5 个月。成虫寿命 7～10 个月。温度、湿度和氧气对虫卵的发育影响很大。高于 40℃或低于 -2℃时，虫卵停止发育，45～50℃时 30min 死亡。在 20～27℃时，感染性虫卵可活 30d。虫卵在疏松湿润的土壤中可以存活 2～5 年，在 2% 福尔马林中可以正常发育。一般用60℃以上的3%～

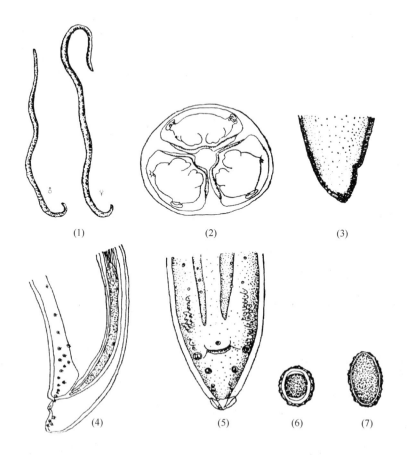

图 2 - 1　猪蛔虫（邱汉辉 . 家畜寄生虫图谱 . 1983）
（1）虫体　（2）头端顶面　（3）雌虫尾端　（4）雄虫尾端侧面
（5）雄虫尾端腹面　（6）受精卵　（7）未受精卵

5%热碱水。20% ~30%的热草木灰溶液或新鲜石灰水才能杀死虫卵。

雌虫体长 20 ~40cm，宽约 0.5cm。雌虫尾端直，生殖器为双管形；两条子宫合为 1 个短小的阴道，阴门开口于虫体腹中线前 1/3 处；肛门距虫体末端较近。雄虫体长 15 ~25cm，宽约 0.3cm；尾端向腹面弯曲，形似鱼钩；泄殖腔开口距后端较近；具有 1 对较粗大的等长的交合刺；无引器。

（二）流行病学

1. 易感性

猪蛔虫病的流行很广，一般在饲料管理较差的猪场，均有本病的发生；尤以 3 ~5 月龄的仔猪最易感。地理分布猪蛔虫属土源性寄生虫，分布极其广泛。一年四季均可发生。

2. 传染源

感染来源为患病或带虫猪，虫卵存在于粪便中。成年猪多为带虫者，但为重要的传染源。

3. 传播途径

多经消化道传播，猪吃入感染性虫卵污染的饮水、饲料或土壤等。母猪乳房沾染虫卵，仔猪在哺乳时感染。虫卵还具有黏性，容易借助粪甲虫、鞋靴等传播。

4. 流行特点

猪蛔虫病不分季节，不分猪的大小，随时都可感染，但仔猪更易感染。饲养管理不善，卫生条件恶劣，猪圈拥挤，营养不良等，猪最易感病且发病严重，常造成病猪死亡。

（三）临床症状

仔猪在感染早期，由于虫体移行引起肺炎，有轻度湿咳，体温可升高至40℃左右。感染后 14～18d，可呈现嗜伊红细胞增多症。较为严重者，精神沉郁，食欲缺乏，异嗜，营养不良，被毛粗糙。常严重影响仔猪的生长发育，成为僵猪。感染严重时呼吸困难，常伴发声音沉重而粗粝的咳嗽，并有呕吐、流涎和腹泻等。可能经 1～2 周好转，或逐渐虚弱，趋于死亡。寄生数量多时，可引起肠道阻塞，表现为疝痛，可引起死亡。

成年猪寄生数量不多时症状不明显，但因胃肠机能遭受破坏，常有食欲不振、磨牙和增重缓慢。

此外，虫体误入胆管时，可引起胆道阻塞而出现黄疸，甚至可引起死亡。

（四）病理变化

猪蛔虫幼虫和成虫阶段引起的症状和病变是各不相同的。

1. 损伤内脏器官

幼虫移行至肝脏时，引起肝组织出血、变性和坏死，形成云雾状的蛔虫斑，直径约 1cm。移行至肺时，肺表面有大量出血斑，从而引起蛔虫性肺炎。肝、肺和支气管等器官常可发现大量幼虫。成虫寄生在小肠时机械性地刺激肠黏膜，引起腹痛。蛔虫数量多时常凝集成团，堵塞肠道，导致肠破裂，此时可见腹腔出血。有时蛔虫可进入胆管，造成胆管堵塞，病程较长者，有化脓性胆管炎或胆管破裂、肝脏黄染和硬变等。

2. 成虫能分泌毒素

分泌的毒素作用于中枢神经和血管，引起一系列神经症状。成虫夺取宿主大量的营养，使仔猪发育不良，生长受阻，被毛粗乱，常是造成"僵猪"的一个重要原因，严重者可导致死亡。

（五）诊断

1. 临床综合诊断

哺乳仔猪（两个月龄内）患蛔虫病时，其小肠内通常没有发育至性成熟的蛔虫，故不能用粪便检查法做生前诊断，而应仔细观察其呼吸系统的症状和病变。剖检时，在肺部见有大量出血点；将肺组织剪碎，用幼虫分离法处理时，可以发现大量的蛔虫幼虫。如寄生的虫体不多，死后剖检时，须在小肠中发现虫体和相应的病变，但蛔虫是否为直接的致死原因，又必须根据虫体的数量、病变程度、生前症状和流行病学资料以及有否其他原发或继发的疾病作综合判断。

正确的诊断，必须根据流行病学调查、粪便检查、临床症状和病理变化等多方面因素加以综合判断。幼虫在肝脏移行时，可造成局灶性损伤和间质性肝炎。严重感染的陈旧病灶，由于结缔组织大量增生而发生肝硬变，形成"乳斑肝"；幼虫在肝内死亡或肝细胞凝固性坏死后，则见有周围环绕上皮样细胞、淋巴细胞和嗜中性粒细胞浸润的肉芽肿结节，可见"猪肝脏上的疤痕"。大量幼虫在肺内移行和发育时，可引起急性肺出血或弥漫性点状出血，进而导致蛔蚴性肺炎；康复后的肺内也常可检出蛔虫性肉芽肿，可见"猪肺脏上的点状出血"。

2. 流行病学诊断

通过询问、实地考察等方法，进行疫情调查，药物治疗效果分析等。

3. 实验室诊断

（1）直接涂片查虫卵 一般 1g 粪便中虫卵数量大于等于 1000 个时可以诊断为蛔虫病。蛔虫的繁殖力很强，用直接涂片法很容易发现虫卵。

（2）饱和盐水漂浮法 首先配制饱和盐水，将 380g 的氯化钠（或食用盐）溶解于 1L 热水中，冷却至室温备用。取 10g 粪便加饱和盐水 100mL，混合均匀，通过 60 目铜筛过滤，滤液收集于三角瓶或烧杯中，静置沉淀 20 ~ 40min，则虫卵上浮于水面，用一直径 5 ~ 10mm 的铁丝圈，与液面平等以蘸取表面的液膜，抖落于载玻片上，盖上盖玻片于显微镜下检查。

（3）蛔虫幼虫检查法 在肝和肺组织有蛔虫病变和幼虫，可以采用贝尔曼法检查幼虫。具体方法为：将病变的肝组织或者肺组织撕碎，放于铁丝网筛上（网筛事先置于漏斗上，漏斗下用胶管连接一个小试管），随后加入 40℃ 的温水，放置 1 ~ 2h，随后，取试管底部沉渣检查，可以发现幼虫。

（六）防治

1. 预防措施

（1）定期按计划驱虫，仔猪断奶后驱虫 1 次，4 ~ 6 周后再驱虫 1 次。母猪在怀孕前和产仔前 1 ~ 2 周驱虫。育肥猪在 3 月龄和 5 月龄各驱虫 1 次。

（2）在已控制或消灭猪蛔虫病的猪场，引入猪只时，应先隔离饲养，进行粪便检查，发现带虫猪时，须进行 1 ~ 2 次驱虫后再与本场猪并群饲养。

（3）减少虫卵污染，圈舍要及时清理，勤冲洗，勤换垫草，粪便和垫草发酵处理；产房和猪舍在进猪前要彻底清洗和消毒，圈面、墙壁、用具可用 50 ~ 75℃ 的热水冲洗，对污染的场地用生石灰、2% ~ 5% NaOH 热溶液（60℃ 以上）及 5% ~ 10% 石炭酸溶液进行喷洒，均可杀灭蛔虫卵；母猪转入产房前要用肥皂水清洗；运动场保持平整，排水良好。

2. 治疗

常用的药物及其治疗方法如下：

（1）左旋咪唑　每千克体重用量 7～8mg，一次内服或肌注。

（2）噻嘧啶　每千克体重 20～30mg，混入饲料一次内服。

（3）磷酸哌嗪、硫酸哌嗪　每千克体重 200mg，一次混入饲料内服。

（4）潮霉素 B　按每千克体重 12mg 的比例，混入饲料连续投饲数周。

（5）越霉素 A　用越霉素 A（得利肥素）按每千克体重 10mg 比例混入饲料，连续投饲 2 个月，效果最佳，并有预防感染和提高饲料利用率的作用。

（6）甲苯咪唑　每千克体重 20mg，一次口服，疗效可达 100%。

3. 发病时的防治措施

发现病猪要及时驱虫。最好是在发育为成虫前驱虫，这样即可消灭猪蛔虫对猪的危害，又可避免粪中带有虫卵。

二、猪毛首线虫病（鞭虫病）

毛首线虫病是猪毛首线虫寄生于猪的大肠（主要是盲肠）中引起的一种寄生虫病，又称为"鞭虫病"。主要特征为严重感染时引起病猪贫血、顽固性下痢。

（一）病原

虫体呈乳白色，前部为食道部，细长，内部由 1 串单细胞构成。后部为体部，短粗，内有肠道和生殖器官。雄虫长 20～52mm，尾端蜷曲，有 1 根交合刺，交合鞘短而膨大呈钟形。雌虫长 39～53mm，后端钝圆，阴门位于虫体粗细交界处。

虫卵呈黄褐色，腰鼓状，两端有塞状构造，壳厚，光滑，内含未发育的卵胚。虫卵大小为（70～80）μm×（30～40）μm（图 2-2）。

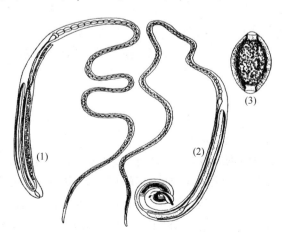

图 2-2　猪毛首线虫及虫卵

（1）雌性毛首线虫　（2）雄性毛首线虫　（3）虫卵

成虫寄生于猪的大肠，虫卵随猪的粪便排出体外，在适宜的温度和湿度条件下，发育为含有第1期幼虫的感染性虫卵，猪吃入后，第1期幼虫在小肠内释出，钻入肠绒毛间发育，然后移行到盲肠和结肠钻入肠腺，在此进行4次蜕皮，逐渐发育为成虫。成虫寄生于肠腔中，以头部固着于肠黏膜上。

发育时间在外界的虫卵内胚细胞发育为第1期幼虫需3~4周；进入猪体内的感染性虫卵发育为成虫需40~50d。成虫寿命为4~5个月。

虫卵抵抗力强，感染性虫卵可在土壤中存活5年。

（二）流行病学

1. 易感性

猪和野猪是猪毛首线虫的自然宿主，灵长类动物（包括人）也可感染猪毛首线虫。一般2~6月龄仔猪易感染受害，4~6月龄感染率最高。

2. 传染源

患病或带虫猪，虫卵存在于粪便中。

3. 传播途径

经口感染。

4. 流行特点

一年四季均可发生，但夏季感染率高，秋冬季出现症状。常与其他蠕虫、特别是与猪蛔虫混合感染。

（三）临床症状

轻度感染不显症状，严重感染（虫体可以达数千条）时，出现顽固性下痢，粪中常带黏液和血液，贫血，消瘦，食欲不振，发育障碍。重度感染者可致慢性失血。可继发细菌及结肠小袋纤毛虫感染。

（四）病理变化

死于本病的仔猪常因营养不良而消瘦，贫血，可视黏膜发白，被毛粗乱，污秽不洁。鞭虫的成虫主要损害盲肠，其次为结肠。虫体头端前不穿入宿主寄生部肠黏膜表层，少数到黏膜下层甚至肌层。鞭虫锐利口矛的前端为吸取食物而不停地钻刺与刻化活动，使黏膜组织受到破坏。因此，猪鞭虫感染可引起盲肠、结肠黏膜卡他性炎症。眼观肠黏膜充血、肿胀，表面覆有大量灰黄色黏液，大量乳白鞭虫混在黏液中或叮着于肠黏膜。严重感染时可引起肠黏膜出血性炎、水肿及坏死。感染后期发现有溃疡，并产生类似结节虫病地结节。结节有两种：一种见于虫体前端伸入部，较软，内含浓液；另一种结节为较硬地圆形包囊，位于黏膜下。组织学检查见结节中有虫体和虫卵，并有显著的淋巴细胞、浆细胞及嗜酸性细胞浸润。切片中虫体前端包埋于黏液内，含有鞭虫特有的串株排列的所谓"列细胞"的腺细胞。毛首线虫属虫体横切面上体肌的特点为体积小、连续细密、排列整齐，呈全肌型结构，可与其他大多数线虫区别。雌虫肠腔内或偶尔在组织中可发现典型虫卵。

（五）诊断

根据流行病学、临诊症状、粪便检查和剖检等综合判定。

1. 临床综合诊断

本病的生前诊断主要靠粪便中的虫卵及虫体的检查。据研究，一条雌虫一日可产 5000 个虫卵，1g 粪便中若有 1000 个以上的虫卵，则寄生虫的数目不会少于 30 条，用浮集法可检出不同发育阶段的虫卵。由于虫卵颜色、结构比较特殊，故易识别而确诊。病猪死后主要依据尸检时发现特殊形态的虫体，寄居部位及引起病理损害而确诊。

2. 流行病学诊断

主要感染仔猪，4~6 月龄感染率最高，经消化系统感染，无明显季节特点，秋冬多发。

3. 实验室诊断

取病猪粪便少许，用漂浮法涂片加盖片镜检，见有大量细小、呈棕黄色、腰鼓形、两端各有 1 个栓塞、壳厚的虫卵。然后，将呈鞭状的新鲜虫体置显微镜下观察，鉴定为猪毛首线虫。还可以用饱和盐水漂浮法，但因虫卵较小，需反复检查，以提高检出率。

（六）防治

1. 预防措施

猪舍及运动场应保持清洁、干燥、通风，避免阴暗潮湿；妊娠母猪和哺乳母猪及时驱虫，以防止感染幼猪；及时清扫粪便，堆积在固定场所发酵；幼猪、母猪、病猪和健康猪均应分开饲养。从外地引进猪时，应进行本病虫卵的检查，确定无本病时方可放入猪舍。对本病常发地区，每年春秋应给猪群两次驱虫，并对猪舍周围的表层土进行换新或用生石灰进行彻底消毒。另外，加强饲养管理，提高猪体的抵抗力也是预防本病的重要措施。

2. 治疗

用于本病的治疗药物较多，其中羟嘧啶为驱鞭虫的特效药，猪按照每千克体重 2mg 口服或拌料喂服。其他的使用药物可参考猪蛔虫病。

3. 防治措施

加强猪舍环境卫生管理，对猪群进行全面的驱虫，对发病动物进行药物治疗。

三、猪球虫病

猪球虫病是由艾美耳科等孢属和艾美耳属的球虫寄生于猪肠道上皮细胞内所引起的一种原虫病。常见于仔猪，一般为良性经过；但若大量感染时，病猪出现下痢，消瘦等症状，临床上以小肠卡他性炎为特征。本病对集约化的养猪影响越来越大。

（一）病原

猪球虫病的病原主要为猪等孢球虫（*Isospora suis*），致病力最强。还有粗糙艾美耳球虫（*Eimeria scabra*）、蠕孢艾美耳球虫（*E. cerdonis*）、蒂氏艾美耳球虫（*E. debliecki*）、猪艾美耳球虫（*E. suis*）、有刺艾美耳球虫（*E. spinosa*）、极细艾美耳球虫（*E. perminuta*）、豚艾美耳球虫（*E. porci*）（图2-3）。

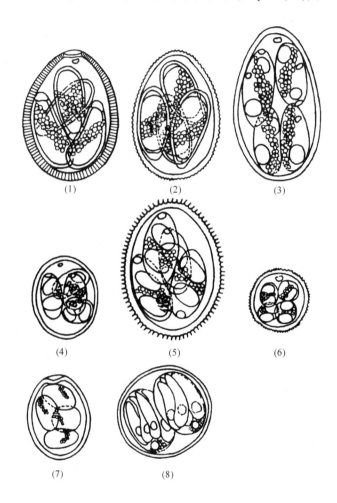

图2-3　猪的各种孢子化球虫卵囊（孔繁瑶. 家畜寄生虫病. 1997）
（1）粗糙艾美尔球虫　　（2）糯孢艾美尔球虫　　（3）蒂氏艾美尔球虫　　（4）猪艾美尔球虫
（5）有刺艾美尔球虫　　（6）极细艾美尔球虫　　（7）豚艾美尔球虫　　（8）猪等孢球虫

猪等孢球虫卵囊呈球形或亚球形，大小为（18.7～23.9）μm×（16.9～20.7）μm，囊壁光滑，无色，无卵膜孔；囊内有2个椭圆形或亚球形的孢子囊，每个孢子囊内有4个子孢子。卵囊随粪便排到外界，刚排出的卵囊内含有一个单细胞的合子。在适宜的氧气、湿度和温度条件下，卵囊经孢子化发育至感染阶段。当孢子化卵囊被猪吞入后，子孢子释出，进入肠腔，钻入肠上皮细胞，在上皮细胞内变成圆形滋养体。滋养体经裂殖生殖发育为裂殖体，裂殖体成熟后，每一个裂殖体含有许多裂殖子。当宿主细胞破坏崩解时，裂殖子从成熟的裂殖体释出，进入肠腔。

当逸出的裂殖子侵入其他肠细胞，就可能发育形成新一代裂殖体或配子体。在进行 2~3 代裂殖生殖之后便开始转入配子生殖；裂体生殖的代数依球虫的种类而定，但所有虫种最终都要形成配子体。

有性阶段的虫体是大配子体和小配子体。大配子体积较大，通常在一个宿主细胞仅有一个大配子；而小配子体一般数量较少，但含有许多高度运动的、带鞭毛的小配子，这种小配子相当于高等动物的精子。最终含有小配子体的宿主细胞崩解，小配子逸出，进入肠腔，进而钻入含有大配子的肠细胞，使大配子受精。

受精后的合子形成卵囊壁，发育成为卵囊。当卵囊成熟后，宿主细胞崩解，卵囊进入肠腔，然后，未孢子化的卵囊随粪便排出，在体外进行孢子生殖。

宿主细胞是由于裂殖生殖、配子生殖和卵囊释放而遭受破坏。由于每一个裂殖体都含有大量的裂殖子，并可能发生几代裂殖生殖，因此吞食的 1 个卵囊具有破坏数千或数百万个肠细胞的能力。无性生殖的代数与裂殖体释放裂殖子的数量，以及完成生活史所需要的时间均随球虫种类不同而有变化。

卵囊能耐受冰冻 26d，高压蒸汽可杀死卵囊。

（二）流行病学

1. 易感性

各种猪均能感染，成年猪多为病原携带者，断奶仔猪高染率最高，30~75日龄的仔猪呈急性发作。

2. 传染源

患病或带虫猪，卵囊存在于粪便中。

3. 传播途径

经口感染，仔猪感染后是否发病取决于摄入的卵囊的数量和种类。仔猪过于拥挤和卫生条件恶劣时会提高发病率。有些条件稍差的猪场，母猪群感染率高。

4. 流行特点

全年都有流行，但 8~10 月份发病率最高。温暖、潮湿季节有利于卵囊的孢子化，为本病的高发季节。

（三）临床症状

猪球虫感染以水样或脂样的腹泻为特征。病猪主要表现为腹泻，持续 4~6d。病猪排黄色或灰白色粪便，恶臭，初为黏液，12d 后排水样粪便，导致仔猪脱水，失重。在伴有传染性胃肠炎、大肠杆菌和轮状病毒感染情况下，往往造成死亡。耐过的仔猪生长发育受阻。成年猪多不表现明显症状，成为带虫者。

（四）病理变化

显微镜下检查发现空肠和回肠的绒毛变短，约为正常长度的一半，其顶部可能有溃疡与坏死。在有些病例，坏死遍及整个黏膜，球虫内生发育阶段的各型虫体存在于绒毛的上皮细胞内，少见于结肠。在病程的后期，可能出现卵囊。病理变化主要是空肠和回肠的急性炎症，黏膜上覆盖黄色纤维素坏死性假膜，肠上皮细胞坏死并脱落。在组织切片上可见绒毛萎缩和脱落，还可见到不同发育阶段的虫体。

（五）诊断

1. 临床综合诊断

此病主要感染断奶仔猪，潜伏期 4~5d，病猪出现精神萎靡，厌食，腹泻，拉黄色水样粪，具有恶臭，脱水引起死亡。但一般均能自行耐过。典型病变是小肠黏膜上绒毛萎缩（主要在空肠、回肠部），也有不少病例有坏死性肠炎。

2. 流行病学诊断

本病一年四季均可发生，以 8~10 月份发病率最高，主要经粪便传播。此病发病率是圈养比放养的高。

3. 实验室诊断

（1）直接镜检　这是一种简便快速的检测方法，但由于球虫的卵囊大小为平均 21.2μm×17.9μm，不具有珠孔。因而用粪便涂片直接镜检的价值很有限，检出率不高，很难识别卵囊。

（2）盐-糖溶液（100mL 饱和盐水溶液 +50g 糖，密度为 1.226）漂浮法这种方法检出率高，是最常用的检测方法，但是由于粪中存在脂肪颗粒，所以很难发现卵囊，这种方法需要有较丰富的经验才能有较准确的检出率。

（3）Teleman 法　该方法也称为离心法，是最有效的卵囊检出法，因为乙醚能去除粪中的脂肪物质。具体做法是：将 1g 粪置于 5mL 5% 的醋酸溶液中，摇动制成悬液，让悬液沉淀 1min，用筛过滤于一离心管中，加入等量的乙醚。将混合液强烈摇动后，1500r/min 离心 1min，将管内由污物形成的环分隔开的上清液（由乙醚和醋酸形成）抛弃，沉淀物中即含卵囊。将沉淀物用少量水稀释并混合均匀，取数滴如此形成的悬液置于载玻片上，然后对其进行镜检（100 倍或 400 倍）。自体荧光显微技术可使检出率大大高于标准的样本漂浮亮视野镜检技术。

（六）防治

1. 预防措施

本病的控制目前主要是保证良好的卫生条件和阻止母猪排出卵囊。从母猪产仔前 1 周开始，直至整个哺乳期服用抗球虫药；对猪舍应经常清扫，将粪便和垫料进行无害化处理，地面热水冲洗，可用含氨和酚的消毒剂喷洒，以减少环境中的卵囊数量。

2. 治疗

治疗可选用氨丙啉、磺胺类药物、莫能菌素、盐霉素、速丹、百球清、呋喃西林、氯苯胍、球虫粉和马杜拉霉素等进行治疗。如：氨丙啉，每千克体重 15～40mg，混饲或混饮，每天 1 次，连用 3～5d；林可霉素，每天每头猪 1g 混饮，连用 21d，并结合应用止泻、补液等对症疗法；磺胺二甲嘧啶（SM2），每千克体重 100mg，口服，每天 1 次，连用 3～7d，如配合使用酞酰磺胺噻唑（PST）每千克体重 100mg 内服，效果更好。

3. 发病时的防治措施

发生本病时应该采取"隔离－治疗－消毒"的综合措施。

（1）对猪只排出的粪便进行无害化处理，防止粪便对饲料、饮水和环境的污染。

（2）对发病猪进行隔离治疗。

（3）对环境应用 3%～5% 的热碱水或 1% 克辽林溶液消毒地面、圈舍、饲槽、饮水槽和用具等。

四、猪小袋纤毛虫病

小袋纤毛虫病是由纤毛虫纲小袋虫科的结肠小袋纤毛虫寄生于猪和人大肠（主要是结肠）所引起的一种寄生虫病。主要为隐性感染，严重时有肠炎等症状，甚至可导致死亡。本病主要发生于断奶仔猪，呈窝发。

（一）病原

本病的病原为结肠小袋虫，简称小袋虫，是纤毛虫纲唯一较为重要的致病性原生动物，普遍分布于全世界；主要寄生于猪，偶尔可以感染人，亦发生于犬、鼠及豚鼠。

结肠小袋虫在发育过程中有滋养体（活动期的虫体）和包囊（非活动期的虫体）两个阶段（图 2－4）。

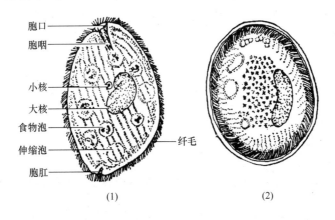

胞口
胞咽
小核
大核
食物泡
伸缩泡
胞肛
纤毛

（1）　　　　　　　　　　　（2）

图 2－4　结肠小袋纤毛虫（邱汉辉. 家畜寄生虫图谱. 1983）

（1）滋养体　　（2）包囊

1. 滋养体

一般呈不对称的卵圆形或梨形，大小为（30 ~ 180）μm ×（20 ~ 120）μm。体表有许多纤毛，沿斜线排列成行，其摆动可使虫体运动；虫体前端略尖，其腹面有 1 个胞口，与漏斗状的胞咽相连；胞口与胞咽处亦有许多纤毛；虫体中部和后部各有 1 个伸缩泡。有大核和小核；大核多在虫体中央，呈肾形；小核呈球形，常位于大核的凹陷处。

2. 包囊

呈圆形或椭圆形，直径 40 ~ 60μm，囊壁分两层，较厚而透明。在新形成的包囊内，可见到滋养体在囊内活动，但不久即变成一团颗粒状的细胞质。包囊内有核、伸缩泡，甚至食物泡。包囊为感染期虫体，在污秽不洁的环境中容易感染新宿主。

3. 抵抗力

包囊有较强的抵抗力，在室温下至少可保持活力 2 周，在潮湿环境下可活 2 个月，在直射阳光下 3h 才能发生死亡，在 10% 福尔马林溶液中能存活 4h。

（二）流行病学

1. 易感性

主要感染猪和人，有时也感染牛、羊以及鼠类。

2. 传染源

感染来源主要为患病或带虫猪和人，病原体存在于粪便中。

3. 传播途径

主要传播途径是经口感染。

4. 流行特点

本病可感染各年龄的猪，但以断奶后仔猪的易感性最强，感染率 20% ~ 100% 不等。病猪和带虫猪食本病的主要感染源；其发生多与饲养管理不良、季节变化无常、猪体抵抗力降低等因素有明显的关系。地理分布较为广泛，南方地区多发。一年四季均可发生，但以寒冷的冬季和早春多见。本病多呈散发性，少见流行性。

（三）临床症状

猪结肠内的小袋纤毛虫，一般情况下为共生者，以肠内容物为食，对肠黏膜并无损害，但如宿主的消化功能紊乱或因种种原因肠黏膜有损伤时，虫体就趁机侵入肠壁，破坏肠组织，形成溃疡。溃疡主要发生在结肠，其次是直肠和盲肠。常与肠道微生物协同致病。临床症状因猪的年龄、饲养管理条件、季节不同而有差异。

猪结肠小袋纤毛虫病的临床症状按病程不同有急性和慢性之分，具体有下列 3 种类型。

（1）潜在型　感染动物无症状，但成为带虫传播者。主要发现在成年猪。

（2）急性型　多发生在幼猪，特别是断奶后的小猪。主要表现为水样腹泻，混有血液。粪便中有滋养体和包囊两种虫体存在。病猪表现为食欲不振，渴欲增加，喜欢饮水，消瘦，粪稀如水，恶臭。被毛粗乱无光，严重者1～3周死亡。

（3）慢性型 常由急性病猪转为慢性，表现出消化机能障碍、贫血、消瘦、脱水的症状，发育障碍，陷于恶病质，常常死亡。

（四）病理变化

小袋虫主要寄生于猪结肠，其次是直肠和盲肠。一般无明显变化，严重时主要引起卡他性、出血性乃至糜烂、溃疡的大肠炎；偶尔可引起肠穿孔及腹膜炎等严重并发病。病理组织学检查可见，结肠小袋虫借助机械运动及分泌透明质酸酶侵入肠黏膜，引起大肠黏膜发生出血和凝固性坏死，并形成溃疡，在坏死和脱落的肠上皮与黏膜中或黏膜的表面可检出大量的小袋虫；有时候毛细血管与淋巴管也受侵害，在受累组织中有淋巴细胞和嗜酸性粒细胞浸润。

（五）诊断

检出虫体是诊断本病的主要依据。本病的生前诊断科根据流行特点、临床症状和分辨检查结果进行综合判断。死后根据剖检变化进行诊断。

1. 临床综合诊断

本病主要感染断奶仔猪；多发于冬春季节；成年猪一般除粪便带有血液和黏液外，一般无明显症状，仔猪多呈大肠炎的表现。

2. 流行病学诊断

主要感染猪和人，感染各年龄的猪，但以断奶后仔猪的易感性最强，感染来源主要为患病或带虫猪和人，一年四季均可发生，但以寒冷的冬季和早春多见。本病多呈散发性，少见流行性。

3. 实验室诊断

（1）粪便检查 取新鲜粪便加生理盐水稀释，也可滴加0.1%碘液，使虫体着色而便于观察，涂片镜检，可见活动的虫体，冬天检查可用温热生理盐水。新鲜粪中可检出滋养体，陈旧粪便中可检出包囊。

（2）死后剖检 刮取猪肠黏膜作涂片镜检检查虫体。

（3）病理组织检查 检查滋养体，可见虫体大呈卵圆形，原生质中有致密肾形大核，虫体表有整齐排列的纤毛，镀银染色可使纤毛更为突出。

（六）防治

1. 预防措施

预防本病主要是搞好猪场的环境卫生和消毒工作；搞好猪粪便的发酵处理，避免含有滋养体和包囊体的粪便对饲料和饮水的污染。

2. 治疗

治疗可选用土霉素、四环素、金霉索或甲硝唑等药物。

口服甲硝唑，每千克体重8～10mg，3次/d，连用5～7d，能彻底驱除虫体。为避免重复感染，在投药的同时，每天应及时清除粪便，并用1:500菌毒敌液喷洒猪栏与运动场，以杀灭外界环境中的包囊。

3. 发病时的防治措施

发病时应及时隔离，治疗病猪；粪便应及时清除，发酵处理；饲养人员注意个人卫生和饮食清洁，以防感染。

五、猪囊尾蚴病

猪囊尾蚴病是由带科带属的寄生于人体内的猪带绦虫的幼虫——猪囊尾蚴，寄生于猪的横纹肌所引起的疾病。又称为"猪囊虫病"。成虫寄生于人的小肠，是重要的人兽共患寄生虫病。主要特征为寄生在肌肉时症状不明显，寄生在脑时可引起神经机能障碍。

（一）病原

猪囊尾蚴亦称猪囊虫，俗称"痘"、"米糁子"。呈椭圆形，白色半透明的囊泡，囊内充满液体。大小为（6～10）mm×5mm，囊壁上有1个内嵌的头节，头节上有顶突、小钩和4个吸盘（图2-5）。

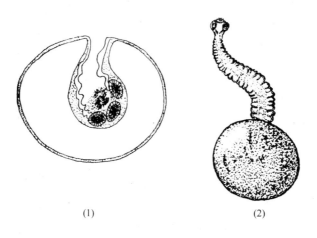

(1)   (2)

图2-5 猪囊虫（邱汉辉. 家畜寄生虫图谱. 1983）
（1）头节向内陷入 （2）头节伸出

猪带绦虫亦称有钩绦虫、链状带绦虫、猪肉绦虫。呈乳白色，扁平带状，长2～5m。头节小呈球形，其上有4个吸盘，顶突上有2排小钩。全虫由700～1000个节片组成。未成熟节片宽而短，成熟节片长宽几乎相等呈四方形，孕卵节片则长度大于宽度。每个节片内有1组生殖系统，睾丸为泡状，生殖孔略突出，在体节两侧不规则地交互开口。孕节单个或成段脱落。

虫卵呈圆形，浅褐色，两层卵壳，外层薄且易脱落，内层较厚，有辐射状的条纹，称胚膜，卵内含六钩蚴。虫卵大小为31～43μm。猪带绦虫寄生于人的小肠中，其孕卵节片不断脱落，随人的粪便排出体外，孕卵节片在直肠或在外界由于机械作用破裂而散出虫卵。虫卵被中间宿主（猪、犬、骆驼、猫和人等）吞食后感染。猪吞食孕卵节片或虫卵而感染，孕卵节片或虫卵经消化液的作用而破裂，六钩蚴借助小钩作用钻入肠黏膜的血管或淋巴管内，随血流带到猪体的各部组织中，主要是横纹肌内，发育为成熟的猪囊尾蚴。人吃入含有猪囊蚴的病肉而感染。猪囊尾蚴在胃液和胆汁的作用下，于小肠内翻出头节，用其小钩和吸盘固着于肠黏膜上发育为成虫。一般只寄生 1 条，偶有数条。

发育时间：在猪体内的虫卵发育为囊尾蚴需 2 个月；在人小肠的幼虫发育为成虫需 2~3 个月。成虫在人的小肠内可存活数年至数十年。

绦虫患者每天通过粪便向外界排出孕卵节片和虫卵，每月可排出 200 多节，可持续数年甚至 20 余年。每个节片含虫卵约 4 万个。

虫卵在外界抵抗力较强，一般能存活 1~6 个月。

（二）流行病学

1. 易感性

各种猪均可感染，对仔猪致病力较强。

2. 传染源

患病或带虫的人，存在于粪便中、污染饲料和饮水中的孕卵节片均可成为该病的传染来源。

3. 传播途径

猪和人均经口感染。

4. 流行特点

猪散养是猪感染的重要因素，猪多因吃入绦虫患者的粪便或被粪便污染的饲料和饮水而感染。人患绦虫病是由于吃了含猪囊尾蚴的肉。

（三）临床症状

猪囊尾蚴多寄生在活动性较大的肌肉中，如咬肌、心肌、舌肌、肋间肌、腰肌、肩胛外侧肌、股内侧肌等，严重时可见于眼球和脑内。轻度感染时症状不明显。严重感染时，表现为营养不良，生长缓慢，贫血，水肿；体形改变，肩胛肌肉表现严重水肿、增宽，后肢肌肉水肿隆起，外观呈哑铃状或狮子形。走路时四肢僵硬，左右摇摆。叫声嘶哑，呼吸困难，睡觉发鼾。重度感染时，触摸舌根或舌腹面可发现囊虫引起的结节。寄生于脑时可引起严重的神经症状，特别是鼻部的触痛、强制运动、癫痫、视觉扰乱和急性脑炎，有时突然死亡。

（四）病理变化

囊尾蚴病所引起的病理变化主要是由于虫体的机械性刺激和毒素的作用。囊尾蚴在组织内占据一定体积，是一种占位性病变；同时破坏局部组织，感染严重者组织破坏也较严重；囊尾蚴对周围组织有压迫作用，若压迫管腔可引起梗阻性变化；囊尾蚴的毒素作用，可引起明显的局部组织反应和全身程度不等的嗜酸性粒细胞增高及产生相应的特异性抗体等。猪囊尾蚴在机体内引起的病理变化过程有三个阶段：

（1）细胞浸润，病灶附近有嗜中性、嗜酸性粒细胞、淋巴细胞、浆细胞及巨噬细胞等浸润；

（2）发生组织结缔样变化，胞膜坏死及干酪性病变等；

（3）出现钙化现象。整个过程约3～5年，囊尾蚴常被宿主组织所形成的包囊所包绕，囊壁的结构与周围组织的改变因囊尾蚴不同寄生部位、时间长短及囊尾蚴是否存活而不同。

（五）诊断

1. 临床综合诊断

轻症的囊尾蚴病在临床上不易察觉，只有当猪在严重感染时才呈现症状。当在皮下触摸到弹性硬的黄豆粒大小的圆形或椭圆形可疑结节时应疑及囊尾蚴病。若有原因不明的癫痫发作，又有在此病流行区生食或半生食猪肉史，尤其有肠绦虫史或查体有皮下结节者，应疑为脑囊尾蚴病。

2. 流行病学诊断

该病分布广泛，呈散发，猪感染率较高。

3. 实验室诊断

（1）病原学检查　可手术摘取可疑皮下结节或脑部病变组织做病理检查，可见黄豆粒大小，卵圆形白色半透明的囊，囊内可见一小米粒大的白点，囊内充满液体。囊尾蚴在肌肉中多呈椭圆形，在脑实质内多呈圆形，在颅底或脑室处的囊尾蚴多较大，约5～8mm，大的可达4～12cm，并可分支或呈葡萄样。

（2）免疫学检查　包括抗体检测、抗原检测及免疫复合物检测。

（六）防治

1. 预防措施

（1）讲究卫生，做到人有厕所猪有圈，防止猪吃入粪而感染猪囊虫病。

（2）加强肉品卫生检验。检出的猪囊虫肉按GB 16548—2006《病害动物和病害动物产品生物安全处理规程》有关规定进行无害化处理。

（3）不食生猪肉或未熟透的猪肉，食品生熟要分开。人患绦虫病时，应进行驱虫治疗，驱出的虫体和粪便必须严格处理，消灭感染源。

（4）进行健康教育，提高群众自我防护能力，把好"病从口入"关。

2. 治疗

在实际生产中，对猪囊尾蚴病的治疗意义不大。驱虫后应检查排出的虫体有无头节，如无头节则虫体还会生长。口服吡喹酮，每千克体重50mg，每天1次，连用3d。或用丙硫咪唑每千克体重20mg，口服，每隔1d再服1次，共服3次。

3. 发病时的防治措施

发生该病的地区要进行人的猪带绦虫病普查，如果发现应该及时进行驱虫，做到猪圈和厕所分开，粪便必须入厕，杜绝猪和人粪便接触的一切可能性。

六、姜片吸虫病

猪姜片吸虫病是由片形科姜片属的布氏姜片吸虫引起的一种人兽共患的吸虫病。本病对人和猪的健康有明显的损害，可引起贫血、消瘦、发育不良和肠炎，甚至引起死亡。

本病主要流行于亚洲的温带和亚热带地区，如东南亚各国。在我国主要分布于长江流域以南各省市，长江以北的部分地区（如山东、河南和陕西等）也有本病流行。本病影响幼猪的生长发育，严重者可引起死亡。

（一）病原

该病是由寄生于猪和人（偶尔寄生于狗和野兔）的小肠内引起的。新鲜的姜片吸虫呈肉红色，虫体肥厚，叶片状，形似斜切的生姜片，故称姜片吸虫。大小为（20～75）mm×（8～20）mm，厚2～3mm。体表被有小棘，尤以腹吸盘周围为多。口吸盘位于虫体前端。腹吸盘发达，呈倒钟状，与口吸盘靠近，大小为口吸盘的3～4倍。咽小，食道短。两条肠管呈波浪状弯曲，伸达虫体后端。睾丸2个，分枝，前后排列在虫体后部中央。雄茎囊发达。卵巢分枝，位于虫体中部稍偏后方。卵黄腺呈颗粒状，分布在虫体两侧。无受精囊。子宫弯曲位于虫体前半部，卵巢与腹吸盘之间，内含虫卵。生殖孔开口于腹吸盘前方。

虫卵呈长椭圆形或卵圆形，淡黄色，卵壳很薄有卵盖，卵内含有1个胚细胞和许多卵黄细胞。虫卵大小为（130～150）μm×（85～97）μm（图2-6）。

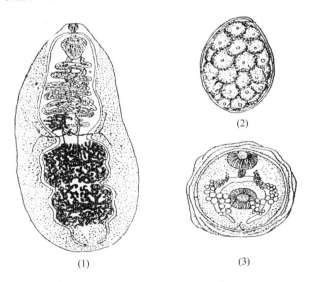

(1)　　　　　　　　(2)　　　　　　　　(3)

图2-6　布氏姜片吸虫（邱汉辉. 家畜寄生虫图谱. 1983）
（1）虫体　（2）虫卵　（3）囊蚴

布氏姜片吸虫需要一个中间宿主——扁卷螺，并以水生植物为媒介物才能完成生活史。成虫寄生于猪的小肠。成熟的虫卵随粪便排出体外落入水中，虫卵在 27～32℃ 的水中，经 3～7d 孵出毛蚴，毛蚴在水中游动，遇到扁卷螺后即侵入体内，在 25～30d 内经胞蚴、雷蚴、子雷蚴发育为尾蚴。尾蚴离开螺体，在水生植物如水浮莲、水葫芦、菱角、荸荠、慈姑等上形成囊蚴。猪吞食粘有囊蚴的水生植物而感染，囊蚴在十二指肠发育为成虫，一般需要 100d。虫体在猪体内的寿命为 12～13 个月。

（二）流行病学

1. 易感性

猪和人均可感染该病。主要危害幼猪，仔猪断奶后 1～2 个月即可发生感染，以 5～8 月龄感染率最高，以后随年龄增长感染率逐渐下降。狗和野兔偶尔也可以感染。

2. 传染源

带虫或患病的猪、人、狗和野兔等，虫卵随粪便进入水中；水中有中间宿主扁卷螺；猪吃了带有中间宿主的植物而感染。

3. 传播途径

主要经口感染。

4. 流行特点

本病主要分布在习惯以水生植物喂猪的南方。凡以猪、人粪便当作主要肥料给水生植物施肥；以水生植物直接喂猪；池塘内有扁卷螺孳生等，往往是地方性流行的主要原因。

该病一般 5～10 月份开始流行，6～9 月为感染高峰。发病多在夏秋季，有时延续到冬季。

（三）临床症状

姜片吸虫在十二指肠寄生最多。对吸着部位产生机械损伤，引起肠黏膜充血，肿胀、黏液分泌增加，并可引起出血或小脓肿。由于寄生虫夺取大量营养，使患猪生长发育迟缓，呈现贫血、消瘦和营养不良。严重感染时，由于虫体大，可堵塞宿主肠道，影响消化和吸收机能，甚至引起肠破裂或肠套叠而死亡。患猪以幼龄为多，表现精神沉郁，被毛粗乱无光泽，食欲减退，逐渐消瘦。消化不良、腹痛、腹泻，粪便中混有黏液。贫血、眼结膜苍白，水肿，尤其是以眼睑和腹部水肿更为明显。重者死亡。

人以儿童患病为多。患者由于吃入附有囊蚴的水红菱、荸荠、茭白、莲藕等水生植物而感染。表现消化功能紊乱，腹胀、腹痛，逐渐消瘦，贫血，浮肿。儿童可致发育不良，智力减退，少数患儿可致死亡。

（四）病理变化

姜片吸虫使吸着部位的肠黏膜发生机械性损伤，引起肠炎、肠黏膜脱落、炎症、水肿点状出血及溃疡。感染强度高时可引起肠阻塞，甚至引起肠破裂或肠套叠。虫体代谢可引起宿主贫血、水肿，嗜酸性粒细胞增多，嗜中性粒细胞减少。

（五）诊断

根据流行病学资料，结合临诊症状、粪便检查和剖检发现虫体等综合诊断。

1. 临床综合诊断

病猪精神沉郁，低头弓背，消瘦，贫血，水肿（眼部、腹部较明显），食欲减退，腹泻，粪便带有黏液，幼猪发育受阻，增重缓慢。姜片吸虫吸附在十二指肠及空肠上段黏膜上，肠黏膜有炎症、水肿、点状出血及溃疡。大量寄生时可引起肠管阻塞。

2. 流行病学诊断

猪有采食水生植物的病史，多发病于夏秋季节，呈地方性流行。

3. 实验室诊断

常采用水洗沉淀法或直接涂片法检查虫卵。姜片吸虫卵淡黄色，卵圆形，两端钝圆。长 130 ~ 145μm，宽 85 ~ 97μm。卵壳较薄，卵盖不甚明显，卵黄细胞分布均匀，卵胚细胞 1 个，常靠近卵盖的一端或稍偏。

（六）防治

1. 预防措施

（1）定期驱虫　病猪及时治疗，流行地区每年春、秋两季进行预防性驱虫。

（2）加强粪便管理　人和猪的粪便发酵处理后，再作水生植物的肥料。

（3）消灭中间宿主　用干燥灭螺或以灭螺剂杀螺，如用硫酸铜、生石灰等。

（4）饲养卫生　勿放猪到池塘自由采食水生植物，水生植物洗净浸烫或做成青贮饲料后再喂猪。

（5）人身防护　人不生食菱、荸荠、茭白、莲藕等水生植物或食用前用沸水浸烫。

2. 治疗

（1）敌百虫，每千克体重 100mg，混料早晨空腹喂服，隔日 1 次，2 次为 1 个疗程。

（2）丙硫咪唑（抗蠕敏），可按每千克体重 5 ~ 20mg 给药，早晨空腹饲喂，隔日 1 次，2 次为 1 个疗程。

（3）硫双二氯酚（别丁），每千克体重 60 ~ 100mg，混精喂服；吡喹酮，每千克体重 50mg，混料喂服。

（4）可选用六氯对二甲苯、硝硫氰胺、硝硫氰醚等。注意休药期。

3. 发病时的防治措施

一旦发现病猪，及时采用有效药物驱虫；病猪粪便要消毒发酵处理。

单元二 | 呼吸系统寄生虫病——猪后圆线虫病

后圆线虫病（metastrongylosis），又称为"肺线虫病"、"肺丝虫病"。该病是由后圆科后圆属的线虫寄生于猪的支气管、细支气管和肺泡所引起的寄生虫病，主要特征为支气管炎和支气管肺炎，严重时可造成大批死亡。本病分布于全世界，我国遍及各地。猪的感染率一般为20%～30%，高的可达50.4%，严重影响仔猪的生长发育和降低肉品质量，给养猪业带来一定的损失。

（一）病原

猪后圆线虫，又称猪肺线虫。虫体呈乳白色或灰色，口囊很小，口缘有1对分3叶的侧唇。卵胎生。雌虫两条子宫并列，至后部合为阴道，阴门紧靠肛门，前方覆角质盖，虫体后端有时弯向腹侧。雄虫交合伞一定程度地退化，有1对细长的交合刺。常见的病原体有：野猪后圆线虫、复阴后圆线虫和萨氏后圆线虫。

1. 野猪后圆线虫

野猪后圆线虫又称长刺后圆线虫。雄虫长11～25mm，交合伞较小，前侧肋大，顶端膨大，中侧肋和后侧肋融合在一起，背肋极小，交合刺长，呈丝状，末端有单钩，无引器。雌虫长20～50mm，阴道长，尾端稍弯向腹面。虫卵呈钝椭圆形，壳厚，表面不光滑，排出时已含有发育成形的幼虫盘曲在内。虫卵大小为（51～54）μm×（33～36）μm（图2-7）。

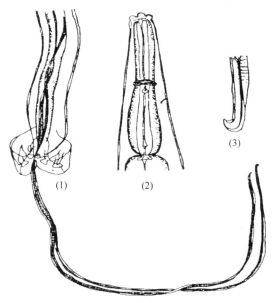

图2-7　长刺后圆线虫（邱汉辉. 家畜寄生虫. 1983）

（1）雄虫尾部　（2）虫体前端　（3）交合刺末端

2. 复阴后圆线虫

雄虫长 16～18mm，交合伞较大，交合刺末端有双钩，右引器。雌虫长 22～35mm，阴道短，尾直，有较大的角质膨大覆盖肛门和阴门。虫卵大小为 （57～63）μm×（39～42）μm。

3. 萨氏后圆线虫

雄虫长 17～18mm，交合刺长，末端有单钩。雌虫长 30～45mm，阴道长，尾端稍弯向腹面。虫卵大小为（53～56）μm×（33～40）μm。

成虫寄生于终末宿主猪（偶见于羊、鹿、牛和其他反刍兽，亦偶见于人）的支气管、细支气管和肺泡内，产生的虫卵随黏液转至口腔被咽下，再经消化道随粪便排到外界。虫卵在潮湿的土壤中，可因吸收水分，卵壳膨大而破裂，孵出第 1 期幼虫。中间宿主蚯蚓吞食了第 1 期幼虫或虫卵（第 1 期幼虫在其体内孵化），经 2 次蜕化变为感染性幼虫，随蚯蚓粪便排至土壤中。蚯蚓受伤时幼虫也可经伤口逸出。猪吞食了蚯蚓或土壤中的感染性幼虫而感染，幼虫在小肠逸出钻入肠壁，沿淋巴系统进入肠系膜淋巴结，在此蜕化变为第 4 期幼虫，然后沿淋巴进入循环系统，随血流至心脏和肺脏，穿过肺泡进入支气管，再蜕化变为第 5 期幼虫，进而发育为成虫。发育时间进入蚯蚓体内的第 1 期幼虫发育为感染性幼虫约需 10d；进入猪体内的感染性幼虫发育为成虫需 25～35d。成虫寿命一般可生存 1 年左右。

虫卵和第 1 期幼虫抵抗力很强，在外界可生存 6 个月以上。感染性幼虫在蚯蚓体内可长期保存其生活力，已知在环毛蚓中可生活 1 年，11～20℃时生存 4 周。

（二）流行病学

1. 易感性

该病主要感染猪，6～12 月龄猪多发。除寄生于猪和野猪外，偶见于羊、鹿、牛等反刍兽，人也可感染。

2. 传染源

患病或带虫猪，以及其他带虫动物，虫卵存在于粪便中。

3. 传播途径

终末宿主经口感染。繁殖力猪感染后 5～9 周产卵最多，以后逐渐减少。1 条蚯蚓最多含有 4000 条感染性幼虫。

4. 流行特点

地理分布本病分布很广，尤其是野猪后圆线虫病遍布各地。季节动态温暖、多雨季节，最适于蚯蚓孳生繁殖，故夏季多发。

（三）临床症状

轻度感染时症状不明显，但影响猪的生长发育。严重感染时，小于 6 月龄的猪发育不良，阵发性咳嗽，尤其在早晚运动或遇冷空气刺激时，咳嗽尤为剧烈并出现呼吸困难的现象，特别在运动、采食和遇到冷空气时症状尤其严重；

病猪被毛干燥、无光泽，消瘦，贫血，鼻孔内有脓性黏稠液体流，病程长者常形成僵猪。有的在胸下、四肢和眼睑部呈现浮肿。严重病例发生呕吐、腹泻，最后因极度衰竭而死亡。

此外，肺线虫移行时还可带入流感、猪瘟等病毒，从而引起严重的并发症。

（四）病理变化

病理变化主要在肺脏，眼观病变常不显著。病理剖检严重感染者时，在肺膈叶腹面边缘有楔状气肿区，支气管增厚、扩张，靠近气肿区有坚实的灰色小结，小支气管周围呈淋巴样组织增生和肌纤维状肥大，支气管内有虫体和黏液性物质，其中充满成虫和虫卵，虫体、黏液、组织碎片阻塞支气管和细支气管，引起阻塞性肺膨胀不全。

（五）诊断

根据流行病学、临诊症状和粪便检查进行综合诊断。粪便检查用饱和硫酸镁溶液漂浮法或沉淀法检查虫卵。只有检出大量虫卵时才能确诊。

（1）临床综合诊断 根据临场症状，结合流行特点，病理剖检找出虫体而确诊。

（2）流行病学诊断 该病主要感染猪和野猪，成年猪抵抗力强，6~12月龄猪多发，季节性明显多发于夏秋季节。

（3）实验室诊断 生前常用沉淀法或饱和硫酸镁溶液浮集法检查粪便中的虫卵。猪肺虫卵呈椭圆形，长 $40 \sim 60 \mu m$，宽 $30 \sim 40 \mu m$，卵壳厚，表面粗糙不平，卵内含一卷曲的幼虫。另外，还可用变态反应诊断法进行检测。

（六）防治

1. 预防措施

预防定期驱虫，在流行地区猪群进行定期的预防性驱虫，春、秋季节各1次；猪实行圈养，防止采食蚯蚓；猪场应注意排水畅通，保持干燥，铺水泥地面，防止蚯蚓进入猪舍和运动场；墙角、墙边泥土要夯实，或换上沙质土，从而不利于蚯蚓的孳生繁殖；猪舍、运动场定期消毒（用1%火碱水或30%草木灰水喷洒），避免粪便堆积，应及时清除并发酵处理。

2. 治疗

治疗可用丙硫咪唑、苯硫咪唑或伊维菌素等药物驱虫。对出现肺炎的猪，应采用抗生素治疗，防止继发感染。

（1）丙硫咪唑 每千克体重 10~20mg，混入饲料喂服。

（2）左咪唑 每千克体重 8~15mg，混入饲料喂服。

（3）阿维菌素或伊维菌素 每千克体重 0.3mg，皮下注射或口服。

（4）多拉菌素 每千克体重 0.3mg，皮下或肌肉注射。

（5）氰乙酰肼 口服每千克体重 17.5mg；皮下或肌肉注射每千克体重 15mg，严重者可连用 3d。

3. 发病时的防治措施

发生本病,应即时隔离病猪,在治疗病猪的同时,对猪群中的所用猪进行药物预防,并对环境彻底消毒。流行区的猪群,春秋可用左旋咪唑(剂量为每千克体重 8mg,混入饲料或饮水中给药)各进行 1 次预防性驱虫按时清除粪便,进行堆肥发酵;定期用 1% 烧碱溶液或 30% 草木灰溶液淋湿猪的运动场地,既能杀灭虫卵,又能促使蚯蚓爬出,以便将其杀灭。

单元三 | 皮肤寄生虫病

一、猪疥螨病

疥螨病是由疥螨科疥螨属的猪疥螨寄生于猪皮肤内所引起的皮肤寄生虫病。又称为"疥癣"、"癞",是一种接触传染的寄生虫病,主要特征为剧痒、脱毛、皮肤发生红点、脓疱、结痂、龟裂,患部逐渐向周围扩展和具有高度传染性等。该病分布很广,是猪最常见的一种体外寄生虫病。

(一) 病原

成虫呈圆形,似龟状,微黄白色,背面隆起,腹面扁平。雌螨体长0.33~0.45mm,雄螨体长0.2~0.23mm。口器呈蹄铁形,为咀嚼式。躯体腹面有四对足,较短而粗。第三、四对不突出体缘,雄虫的第一、二、四对肢末端有吸盘,第三对肢末端有刚毛。雌虫第一、二对肢端有吸盘,第三、四对肢有刚毛。吸盘柄长,不分节。幼蜱有三对足(图2-8)。卵呈椭圆形,黄白色,长约150μm,初产卵未完全发育,后期卵透过卵壳可看到发育的幼虫。

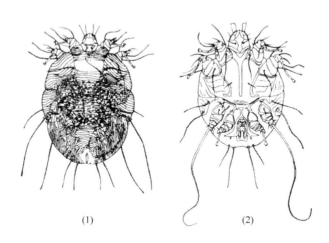

(1)   (2)

图2-8 疥螨(邱汉辉. 家畜寄生虫图谱.1983)
(1) 雌性疥螨(背面观)   (2) 雄性疥螨(腹面观)

疥螨属于不完全变态发育,其发育过程有卵、幼虫、若虫和成虫四个阶段。疥螨一生都寄生在动物体上,并能世代相继生活在同一宿主体上。雄螨有1个若虫期,雌螨有2个若虫期。雌螨与雄螨交配后,雌螨在宿主表皮内挖掘隧道,以角质层组织和渗出的淋巴液为食,并在此发育和繁殖。隧道每隔一段距离,即有小孔与外界相通,以进入空气和成为幼虫出入的通道。雌虫一生可产卵 40 ~ 50 个，卵孵化出幼虫，幼虫蜕皮变为若虫，再蜕皮变为成虫。

雌虫产卵数量虽然较少，但发育速度很快，在适宜的条件下 1 ~ 3 周即可完成 1 个世代。条件不利时停止繁殖，但长期不死，常为疾病复发的原因。

每个阶段发育期为 3 ~ 8d，完成 1 代发育需 8 ~ 22d，平均为 15d。

雄虫交配后不久死亡。雌虫产卵期为 4 ~ 5 周，产完卵后的寿命为 4 ~ 5 周。

螨在宿主体上遇到不利条件时可进入休眠状态，休眠期长达 5 ~ 6 个月，此时对各种理化因素的抵抗力强。离开宿主后可生存 2 ~ 3 周，并保持侵袭力。

（二）流行病学

1. 易感性

各种年龄、品种的猪均可感染该病，仔猪更易感，且病情严重。

2. 传染源

感染来源主要为带虫猪和其他带虫动物。

3. 传播途径

该病主要通过动物直接接触传染，如患病母猪传染哺乳仔猪；病猪传染同圈健康猪；受污染的栏圈传染新转入的猪。此外还可以间接接触传播，如通过被污染的物品、工作人员、看守犬等间接接触传染。

4. 流行特点

本病在秋冬季节，尤其是阴雨天气，蔓延最快，发病强烈。幼龄动物易患螨病且病情较重，成年动物有一定的抵抗力，但往往成为感染来源。

（三）临床症状

该病的临床表现可分为两种类型：皮肤过敏反应型和皮肤角质过渡型。

1. 皮肤过敏反应型

该型病变最为常见，又容易被忽视，主要感染乳猪和保育猪；猪疥螨病通常起始于头部、眼下窝、颊及耳部，以后蔓延至背部、躯干两侧及后肢内侧，出现红斑、丘疹、黑色痂皮，并引起迟发型和速发型过敏反应，造成强烈痒感。由于发痒，影响猪的正常采食和休息，并使消化、吸收机能降低。病猪常在墙壁、猪栏、圈槽等处摩擦病变部位，造成局部脱毛。感染严重时，造成出血，结缔组织增生和皮肤增厚，造成猪皮肤的损坏，容易引起金黄色葡萄球菌综合感染，造成猪发生湿疹性渗出性皮炎，患部迅速向周围扩展至全身，并具有高度传染性，最终造成猪体质严重下降，衰竭而死。

2. 皮肤角质过渡型

主要常见于经产母猪、种公猪和成年猪。随着猪感染疥螨病程的发展和过敏反应的消退（一般是几个月后），出现皮肤过度角质化和结缔组织增生，可见猪皮肤变厚，形成大的皮肤皱褶、龟裂、脱毛，被毛粗糙多屑，常见于成年猪耳廓内侧、颈部周围、四肢下部，尤其是踝关节处形成灰色、松动的厚痂，经常用蹄子搔痒或在墙壁、栏栅上摩擦皮肤，造成脱毛和皮肤损坏开裂、出血。经产母猪及种公猪皮肤过度角化的耳部，是猪场内螨虫的主要传染源，仔猪常常在吃奶时受到母猪感染。

（四）诊断

1. 临床综合诊断

根据流行病学、临诊症状可做出初步诊断。

2. 流行病学诊断

该病主要感染仔猪，成年猪多为带虫体，秋冬季节，特别是阴雨天气，该病蔓延最快，都为直接接触传播，也可间接接触传播。临床症状分为皮肤过敏反应型和皮肤角质过渡型两型。

3. 实验室诊断

对有临床症状表现的猪只，刮取病健交界处的新鲜痂皮直接检查，或放入培养皿中，置于灯光下照射后检查。虫体较少时，可将刮取的皮屑放入试管中，加入10%氢氧化钠（或氢氧化钾）溶液，浸泡2h，或煮沸数分钟，然后离心沉淀，取沉渣镜检虫体。

注意与以下类似病症相鉴别：

（1）虱和毛虱，皮肤病变不如疥螨病严重，眼观检查体表可发现虱或毛虱。

（2）秃毛癣为界限明显的圆形或椭圆形病灶，覆盖易剥落的浅灰色痂，痒觉不明显，皮肤刮下物检查可有真菌。

（3）湿疹无传染性，在温暖环境中痒觉不加剧，皮屑中无疥螨。

（4）过敏性皮炎无传染性，病变从丘疹开始，以后形成散在的小干痂和圆形秃毛斑，病料中无疥螨。

（五）防治

1. 预防措施

螨病的预防尤为重要，发病后再治疗，往往损失很大。要定期按计划驱虫。规模化养猪场，首先要对猪场全面用药，以后公猪每年至少用药两次，母猪产前1~2周应用伊维菌素、多拉菌素或阿维菌素进行驱虫。仔猪转群时用药一次，后备猪于配种前用药一次，新引进的猪用药后再和其他猪并群。分娩舍及其他猪舍在进猪前要进行彻底清扫和消毒；猪舍保持干燥，光线充足，通风良好；引进种猪要进行严格检查，疑似病猪应及早确诊并隔离治疗；被污染的圈舍及用具用杀螨剂处理；防止通过饲养人员或用具间接传播。

2. 治疗

（1）伊维菌素　每千克体重0.05mg，皮下注射，1次/周，连用2~3次。

（2）阿维菌素　每千克体重0.5mg，内服一次量。

（3）二嗪农（螨净）　250mg/L喷洒或擦洗猪体。

（4）敌百虫　3%~5%敌百虫溶液患部涂擦。此时，不可用碱水洗刷，否则会引起中毒。

患病动物较多时，应先进行少数动物试验，然后再大批使用。涂擦给药时，每次涂药面积不应超过体表面积的 1/3，以免中毒。多数杀螨药对卵的作用较差，故应间隔 5~7d 重复用药。

3. 发病时的防治措施

发现病猪，应及时隔离治疗。治疗同时，搞好猪舍环境卫生，可用有效消毒药彻底消毒猪舍及用具。

二、猪虱病

猪虱病是由猪虱寄生在猪的体表皮肤所引起的猪的寄生虫性皮肤病。

（一）病原

猪虱是各种畜禽虱类中个体最大的一种，扁而平，灰黄色。雄虫长 3.5~4mm，雌虫长 4~6mm；身体由头、胸、腹三部分组成；头部狭长，前端是刺吸式口器；有触角 1 对，分 5 节；胸部稍宽，分 3 节，无明显界限，每一胸节的腹面有 1 对足，末端有坚强的爪；腹部卵圆形，比胸部宽，分为 9 节。虫体胸、腹每节两侧各有 1 个气孔（图 2-9）。猪虱多寄生于猪的耳根、颈侧、内股及下腹部。成虫成交配后，雌虫产卵，经过卵、幼虫、稚虫和成虫四个发育阶段。从卵孵出幼虫约需半个月，再经 2 周左右变为成虫。一只成虫每天吮血约 0.1~0.2mL，猪虱常为败血性传染病和猪痘的传播者。

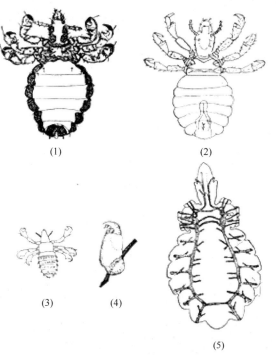

(1)　　　　　　(2)

(3)　(4)

(5)

图 2-9　猪血虱（邱汉辉. 家畜寄生虫图谱. 1983）

（1）雌虫　（2）雄虫　（3）若虫　（4）若虫孵出　（5）呼吸系统

（二）流行病学

1. 易感性

各种年龄猪均易感，以仔猪感染后最严重。

2. 传染源

感染源主要为带虫猪。

3. 传播途径

直接接触传播或通过饲养人员和用具间接接触传播。

4. 流行特点

猪虱以吸食猪血为生。各种年龄猪均易感，以仔猪感染后最严重。寒冷季节感染严重，与冬季舍饲、拥挤、运动少、褥草长期不换、空气湿度增加等因素有关。在温暖季节，由于日晒、干燥或洗澡而减少。

（三）临床症状

猪虱多寄生在猪耳根、颈下、体侧及后肢内侧。猪经常擦痒，烦躁不安，导致饮食减少，营养不良和消瘦。仔猪尤为明显。当毛囊、汗腺、皮肤腺遭受破坏时，导致皮肤粗糙落屑，机能损害，甚至形成皲裂。

（四）诊断

1. 临床综合诊断

猪患部瘙痒，皮肤粗糙落屑，发现虫体即可诊断。

2. 流行病学诊断

寒冷季节发病较多，温暖季节较少发病。虫体繁殖力较强。多通过直接接触和用具间接接触传播。

3. 实验室诊断

在健康部位与病变部位刮去皮屑，镜下检测发现虫体即可诊断。

（五）防治

1. 预防措施

经常打扫猪栏，勤换垫草，保持清洁卫生。

2. 治疗

（1）生桃树叶捣碎，在猪皮毛上涂擦数遍。

（2）扁柏叶250g，研末，煮沸，候冷，对猪全身进行洗澡。每天1次，连用2~3d。

（3）4%~5%烟草水洗搽猪体每天1次，连用3~4d。

（4）百部50g、烧酒500g，将百部放入酒内浸1d后，滤去药渣，用滤液涂搽患部。

（5）煤油357mL，热水189mL，肥皂14g，先用热水把肥皂溶解，再加煤油，搅成乳剂，使用时加10倍清水冲淡，涂搽患部。

（6）1%敌百虫水溶液，用喷雾器对准患部喷洒，或直接取药液在患部涂搽。

3. 发病时的防治措施

发现虱子寄生，应立即隔离治疗，以防传播。此外还要注意圈舍卫生。

单元四 | 全身性感染寄生虫病

一、猪弓形虫病

猪弓形虫病是由弓形虫科弓形虫属的龚地弓形虫寄生于猪的细胞内引起的一种人兽共患的原虫病，该病多呈隐性感染，以患病动物的高热、呼吸困难、腹泻、皮肤出现红斑及神经症状、动物死亡和妊娠母猪的流产、死胎、胎儿畸形为特征。广泛流行于人、畜及野生动物中，是人兽共患病。

（一）病原

病原为龚地弓形虫，只此1种，但有不同的虫株。全部发育过程有5个阶段，即5种虫型，各个阶段形态各异，滋养体（速殖子）和包囊出现在猪或其他动物（中间宿主）体内，裂殖体、配子体和卵囊出现在猫（终末宿主）体内；以二分裂法增殖；呈月牙形或香蕉形，一端较尖，一端钝圆，平均大小为（4～7）μm×（2～4）μm，经姬姆萨或瑞氏染色后，胞浆呈淡蓝色，有颗粒，核呈深蓝色，位于钝圆一端，速殖子主要出现在急性病例。有时众多速殖子集聚在宿主细胞内，被宿主细胞膜所形成的假囊包围。

包囊又称组织囊，见于慢性病例的多种组织。包囊呈卵圆形，有较厚的囊壁，包囊可随虫体的繁殖而增大1倍（图2－10）。囊内的虫体以缓慢的方式增殖，称为慢殖子，由数十个至数千个。在机体免疫力低下时，包囊可破裂，慢殖子从包囊中逸出，重新侵入新的细胞内形成新的包囊，但不会致宿主死亡。包囊是弓形虫在中间宿主体内的最终形式，可存在数月甚至终生。

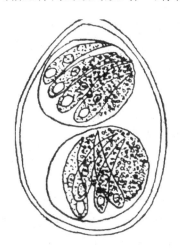

图2－10 卵囊（邱汉辉. 家畜寄生虫图谱. 1983）

裂殖体见于终末宿主肠上皮细胞内,呈圆形,内含4~20个裂殖子,游离的裂殖子前尖后钝。

配子体见于终末宿主,裂殖体经过数代裂殖生殖后变为配子体,大配子体形成1个大配子,小配子体形成若干小配子,大、小配子结合形成合子,最后发育为卵囊。

卵囊在终末宿主小肠绒毛上皮细胞内产生,随终末宿主粪便排出的卵囊为圆形,孢子化后为近圆形,大小为(11~14)μm×(9~11)μm,含有2个椭圆形孢子囊,每个孢子囊内有4个子孢子。

(1)寄生部位 速殖子、包囊寄生于中间宿主的有核细胞内。急性感染时,速殖子可游离于血液和腹水中。裂殖体(图2-11)、配子体、卵囊可寄生于终末宿主小肠绒毛上皮细胞中。

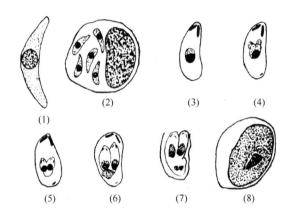

图2-11 滋养体繁殖模式图(邱汉辉. 家畜寄生虫图谱. 1983)
(1)单个滋养体 (2)巨噬细胞中的滋养体 (3)~(7)滋养体繁殖过程 (8)细胞核内繁殖

(2)发育过程 弓形虫全部发育过程需要两种宿主。中间宿主有200多种动物(如猪、狗、猫等)和人。猫(猫科动物)是惟一的终末宿主,在本病的传播中起重要作用。虫体在中间宿主和终末宿主组织细胞内进行无性繁殖,称为肠内期发育;在终末宿主体内进行有性繁殖,称为肠外期发育。

中间宿主吃入速殖子、包囊、慢殖子、孢子化卵囊、孢子囊等各阶段虫体或经胎盘均可感染。子孢子通过淋巴和血液循环进入有核细胞,以二分裂增殖,形成速殖子和假囊,引起急性发病。当宿主产生免疫力时,虫体繁殖受到抑制,在组织中形成包囊,并可长期生存。

终末宿主吃入速殖子、包囊、慢殖子、卵囊、孢子囊等各阶段虫体均可感染。一部分虫体进入肠外期发育;另一部分虫体进入肠上皮细胞进行数代裂殖生殖后,再进行配子生殖,最后形成合子和卵囊,卵囊随粪便排出体外。肠内期发育亦可在中间宿主体内进行,故终末宿主亦可作为中间宿主。

（3）发育时间　猫从感染到排出卵囊需 3～5d，高峰期在 5～8d，卵囊在外界完成孢子化需 1～5d。

（4）繁殖力　猫每天可排出 1000 万个卵囊，可持续 10～20d。

（5）抵抗力　卵囊在常温下，可保持感染力 1～1.5 年，一般常用消毒药无效，土壤和尘埃中的卵囊能长期存活。包囊在冰冻和干燥条件下不易生存，但在 4℃时尚能存活 68d，有抵抗胃液的作用。速殖子和裂殖子的抵抗力最差，在生理盐水中，几小时后即丧失感染力，各种消毒药均能将其杀死。

（二）流行病学

1. 易感性

人、畜、禽和多种野生动物对弓形虫均具有易感性，其中包括 200 余种哺乳动物，70 种鸟类，5 种变温动物和一些节肢动物。在家畜中，对猪和羊的危害最大，尤其对猪，可引起暴发性流行和大批死亡。在实验动物中，以小鼠和地鼠最为敏感，豚鼠和家兔也较易感。

2. 传染源

患病或带虫的中间宿主和终末宿主均为感染来源。速殖子存在于患病动物的唾液、痰、粪便、尿液、乳汁、肉、内脏、淋巴结、眼分泌物，以及急性病例的血液和腹腔液中；包囊存在于动物组织；卵囊存在于猫的粪便。中间宿主之间、终末宿主之间、中间宿主与终末宿主之间均可相互感染。

3. 传播途径

感染途径以经口感染为主，动物之间相互捕食和吃未经煮熟的肉类为感染的主要途径。此外，也可经损伤的皮肤和黏膜感染。在妊娠期感染本病后，可能通过胎盘感染胎儿。

4. 流行特点

胎盘感染为先天性感染的主要原因，妇女胎儿也可通过摄入羊水而被感染。

（1）感染情况　我国已从猪、牛、羊、马、鹿、猫、兔、豚鼠、鸡、黄毛鼠和褐家鼠等动物分离出弓形虫。经血清学或病原学证实为自然感染的动物有猪、黄牛、水牛、马、驴、骡、山羊、绵羊、鹿、猫、兔、鸡、褐家鼠、黄毛鼠、黄鼠、家小鼠、臭鼩精、旱獭和熊，其中以猪和猫在弓形虫的传播上具有最重要的意义。血清学调查证实猪血清阳性率最高，一般都在 20% 以上，个别猪场达 60% 以上。

（2）感染季节　人群弓形虫的感染率一般是在温暖潮湿地区较寒冷干燥地区为高。对于人群发病季节性尚无资料记载。家畜弓形虫病一年四季均可发病，但一般以夏秋季居多。云南牛弓形虫病的发病季节十分明显，多发生于每年气温在 25～27℃的 6 月份。我国大部分地区猪的发病季节在每年的 5～10 月份。

（3）主要的流行形式　暴发型：在一个短的时间内，猪场内大部分猪或某一栋内的大部分猪同时发病，死亡率可高达 60% 以上；急性型：猪场内同时有若干头猪同时发病，一般以一个猪圈内的十几头或二十几头猪几乎同时患病的形式更为多见；零星散发：一般是在一个圈或几个圈内同时或相继出现 1~2 头病猪，有的先发生一例之后逐渐向四周扩散，使邻位的猪圈中在 2~3 周内陆续发病，这个过程可持续一个多月，然后慢慢平息；隐性感染：这是目前弓形虫病在我国流行的主要形式，感染猪一般见不到临床症状，但血清学检测阳性率较高（母猪的阳性率平均超过 50%），尤其是妊娠母猪的隐性感染常导致流产。

（三）临床症状

主要引起神经、呼吸及消化系统症状。

根据感染猪的年龄、弓形虫虫株的毒力，弓形虫感染的数量以及感染途径等的不同，其临床表现和致病性都不一样。一般猪急性感染后，经 3~7d 的潜伏期，呈现和肠型猪瘟极相似的症状。体温升高至 40~42℃，稽留 7~10d，病猪精神沉郁，食欲减少至废绝，但常饮水，伴有便秘或下痢，有时带有黏液和血液。后肢无力，行走摇晃，喜卧。鼻镜干燥，被毛逆立，结膜潮红。随着病程发展，耳、鼻、后肢股内侧和下腹部皮肤出现紫红色斑或出血点。严重时呼吸困难，呈腹式或犬坐姿势呼吸，并常因呼吸窒息而死亡。

急性发作耐过的病猪一般于两周后恢复，但往往遗留有咳嗽、呼吸困难及后躯麻痹、斜颈、癫痫样痉挛等神经症状。

怀孕母猪若发生急性弓形虫病，表现为高热、废食、精神委顿和昏睡，此种症状持续数天后可产出死胎或流产，即使产出活仔也会发生急性死亡或发育不全，不会吃奶或畸形怪胎。母猪常在分娩后迅速自愈。

慢性型病程较长，病猪表现厌食，逐渐消瘦、贫血。随着病情发展，可出现后肢麻痹。有的生长缓慢，成为僵猪，并长期带虫。个别可导致死亡，但多数动物可耐过。

（四）病理变化

急性病例多见于年幼动物，出现全身性病变，全身淋巴结肿大，切面多汁有针尖大到米粒大灰白色或灰黄色坏死灶和出血点，肠系膜淋巴结局部呈索状肿胀，切面外翻；肝、肺和心脏等器官肿大，有许多出血点和坏死灶；脾脏肿大，棕红色；肾变软有出血点和灰白色坏死点。膀胱有点状出血，脑轻度水肿，切面有出血点；肠道重度充血，肠黏膜可见坏死灶；心包、肠腔和腹腔内有多量渗出液。慢性病例多可见内脏器官水肿，并有散在的坏死灶。隐性感染主要是在中枢神经系统内见有包囊，有时可见有神经胶质增生性肉芽肿性脑炎。

（五）诊断

1. 临床综合诊断

本病分布广泛，带病或带虫的中间宿主和终末宿主均为感染来源，主要通过消化道感染。主要引起神经、呼吸及消化系统症状。急性病例，内脏器官出现散在坏死灶；隐性感染中枢神经系统有包囊。

2. 流行病学诊断

被最终宿主猫排出的卵囊污染的饲料、饮水或食具均可成为人、畜感染的重要来源，主要经口感染，妊娠期间可通过胎盘感染胎儿。家畜弓形虫一年四季均可发病，但以 5~10 月份发病最多。

3. 实验室诊断

根据临床症状，流行病学和病理剖检可作出初步诊断，但仍不能以此作为确诊的依据，确诊必须用实验室查出病原，常有以下几种方法：

（1）直接涂片　取肺、肝、淋巴结作涂片，用姬姆萨染色后检查；或取患畜的体液、脑脊液作涂片染色检查；也可取淋巴结研碎后加生理盐水过滤，经离心沉淀后，取沉渣作涂片染色镜检。此法简单，但有假阴性，必须对阴性猪作进一步诊断。

（2）集虫法检查　取肺或淋巴结研碎后加十倍生理盐水过滤，500r/min 离心 3min，沉渣涂片，干燥，用瑞氏或姬姆萨染色检查。

（3）动物接种　取肺、肝、淋巴结研碎后加 10 倍生理盐水，加入双抗后，室温放置 1h。接种前摇匀，待较大组织沉淀后，取上清液接种小鼠腹腔，每只接种 0.5~1.0mL。经 1~3 周，小鼠发病时，可在腹腔中查到虫体。或取小鼠肝、脾、脑作组级切片检查，如为阴性，可按上述方式盲传 2~3 代，从病鼠腹腔液中发现虫体也可确诊。

（4）血清学试验　主要有间接血凝试验、间接免疫荧光抗体试验、酶联免疫吸附试验等。目前国内应用较广的是间接血凝试验，猪血清凝集效价达 1:264 时可判为阳性，1:256 表示最近感染，1:1024 表示活动性感染。

（5）PCR 方法　提取待检动物组织 DNA，以此为模板，按照发表的引物序列及扩增条件进行 PCR 扩增，如能扩出已知特异性片段，则表示待检猪为阳性，否则为阴性。但必须设阴、阳性对照。

（六）防治

1. 预防措施

（1）定期流行病学监测　用血清学检查，对感染猪隔离，或有计划淘汰，以清除传染源。

（2）禁止其他动物进入　饲养场内灭鼠、禁止养猫，被猫食或猫粪污染的地方可用热水或 7% 氨水消毒；禁止用屠宰废弃物喂猪或煮熟后饲喂。

（3）加强环境卫生　保持猪舍、圈内卫生，经常及时清除粪便，发酵处理，猪场定期消毒，防止猪饲料、饮水被污染。

（4）药物预防　流行的猪群，可用磺胺类药物连服数天，有预防效果。

（5）死尸无害化处理　死于本病的动物尸体及其排泄物、流产胎儿，应无害化处理，防止污染环境。为了杀灭土壤及各种物体上的卵囊，可用 55℃

以上的热水及 0.5% 氨水冲洗，并在日光下暴晒。

2. 治疗

治疗主要采用磺胺类药物，如磺胺嘧啶、磺胺甲基嘧啶、磺胺 6 - 甲氧一嘧啶、乙胺嘧啶等治疗家畜及人的弓形虫病有效，但应在发病初期使用，否则临床症状虽然消失，但虫体进入脏器组织形成包囊，病畜就成为带虫者。同时注意磺胺类药物使用时，首次加倍。磺胺药与乙胺嘧啶合用有协同作用，合并使用可用其最低剂量。磺胺类药与抗菌增效剂联合使用，疗效显著。

（1）磺胺嘧啶加甲氧苄氨嘧啶或二甲氧苄嘧啶　磺胺嘧啶每千克体重 70mg，甲氧苄氨嘧啶或二甲氧苄氨嘧啶每千克体重 14mg，每天 2 次口服，连用 3 ~ 5d。

（2）磺胺氨苯砜　每天每千克体重 10mg，给药 4d，对急性病猪有效。

（3）磺胺六甲氧嘧啶　每千克体重 60 ~ 100mg，单独口服，或配合甲氧苄氨嘧啶，每千克体重 14mg，口服，每天 1 次，连用 4d。

3. 发病时的防治措施

发现病猪，迅速将其隔离治疗。已知弓形虫病是由于摄入猫粪便中的卵囊而遭受感染的，猪舍内应严禁养猫并防止猫进入圈舍；严防饮水及饲料被猫粪直接或间接污染。控制或消灭鼠类。大部分消毒药对卵囊无效，但可用蒸汽或加热等方法杀灭卵囊。

二、旋毛虫病

旋毛虫病是由毛形科毛形属的旋毛虫寄生于多种动物和人引起的寄生虫病。成虫寄生在肠道，称为肠旋毛虫；幼虫寄生在横纹肌内，称为肌旋毛虫。该病是重要的人兽共患病，是肉品卫生检验的重点项目之一，在公共卫生上具有重要意义。主要特征为动物对旋毛虫有较大的耐受力，常不显症状。我国以西藏、云南、河南和东北各省区较多见。

（一）病原

旋毛虫，成虫细小，前部较细，较粗的后部含着肠管和生殖器官。雄虫长 1.4 ~ 1.6mm。尾端有泄殖孔，有两个呈耳状悬垂的交配叶。雌虫长 3 ~ 4mm。阴门位于身体前部的中央，胎生。幼虫长 1.15mm，蜷曲在由机体炎性反应所形成的包囊内，包囊呈圆形、椭圆形，连同囊角而呈梭形，长 0.5 ~ 0.8mm（图 2 - 12）。

（1）中间宿主与终末宿主　成虫与幼虫寄生于同一宿主，先为终末宿主，后为中间宿主。宿主包括猪、犬、猫、鼠等几乎所有哺乳动物和人。

（2）发育过程　宿主摄食含有感染性幼虫包囊的动物肌肉而感染，包囊在宿主胃内被消化溶解，幼虫在小肠经 2d 发育为成虫。雌、雄虫交配后，雄虫死亡。雌虫钻入肠黏膜深部肠腺中产出幼虫，幼虫随淋巴进入血液循环散布

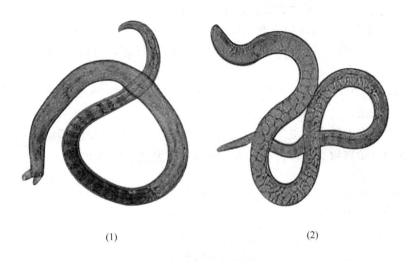

图 2 – 12　旋毛虫

（1）雄虫　　（2）雌虫

到全身。到达横纹肌的幼虫，在感染后 17~20d 开始蜷曲，周围逐渐形成包囊，到第 7~8 周时包囊完全形成，此时的幼虫具有感染力。每个包囊一般只有 1 条虫体，偶有多条。6~9 个月后，包囊从两端向中间钙化，全部钙化后虫体死亡。否则，幼虫可保持生命力数年至 25 年之久（图 2 – 13）。

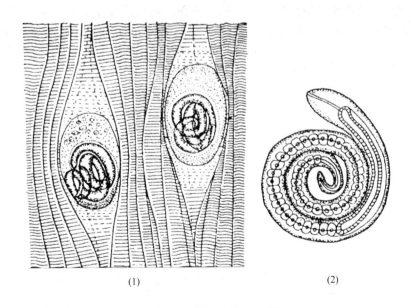

图 2 – 13　旋毛虫幼虫包囊

（1）肌肉内的包囊　　（2）脱囊的幼虫

（3）繁殖力　1 条雌虫能产出 1000 ~ 10000 条幼虫。

（4）抵抗力　包囊幼虫的抵抗力很强，在 −20℃时可保持生命力 57d，高温 70℃才能杀死；盐渍和熏制品不能杀死肌肉深部的幼虫；在腐败肉里能活 100d 以上。

（二）流行病学

1. 易感性

几乎所有的哺乳动物（包括鲸在内）甚至某些昆虫均能感染旋毛虫，包括肉食兽、杂食兽、啮齿类和人等，家畜中主要见于猪和犬。

2. 传染源

患病或带虫猪、犬、猫、鼠等是该病的主要传染源。

3. 传播途径

猪感染旋毛虫主要是吞食老鼠、某些动物的尸体、蝇蛆、步行虫等，鼠为杂食性，且互相残食，一旦感染将会在鼠群中保持平行感染；或用未经处理的厨房废弃物喂猪均可引起感染。人感染旋毛虫病多与食用腌制与烧烤不当的猪肉制品有关；个别地区有吃生肉或半生不熟肉的习惯；切过生肉的菜刀、砧板均可能黏附有旋毛虫的包囊，亦能污染食品而造成食源性感染。

4. 流行特点

患病或带虫猪、犬、猫、鼠等哺乳动物是本病的主要感染来源，包囊幼虫存在于肌肉中；主要经口传染；动物感染该病后症状较轻，严重时主要症状分为成虫引起的肠型和由幼虫引起的肌型两种。死亡的较少，多于 4 ~ 6 周后康复。我国云南、河南、黑龙江、吉林、辽宁、贵州、甘肃等地都有该病流行的报道。

（三）临床症状

动物对旋毛虫耐受性较强，猪感染时往往不显症状，严重感染时，初期有食欲不振、呕吐和腹泻等肠炎症状，随后出现肌肉疼痛、步伐僵硬，呼吸和吞咽亦有不同程度的障碍，有时眼睑、四肢水肿，很少死亡，症状可自行恢复。

人感染旋毛虫后症状明显。成虫侵入肠黏膜时引起肠炎，严重者出现带血性腹泻。幼虫进入肌肉后引起急性肌炎，表现发热和肌肉疼痛；同时出现吞咽、咀嚼、行走和呼吸困难，眼睑水肿，食欲不振，极度消瘦。严重感染时多因呼吸肌麻痹、心肌及其他脏器病变和毒素作用而引起死亡。

（四）病理变化

幼虫侵入肌肉时，肌肉急性发炎，表现为心肌细胞变性，组织充血和出血。病程后期，采取肌肉做活组织检查或死后肌肉检查发现肌肉表现为苍白色，切面上有针尖大小的白色结节，显微镜检查可以发现虫体包囊，包囊内有弯曲成折刀形的幼虫，外围有结缔组织形成的包囊。成虫侵入小肠上皮时，引起肠黏膜发炎，表现黏膜肥厚、水肿，炎性细胞侵润，渗出增加，肠腔内容物充满黏液，黏膜有出血斑，偶见溃疡出现。

（五）诊断

生前诊断困难，可采用间接血凝试验和酶联免疫吸附试验等免疫学方法进行诊断。目前国内已有快速诊断试剂。死后诊断可用肌肉压片法和消化法检查幼虫。

1. 临床综合诊断

猪感染时往往不显症状，或出现轻微肠炎。严重时出现下痢、便血；有时呕吐，食欲不振，迅速消瘦，迅速消瘦，半月后死亡，或转为慢性。肌型旋毛虫感染由于幼虫进入肌肉引起肌肉急性发炎、疼痛等症状。

2. 流行病学诊断

患病或带虫猪、犬、猫、鼠等哺乳动物是本病的主要感染来源；主要经口传染。病猪症状轻微，多耐过后成为长期带虫猪。

3. 实验室诊断

旋毛虫的实验室诊断发展很快，传统检测主要有压片法和集样消化法两种，此外，随着生物技术的发展，通用性实时荧光聚合酶链式反应（PCR）、液相基因芯片检测、快速酶联免疫吸附法（ELISA）检测等技术也被运用于旋毛虫的检测中。

（1）压片法 常用压片法一般先用肉眼观察，当发现在膈肌纤维（膈肌脚是旋毛虫幼虫寄生数量最多的地方）间有细小的白点时，再取样作压片镜检。方法是从肉样上剪下麦粒大的肉片 24 块，摊平在载玻片上，排成两行，用另一载玻片压上，两端用橡皮筋缚紧，置低倍镜下检查，观察肌纤维间旋毛虫幼虫的包囊。

（2）集样消化法 取肉样，用搅肉机搅碎，加入人工胃液消化，使幼虫从肌纤维间分离出来，然后镜检。此法可用于轻度感染的病例，操作复杂，但检出率高。

（六）防治

1. 预防措施

加强肉品卫生检验，凡检出旋毛虫的肉尸，应按肉品检验有关法律法规处理；猪圈养，不用未经处理的厨房废弃物喂猪；改善不良的食肉方法，不食生肉或半生不熟的肉类食品；禁止用生肉喂猫、犬等动物；做好猪舍内灭鼠工作，杜绝感染来源。卫生检疫部门应加强检疫，防止旋毛虫病畜肉进入流通环节。

2. 治疗

可用丙硫咪唑、甲苯咪唑、氟苯咪唑等。人可用甲苯咪唑或噻苯唑。

3. 发病时的防治措施

发现病猪及时隔离治疗，加强圈舍环境卫生和饲养管理。

单元五 | 规模化猪场寄生虫的防治

猪寄生虫病是猪三大类疾病（传染病、寄生虫病、普通病）之一，在集约化养猪生产过程中，由于猪的密度高、饲养量大，寄生虫病更加容易流行传播。据有关数据表明，寄生虫感染可使育肥猪生长速度下降 8%～15%，饲料利用率下降 13%～25%，对经济效益影响极大。因此，如何正确认识各类驱虫药物的作用特点，认真研究规模化养猪场主要寄生虫的流行及其防控措施，对促进养猪业规模化、标准化生产具有十分重要的作用。

一、规模化猪场寄生虫驱虫方法

寄生虫对各阶段猪群的感染程度不尽相同，同阶段猪群的寄生虫感染率从高到低的排列顺序是种公猪、种母猪、育肥猪、生长猪、保育猪。因此，种猪是猪场最主要的带虫者，是散播寄生虫的源头，是猪场控制寄生虫病的关键环节；各类寄生虫感染率的高低排列顺序以结肠小袋纤毛虫和猪球虫的感染率最高，其次是猪蛔虫和毛首线虫，食道口线虫的感染率较低；猪场寄生虫存在较严重的混合感染现象。因此，根据猪场寄生虫的感染流行情况，合理选用驱虫药以及科学地做好驱虫工作至关重要。

（一）规模猪场常用驱虫药的种类及特点

1. 有机磷酸酯类

此类药物系低毒有机磷化合物，常用做杀虫药和驱虫药，主要有敌百虫、敌敌畏、蝇毒磷等，其中以敌百虫应用较多。

敌百虫为广谱驱虫药，对多种猪消化道线虫如猪蛔虫、毛首线虫、食道口线虫均有驱除作用，外用还可杀灭体外寄生虫，如螨、虱、蚤、蜱等。但是由于敌百虫毒性较大，安全范围窄，使用时注意勿超量，孕猪及胃肠炎患猪禁用，并不要与碱性药物配合应用。由于此类药物毒性和副作用较大，而且驱虫效果不够理想，所以近些年使用者逐渐减少。

2. 脒类化合物

此类药物为合成的接触性外用广谱杀虫药，使用较多的是双甲脒，为结晶性粉末，在水中几乎不溶解，所以多制成乳剂应用，如双甲脒乳油（特敌克）。它对各种螨、虱、蜱、蝇等均有杀灭作用，且能影响虫卵活力，对人、畜无害，外用时，可做喷洒、手洒、药浴等。使用时配成为 0.05% 溶液，常用于猪体及畜舍地面和墙壁等处。此药停药期为 7d。

3. 咪唑丙噻唑类

目前在兽医临床上应用的主要是左旋咪唑，它属广谱、高效、低毒的驱线虫药，对猪蛔虫、食道口线虫有良好的驱除效果。左旋咪唑内服或注射的剂量均为每千克体重 7.5mg，注射于皮下或肌肉。注射液对局部有一定的刺激性，同时常引起动物精神不振、流涎、咳嗽等症状，但如果猪感染有猪肺丝虫（猪后圆线虫）时，流涎、咳嗽有助于加速虫体的排出。此药的停药期为 7d。

左旋咪唑使用时可引起肝功能变化，肝病患猪禁用；本品中毒症状似胆碱酯酶抑制剂，阿托品可解除中毒时的 M – 胆碱样症状；肌注或皮下注射时，对组织有较强的刺激性；内服给药的休药期不得少于 3d，注射给药的休药期不得少于 7d。

4. 苯丙咪唑类

此类药物有很多种，但在兽医临床使用最广的是阿苯达唑（又名丙硫苯咪唑、抗蠕敏），除此以外还有芬苯达唑、甲苯达唑、奥芬达唑、丙氧苯达唑、氟苯达唑、三氯苯达唑等在临床上应用。此类药物对许多线虫、吸虫和绦虫均有驱除效果，并对某些线虫的幼虫有驱杀作用，对虫卵的孵化也有抑制作用。阿苯达唑给猪内服量为每千克体重 10～30mg。阿苯达唑适口性较差，混饲投药时应每次少添分多次投服，该药有致畸的可能性，应避免大量连续应用。此药的停药期为 14d。

5. 大环内酯类

主要包括阿维菌素、伊维菌素、多拉菌素、埃普利诺菌素等阿维菌素类和摩西菌素、杀线虫菌素、杀螨菌素 D、杀螨菌素肟等杀螨菌素。此类驱虫药属于较新的广谱、低毒、高效的药物，其突出优点在于它对畜禽体内、外寄生虫同时具有很高的驱杀作用，它不仅对成虫，还对一些线虫某阶段的发育期幼虫也有杀灭作用。这类药物在畜禽驱虫药中以阿维菌素类为代表，主要有阿维菌素、伊维菌素及多拉菌素等。

阿维菌素类驱虫药具有同时驱除猪体内、外寄生虫的优点，它对内寄生虫的胃肠道线虫，如猪蛔虫、猪胃圆线虫、猪食道口线虫（结节虫）和猪毛首线虫（鞭虫）等的成虫和大部分的第四期幼虫以及肺线虫病的猪后圆线虫（肺丝虫）、猪冠尾线虫（猪肾虫）的成虫都具有驱杀作用，同时对猪体表猪疥螨和猪血虱也有很好的杀灭作用，但对它们的卵没有杀灭作用。阿维菌素类对绦虫和吸虫、结肠小袋纤毛虫、猪球虫等没有作用。

阿维菌素类驱虫药的剂型有口服剂、注射针剂和外用的浇泼剂等，口服的剂型有粉剂、片剂、胶囊、糊剂等，在这些不同的剂型中，以纯粉制成的 0.2% 或 1% 的口服预混剂较为常用，混入饲料中内服较为方便。但是，针剂的生物利用度最高，且它本身具有缓释作用，并在注入皮下后药物与皮下脂肪结合可起到一定缓释作用，这样它除了对已感染的寄生虫起到驱杀治疗作用外，还因血药浓度能维持时间较长，所以还可保护猪在一定时间内不会因环境污染寄生虫而再感染，起到治疗和预防的双重效果，再者针剂的投药较口服投药的剂量准确，所以在有条件时最好以使用针剂注射为首选。

伊维菌素是在阿维菌素基础上改进的，它的优点是降低了毒性，所以临床应尽量选用伊维菌素。伊维菌素注射剂对猪多用 1% 的制剂，一般可按每 10kg 体重 0.3mL 计算，要用短针头注射于皮下，不要注入肌肉或血管内。伊维菌素使用皮下注射时有局部刺激作用；皮下注射休药期不少于 28d，混饲给药休药期不少于 5d。

（二）具体的驱虫方案

1. 选好时间，全群覆盖驱虫，将寄生虫消灭于幼虫状态

（1）后备母猪在配种前 1~2 次，如在全封闭式猪舍中饲养，在配种前每隔 3 个月驱虫 1 次即可。对来自被污染畜舍的后备母猪，不进行驱虫或驱虫不当，会污染清洁猪舍；对来自清洁猪舍的未感染后备母猪，移入被污染的畜舍而未进行适当的驱虫，会受到严重危害，甚至死亡。因此，所有外购的后备母猪一到达新的猪舍就要用驱虫药驱虫。

（2）切断母猪和仔猪间的寄生虫传播环节对整个猪场寄生虫的成功控制极为关键。母猪在配种前 14d、分娩前 15d 左右进行一次驱虫，使母猪在产仔后身体不带虫，避免仔猪感染。由于母猪生长期长，且在整个生活过程中经常接触寄生虫，往往被寄生虫感染，特别是母猪怀孕后期免疫力非常低，对寄生虫的易感性增加，而仔猪和母猪的接触又非常亲密，所以母猪感染寄生虫很容易传染给后代。总之，母猪的产前驱虫对阻止寄生虫传播有重要意义。

（3）公猪每年至少驱虫两次，春秋各用 1 次；如果种公猪经常暴露在被寄生虫污染的环境，应每隔 3 个月对所有种公猪驱虫 1 次。

（4）对生长育肥猪进行驱虫，对于外购仔猪肥育猪场，如果猪场虱较多，可以在间隔 10d 左右用第 2 次药，对于感染疥螨严重的病猪，可以再用药 1 次。如果仔猪已应用了广谱驱虫药驱虫，在猪到达新场后不需立即驱虫，但 3~4 周后应进行驱虫。因为在 3~4 周里，仔猪可能会被育肥猪场的寄生虫感染，而再次驱虫则可将感染终止在虫体发育成熟并污染猪舍或其它区域之前。如果肥育猪舍被严重污染，首次驱虫应在仔猪到达后立即进行。在此后的 4~5 周需要进行第 2 次驱虫。

2. 了解虫情，选好驱虫药、驱虫方法，取得好效果

（1）选用恰当的驱虫药 在选用时考虑毒性、稳定性，用药时应注意药量不能过量或者不足，以免中毒或影响驱虫效果。

（2）选用恰当的驱虫方法 喂驱虫药前，让猪停饲一顿，晚上饲喂时将药物与饲料拌匀，一次让猪吃完，若猪不吃，可在饲料中加入适量的盐或糖，以增强适口性。

（3）注意加强对猪舍场地的消毒 驱虫后应及时清理粪便，堆积发酵或深埋；地面、墙壁、饲槽应用 5% 的石灰水消毒，以防排出的虫体和虫卵又被猪采食而重新感染。

（4）注意仔细观察驱虫效果 给猪驱虫时，应仔细观察。若出现中毒如

呕吐、腹泻等症状应立即将猪赶出栏舍，让其自由活动，缓解中毒症状；对拉稀者，取适量活性炭拌入饲料中喂服，连服 2d 即愈。

3. 猪场寄生虫的监测

寄生虫的感染状况可以通过定期粪便检查和病死猪剖检进行监测。每年至少用粪便漂浮检查法进行一次粪便检查，以确定是否存在寄生虫。如检出寄生虫，则说明现有的驱虫方案尚需调整。剖检也是监测蠕虫的重要依据，可对死亡猪进行剖检，观察消化道内有无虫体或其他脏器病变，如肝脏有没有由蛔虫引起的乳白色斑点，盲肠内有无鞭虫，大肠上有无由结节虫幼虫引起的结节等。给猪驱虫时，应仔细观察。若猪出现中毒如呕吐、腹泻等症状，应立即将猪赶出栏舍，让其自由活动，缓解中毒症状；必要时可注射肾上腺素、阿托品等药品解救。

4. 严禁饲养猫、狗等宠物

搞好猪群及猪舍内外的清洁卫生和消毒工作，定期做好灭鼠、灭蝇、灭蟑、灭虫等工作，消灭中间宿主，并严禁在猪场饲养猫、狗等宠物，避免其传播病原，以尽量减少猪场寄生虫病发生的机会。

二、规模化猪场寄生虫驱虫程序

与传统散养相比，规模化猪场的集约化饲养标志了饲养管理水平的提高及环境卫生条件的改善，但并不意味着寄生虫被消灭。相反，由于寄生虫感染率高但是死亡率低，多呈亚临床症状。感染规模化猪场寄生虫主要有线虫（如蛔虫、毛首线虫、食道口线虫、肺丝虫、类圆线虫等）和体外寄生虫（如疥螨、血虱、蠕型螨等）。

（一）使用程序

（1）首先全群用药 1 次，针对已表现寄生虫感染临床症状的个体单独治疗。

（2）育成猪、育肥猪转群前给药 1 次。

（3）公猪每年保证驱虫 3 次，也可以根据感染程度酌情增减 1 次。

（4）引进猪只并群前驱虫 1 次（隔离期间）。

（5）空怀母猪、后备母猪配种前驱虫；分娩前 1~2 周驱虫 1 次。

（二）模式特点

本程序以母猪仔猪作为猪场中免受寄生虫感染的保护重点：一方面，生长发育中的仔猪最易受到寄生虫侵袭，造成的危害也是最严重的；另一方面，母猪是仔猪寄生虫感染的传染源。由于猪群中隐性感染个体是寄生虫感染的重要传染源，因此，本程序注重整体防治，并非个体治疗。

（三）注意事项

（1）母猪泌乳期禁止使用驱虫药物。

（2）有计划按照适合本场的驱虫程序用药，需考虑环境卫生的处理措施（如妥善处理猪群的排泄物、粪便的无害化处理等），这样可以防止散布在环境中虫卵的重复感染，发挥驱虫药的最大经济效益。

一、猪寄生虫病流行病学

寄生虫病流行病学是研究某种寄生虫病在动物群体中的发生、传播、流行及转归等客观规律的科学。某种寄生虫病的流行必须具备三个基本环节：即传染源、传播途径和易感动物。只有当这三个环节在某一地区同时存在并相互关联时，才会构成寄生虫病的流行。

（一）传染源

传染源也称为传染来源，通常是指寄生有某种寄生虫的宿主，包括患病动物、病人和带虫者。病原体（虫卵、幼虫、虫体）通过这些宿主的粪、尿、痰、血液以及其他分泌物、排泄物不断排出体外，污染外界环境，然后经过发育，经一定的方式或途径转移给易感动物，造成感染。

（二）传播途径

传播途径指寄生虫从传染源排出后，借助某些传播因素，侵入另一宿主的全过程。

1. 病原从传染源排出

寄生虫的种类和寄生部位不同，从传染源排出时所处的发育阶段和排出途径也不相同。多数蠕虫以虫卵或幼虫期随宿主的粪便、尿液、痰液排出；一些丝虫的微丝蚴进入血液中，随中间宿主吸血昆虫的吸血而移出；寄生于消化道的原虫常以卵囊或包囊阶段随宿主粪便排出。

2. 借助媒介传播

由传染源排出的虫卵、幼虫、卵囊等，必须通过适当的方式进行传播，才能到达新的宿主体上。许多寄生虫在传播过程中，还必须在外界或中间宿主与传播者体内发育，甚至繁殖后才能达到感染期而对新宿主具有感染能力。猪寄生虫病常见的传播途径有以下几种：

（1）经土、饲料、饲草和水传播　这主要是直接发育的寄生虫的传播途径。寄生虫的虫卵、幼虫、卵囊等，随宿主粪、尿等排至外界，在适宜的条件下发育至感染期，污染土、饲料、饲草、水，再传播至新的宿主。如猪蛔虫产出单细胞期虫卵随宿主粪便排出，在外界发育成含有第二期幼虫的感染性虫卵，污染土、食物和水，当猪吃食、饮水或拱土时食入这种虫卵，即引起感染。

（2）经中间宿主传播　这主要是间接发育的寄生虫的传播途径。由终末宿主体内排出的虫卵或幼虫，首先进入中间宿主体内发育繁殖后达到感染阶段，终末宿主因吞食这种含有感染性幼虫的中间宿主而受到感染。

（3）经媒介物传播　这是多种原虫和少数线虫的传播途径。经媒介节肢动物传播的寄生虫病的分布和流行季节具有同媒介节肢动物的地区分布和出现季节相一致的特点。媒介节肢动物在作为中间宿主或终末宿主时，寄生虫必须在其体内完成固有的发育繁殖阶段后，才能将感染阶段的寄生虫传播给新的宿主。

（4）经褥草、挽具、鞍具、笼舍、饲养用具等传播　这是一些外寄生虫，如虱、疥螨、痒螨等的传播途径之一。

（5）经动物直接传播　有些寄生虫可通过动物之间的直接接触而传播。如疥螨等外寄生虫在健康动物同传染源接触时，经皮肤传播。

（6）经自身传播　该传播途径比较少见，指寄生虫产出的虫卵、幼虫无需到外界，即可使原宿主本身遭受感染。

（三）易感动物

易感动物指对某种寄生虫缺乏免疫力或免疫力低下而处于易感状态的动物。易感动物的存在是寄生虫病传播、流行的必要因素。通常每一种动物只对一定种类的寄生虫有易感性，而这种易感性又受到宿主本身诸多因素的影响。宿主对寄生虫感染产生的免疫反应是最重要的影响因素，动物寄生虫的免疫多属带虫免疫，未经感染的动物因缺乏特异性免疫而成为易感动物；因感染寄生虫而产生了免疫力的动物，当寄生虫从动物体内清除时，这种免疫力也会逐渐消失，使动物重新处于易感状态。

二、猪寄生虫病诊断

猪寄生虫病种类繁多，诊断分为生前诊断和死后剖检。

（一）生前诊断

1. 粪便检查

粪便检查是寄生虫病生前诊断最基本的方法，通过检查粪便，可以确定是否感染寄生虫及其种类和感染强度。主要包括直接涂片法、饱和盐水漂浮法和水洗沉淀法。主要适合检查寄生于消化道或其他通道的器官或系统中的寄生虫。

（1）直接涂片法　用镊子或火柴棒取少许新鲜粪便，置载玻片上，滴加清洁常用水或50%甘油生理盐水，混匀，除去粗渣，加盖玻片，置显微镜下检查。该法主要适用于随粪便排出的蠕虫卵（幼虫）和球虫卵囊的检查。本法操作简便、快速，但检出率较低。

（2）饱和盐水漂浮法　该法利用比虫卵相对密度大的溶液作为检查用的漂浮液，使寄生虫的虫卵、球虫虫囊等浮聚于液面，取表膜液制片镜检。操作方法：取 5 ~ 10g 粪便置于烧杯中，加入少量的水，搅开粪便。然后加入 10 ~ 20 倍量的水，用金属筛（40 ~ 60 目）过滤于另一杯中，静置 30min。用直径为 0.5 ~ 1.0cm 的金属圈平着接触滤液表面，提起金属圈上的液膜抖落于载玻片上，如此多次蘸取不同部位的液面后，加盖玻片镜检。当显微镜检出虫卵达到一定数量时，即可确诊该猪患有某种寄生虫病。

（3）水洗沉淀法　本法利用虫卵比水重，可自然沉于水底的原理，主要用于体积较大虫卵的检查，如吸虫卵和棘头虫卵。方法：取粪便 5 ~ 10g 置于烧杯中，加入少量的水将其充分搅开，然后加 10 ~ 20 倍量的水搅匀，用 40 ~ 60 目铜筛或纱布将粪液滤过于另一杯中，静置 20min 后倾去上层液，沉渣反复水洗沉淀，直至上层液透明为止。最后倾去上层液，用吸管吸取沉淀物滴于载玻片上，加盖玻片镜检。如果在镜下观察到数量较多的特征性虫卵即可确诊。

2. 尿液检查

本法主要用于猪肾虫病的诊断。方法：采集清晨排出的尿液，收集于烧杯中，沉淀 30min，倾去上层尿液，杯底衬以黑色背景，肉眼观察杯底，若有白色颗粒状、黏性较大、吸出较困难的虫卵即可确诊。

3. 皮肤刮取物的检查

主要用于诊断各种体外寄生虫。刮取前先剪毛，刮刀与皮肤表面垂直，刮取皮屑，直至皮肤轻微出血为止，将皮屑收集于平皿或小瓶中，带回实验室检查。检查时，将病料置于载玻片上，滴加少量 50% 甘油水溶液，将皮屑捣碎，镜下观察到虫体即可确诊。

4. 免疫学诊断

猪囊尾蚴、棘球蚴、弓形虫等寄生虫的病原生前检查较困难，但其寄生后可刺激机体产生、相应的抗体，可以通过酶联免疫吸附试验（ELISA）、血凝试验或免疫荧光技术等免疫学方法诊断。

（二）尸体剖检

尸体剖检可以查明猪体所有器官组织中的寄生蠕虫，包括生前诊断法检查不到的虫体，并可进行病原的计数和种类的鉴别。通过尸体剖检，观察猪食管、胃、肠、实质器官肌肉等部位的病理变化，查找病原体，判断感染的寄生虫种类和危害程度，分析病因，从而达到诊断的目的。

三、猪寄生虫病防治

猪寄生虫病的防治应从加强猪群驱虫、改善饲养管理等方面着手，采取综合性措施，减少猪只寄生虫病的发生，尽量减少猪只的慢性消耗，从而提高经济效益。

（一）驱虫

1. 驱虫药的选择

理想的驱虫药应具备高效、低毒、广谱、残留量低、使用方便、对环境污染小等优点。目前猪的驱虫药品种较多，其中广谱驱虫药最受欢迎。如丙硫咪唑、左旋咪唑、伊维菌素，阿维菌素等，可以驱除猪体内或体表多种寄生虫。驱虫时应根据本猪场猪群中寄生虫病的流行情况，选择最佳的驱虫药物。

2. 驱虫场所的选择

驱虫时，虫卵或虫体会随着粪便排出体外，为了防止污染，驱虫应选择便于粪便收集，清扫场所。

3. 驱虫用药的次数

为了提高驱虫效果，常常需要连续 2 ~ 3 次使用驱虫药，对于一些体表寄生虫，例如：疥螨一次用药后，驱虫药只能杀死虫体不能杀死虫卵，以后会再度复发。因此，要用药间隔 7 ~ 14d 再用药一次，才能有效地将猪体表寄生虫去除干净。

4. 驱虫时间隔离

驱虫药的种类不同，驱除虫体的时间也不同，如左旋咪唑用药后几个小时后宿主开始排出，应有一定的隔离时间，直至被排驱出的寄生虫排完为止。

（二）改善饲养管理

扑灭猪寄生虫，不能仅靠驱虫，还必须采取措施来杀灭和清除外界环境中的寄生虫卵和幼虫，也就是除虫。这是减少猪感染或预防寄生虫感染的重要措施。

1. 无害化处理和严格消毒

粪便、垫草要及时清除干净并做无害化处理和严格消毒，以杀灭寄生虫卵和幼虫。几乎所有的驱虫药都不能杀死寄生虫卵，驱虫后虫卵随粪便排出体外，如果不及时无害化处理这些粪便，就会污染外界环境，成为新的污染源重复感染。猪驱虫后排出的粪便最经济的无害化处理方法是将粪便、垫草等集中倒入贮粪池内，表面铺一层干粪和杂草，最后上面盖一层湿土封好，经 1 ~ 3 个月发酵后，粪便即可掏出作肥料用。粪便在发酵的过程中，发酵池内的温度可达到 60 ~ 70℃，既能杀灭寄生虫虫卵又能杀死一般性病原体。

2. 加强饲养管理

加强饲养管理，做到猪的饮水饲料清洁，除粪要勤，定期驱虫，严格消毒。

四、猪寄生虫病的危害

（一）引起动物大批死亡

在猪寄生虫病中，有些可以在某些地区广泛流行，引起动物急性发病和死亡，如猪弓形虫病、姜片吸虫病、肾虫病、棘头虫病等的流行；有的虽然呈慢性经过，但在感染强度较大时也可以引起动物大批发病和死亡，如猪肺丝虫病、猪螨虫病等。

（二）影响生长发育和繁殖

年幼的猪最易遭受寄生虫感染，使猪的正常生长、肥育都受到阻碍，引起生长发育迟缓，肥育率低下，隐性消耗大量饲料，使肉、皮革和被毛等产品质量下降等。种用猪感染寄生虫后，由于营养不良，常使母猪发情异常，影响配种率和受胎率；妊娠动物易流产和早产，后代成活率低。

（三）动物产品的废弃

一些患寄生虫的寄生导致猪的某些脏器，甚至整个猪体不能利用，不得不废弃。如严重的猪囊虫病，旋毛虫病猪的肉尸，棘球蚴病的肝脏、肺脏，患弓形体病的肉和内脏等，都要被废弃或有条件利用。同时，由于寄生虫病的存在，容易诱发其他疾病，使养猪业蒙受损失，造成养猪业经济效益低下。

复习思考题

1. 猪蛔虫病病原体形态特征、发育特征、治疗及防治措施是什么？

2. 猪囊尾蚴病原体形态构造、生活史、流行病学、症状、防治措施是什么？

3. 猪毛首线虫形态、症状、诊断方法及防治措施是什么？

4. 猪虱的治疗和防治措施是什么？

5. 猪旋毛虫的形态、检测方法、治疗和防治措施是什么？

6. 弓形虫的有性生殖和无性生殖包括哪些方式？

7. 如何对猪肺丝虫进行诊断？

8. 猪姜片吸虫病的诊断、治疗和防治措施是什么？

9. 规模化养猪场如何做好寄生虫病的防治？

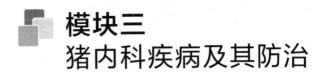

模块三
猪内科疾病及其防治

单元一 ｜消化系统疾病

一、胃溃疡

猪胃溃疡主要是指胃食管区黏膜出现角化，糜烂和坏死或自体消化，形成圆形溃疡面，甚至胃穿孔。症状包括厌食、腹部不适、肠道运动异常导致便秘或腹泻和某些病例胃出血及黑粪症等。

本病初期胃呈轻微出血，仅表现消化不良，人们往往不易察觉。当胃穿孔后，伴发急性弥慢性腹膜炎时，可迅速死亡。常呈散发，在一群猪内引起个别猪死亡。本病可发生于任何年龄，但多见于50kg以上生长迅速的猪及饲养在单体限位栏内的母猪。一年四季都有发病，但以炎热的夏秋季节较为多发。

（一）病因

1. 饲料原因

饲料粗硬不易消化；饲料中缺乏足够的纤维；饲料粉碎得太细；长期饲喂高能量特别是玉米含量过高的饲料；在谷类日粮中不适当混合大量有刺激性的矿物质合剂；饲料中缺乏维生素 E、维生素 B_1、硒等；饲料中不饱和脂肪酸过多；饲料霉变。

2. 环境应激及饲养管理因素

噪音、恐惧、闷热、疼痛、妊娠、分娩、过多打扰猪（如经常转群、称量）；猪舍通风不良、环境卫生不良；猪舍狭窄、活动范围长期受限制；饲喂不定时，时饱时饥，突然变换饲料。

3. 疾病因素

常继发于慢性猪丹毒、蛔虫感染、铜中毒、霉菌感染（特别是白色念珠菌感染），常见于维生素 E 缺乏、肝营养不良的猪。

（二）发病机理

发病机理较复杂。由于不良的消化因素的影响，胃壁组织受到刺激，引起黏膜充血、缺损和糜烂逐渐发生组织学变化；已被损伤发炎、糜烂的胃黏膜组织，释放出组织胺，使胃壁毛细管扩张，促进胃泌素的形成与乙酰胆碱的大量产生，从而刺激胃液的大量分泌，酸度相对升高；与此相反，保护性黏液却极度减少或缺乏，胃蛋白酶在酸性胃液中即起到消化组织的作用，从而导致局部性溃疡的形成和产生。

（三）症状

1. 隐性型

与健康猪无异，无明显症状，生长速度和饲料转化率几乎不受影响。在屠宰后才被发现。

2. 慢性型

食欲降低或不食，病猪体表和可视黏膜明显苍白，时有吐血或呕吐时带血，弓背或伏卧，因虚弱而喜躺卧，渐进性消瘦。开始时便秘，后变为煤焦油样粪便，潜血检查呈阳性。病情有时恶化，有时缓解，引起消化障碍和腹痛。少数病例有慢性腹膜炎症状。病程 7～30d。

3. 急性型

本病急性发作时，由于溃疡部大出血，病猪可突然死亡；也有的病猪在强烈运动、相互撕咬、分娩前后进突然吐血、排煤焦油样血便、体温下降、呼吸急促、腹痛不安、体表和黏膜苍白、体质虚弱、终因虚脱而死亡。当病猪因胃穿孔引起腹膜炎时，一般在症状出现后 1～2d 内死亡。

（四）病理变化

溃疡主要在胃的食道区，也见于胃底部和幽门区不同程度的充血、出血及大小数量不等、形态往往不一的糜烂斑点和界限分明、边缘整齐的圆形溃疡。胃内有血块及未凝固的新鲜血液，有纤维素渗出物，肠内也常发现新鲜血液。在无临床症状的病猪，早期病变有黏膜角化过度以及上皮脱落，而无真正的溃疡形成。病猪的胃常比正常的胃有更多的液体内容物；也有胆汁自十二指肠逆流至胃使胃黏膜黄染。慢性胃溃疡引起出血的病猪。因髓外造血而脾肿大。有的溃疡自愈猪，可留下瘢痕。若是胃已穿孔，则可见弥漫性或局限性的腹膜炎。也常见膈膜炎症，腹腔内容物进入胸腔呈现膈病变。

（五）诊断

本病生前诊断较困难，特别是早期确诊更难。具有诊断意义的症状是：粪便变黑，皮肤和黏膜明显苍白。唯一的证据是取可疑的粪便作潜血检查。应与出血性肠炎综合征、急性猪密螺旋体痢疾加以区别。

（六）治疗

治疗原则是消除发病因素、中和胃酸、保护胃黏膜。

症状较轻的病猪，应保持安静，减轻应激反应。可注射镇静药，如：盐酸氯丙嗪，每次每千克体重 1～3mg。中和胃酸，防止胃黏膜受侵害，可用氢氧化铝硅酸镁或氧化镁等抗酸剂，使胃内容物的酸度下降。保护溃疡面，防止出血，促进愈合，可于饲喂前投服次硝酸铋 5～10g，每天 3 次。也可口服鞣酸蛋白，每次 2～5g，每天 2～3 次，连用 5～7d。此外，为维持食糜的正常排空，可用聚丙烯酸钠每日 5～20g 溶于水中饮服；或以 0.5%～5% 的比例混于饲料中饲服，连用 5～7d。如果病猪极度贫血，证实为胃穿孔或弥漫性腹膜炎，则失去治疗价值，宜及早淘汰。

（七）预防

针对发病原因采取相应措施：

（1）控制饲养密度，一般断奶仔猪适宜占栏面积为 0.3～0.4m²/头，避免猪群拥挤、便于猪的自由活动。避免应激状态，减少频繁地转群、运输、驱赶，防止猪相互撕咬。

（2）每天打扫卫生、及时消毒、保证猪舍内清洁干燥，并保持良好通风、保持空气新鲜。

（3）不同阶段的猪只饲喂不同的全价饲料、粉料粒径不宜过细、宜在 500μm 以上，同时要在粉料中加入一定的油脂，减少日粮中玉米数量，饲喂粉料而不是颗粒饲料。饲料中加入草粉或燕麦壳等使日粮中粗纤维量达到 7%。喂湿拌料可减少胃溃疡病的发病率。要保证饲料的质量、不能霉败变质。保证饲料中维生素 E、维生素 B_1、硒的含量。

（4）保证猪舍内有适宜的温度，一般断奶仔猪和哺乳母猪适宜温度为 18～22℃、妊娠母猪为 15～20℃、避免昼夜温差过大。

（5）保证有充足的饮水，不要突然更换饲料，换料要逐步过渡进行。

（6）加入一定的青粗饲料能促进猪只胃肠蠕动、可预防胃溃疡病的发生。

二、胃肠卡他

胃肠卡他是猪的常见消化道疾病，是胃肠黏膜表层性炎症，症状表现有的以胃卡他为主，有的以肠卡他为主。按病程的长短分急性和慢性，特征为消化不良。

（一）病因

（1）饲养管理不当　受寒，褥草潮湿，喂食冷热不定或过冷过热，或不定食定量，过饥或过饱，或饮水不洁，久渴失饮，饲料加工不当等。

（2）饲料品质不良　给予过多不易消化的饲料、堆积发热的饲料或混杂泥沙太多的饲料。

（3）药物使用不当　麻醉药物、健胃药物等使用不当，刺激胃肠黏膜发炎。

（4）继发因素　常见于慢性消化不良，细菌性、病毒性及寄生虫性疾病的过程中。

（二）症状

1. 以胃机能紊乱为主

病猪体温无变化，食欲减退，咀嚼缓慢，有时吃自己的粪便，精神不振，常喜卧于暗处，怕骚扰。常呕吐和逆呕，呕吐初为食物，后为泡沫、黏液，有时混有肝汁或少量血液。有时腹痛，烦渴贪饮，眼结膜充血黄染。舌苔增厚，口腔有特殊气味，发臭，口渴，喜欢啃咬烂草污泥。粪少干燥，附有黏液。如继发肠卡他时，突出的是下痢，肠鸣音亢进，严重病猪排粪次数增多，混有消化不全饲料，粪为水样。肛门尾根全被粪水沾污，可出现脱水与虚脱。有程度不一的舌苔，有恶心或呕吐，尿少色黄。

2. 以肠机能紊乱为主

肠音增强，腹部紧缩。重病猪拉水样稀粪，肛门四周及尾沾粪污。有的里急后重，排黏液絮状便。严重时食欲废绝，体质衰弱，甚至直肠脱出，眼结膜充血。

（三）诊断

根据病猪逆呕或呕吐物性状，食欲，口渴，尿少、色深黄，便秘，体温升高，下痢，排粪次数增多，排水样稀粪等可作出诊断。但注意与以下疾病的鉴别诊断。

1. 猪毛首线虫病（猪鞭虫病）

相似处：间歇性腹泻，有时粪有血丝，黏液有恶臭等。

不同处：猪毛首线虫病猪眼结膜苍白贫血，体温稍高，体质极度衰弱。粪检有虫卵，剖检可见盲肠充血、出血、肿胀、间有绿豆大小的坏死病灶，结肠病变与之相似，黏膜呈暗红色，上面布满乳白色细针样虫体（前部外入黏膜内），钻入处形成结节。

2. 猪食道口线虫病（结节虫病）

相似处：体温不高，食欲不振，便秘，有时下痢，发育障碍等。

不同处：猪食道口线虫病猪高度消瘦，粪检有虫卵，如有泻药可见有虫体排出。剖检可见大结肠有结节，结节破裂成溃疡。

3. 猪姜片吸虫病

相似处：体温不高，食欲减退，腹泻，发育不良等。

不同处：姜片吸虫病猪流涎、低头拱背，肚大股瘦，眼睑、腹下水肿，粪检有虫卵。剖检可见小肠有虫体，虫体前端钻入肠壁。

4. 球虫病

相似处：体温不高，排粪下痢与便秘交替发作，食欲不佳等。

不同处：球虫病猪直肠采粪，通过培养可见有孢子的囊泡。

（四）治疗

治疗原则为除去病因，调整胃肠功能，制止发酵和腐败。

首先找出病因，采取措施除去致病因素，治疗原发病。缓泻可用液体石蜡50～100mL内服；粪便干、量少时，可用硫酸钠或硫酸镁20～50g（每千克体重1g）和水制成6%的溶液灌服；如腹泻，可应用磺胺类药物或抗生素，如磺胺脒合剂（磺胺脒1份、酵母粉1份、鞣酸蛋白2份）12～15g，每日3次，内服；腹泻严重者应及时静脉注射5%的糖盐水250～500mL。

（五）预防

科学饲养管理，保证饲料和饮水清洁，不喂霉败饲料；饲喂要定时定量，合理调制饲料。

三、胃肠炎

胃肠炎是胃肠表层黏膜及深层组织的重剧性炎症。胃、肠的炎症多同时或相继发生，故合称胃肠炎。按其病因可分为原发性和继发性胃肠炎；按其病程经过可分为急性和慢性胃肠炎。临诊上以严重的胃肠机能障碍和不同程度的自体中毒为主要特征。

（一）病因

主要由于喂给腐烂变质、发霉、不清洁、冰冻饲料，或误食有毒植物及酸、碱、砷等化学药物而发病。饲养管理不善、气候突变、卫生条件不良、运输应激等可使机体抵抗力降低，容易受到条件性病原的侵袭而发生胃肠炎。滥用抗生素使胃肠道菌群失调。此外，多见于各种病毒性传染病（猪瘟、传染性胃肠炎等）、细菌性传染病（沙门氏菌病、巴氏杆菌病等）、寄生虫病（蛔虫等）及一些内科疾病（肠变位、便秘等）。

（二）症状

1. 急性胃肠炎

病猪精神沉郁，食欲减退或废绝，脉搏增加，呼吸数增加，体温升高至40℃以上。舌苔重，口腔干燥，气味恶臭舌面皱褶；腹泻时粪便较稀软，有恶臭或腥臭味，有时混有黏液、血液或脓性物。病初肠音高亢，逐渐减弱至消失；重症的猪肛门松弛、排便失禁或呈里急后重，尿量减少。腹痛和肌肉震颤，肚腹蜷缩。病情严重时体温降低，四肢、耳尖等末梢冰凉，心率增快，脉搏微弱。眼结膜先潮红后黄染，常呕吐带有血液或胆汁的内容物。因机体脱水而血液浓稠、尿少，眼球下陷，皮肤弹性降低，呼吸、心跳加快。后期发生痉挛、昏迷，因脱水而消瘦，衰竭而亡。

2. 慢性胃肠炎

眼结膜颜色红中带黄色，食欲不振，舌苔黄厚；异嗜，喜食砂土、粪尿。便秘或者便秘与腹泻交替，肠音不整。

（三）诊断

根据食欲紊乱变化，舌苔变化，呕吐与腹泻及粪便中可见病理性产物等可作出诊断。

（四）治疗

首先应除去病因，着重抑菌消炎，配合强心、补液、解毒及清理胃肠。可内服氨苄青霉素、新霉素、痢特灵、黄连素、氯霉素或庆大霉素。

根据发病的实际情况，用人工盐缓泻，用木炭末等止泻。脱水、自体中毒、心力衰竭等是急性胃肠炎的直接致死原因，因此，及时补液、解毒、强心是抢救危重胃肠炎的三项关键措施，静注5%的葡萄糖生理盐水、复方氯化钠或碳酸氢钠（后二者不能混合应用）是较常见的方法。

胃肠炎缓解后可适当应用健胃剂，幼畜可用多酶片、酵母片等内服，也可用胃蛋白酶、乳酶生等。

（五）预防

加强饲养管理，不喂变质和有刺激性的饲料，定时定量喂食。猪圈保持清洁干燥。发现消化不良，及早治疗，以防加重转为胃肠炎。

四、肠便秘

肠便秘是由于肠管运动机能和分泌机能降低，使肠内容物停滞、水分被吸收，造成粪便干燥而滞留于肠道，引起肠腔阻塞的一种疾病。该病主要发生于小猪，便秘部位常在结肠。

（一）病因

1. 原发性

长期饲喂难以消化的粗硬饲料。如干燥谷物、含粗纤维的劣质饲料或缺乏青绿饲料；饲料中混有泥沙等异物或突然更换不易消化的饲料等；饮水不足、缺乏运动。此外，母猪妊娠后期或分娩不久伴有肠弛缓时，常发生便秘。临诊上多见于饲喂糠麸的仔猪或患有肠道迟缓的妊娠母猪和分娩后的母猪。

2. 继发性

主要见于某些肠道寄生虫病，如猪蛔虫病；某些传染病，如猪瘟、猪丹毒、猪肺疫等疾病时也可继发肠便秘；也可见于肛门脓肿、肛瘘、直肠肿瘤、卵巢囊肿、腰荐部扭伤等疾病过程中。

（二）症状

病猪不断努责做排粪姿势，但只排出少量附有黏液的干硬粪球。精神沉郁，食欲减退，饮水增多，呼吸增数。偶尔见有腹胀、起卧不安，因腹部疼痛而回视腹部。后期排粪停止，肠音减弱或消失，伴有肠臌气时，可听到金属性肠音。触诊腹部，小型或瘦弱的病猪可摸到肠内干硬的粪球，多呈串珠状排列。十二指肠便秘时，偶有呕吐或黄疸表现。结肠便秘粪块压迫膀胱，会伴发尿闭症状。后期肠壁坏死。可继发局限性或弥漫性腹膜炎的症状。

（三）诊断

根据饲喂的饲料情况、临诊症状、病史可做出初步诊断。

（四）治疗

对病猪应停饲仅给少量青绿多汁饲料，饮以大量微温水，适当运动。断奶后更要精心饲养。农户散养的猪，要注意猪舍卫生，防止长期饲养单一饲料，含粗纤维多的难以消化的饲料，要经过软化或者煮烂，有异嗜癖的猪要及时治疗，防止采食泥沙、煤块等异物。对病初体况较好的猪，用硫酸钠或硫酸镁30～80g，加温水1000mL，一次灌服；硫酸镁20～50g，蜂蜜20～25g，温水1000mL，混合，一次灌服；大黄末50～80g，果导4～8片，加水一次灌服。

当病猪腹痛不安时，可用溴化钠5～10g，内服；或用氯丙嗪2～4mL，一次肌肉注射。在药物治疗无效时，应及时作剖腹术，施行肠管切开术或肠管切除术。

对病程长或病情较重的病猪宜用植物油或石蜡油50～200mL，陈皮酊20mL，鱼石脂5g，温水500～1500mL，一次灌服；心力衰竭时，应用强心剂，10%葡萄糖液250～500mL，10%安钠咖液5～10mL，混合一次静脉或腹腔注射。

（五）预防

应从改善饲养管理着手，合理搭配饲料，给予营养全面、搭配合理的日粮，每天保证足够的饮水，给予适量的食盐和适当的运动。仔猪断奶初期、母猪妊娠后期和分娩初期应加强饲养管理，给予易消化的饲料。

五、肠变位

肠变位是肠管自然位置发生变化，导致肠腔机械性闭塞和肠壁局部发生血液循环障碍的一种的急性腹痛病。临床中以突然发病，腹痛重剧，病程短促为特征。猪肠变位发病率很低，但已经发生多取死亡转归。通常将肠变位归纳为肠扭转、肠缠结、肠嵌闭和肠套叠四种类型。

（一）病因

哺乳期仔猪，因母乳不足，仔猪呈饥饿状态，肠管长时空虚；采食品质不良饲料、冷水等。断乳仔猪多因饮食的改变，采了了刺激性较强的饲料饮水等，或在施行去势术时而捕捉、按压，猪腹内压过度增高。上述因素均能引起肠管运动机能失调，局部肠段痉挛性收缩，导致肠套叠的发生。猪肠扭转多因饲料不净，泥沙过多，或因异嗜、误食泥沙，引起肠管内积沙过多，在急剧运动等条件下造成了某一肠段或肠系膜根部扭转。肠嵌闭：猪的阴囊疝或脐疝，治疗不及时，致使脱出腹腔的肠管互相黏连，发炎、肿胀，挤压而发生闭塞。成年母猪的去势或剖腹产手术，因手术不规范而使肠管与腹膜黏连或掉入腹膜破裂孔内，也有的肠管被嵌在腹壁肌肉间，致使肠管闭塞。

（二）症状

突然发病，病猪腹痛明显，临床上可见到各种异常姿势。肠套叠时，突然不食，不安打转，拱背收腹，有时前肢跪下，头顶地向前爬行或倒地侧卧，四肢呈游泳样动作；初期排软粪或稀粪，量少黏稠，以后排粪停止或仅排出黏液和血液，腹腔深部触诊，体瘦的仔猪可摸到套叠的肠管如香肠状，压迫患部痛感明显。肠扭转时，病情重剧的腹痛明显，起卧频繁，乱跑乱钻，有时两前肢脆地，后肢呈支架姿势、有呕吐，肠管积气，肠音停止，偶尔发出"吭吭"声，心动过速，手压腹部疼痛明显。轻度扭转，病猪腹痛不明显，饮食欲废绝，不断摇尾，欲卧不卧，肠蠕动音减弱或停止。肠嵌闭，病猪精神萎顿，起卧不安，行走时后肢摇晃，转圈，呻吟，卧地时缓慢小心，呈现痛苦状。腹围稍增大，腹壁肌肉颤抖，两侧腹壁有压痛反应。可视黏膜发绀，呼吸粗迫，脉搏细弱增数。

（三）诊断

可根据临床症状、腹腔穿刺液检查、直肠检查、剖腹探查方法做出诊断。

（1）临床症状　腹痛剧烈，药物镇静常无明显效果；肠音微弱或消失，排便很快停止；全身症状迅速恶化。

（2）腹腔穿刺检查　腹腔液呈粉红色或红色。

（3）直肠检查　直肠空虚，常蓄积有血样黏液。

（4）剖腹检查　当直肠检查不能确定肠变位的性质时，可进行剖腹探查。

（四）治疗

由于病程短，病情发展快，因此在初步诊断为肠变位时，应及时剖腹探查，已经确诊则立即施行手术治疗，或手术整复，遇有肠管坏死时则行肠切除和肠吻合术。术后注意抗菌消炎和饲养管理。在治疗过程中应注意以下几点：

（1）注意纠正脱水、电解质紊乱和酸碱失衡，进行合理的补液，以维持血容量和血液循环功能。一般早期病例应先纠正代谢性碱中毒。对中后期的病例，应先纠正酸中毒。在肠变位解除前不要补糖。

（2）使用大量抗菌消炎药物，制止肠道菌群紊乱，减少内毒素生成。

（3）严禁投服泻药。

（4）尽早实施手术治疗，做好术后护理工作。

（五）预防

主要是科学的饲养和管理，饲料饮水要清洁，猪圈要卫生，防止误食泥沙和污物；在运动时要防止剧烈奔跑和摔倒；发现有阴囊疝、脐疝或腹壁疝时，要及时治疗；去势。

单元二 | 呼吸系统疾病

一、感冒

猪感冒是一种由寒冷刺激所引起的以上呼吸道黏膜炎症为主症的急性、热性、全身性疾病。临床以体温升高、咳嗽、羞明流泪和流鼻涕为特征，无传染性。本病以仔猪多发，一年四季都可发生，但多发于早春和晚秋、气候多变的季节。

（一）病因

本病最常见病因是寒冷刺激所引起，其他一些因素也可促使本病的发生。具体为：

（1）突然遭寒潮侵袭，风吹雨打，贼风侵袭。

（2）猪舍防寒差，潮湿阴暗，过于拥挤，营养不佳。

（3）长途运输，体质下降，抵抗力减弱。

（4）天气突变，忽冷忽热，使上呼吸道的防御机能降低。

（二）发病机理

健康猪的上呼吸道常寄生着一些能引起感冒的病原体，当遭受寒冷因素刺激时，使呼吸道防御机能降低，上呼吸道黏膜的血管收缩，分泌减少，气管黏膜上皮纤毛运动减弱，致使寄生于呼吸道内的微生物大量繁殖而发病。猪日龄小、营养不良等因素，引起机体抵抗力下降时，更易促进本病的发生。

由于呼吸道内微生物的大量繁殖，引起呼吸道黏膜发炎肿胀，大量渗出等变化，常出现呼吸不畅、咳嗽、喷嚏、流鼻液等临床症状。

在呼吸道内产生的细菌毒素及炎性产物被机体吸收后，作用于体温调节中枢，引起发热。因此出现一系列与体温升高相关的症状，如精神沉郁、食欲减低、心跳和呼吸加快、胃肠蠕动减弱、粪便干燥、尿量减少等。

体温升高，一方面能促进粒细胞的活动并加强其吞噬功能，增强机体的抗病能力。另一方面。高温会使糖耗增加，使脂肪和蛋白质加速分解，使中间代谢产物如乳酸、酮体和氨等体内蓄积，导致酸中毒，引起实质器官如脑、肾、心、肝等变性。

（三）症状

发病较急，患猪精神沉郁，食欲减退或废绝，低头耷耳，高热恶寒，体温40℃以上，喜钻草堆、眼半闭喜睡，鼻干燥，结膜潮红，羞明流泪，有白色眼眵，口色微红，舌苔发白，耳尖、四肢发凉，皮温不均，畏寒战栗，咳嗽，打喷嚏，鼻塞，病初流浆液性鼻液，随后转为黏液或脓性黏液。呼吸加快，肺泡呼吸音粗粝，并发支气管炎时，则出现干性或湿性啰音。常便秘，个别拉稀，重症食欲废绝，眼结膜苍白，卧地不起。

本病病程较短，一般经3~5d，全身症状逐渐好转，多取良性经过。治疗不及时特别是仔猪易继发支气管肺炎或其他疾病。

（四）诊断

根据受寒史、体温升高、皮温不整、流鼻液、流泪、咳嗽等主要症状，可作出诊断。

在鉴别诊断时要注意与流行性感冒相区别。

流行性感冒：体温突然升高到40~41℃，全身症状较重，传播迅速，有明显的流行性，往往大批发病，以此可与感冒进行区分。

（五）治疗

以解热镇痛为主，适当抗菌消炎，对症治疗。

1. 解热镇痛，30%安乃近注射液5mL，或安痛定注射液5~10mL，或柴胡注射液5mL。每日2~3次（体重50kg用药量）。

2. 为防止继发感染，可用青霉素每千克体重1万IU或新诺明2~10mL肌注，或口服土霉素2g，12h一次。

3. 为止咳，可用氯化铵0.3~1g或咳必清0.2g口服。

4. 体温不降者安乃近或安基比林5~10mL大椎穴注射，地塞米松2~5mL肌注。

5. 有便秘者可灌服硫酸钠或石蜡油等药，也可用温肥皂水灌肠。

（六）预防

加强管理，在早春、晚秋气候易变季节注意猪的防寒、阴雨、潮湿。要保持猪舍干燥、卫生、保暖、避免贼风侵袭。发现病猪，及早治疗。

二、支气管肺炎

猪支气管肺炎是病原微生物感染引起，发生于个别肺小叶或几个肺小叶及其相连接的细支气管的炎症，又称为小叶性肺炎。通常在肺泡内充满由上皮细胞、血浆与粒细胞组成的卡他性炎症渗出物，故也称为卡他性肺炎。

一般多由支气管炎的蔓延所引起。临床上以出现弛张热型，呼吸次数增多，叩诊有散在的局灶性浊音区和听诊有捻发音，肺泡内充满由上皮细胞、血浆与白细胞等组成的浆液性细胞性炎症渗出物为主要特征。本病以仔猪和老龄猪更常见，多发于冬、春季节。

（一）病因

1. 原发性病因

主要是不良因素的刺激，如受寒冷刺激，猪舍卫生不良，饲养不良，某些营养物质缺乏，长途运输，通风不良，某些物理化学因素等，使机体抵抗力降低，内源性或外源性细菌大量繁殖以致发病。此外，异物及有害气体刺激，亦可致病。

2. 继发性病因

支气管肺炎大多是由支气管黏膜蔓延至肺泡而发病。因此，凡是引起支气管炎的原因，都可引起支气管肺炎。如一些化脓性疾病，子宫内膜炎、乳房炎，以及阉割后的阴囊化脓等，其病原菌可以通过血液循环途径进入肺脏而致病。此外，支气管肺炎可继发或并发于许多传染病和寄生虫病的过程中，如仔猪流行性感冒、猪肺疫、副伤寒、肺线虫病等。

（二）发病机理

在各种致病因素的作用下，机体抵抗力降低特别是呼吸道的防御机能降低，病原微生物在支气管内大量繁殖，引起支气管炎。支气管的炎症沿支气管或支气管周围继续蔓延，则引起细支气管及肺泡出血、肿胀、浆液渗出、上皮细胞脱落，并积聚于细支气管及肺泡内，引起支气管肺炎。随着病程的发展，炎症过程逐渐向周围肺小叶蔓延，使几个或是多个肺小叶发病，当多个肺小叶炎灶相互融合成较大的病灶时，则使肺的呼吸面积减少，呼吸困难加重，导致呼吸性酸中毒，而且在叩诊时出现岛屿性浊音区。

由于肺小叶炎的发生和发展史不平衡，在同一时期内，有的小叶炎症已经消退，有的小叶性炎症才刚刚开始，当小叶开始发炎时，体温升高，而在部分小叶炎症消退时，体温会有所下降。可见炎症过程呈波浪式发展，所以支气管肺炎的热曲线呈弛张热型。本病如果机体抵抗力强，治疗及时，经过良好，2～3周可以痊愈。否则继发化脓性肺炎或肺坏疽，往往在8～10d内死亡。也可转化为慢性，发生肺肉变，长期气喘、消瘦。

（三）症状

病猪表现精神沉郁，食欲减退或废绝，结膜潮红或蓝紫，体温升高至40℃以上，呈弛张热，有时为间歇热；脉搏随体温变化而改变，初期稍强，以后变弱；呼吸困难，并且随病程的发展逐渐加剧；咳嗽为固定症状，病初表现为干短带痛的咳嗽，继之变为湿长但疼痛减轻或消失，气喘，流鼻汁（初为白色浆液，后变为黏稠灰白色或黄白色）。胸部听诊，在病灶部分肺泡呼吸音减弱，可听到捻发音，以后由于渗出物堵塞了肺泡和细支气管，肺泡呼吸音消失，可能听到支气管呼吸音，而在其他健康部位，则肺泡呼吸音增强。胸部叩诊，病灶浅在的，可发现一个或数个局灶性的小浊音区，其部位一般在胸前下三角区内。X光检查，肺纹理增强，呈现大小不等的灶状阴影，似云雾状，有的融为一片。

（四）病理变化

眼观支气管肺炎的多发部位是心叶、尖叶和膈叶的前下缘，病变为一侧性或两侧性，发炎部位的肺组织质地变实，呈灰红色，病灶的形状不规则，散布在肺的各处，呈岛屿状，病灶的中心常可见到一个小支气管。肺的切面上可见散在的病灶区，呈灰红色或灰白色，粗糙突出于切面，质地较硬，用手挤压见从小支气管中流出一些脓性渗出物。支气管黏膜充血、水肿，管腔中含有带黏液的渗出物。有些支气管肺炎由于发生的原因和条件不同，因而具有不同的异物，例如吸入性肺炎、真菌性肺炎等。

（五）诊断

根据咳嗽、弛张热型，胸部叩诊有岛屿状浊音区，胸部听诊有捻发音、啰音，肺泡呼吸音减弱或消失；血液学检查，粒细胞总数增多，X 射线检查出现散在的局灶性阴影等，可以诊断。

但是注意与下列疾病鉴别诊断。

（1）细支气管炎　呼吸极度困难，热型不定，胸部叩诊音高朗，肺泡呼吸音普遍增强并有各种啰音。

（2）纤维素性肺炎　本病呈稽留热，病情发展迅速并有定型经过，胸部叩诊呈大片浊音区，听诊肺脏，肝变期时有明显的支气管呼吸音，典型病例可见铁锈色鼻液。

（六）治疗

本病的治疗原则是抑菌消炎、祛痰止咳、制止渗出、对症治疗、改善营养、加强护理等。

1. 抑菌消炎

临床上主要应用抗生素和磺胺类药物，治疗前最好采取鼻液做细菌药敏试验，选择敏感药物。一般用 20% 磺胺嘧啶钠溶液 10～20mL，肌内注射，每天2次，连用数天；或青霉素 80 万～160 万 IU 和链霉素 100 万 IU 肌内注射，每天2次，连用数天。另外，四环素、庆大霉素、卡那霉素、先锋霉素和喹诺酮类药物（如环丙沙星、恩诺沙星等）等也可选用。

2. 祛痰止咳

当病猪频繁出现咳嗽而鼻液黏稠时，可口服溶解性祛痰剂，常用氯化铵及碳酸氢钠各 1～2g，溶于适量生理盐水中，1次灌服，每天3次。若频发痛咳而分泌物不多时，可用镇痛止咳剂，常用的有复方樟脑酊 5～10mL 口服，每天2～3次；或磷酸可待因 0.05～0.1g 口服，每天1～2次，也可用盐酸吗啡、咳必清等止咳剂。

3. 制止渗出

静注 10% 氯化钙液 10～20mL 或 10% 葡萄糖酸钙溶液 10～20mL，每天1次，有利于制止渗出和促进渗出液吸收，具有较好的效果。溴苄环己铵能使痰液黏度下降，易于咳出，从而减轻咳嗽，缓解症状。

4. 对症治疗

体质衰弱时，可静脉输液，补充 25% 葡萄糖注射液 200～300mL；心脏衰弱时，可皮下注射 10% 安钠咖溶液 2～10mL，每天3次。

（七）预防

加强耐寒锻炼，防止感冒，保护猪只免受寒冷、风、雨和潮湿等的袭击。平时应注意饲养管理，喂给营养丰富、易于消化的饲料，圈舍要通风透光，保持空气新鲜清洁，以增强仔猪的抵抗力。此外，应加强对能继发本病的一些传染病和寄生虫病的预防和控制。

三、大叶性肺炎

猪大叶性肺炎是一种呈定型经过的肺部急性肺炎，病变始于局部肺泡，并迅速涉及整个或多个大叶。又因细支气管和肺泡内充满大量纤维素蛋白性渗出物，故又称纤维素性肺炎或格鲁希性生肺炎。病猪表现为高热稽留、流铁锈色鼻液、大片肺浊音区及定型经过。临床分为充血水肿期、红色肝变期、灰色肝变期和溶解期四个阶段。猪常发生本病。

（一）病因

本病的病因，一般认为主要有传染性和非传染性两种。

1. 传染性大叶性肺炎

传染性大叶性肺炎是局限于肺脏的特殊性传染病，如猪的巴氏杆菌病，其主要病理过程为大叶性肺炎。

2. 非传染性大叶性肺炎

非传染性大叶性肺炎是一种变态反应性疾病，同时具有过敏性炎症，这些炎症在预先致敏的肺组织内发生。引起非传染性大叶性肺炎的病原菌很多，主要存在于动物体内的和外界的病原菌，如肺炎链球菌、绿脓杆菌、坏死杆菌、沙门氏菌、支原体、葡萄球菌等，在本病的发生上有重要的作用。诱发本病的因素很多，受寒感冒、过劳、吸入有刺激性的气体、外伤、管理不当、环境卫生恶劣等，均可导致呼吸道黏膜的防御机能降低，成为本病的诱因。

3. 继发性大叶性肺炎

该型有时可见于支气管炎及副伤寒等。此种继发病例，在临床上常取非定型经过。

（二）发病机理

病原微生物主要经气源性感染，侵入机体的微生物沿支气管、血液循环或淋巴循环侵害大片的肺叶，使多数肺泡同时发生炎症。细菌病毒和炎症组织的分解产物被吸收后，引起动物机体的全身性反应，如高热、心脏血管系统紊乱等。

（三）症状

病初体温迅速升高到41~42℃，呈稽留热型，一般持续6~9d，以后体温迅速降至常温。脉搏加快，一般初期体温升高1℃，脉搏增加10~15次/min，体温持续升高2~3℃时，脉搏不再增加，后期脉搏逐渐变小而弱。呼吸困难、频率增加，可达 60 次/min 呈腹式呼吸；初期出现短而干的痛咳，溶解期则变为湿咳。病初，有浆液性、黏液性或黏液脓性鼻液。病猪精神沉郁，食欲废绝，结膜充血、黄染。典型病例病程明显分为四个阶段，即充血期、红色肝变期、灰色肝变期和溶解期，在不同阶段症状不尽相同。充血期胸部听诊呼吸音增强或有干啰音、湿啰音、捻发音，叩诊呈过清音或鼓音；在肝变期流铁锈色鼻液，大便干燥或便秘，可听到支气管呼吸音，叩诊呈浊音；溶解期可听到各种啰音及肺泡呼吸音，叩诊呈过清音或鼓音，肥猪不易检查。

1. 血液学检查

粒细胞总数显著增加，可达 2×10^{10}/L 或更多，中性粒细胞比例增加，呈核左移。严重的病例，粒细胞减少。

2. X 射线检查

充血期可见肺纹理增重，肝变期发现肺脏有大片均匀的浓密阴影，溶解期表现散在不均匀的片状阴影。2~3 周后，阴影完全消散。

（四）病理变化

炎症一般位于肺前下部尖叶核心叶，典型炎症过程可分为四个时期：

（1）充血水肿期　肺脏略增大，有一定弹性，病变部位肺组织呈褐红色，切面光泽而湿润，按压流出大量血样泡沫，切取一小块投入水中，呈半沉于水状态。

（2）红色肝变期　肺脏肿大，质地变实，呈暗红色，类似肝脏，所以称肝变，切取一小块投入水中，完全下沉。

（3）灰色肝变期　病变部呈灰色（灰色肝变）或黄色肝变，肿胀，切面为灰黄色花岗岩一样，质地坚实如肝。投入水中完全下沉。

（4）溶解期　病肺组织较前期缩小，质地柔软，挤压有少量脓性混浊液流出，色泽逐渐恢复正常。

由于临床大量抗生素的应用，大叶性肺炎上述典型经过的不明显，病变部位有局限性。有些病例，因机体反应性较弱，渗出物不能完全溶解吸收，从而使肺泡壁的结缔组织增生，渗出物被机化，形成纤维组织。另外，在继发感染化脓菌时，又可引起肺组织坏死而形成肺脓肿。如感染腐败菌，则可引起坏阻性肺炎。

（五）诊断

主要根据稽留热型，铁锈色鼻液，不同时期肺部叩诊和听诊的变化即可诊断。血液学检查，粒细胞总数显著增加，核左移。X 射线检查肺部有大片浓密阴影，有助于确诊。

但注意与胸膜炎相区别，胸膜炎呈不定型热，病的初期可听到胸膜摩擦音。当有渗出液积聚时，叩诊呈水平浊音。

（六）治疗

主要是抗菌消炎、制止渗出、促进渗出物吸收。

该病发展迅速，病情加剧，在选用抗菌消炎药时，要特别慎重，先做药敏试验再选择抗菌药，并且不要轻易换药。新胂凡纳明有较好的疗效，用 1.5 ~ 2.5g，用温 5% 葡萄糖生理盐水溶解缓慢静注，不得漏出血管外，用前可先肌肉注射 10% 安钠咖溶液 10 ~ 20mL。也可采用 10% 磺胺嘧啶钠溶液 30mL，40% 的乌洛托 20 ~ 40mL，5% 糖盐水 100 ~ 300mL，一次静注，每日 1 次。对症治疗，静注 10% 的氯化钙或葡萄糖酸钙溶液以促进炎性产物吸收，使用安钠咖强心、用呋噻米利尿。咳嗽剧烈时应止咳。

（七）预防

加强饲养管理，增强猪的抗病能力，避免受寒冷刺激，一旦发现各种传染性原发病，要积极治疗，以防并发猪大叶性肺炎和相互感染。

单元三 | 猪中毒病

一、亚硝酸盐中毒

猪亚硝酸盐中毒，是猪摄入富含硝酸盐、亚硝酸盐过多的饲料或饮水，引起高铁血红蛋白症，导致组织缺氧的一种急性、亚急性中毒性疾病。临诊体征为可视黏膜发绀、血液酱油色、呼吸困难及其他缺氧症状为特征。本病在猪较多见，常于猪吃饱后 15min 到数小时发病，故俗称"饱潲病"或"饱食瘟"。

（一）病因

油菜、白菜、甜菜、野菜、萝卜、马铃薯等青绿饲料或块根饲料富含硝酸盐。而在使用硝酸铵、硝酸钠、除草剂、植物生长剂的饲料和饲草，其硝酸盐的含量增高。硝酸盐还原菌广泛分布于自然界，在温度及湿度适宜时可大量繁殖。当饲料慢火焖煮、霉烂变质、枯萎等时，硝酸盐可被硝酸盐还原菌还原为亚硝酸盐，以至中毒。

亚硝酸盐的毒性比硝酸盐强 15 倍。亚硝酸盐亦可在猪体内形成，在一般情况下，硝酸盐转化为亚硝酸盐的能力很弱，但当胃肠道机能紊乱时，如患肠道寄生虫病或胃酸浓度降低时，可使胃肠道内的硝酸盐还原菌大量繁殖，此时若动物大量采食含硝酸盐饲草饲料时，即可在胃肠道内大量产生亚硝酸盐并被吸收而引起中毒。

（二）发病机理

亚硝酸盐是强氧化剂，当猪采食含亚硝酸盐的饲料而吸收进入血液后，使血液中的二价铁（Fe^{2+}）转化为三价铁（Fe^{3+}），即使正常的氧合血红蛋白氧化为高铁血红蛋白（即变性血红蛋白），从而丧失血红蛋白的正常携氧功能，造成组织缺氧。

（三）症状

急性中毒的猪常在采食后 10～15min 发病，慢性中毒时可在数小时内发病。一般体格健壮、食欲旺盛的猪因采食量大而发病严重。病猪呼吸严重困难，多尿，可视黏膜发绀，刺破耳尖、尾尖等，流出少量酱油色血液，体温正常或偏低，全身末梢部位发凉。因刺激胃肠道而出现胃肠炎症状，如流涎、呕吐、腹泻等。还可见共济失调，痉挛，挣扎鸣叫，或盲目运动，心跳微弱。临死前角弓反张，抽搐，倒地而死。

（四）病理变化

由于高铁血红蛋白的形成，血液变成咖啡色，血凝不良，暴露于空气中经久不转变成鲜红色。皮肤发绀，胃肠黏膜充血，全身血管扩张，肺充血、水肿，肝、肾淤血，心、肺可呈巧克力色，气管中可见血性泡沫。心脏外膜、心肌有出血斑点。

（五）诊断

依据发病急、群体性发病的病史、饲料储存状况、临诊见黏膜发绀及呼吸困难、剖检时血液呈酱油色等特征，可以做出初步诊断。可根据特效解毒药美蓝进行治疗性诊断，也可进行亚硝酸盐检验、变性血红蛋白检查进行确诊。

1. 亚硝酸盐检验

取胃肠内容物或残余饲料的液汁 1 滴，滴在滤纸上，加 10% 联苯胺液 1～2 滴，再加 10% 的醋酸 1～2 滴，滤纸变为棕色，则为亚硝酸盐阳性反应。也可将胃肠内容物或残余饲料的液汁 1 滴，加 10% 高锰酸钾溶液 1～2 滴，充分摇动，如有亚硝酸盐，则高锰酸钾变为无色，否则不褪色。

2. 变性血红蛋白检验

取血液少许于试管内振荡，振荡后血液不变色，即为变性血红蛋白。为进一步验证，可滴入 1% 氰化钾 1～3 滴后，血色即转为鲜红。

（六）治疗

迅速使用特效解毒药如美蓝或甲苯胺蓝。

（1）静脉注射 1% 的美蓝，按每千克体重 1mL，也可深部肌肉注射 1% 的美蓝。

（2）甲苯胺蓝每千克体重 5mg，可内服或配成 5% 的溶液静脉注射、肌肉注射或腹腔注射。使用特效解毒药时配合使用高渗葡萄糖 300～500mL，以及每千克体重 10～20mg 维生素 C。

（3）如果现场没有这两种特效解毒药，可静脉或肌肉多点注射 5% 的维生素 C 溶液，也有一定的治疗效果。

（4）对症治疗 呼吸急促时，可用尼克刹米、山梗菜碱等兴奋呼吸的药物。对心脏衰弱者，注射 0.1% 盐酸肾上腺素溶液 0.2～0.6mL，或注射 10% 安钠咖以强心。

（七）预防

改善饲养管理，青绿饲料宜生喂，堆积发热腐烂时不要饲喂。不宜堆放或蒸煮，要烧煮时，应迅速煮熟，揭开锅盖且不断搅拌，勿闷于锅里过夜。烧煮饲料时可加入适量醋，以杀菌和分解亚硝酸盐。接近收割的青绿饲料不应施用硝酸盐化肥。

二、食盐中毒

猪主要是由于采食含过量食盐的饲料，尤其是在饮水不足的情况下而发生的中毒性疾病。本病主要的临床特征是突出的神经症状和一定的消化紊乱。除食盐外，其他钠盐如碳酸钠、丙酸钠、乳酸钠等也可引起相似症状，因此倾向于统称"钠盐中毒"。本病多发于散养的猪，规模化猪场少发。

（一）病因

食盐中毒的实质是钠离子中毒，其体内的毒性作用包括两个方面：一是高浓度的氯化钠对胃肠道的局部刺激作用；二是钠离子贮留所造成的离子平衡和组织细胞损害，特别是阳离子之间比例失调和脑组织损害。

在摄入大量食盐且饮水不足而发生急性中毒时，首先发生的是高浓度食盐对胃肠黏膜的直接刺激作用，引起胃肠炎症，同时引起高渗性脱水，丘脑下部抗利尿激素分泌增多，排尿量减少，体内钠离子不能及时经肾排出，积聚在组织和血液中造成高钠血症和机体的钠贮留，高钠血症破坏了机体一价阳离子和二价阳离子的平衡，一价阳离子可使神经应激性增高，神经反射活动加强。

在食盐摄入量不大，但由于持续性限制饮水而发生慢性中毒的情况下，通常不会引起胃肠炎症。毒性作用主要是在食盐吸收之后，钠离子贮留于全身各组织器官，特别是脑组织，引起脑水肿，以致颅内压增高，脑组织供氧不足，最终导致脑组织变性和坏死，临床上呈现一系列神经症状。

（二）症状

根据病程可分为最急性型和急性型两种。

1. 最急性型

一次食入大量食盐而发生最急性型病例。临床症状为肌肉震颤，阵发性惊厥，昏迷，倒地，2d 内死亡。

2. 急性型

当病猪吃的食盐较少，而饮水不足时，经过 1～5d 发病，临床上较为常见。临床症状为食欲减少，口渴，流涎，头碰撞物体，步态不稳，转圈运动。大多数病例呈间歇性癫痫样神经症状。神经症状发作时，颈肌抽搐，不断咀嚼流涎，犬坐姿势，张口呼吸，皮肤黏膜发绀，发作过程 1～5min，发作间歇时，病猪可不呈现任何异常情况，1d 内可反复发作无数次。发作时，肌肉抽搐，体温升高，但一般不超过 39.5℃，间歇期体温正常。末期后躯麻痹，卧地不起，常在昏迷中死亡。

（三）病理变化

胃、肠黏膜潮红、肿胀、水肿、出血，甚至脱落，呈卡他性和出血性炎症。脑脊髓各部可见不同程度的充血、水肿，急性病例软脑膜和大脑实质更为明显，脑回展开，表现水样光泽。镜检主要变化在中枢神经系统，尤以软脑膜和大脑组织最典型，毛细血管内皮细胞肿胀，增生，核空泡变性，血管周围间隙因水肿而显著增宽，大脑灰质血管周围有大量嗜酸性粒细胞和淋巴细胞浸润，形成明显的嗜酸性粒细胞管套，呈现特征性的"袖套"现象。

（四）诊断

主要根据过食食盐和（或）饮水不足的病史，暴饮后癫痫样发作等突出的神经症状及脑组织典型的病变初步诊断。如为确诊，可采取饮水、饲料、胃肠内容物以及肝、脑等组织作氯化钠含量测定。肝和脑中的钠含量超过 1.50mg/g，或氯化钠含量超过 2.50mg/g 和 1.80mg/g，即可认为是食盐中毒。

（五）治疗

无特效解毒药。要立即停止食用原有的饲料，逐渐补充饮水，要少量多次给，不要一次性暴饮，以免造成组织进一步水肿，病情加剧。可以采取辅助治疗，其原则是促进食盐的排除，恢复阳离子平衡和对症处置。为恢复血中一价和二价阳离子平衡，可静脉注射 5% 葡萄糖酸钙液或 10% 氯化钙液；为缓解脑水肿，降低颅内压，可高速静脉注射 25% 山梨醇液或高渗葡萄糖液；为促进毒物排除，可用利尿剂和油类泻剂；为缓和兴奋和痉挛发作，可用硫酸镁、溴化物等镇静解痉药。

（六）预防

配合饲料时，食盐要严格按照规定添加，并充分搅拌均匀，保证自由饮水。用泔水、饭店食堂下脚料作饲料时，要注意其食盐的用量。

三、有机磷中毒

有机磷制剂杀虫效果好，都具有一定的毒性，品种多，应用广泛，但对人、畜的毒性很大。按其毒性强弱区分为剧毒类如对硫磷（1605）、内吸磷（1059）、甲拌磷（3911）；强毒类如敌敌畏、乐果、甲基内吸磷、杀螟松等；弱毒类如敌百虫、马拉硫磷等。当猪接触或吸入或采食某种有机磷制剂时以侵害神经为主，以出现中枢神经症状和胆碱能神经过度兴奋为特征的中毒症状。

（一）病因

（1）误食或偷食有机磷洒过的饲料或青料及农作物。

（2）用有机磷药物治疗内、外寄生虫病，内服过量或涂布体表太多而使猪中毒。

（3）误食用有机磷浸泡的种子。

（4）饮用了被有机磷污染的水、饲料等。

（5）人为破坏性投毒、用有机磷制剂喷洒圈舍或体表。

（二）发病机理

有机磷是一种强烈的胆碱酯酶抑制剂，进入体内的有机磷化合物可以与胆碱酯酶结合，使其失去分解乙酰胆碱的能力，造成乙酰胆碱积聚，引起神经功能紊乱。

（三）临床症状

食后一般 1～3h 左右而出现症状，有的可在数分钟内死亡。中毒较轻者表现全身无力，前肢腕部屈曲跪地、欲走不能或行走不稳，食欲减退，恶心、呕吐、流涎、口吐白沫。有的不断空嚼，腹疼腹泻，肌肉震颤。部分病例 3～5d 可自愈。严重全身战栗。狂躁不安，向前猛冲，无目的乱跑，行走不稳，步行跛踉。有的转圈，后退、喜卧，可视黏膜苍白，气喘，心跳 80～125 次/min，心律不齐，心音弱。眼流泪，眼球震颤，瞳孔缩小，眼结膜潮红，有的眼斜，静脉怒张，大小便失禁。病重者行走时尖叫后突然倒地，四肢抽搐，有的做游泳动作，昏迷，呼吸麻痹几分钟后或恢复或死亡。

（四）病理变化

肝充血，局灶性肝细胞坏死，胆汁淤积，脑水肿，充血，肺水肿，气管及支气管内有大量泡沫样液体，肺胸膜有点状出血。心外膜下出血，心内膜有不整形白斑、心肌断裂、水肿。胃肠黏膜弥漫性出血，胃黏膜易脱落，胃肠内容物有蒜臭味、韭菜味、胡椒味。肠系膜淋巴结肿胀、出血。肾浑浊肿胀，被膜不易剥离。

（五）诊断

根据使用和接触有机磷制剂经过和临床表现、病理变化等可做出初步诊断；用阿托品、解磷定、氯磷定、双复磷等药试验性治疗有效，则可做出确诊。在必要时采集病料可进行试验室检验作毒物分析。

（六）治疗

对中毒的病猪，应立即实施特效解毒，尽快除去尚未吸收的毒物，同时采取必要的对症治疗法。

（1）除去尚未吸收的毒物：立即离开有毒环境，及时移到空气新鲜处，经皮肤中毒的用 5% 石灰水或 4% 碳酸氢钠溶液或肥皂液或清水洗刷皮肤；经消化道中毒的，用 1% 盐水或 2%～3% 碳酸氢钠溶液反复洗胃并灌服活性炭；也可用 1% 硫酸铜溶液 50～100mL 催吐，并用清水洗胃，同时忌食盐。在治疗中应注意敌百虫、硫特普、八甲磷、二嗪农等中毒时，不能用碱性液洗皮肤和胃，可用 1% 醋酸水洗。

（2）在有机磷中毒解救过程中，禁止使用热水和肾上腺素、氯丙嗪、酒精、吗啡、巴比妥等药物及内服牛乳、油类和含油脂的东西。忌用泻药。如果胃肠过度膨胀时，应处理膨胀后再用阿托品或同时进行。

（3）用硫酸阿托品，每千克体重 0.5～1mg，皮下或静脉注射。中毒严重的可用其 1/3 量混与 5% 葡萄糖生理盐水缓慢静注，另 2/3 作皮下注射，经 2～3h 后症状不减轻时，可减量重复应用，同时注意观察病畜情况，直至阿托品化状态（口腔干燥、出汗停止、瞳孔散大不再缩小）。以后隔 3～4h 皮下注射维持量，以巩固疗效。阿托品最适于对敌敌畏、敌百虫、乐果、马拉硫磷、八甲磷、二嗪农等中毒，或用解磷定效果不佳时应用。在应用阿托品药解毒时，应避免阿托品中毒问题。阿托品也可与解磷定联合或交替作用，互补不足，增强疗效。

（4）解磷定每千克体重 20～50mg，溶于葡萄糖或生理盐水 100mL，静脉或腹腔、皮下注射。对于中毒严重的应加大剂量，给药次数可同阿托品一致。注意用解磷定时忌与碱性药物配伍使用。本品对内吸磷、对硫磷、甲基内吸磷等大部分有机磷制剂有确实的解毒效果。对敌百虫、乐果、敌敌畏、马拉硫磷等作用较差。如系乐果中毒，应考虑用肝泰乐葡醛脂 0.4～1g 内服，每日 3 次，用以保肝排毒。

（5）氯磷定可作肌肉或静脉注射，每千克体重 20～50mg。对乐果中毒疗效差，且对敌百虫、敌敌畏、对硫磷、内吸磷等中毒经 48～72h 的病例无效。

（6）双复磷则对各种有机磷制剂都有显著的解毒效果。剂量每千克体重 8～15mg，可供皮下、肌肉或静脉注射。以后每 24h 减半注射 1 次。

（7）在上述急救过程中，可配合对症辅助疗法：强心补液，解毒保肝。应及时准确地补液，静脉或腹腔注射复方生理盐水、葡萄糖盐水、高渗糖溶液等。有饮欲的，可喂给口服补液盐。常用 25% 葡萄糖溶液 250～500mL、10% 安钠咖溶液 5～10mL、25% 维生素 C 溶液 2～4mL，1 次静脉注射。此外，酌情应用维生素 B_1 制剂、硫代硫酸钠注射液、葡萄糖酸钙注射液和山梨醇、甘露醇脱水剂等，均有裨益。

（8）心脏衰弱时，用 10% 安钠咖溶液 5～10mL 或 10% 樟脑磺酸钠溶液 2～10mL 肌注。最好两药交互使用，8～12h 一次。

（9）如呼吸困难，可用 25% 尼可刹米溶液 1～4mL 肌注。

（10）在无解毒药情况下，可试用茶叶 60g、绿豆 120g，煎水灌服，1d 2 次，连服 2d。

（七）预防

保管好有机磷制剂，对喷洒有机磷的农作物不作饲料用，防止污染饲料、饮水和周围环境。不能用喂猪的用具配制药物，或用配制过药物用具盛猪食。使用含有机磷的药物为猪驱虫时，应由兽医负责实施，严格掌握浓度、剂量，以防中毒。

四、黄曲霉中毒

猪黄曲霉毒素中毒，是猪由于采食了被黄曲霉毒素污染的饲料而引起的，以肝脏损害为特征的中毒性疾病。临诊上以全身出血、消化机能紊乱、腹水、神经症状等为特征。

黄曲霉毒素主要是黄曲霉和寄生曲霉产生的有毒代谢产物。黄曲霉毒素并不是单一物质，而是一类结构极相似的化合物。黄曲霉和寄生曲霉等广泛存在于自然界中，主要污染玉米、花生、豆类、麦类、秸秆等。

（一）病因

在适宜温度、湿度下，玉米、黄豆、棉籽都易感染黄曲霉菌，大量繁殖产生毒素。用上述种子和副产品作为饲料喂猪，是引起该病的主要原因。

（二）症状

1. 急性型

可在运动中突然死亡，或在发病后 2d 内死亡。病猪精神萎顿，食欲废绝，身体衰弱，走路蹒跚，黏膜苍白，体温正常，粪便干燥，直肠出血，有的站立一偶或头抵墙壁，呆立不动。

2. 慢性型

精神萎顿，走路僵硬，啃食瓦砾、泥土，离群独处，垂头拱背，缩腹，粪便干燥。有的病猪呈现兴奋不安，乱窜乱跳。黏膜黄染，体温正常，少数病猪眼鼻周围皮肤变红，渐成蓝色。

（三）病理变化

1. 急性型

贫血和出血，胸腹腔大出血，浆膜表面常有淤血斑点。大腿前和肩胛下的皮下肌肉出血。肝肿大，有出血点。肝脏邻近浆膜部分有针尖状或淤斑状出血，心外膜和心内膜常见明显出血，全身肌肉常有出血。

2. 慢性型

肝胆管增生硬化，肝黄色脂肪变性，肝表面有白色小点或坏死病灶，胸腹腔积液。肾腔呈苍白色、肿胀。全身淋巴结充血、水肿。

（四）诊断

结合病史和临诊表现（黄疸、出血、水肿、消化障碍及神经症状）和病理学变化（肝细胞变性、坏死）等情况，可进行初步诊断。确诊需要做霉菌分离培养，以及饲料中黄曲霉毒素含量测定。

（五）治疗

目前尚无有效解毒剂，只能采用对症疗法，大猪用 25% 葡萄糖注射液 60mL，加 25% 维生素 C 10mL 静脉推注，连用 3~4d，绿豆 50g，甘草 20g，煎水，放入水槽内让猪自饮，同时用白糖拌料，每头 20g，1d 2 次，连续 7~10d，有一定的辅助作用。

（六）预防

（1）谷物成熟后要及时收获，彻底晒干，通风贮藏，避免发霉。

（2）加强饲料的保管，注意保持干燥，特别是在温暖多雨地区或季节，更应防止饲料发霉。

（3）不用已发霉变质的谷物或食品喂猪。

（4）一旦发现猪中毒，立即停喂霉变饲料，改用新鲜饲料饲喂。

（5）对轻微霉变的谷物饲料，可用 3 倍量的清水浸泡一昼夜，再换等量清水浸泡，如此连续换 3~4 次，大部分毒素能被清水浸出，然后取出晒干，再做饲料用。若用 10% 的石灰水代替清水浸泡，去毒效果更好。

五、棉籽饼中毒

棉籽饼富含蛋白质和磷，是猪很好的饲料，但由于棉籽饼中含有一种毒素，称为棉酚，它与蛋白质、氨基酸、磷酯结合后成为结合棉酚，无毒；未与这些物质结合的棉酚称为游离棉酚，是有毒的，它具有有活性的醛基和羟基，如将未经处理的棉籽饼做饲料，长期饲喂或短期大量饲喂就会导致急性或慢性中毒。

（一）病因及原理

棉籽饼粕中粗蛋白质含量达 30% ~ 42%，其必需氨基酸含量仅次于大豆粕，是猪、禽的重要蛋白质补充饲料，但因其含有棉酚等有毒物质，长期过量饲喂可造成动物中毒。

棉籽饼粕所含的棉酚以结合棉酚（与蛋白质、氨基酸等结合）和游离棉酚两种形式存在。结合棉酚对动物无毒，而游离棉酚具有活性醛基和活性羟基，对动物有多种危害。棉酚被猪只摄入后，大部分在消化道中形成结合棉酚从粪中直接排除，只有少部分被吸收。

棉酚是一种细胞、血液、血管和神经毒物。大量进入消化道后，对胃肠黏膜产生刺激作用，引起胃肠炎。吸收入血后，能损害心、肾、肝等实质器官，并可直接破坏血细胞，导致溶血。棉酚可增强血管壁的通透性，引起组织发生浆液性浸润或出血性炎症。棉酚能破坏公猪睾丸生殖上皮，导致精子畸形、死亡，造成公猪不育，也可使母猪子宫平滑肌收缩，造成流产。棉酚可与氨基酸、蛋白质、铁等结合，造成这些营养物质的吸收障碍。

（二）症状

患猪主要表现食欲减退或废绝，粪便黑褐色，先便秘后腹泻，混有黏液和血液。皮肤颜色发绀，尤以耳尖、尾部明显；后肢软弱无力，走路摇晃，发抖；心跳、呼吸加快，鼻有分泌物流出，结膜暗红，有黏性分泌物；肾炎、尿血；血红蛋白和红细胞减少，出现维生素 A 缺乏症、眼炎、夜盲症或双目失明，妊娠母猪发生流产。妊娠母猪和仔猪对棉酚特别敏感。

（三）病理变化

许多组织器官呈现弥漫性充血和水肿，胃肠道呈出血性炎症。皮下结缔组织有明显的浆液性浸润，体腔有积液。心脏扩张，心内、外膜有出血点。肝脏肿大、淤血，呈灰黄色或土黄色，实质脆弱，胆囊肿大，有出血点。肺淤血、出血、水肿。气管、支气管充满泡沫状液体。肾肿大，被膜有散在出血点。

（四）诊断

根据日粮中有大量使用棉籽饼粕的历史，出血性胃肠炎的临床症状及病理变化，可作出初步诊断。进一步确诊可测定饲粮中游离棉酚含量。我国饲料卫生标准规定：生长育肥猪每千克配合、混合饲料中游离棉酚含量不得大于60mg。

（五）治疗

目前尚无特效解毒药。发现棉饼中毒，必须立即停喂棉籽饼粕，改喂其他饲料。对畜禽一次性过量采食棉籽饼粕引起的急性中毒，可用 5% 碳酸氢钠溶液洗胃或灌肠。胃肠炎不严重时，可内服盐类泻剂，如内服硫酸钠或硫酸镁

$25 \sim 50g$；胃肠炎严重时，可内服消炎剂、收敛剂，如内服磺胺咪 $5 \sim 10g$，鞣酸蛋白 $2 \sim 5g$。对症治疗可用安钠咖、葡萄糖盐水注射液静脉注射或腹腔注射，缓解病情。

（六）预防

1. 对棉籽饼粕进行脱毒处理

目前，国内外通常采用效果较好的方法为硫酸亚铁脱毒法，即在棉籽饼粕中，按铁元素与游离棉酚的质量比 $1:1$ 加入硫酸亚铁，具有较确实的去毒效果，但注意饲料中亚铁离子总量不可超过 $500mg/kg$，否则反而有害。

2. 限制棉籽饼粕在配合饲料中的使用量

不管棉籽饼粕脱毒与否，都应注意在配合饲料中的使用量。我国生产的机榨或预压浸出的棉籽饼，一般游离棉酚含量为 $0.06\% \sim 0.08\%$，这样的棉籽饼粕不经脱毒处理时，在日粮中的安全用量为：肥猪 $10\% \sim 20\%$，母猪 $5\% \sim 10\%$。由于棉酚的特殊毒性作用，在种猪和仔猪日粮中最好不用棉籽饼粕。

六、磷化锌中毒

猪磷化锌中毒是由于猪误食含磷化锌的灭鼠药，或采食了被磷化锌污染的饲料所致。以呕吐，呕吐物有蒜臭，腹痛，腹泻，粪便灰黄色并混有血液，结膜黄染，尿色带黄，昏迷等为特征。磷化锌是速效的灭鼠药或熏蒸杀虫剂。家畜口服致死量每千克体重 $20 \sim 40mg$。本病猪也可发生。

（一）病因

由于猪误食含磷化锌的灭鼠药或被磷化锌污染的饲料，造成中毒。

（二）发病机理

磷化锌在胃内酸性环境下产生剧毒的磷化氢和氯化锌。磷化氢分布于肝、心、肾和骨骼肌，抑制组织细胞色素氧化酶，影响细胞内代谢，造成细胞内窒息，肝脏和血管受到损害，引起全身泛发性出血。中枢神经系统受损害，出现痉挛、昏迷等。

（三）症状

病猪初期兴奋甚至惊厥，后期昏迷，食欲减退，呕吐不止，口吐白沫，腹泻、腹痛、粪便灰黄色并混有血液，口腔及咽黏膜有溃烂，口腔与呼出的气体和呕吐物及粪便带有蒜臭味，随着病情发展，结膜黄染、发绀，呼吸困难，全身僵硬，四肢痉挛。一般于 $2 \sim 3d$ 后，极度衰竭，黏膜发绀，尿色带黄，有的排血尿，抽搐，最后在昏迷状态下死亡。

（四）病理变化

消化道炎性充血、出血和溃疡，黏膜脱落、坏死或有溃疡。肝、肾淤血、肿胀，肺间质水肿，腹腔有暗红色积液。胃内容物有蒜臭味。

（五）诊断

根据病史、临诊症状（流涎、呕吐、腹痛、腹泻、呕吐物和胃内容物有大蒜臭）、剖检变化（肺充血、水肿以及胸膜渗出）可做出诊断。确诊需采取呕吐物、胃内容物或可疑饲草、饮水进行磷化锌检验。胃内容物中检出磷化锌，可以确诊。

（六）治疗

无特异性解毒疗法。可用5%碳酸氢钠溶液洗胃，从而阻止磷化锌转化为磷化氢；或用0.5%～1%硫酸铜溶液灌服，使磷化锌形成不溶性磷酸铜，同时具有催吐作用；或灌服0.1%～0.5%的高锰酸钾溶液，使磷化锌氧化成磷酸酐失去毒性。口服硫酸钠导泻（禁用油类泻剂），采取强心、利尿、补糖等支持疗法。

（七）预防

加强对磷化锌的管理，妥善使用磷化锌，防止污染饲料和饮水。灭鼠时，投入磷化锌毒饵后应及时清理未被鼠吃的残剩毒饵及中毒死亡的鼠尸。

七、酒糟中毒

酒糟中毒是指动物长期或突然大量的饲喂鲜酒糟或酸败酒糟，所引起猪的中毒性疾病。

（一）病因

酒糟是酿酒后的残渣，除含有蛋白质、脂肪等营养物质外，还有促进食欲、帮助消化等作用。由于制酒的原料不同，工艺不同，酒糟组成成分很复杂。新鲜酒糟含有酒精以及其他杂醇。来自制酒原料中的龙葵素、黑斑病甘薯中的翁家酮、谷类中的麦角毒素及其他霉菌毒素，以及酒糟保存不当而霉变产生的各种毒素都会引起相应的中毒。

（二）症状

急性中毒时，初期病猪体温升高，结膜潮红，狂躁不安，呼吸急促。出现腹痛、腹泻等胃肠炎症状；病猪四肢麻痹，卧地不起。慢性中毒表现消化紊乱，便秘或腹泻，血尿，结膜发炎，视力减退甚至失明，出现皮疹和皮炎。酸类物质引起钙磷代谢障碍，出现骨质软化。最后体温降低，可由于呼吸中枢麻痹而死亡；病程长者可见黄疸、血尿，怀孕母猪流产，多因呼吸中枢麻痹而死亡。

（三）病理变化

胃肠黏膜充血、出血，小结肠出现纤维素性炎症，直肠出血、水肿，心内膜有出血点，肺充血、水肿，肝、肾肿胀，质度变脆。剖检可见脑和脑膜充血，脑实质常有出血，心脏及皮下组织有出血斑。胃内容物有酒糟和醋味，胃肠黏膜充血和出血，可见直肠出血和水肿。肺充血、水肿，肝、肾肿胀，质地变脆。

（四）诊断

主要根据饲喂酒糟的病史、临诊症状、剖检病变，可做出初步诊断，确诊需进行动物饲喂试验。

（五）治疗

目前尚无特效解毒药。

（1）发现中毒后立即停喂酒糟，腹泻不明显的猪只可内服盐类泻剂，促进毒物排除。

（2）解除酸中毒用 0.5% ~ 1% 碳酸氢钠溶液口服、灌肠；或静脉注射 5% 碳酸氢钠溶液。

（3）强心、利尿、补液，可静脉注射葡萄糖氯化钠注射液。

（4）对症治疗 对便秘的可内服缓泻剂。胃肠炎严重的应消炎。兴奋不安的使用镇静剂，如静脉注射硫酸镁、水合氯醛、溴化钙。

（六）预防

酒糟应尽可能新鲜喂给，禁喂发霉变质的酒糟，用新鲜酒糟喂猪，不得超过日粮的 1/3，妊娠母畜应减少喂量。轻度酸败酒糟可加入石灰水，中和酸性物质。长期饲喂含酒糟的饲粮时，应适当补充含矿物质的饲料。

八、铜中毒

铜中毒是猪因一次摄入过量的铜化合物，或长期食入含过量铜的饲料或饮水而发生的以腹痛、腹泻、肝功能异常和贫血为特征的中毒性疾病。

（一）病因

铜是机体必需的微量元素，但过量的铜又会对机体构成危害。猪对每千克饲料中铜的需要量为 5 ~ 10mg，饲料中铜含量在 125 ~ 250mg/kg 时，达到猪的耐受量，计量稍有不准或混合不均就会造成中毒。另外，铜和钼在体内具有拮抗作用，当饲料中钼缺乏时，低水平的铜也可以引起猪的铜中毒。一般认为，饲料中适宜的铜钼比是 3.5∶1 ~ 4.5∶1。当一次性误食或注射大剂量可溶性铜盐；饮用含铜浓度较高的饮水；缺铜地区经饲料补充过量铜制剂，且未能研细、拌匀等因素都可引起动物铜中毒。铜盐具有腐蚀性，过量摄入时对胃肠黏膜产生直接刺激作用，引起急性胃肠炎、腹痛、腹泻。高浓度铜在血浆中可直接与红细胞表面蛋白质作用，引起红细胞膜变性、溶血。肝脏是铜的主要贮存器官，大量铜聚集在肝细胞的细胞核、线粒体及细胞质内，使亚细胞结构损伤。当肝脏从血液中吸收的铜超过其最大贮铜能力时，可抑制多种酶的活性而使肝功能异常，导致肝细胞变性、坏死，并使肝脏排铜发生障碍，造成血铜迅速升高，引起动物暴发式溶血而死亡。暴发溶血时，肾铜浓度增加，肾小管被血红蛋白阻塞，造成肾小管和肾小球坏死，发生肾衰竭。

（二）症状

1. 急性中毒

猪出现呕吐，粪及呕吐物中含有绿色甚至深绿色黏液，大量流涎，腹泻，剧烈腹痛，呼吸加快，脉搏频数，病至后期体温下降，可在 24 ~ 48h 内出现虚脱、休克死亡。

2. 慢性中毒

临床上分三个阶段：早期是铜在体内积累阶段，除肝、肾铜含量大幅度升高、体增重减慢外，临床症状不明显。中期溶血危象前阶段，肝功能明显异常，精神、食欲有轻微变化。后期为溶血危象阶段，表现为烦躁，呼吸困难，食欲下降，消瘦，大便稀薄、粪呈黑绿色，有时出现呕吐、喜卧。全身发痒、发红，皮肤角化不全。血液呈酱油色，血红蛋白浓度降低，血细胞比容（PCV）显著下降。血浆中铜浓度急剧升高 $1 \sim 7$ 倍。贫血，可视黏膜轻度黄疸，有血红蛋白尿，虚弱，后期个别猪只死亡。

（三）病理变化

1. 急性中毒

胃肠炎明显，主要表现为消化道黏膜糜烂和溃疡，呕吐，粪便及胃内食物呈绿色或深绿色。胸、腹腔黄染并积有红色液体。膀胱黏膜出血，内有红色至红褐色尿液。

2. 慢性中毒

主要病理变化在肝、肾。表现为肝肿大 1 倍以上、黄染，质地较硬，胆囊扩张，胆汁浓稠；肾肿大，包膜紧张，色泽深暗，常用出血点。脾肿大，呈棕色至黑色。肠系膜淋巴结弥漫性出血，胃底黏膜严重出血，食道、大肠黏膜溃疡。电子显微镜下可见肝细胞线粒体肿胀，空泡形成。肾小管上皮细胞变性、肿胀，肾小球萎缩。

（四）诊断

急性中毒有大量摄入铜盐的病史。慢性铜中毒根据突然发生血红蛋白尿、黄疸、休克，但缺乏胃肠炎的症状，应怀疑为铜中毒。必要时，可进行饲草、粪便、血液和组织铜含量分析。

（五）治疗

1. 急性中毒

按胃肠道刺激性药物处理，使用依地酸钙和青霉胺有良好的效果，也可灌服牛奶、蛋清或稀粥，以保护胃肠黏膜和减少铜的吸收。

2. 慢性中毒

静脉注射三硫钼酸钠促进铜通过胆汁排入肠道，剂量为 0.5mg/kg 体重，稀释为 100mL。3h 后根据病情可再注射一次。亚临床铜中毒及抢救脱险的猪，可日粮中每日补充 100mg 钼酸铵和 1g 无水硫酸钠或 0.2% 的硫磺粉，混均饲喂，连续数周，直至粪便中铜降至接近正常为止。

（六）预防

（1）按营养需要在饲粮中添加铜盐，并注意混合均匀。

（2）在使用高铜作为促生长剂时，应在饲粮中同时补充锌 100mg/kg、铁 80mg/kg，可减少铜中毒发生的几率。

单元四 │ 猪的营养代谢性疾病

一、猪磷缺乏症

钙磷缺乏症是由饲料中钙和磷缺乏或者二者比例失调引起,幼龄猪表现为佝偻病,成年猪则形成骨软病。临床上以消化紊乱、异嗜癖、跛行、骨骼弯曲变形为特征。

(一)病因

引起钙、磷缺乏的主要原因有以下几种情况:

(1)饲料中钙、磷的含量不足,不能满足动物生长发育、妊娠、泌乳等对钙、磷的需求。

(2)由于饲料中钙、磷的比例不当,影响钙、磷的正常吸收。一般认为饲料中钙、磷的比为 1.5:1~2:1 较适宜。当日粮高磷低钙时,由于过多的磷与钙结合,会影响钙的吸收,造成缺钙,高钙低磷时,过多的钙与磷结合,形成不溶性的磷酸盐,影响磷的吸收,造成缺磷。

(3)机体存在影响钙、磷吸收的其他因素,如饲料中碱过多或胃酸缺乏时使肠道的 pH 升高,或饲料中含有过多的植酸、草酸、鞣酸、脂肪酸等使钙变成不溶性的磷酸盐复合物等,均会影响钙、磷的吸收。

(4)机体缺乏维生素 D 或肝、肾病变及甲状旁腺素分泌减少,直接影响钙及磷主动吸收。

(5)患肠道疾病时,由于肠道吸收机能受阻,使钙、磷的吸收减少。

(6)可引起甲状旁腺分泌减少、降钙素增多或肾小管重吸收机能障碍的各种因素,均可引起钙、磷排出增多。

此外,当慢性肾脏疾病伴有蛋白尿时,结合型钙随尿排出,致体内钙减少。

(二)症状与病理变化

1. 佝偻病

表现早期食欲不振、消化紊乱、精神沉郁、不愿走动,生长发育迟缓、异食癖、跛行及骨骼变形。眼观面部、躯干和四肢骨骼变形,面部肿胀,拱背,罗圈腿或八字脚。下颌骨增厚,齿形不规则、凹凸不平。肢关节增大,胸骨弯曲成 S 形。肋骨与肋软骨与胸椎间有球形扩大,排列成串珠状。骨与软骨的分界线极不整齐,呈锯齿状。软骨骨钙化障碍时,骨骼软骨过度增生,该部体积增大,可形成"佝偻珠"。成骨的钙盐减少,可因钙盐脱出变为头骨组织或发生陷窝性吸收变化。

2. 骨软症

成年猪的骨软症多见于母猪，初期表现为以易食为主的消化机能紊乱，后期主要表现为运动障碍，跛行，骨骼变形，上颌骨肿胀，脊柱拱起或下凹，骨盆骨、尾椎骨变形、萎缩或消失，肋骨与肋软骨结合部肿胀，易折断。骨干部质地柔软易折断，骨干部、头和骨盆扁骨增厚变形，牙齿松动、脱落。甲状旁腺常肿大，弥漫性增生。

（三）诊断

佝偻病发病于幼龄猪，骨软病发生于成年猪；饲料钙磷比例失调或不足、维生素 D 缺乏、胃肠道疾病以及缺少光照和户外活动等可引发本病。必要时结合血清学检查、X 光检查以及饲料分析以帮助确诊。鉴别诊断应注意与仔猪支原体性关节炎相区别；骨软症应注意与慢性氟中毒、生产瘫痪、冠尾线虫病、外伤性截瘫相区别。

（四）治疗

对于发病仔猪，可用维丁胶性钙注射液，按 0.2mg/kg 体重，隔日 1 次肌肉注射；维生素 A、维生素 D 注射液 2~3mL 肌肉注射，隔日 1 次。成年猪可以 10% 葡萄糖酸钙溶液 50~100mL 静脉注射，每日 1 次，连用 3d，也有人建议配合应用亚硒酸钠以提高疗效。此外 20% 磷酸二氢钠注射液 30~50mL 耳静脉注射 1 次，或喂服麸皮（1.5~2kg 麸皮加 50~70g 酵母粉煮后过夜，每日分次喂给）。也可用磷酸钙 2~5g，每日 2 次拌料喂给。

（五）预防

加强护理，调整日粮组成，应经常检查饲料，保证日粮中钙、磷和维生素 D 的含量，合理调配日粮中钙、磷比例，适当运动，多晒太阳。平时多喂豆科青绿饲料，对于妊娠后期的母猪更应注意钙、磷和维生素 D 的补给，特别是长期舍饲的猪，不易受到阳光照射，维生素 D 来源缺乏，及时采取预防措施更具有重要意义。

二、猪生产瘫痪

生产瘫痪，又称母猪瘫痪、乳热症或低钙血症，母猪在产仔前或产仔后突发的一种四肢麻痹、行走困难、重者导致站立不起的一种病症。其特征是低血钙、全身肌肉无力、知觉丧失及四肢瘫痪。产前偶有发生，多在分娩后数小时即发生，但以产后 2~5d 多发。

（一）病因

生产瘫痪的发病机理尚不完全清楚，目前有两种说法，大多数人认为分娩前后血钙浓度剧烈降低是本病发生的主要原因；也有人认为此病是由于大脑皮质缺氧所致。分娩前后大量血钙进入初乳且动用骨钙的能力降低，是引起血钙浓度急剧下降的主要原因。

（二）发病机理

在分娩的过程中，大脑皮层过度兴奋，其后即转为抑制状态；分娩后腹压突然下降、腹腔器官被动性充血，同时血液大量进入乳房，引起暂时性的脑部贫血，因此使大脑皮质抑制程度加深，从而影响甲状旁腺，使其分泌激素的功能减退，以致不能维持体内钙的平衡。另外，妊娠后半期由于胎儿发育的消耗和骨骼吸收能力的增强，母体骨骼中贮存的钙量大为减少。因此，即使甲状旁腺的功能受到的影响不大，而骨骼中能被动用的钙已不多，不能补偿产后的大量丧失。

分娩前后从肠道吸收的钙量减少，也是引起血钙降低的原因之一。妊娠末期胎儿迅速增大，挤压胃肠器官，影响其活动，降低消化机能，致使从肠道吸收的钙量显著减少。

有些产后瘫痪病例与血钙降低无关，可能是分娩过程损伤骨盆和神经，导致瘫痪的症状。

（三）症状

多在产后数小时发病，但产后 2～5d 都是此病的多发期。轻症者勉强站立，走路摇晃，有时以嘴拱地；重者卧地昏睡，强行站立，只能靠前肢爬行，后肢拖地，骨骼及关节变形，针刺局部肌肉反应迟钝或无反应。

1. 产前瘫痪

母猪后肢起立困难，长期卧地，知觉反射，食欲、呼吸、体温均正常，强行使之起立后，步态不稳，后躯摇晃，病程拖长，瘦弱，患肢肌肉发生萎缩。卧地长久，则发生褥疮，败血死亡。

2. 产后瘫痪

食欲减退或废绝，粪干少甚至停止排粪，体温偏低，呼吸浅表，精神委顿，昏睡，对周围事物无反应。强之行走，步态跟跄。后躯麻痹，最后丧失知觉，四肢瘫痪，卧地不起，逐渐消瘦死亡。

（四）诊断

生产瘫痪诊断的主要依据是刚刚分娩不久出现瘫痪症状。如果补钙疗法有良好的效果，便可作出确诊。

非典型的生产瘫痪必须与运动系统和神经的损伤进行鉴别诊断。损伤性瘫痪后肢不能站立以外，病猪的其他情况，如精神、食欲、体温、各种反射、粪尿等均无异常。

（五）治疗

治疗本病的治疗方法是钙疗法和对症疗法。

静脉注射 10% 葡萄糖酸钙溶液 200mL，有较好的疗效。静脉注射速度宜缓慢，同时注意心脏情况，注射后如效果不见好转，6h 后可重复注射，但最多不得超过 3 次，因用药过多，可能产生副作用。如已用过 3 次糖钙疗法病情不见好转，可能是钙的剂量不足，也可能是其他疾病。肌肉注射维生素 D

35mL，或维丁胶钙10mL，每日1次，连用3～4d。在治疗的同时，病猪要喂适量的骨粉、蛋壳粉、碳酸钙、鱼粉。

（六）预防

妊娠母猪在日粮应考虑钙磷和维生素D的比例，保证运动充足和充分的光照，圈舍保持通风和干燥。对发病猪加强护理，多加垫草，每天翻身2～3次，避免跌倒摔伤，圈舍温度适宜。

三、仔猪低血糖症

仔猪低糖血症是仔猪在出生后最初几天内因饥饿致体内储备的糖原耗竭而引起的一种营养代谢病，又称乳猪病或憔悴猪病。

本病仅发生1周龄以内的新生仔猪，且多发生在出生后最初3d内发病，死亡率较高，可占仔猪的25%。本病的特征是血糖显著降低，血液非蛋白氮含量明显增多，临诊上呈现迟钝、虚弱、惊厥、昏迷等症状，最后死亡。常有30%～70%的同窝仔猪发病，死亡数占发病总数的25%，或全窝死亡。

（一）病因

仔猪出生后低血糖症发病原因，归纳起来有如下几点：

（1）仔猪出生后吮乳不足。

（2）仔猪患有先天性糖原不足，同种免疫性溶血性贫血，消化不良等是发病的次要原因。

（3）低温、寒冷或空气湿度过高使机体受寒是发病的诱因。

（4）仔猪在出生后第1周内缺少糖异生作用所需的酶类，糖异生能力差，不能进行糖异生作用，血糖主要来源于母乳和胚胎期贮存肝糖原的分解，如吮乳不足或缺乏时，则肝糖原迅速耗尽，血糖降低至2.8mmol/L（50mg/dL）即可发病。血糖降低时，影响大脑皮质，出现神经症状。

（5）有的因仔猪患大肠杆菌病、链球菌病、传染性胃肠炎等疾病时，哺乳减少，并有糖吸收障碍，导致发病。

（二）发病机理

新生仔猪出生时，体内几乎没有脂肪储备，因而糖类是新生仔猪唯一的能量来源。仔猪出生后24h，肝糖原储备良好，血糖水平正常（5～6.1mmol/L），仔猪于出生后第一周尚不能进行糖原异生作用，因而需要完全依赖母乳作为机体糖的能量来源，如果此时摄食母乳不足，则体内糖原可迅速耗竭，而引起低血糖症。大多认为，血糖下降至1.6mmol/L时，可出现临床症状。降至1.1mmol/L时，则出现痉挛现象。血糖减低，导致神经系统，特别是大脑营养障碍，严重时，使机体陷入昏迷状态，甚至出现低血糖性休克，最终死亡。

（三）症状

病初精神沉郁，吮乳停止，四肢无力或卧地不起，肌肉震颤，步态不稳，体躯摇摆，运动失调，颈下、胸腹下及后肢等处浮肿。病猪尖叫，痉挛抽搐，头向后仰或扭向一侧，四肢僵直，或做游泳状运动，磨牙空嚼，口吐白沫，瞳孔散大，对光反应消失，感觉机能减退，皮肤苍白，被毛蓬乱，皮温降低，后期昏迷不醒，意识丧失，很快死亡。病程不超过36h。

血检时血糖水平由正常的 90 ~ 130mg/dL 下降到 5 ~ 15mg/dL。当下降到 50mg/dL 以下时，通常就有明显的临诊症状。血液非蛋白氮通常升高。

（四）病理变化

剖检时可见肝脏变化特殊，肝呈橘黄色，边缘锐利，质地易脆，稍碰即破。胆囊肿大。肾呈淡土黄色，有小出血点。消化道中奶少。

（五）诊断

根据母猪饲养管理不良，产后少乳或无乳，环境因素的检查，发病仔猪的临诊症状，尸体剖检在消化道中见不到什么消化物、脱水、肝脏小而硬以及仔猪对葡萄糖治疗的效果显著能做出诊断。

本病应与新生仔猪细菌性败血症和细菌性脑膜脑炎、病毒性脑炎等引起明显的惊厥等疾病进行鉴别诊断。

（六）治疗

治疗原则是：一头发病，全窝防治，早期补糖，标本兼治。补糖：10% 葡萄糖液 20 ~ 40mL，腹腔或皮下分点注射，每隔 4h 一次，连用 2d，效果良好。也可口服 20% 的葡萄糖液 5 ~ 10mL，1d 3 次，连服 3d。胃肠道弛缓、排空障碍时，可肌肉注射复合维生素 B 注射液，1 次量，每千克体重 0.2mL，1d 2 次，连用 2d。

（七）预防

加强怀孕母猪后期的饲养管理，保证在怀孕后期提供足够的营养，不但能增加仔猪初生重，还能提高分娩母猪在哺乳期的泌乳量，确保仔猪出生后能吃到充足的乳汁，避免仔猪低血糖症的发生。加强对初生仔猪人工固定乳头的管理，在初生仔猪吃初乳之前，先将刚分娩母猪的乳头，逐个挤出几滴乳之后，再让初生仔猪吃初乳。这样既可挤掉乳导管中的堵塞物，又可检查母猪的泌乳量。发现无乳、少乳，可及时采取有效措施。对于仔猪过多的，要进行人工哺乳或找代乳母猪，防止仔猪低血糖症的发生。

四、仔猪缺铁性贫血

仔猪缺铁性贫血是指15 ~ 30 日龄哺乳仔猪由于缺铁所引起的一种营养性贫血，多发生冬末、春初以舍饲为主的仔猪，特别是在以木板或水泥为地面而不采取补铁措施的集约化养猪场发病较多。该病具有地区群发性，常给养猪业造成严重的损失。

（一）病因

饲料中缺乏铁、铁摄入量不足或丢失过多。多见于仔猪。

有人认为乳是新生仔猪铁的主要来源。在出生后的前几个星期内死亡的仔猪，有30%属于缺铁性贫血。初生仔猪并不贫血，但因体内贮存铁较少（约50mg），仔猪每增重1kg需要15mg铁，但仔猪每天从乳汁中获得1~2mg铁。每天要动用10mg贮存铁，只需1周贮存铁即耗尽。因此，长得越快，贮存铁消耗的越多，发病也越快。黑毛仔猪更易患缺铁性贫血。有些猪场缺铁性贫血发病率达90%。用水泥地面圈舍饲养的仔猪，铁的唯一来源是母乳，最易发病，甚至造成大批死亡，或生活能力下降。

（二）发病机理

铁是血红蛋白、肌红蛋白的组成部分。此外，铁还是细胞色素氧化酶、过氧化物酶的活性中心、三羧酸循环中的大多数酶中还有铁。机体缺铁时，血红蛋白、肌红蛋白及上述酶类合成和功能受阻，随后出现各种临床症状。

（三）症状

本病多发生于封闭式饲养的哺乳仔猪，病猪精神沉郁，食欲减退，离群伏卧，营养不良，被毛粗乱。最主要的表现是可视黏膜呈淡蔷薇色，轻度黄染。严重病例的黏膜苍白如纸。耳壳呈灰白色，几乎见不到明显的血管，针刺也很少出血。呼吸脉搏均增数，心区听诊可听到贫血性杂音，稍加活动则心悸亢进。有的仔猪外观很肥胖，生长发育也较快，可在奔跑中会突然死亡。血液色淡而薄，不易凝固。本病病程约1个月，一般2周龄时发病，3~4周龄时病情最为严重，5周龄时开始减轻。若临床诊断正确，治疗及时，大多数愈后良好；若继发其他疾病，常因腹泻、肺炎、贫血性心肌病等而死亡。

（四）病理变化

剖检可见典型的贫血变化；皮肤及可视黏膜苍白，有时轻度黄染；肝脏肿大，脂肪变性，呈淡灰色，有出血点；血液稀薄；肌肉色淡，特别是骨肌和心肌；脾脏肿大，色浅，质地稍坚实；心脏扩张；肾实质变性；肺发生水肿；胸腹腔积有浆液性及纤维蛋白性液体。

（五）诊断

根据仔猪生长环境、饲养条件及发病日龄，结合临床表现、病理变化和血液变化，一般容易做出诊断。

（六）防治

必须立足给仔猪本身补铁。给母猪补铁，无论是妊娠期还是分娩以后，预防仔猪缺铁性贫血收效甚微。因为给母猪补铁既不能增加仔猪体内铁的储备，也不能使乳中铁明显提高。改善仔猪的饲养管理，让仔猪有机会接触垫草或泥土或灰尘。

（1）口服或肌肉注射铁制剂，出生后2~4d补充一次，10~14d再补一次，用1~2mL葡萄糖铁钴注射液（内含铁100~200mg/mL），或山梨醇铁柠檬酸复合物，葡萄糖酸铁等，铁剂量为0.5~1.0g，每周一次，或者掺入含糖的饮水中，亦能有效地防治仔猪缺铁性贫血。

（2）硫酸亚铁 2.5g，氯化钴 2.5g，硫酸铜 1.0g，加水至 500～1000mL，混合后用纱布过滤，涂在母猪乳头上，或混于饮水中或掺入代乳料中，让仔猪自饮、自食，对大群猪场较适用。

（3）每天给予 1.8% 的硫酸亚铁 4mL、或给予 300mg 正磷酸铁。连续 7d，口服葡聚糖铁或乳铁生，出生后 12h 给予，每周一次，每次 0.5～1.0g，可充分防止贫血。

（4）国产右旋糖酐铁预防本病效果也很好，出生后 3d，用含 200mg 铁的右旋糖酐铁作深部肌肉注射，不仅可防止贫血，而且对增重效果也很好。

（5）为了防止亚临床缺铁，饲料中应含 240mg/kg 铁，但在母猪怀孕期间缺乏维生素 E 和硒时，注射大剂量铁有明显的副作用，如出现呕吐、腹泻等，甚至在注射后 1～2h 急性中毒死亡，剖检表现骨骼严重变形。这是由于在缺维生素 E 和硒时，肌肉结构损伤，造成细胞外液中钾离子浓度剧增，心跳骤停。2 日龄仔猪比 8 日龄仔猪对铁制剂更敏感，可能是 2 日龄仔猪肾脏排泄功能尚不够完善有关。仔猪应尽可能提前开食，2 周龄即可补料。

五、异嗜癖

异嗜癖是由于猪缺乏某种营养物质或神经、内分泌、环境、遗传等因素所引起的一种以采食正常食物以外的异物为主要表现的综合症。异嗜癖本身不是一种独立的疾病，而是伴发或继发于其他疾病的一种症状。临床上以舔食、啃咬异物为特征。冬季和早春多见。

（一）病因

（1）矿物质摄入不足，如铜、铁、钠、锰、钴、钙、硫等矿物质摄入不足，特别是钠盐缺乏，容易发生本病。

（2）机体缺乏蛋白质或某些氨基酸，如猪长期饲喂品种单一、品质低劣的低蛋白饲料，特别是产后的母猪因消化机能尚未完全恢复，更易发生。猪缺乏某些氨基酸，如蛋氨酸、胱氨酸、半胱氨酸等也可引起本病。

（3）机体缺乏某些维生素或维生素不足，可导致机体代谢机能紊乱而导致本病的发生。

（4）患有慢性消化道疾病及代谢性疾病，如肝脏疾病、胃肠道疾病及胰腺疾病等，可因代谢紊乱、消化吸收不良而导致营养缺乏，最终发生采食异物的现象。

（5）其他因素，在动物及其紧张的情况下也会诱发自咬皮毛或吞食幼仔的现象。

（二）症状

异嗜癖多以消化不良开始，随后出现味觉异常和异食。病猪舔食、啃咬、吞咽被粪便污染的食物及垫草，舔食墙壁、食槽、砖瓦块、煤渣、破布等。病初猪易惊恐，敏感性高，后则反应迟钝。磨牙，畏寒，有时便秘、有时腹泻或交替出现，贫血，消瘦，皮肤被毛干燥无光。常继发胃异物及肠道阻塞。母猪有食胎衣、仔猪情况，仔猪和架子猪也有相互啃咬尾巴或耳朵。常因相互啃咬，引起外伤。

（三）诊断

依据临诊症状做出诊断并不难，但查出真正的原因却很难。通常情况下根据病史、临诊症状、治疗性诊断、实验室检查、饲料成分分析多方面综合分析确诊。

（四）治疗

做好饲养管理，满足猪的营养需要。查明病因，及时对症治疗。氯化钴对异食癖有良好的治疗作用，硫酸铜和氯化钴配合使用效果更好，治疗用量为：氯化钴 10～20mg，硫酸铜 75～150mg。此外，补充矿物质和复合维生素。

（五）预防

查清病因，针对不同病因采取相应的预防措施。如饲料成分分析，缺少某一物质，就补充所缺物质。平时多喂青绿饲料，积极治疗慢性胃肠疾病、寄生虫病等原发性疾病，并且在猪舍内撒一些黄土，让猪自由舔食，以补充微量元素。

六、猪黄脂病

猪黄脂病俗称"猪黄膘"，指猪体内脂肪组织为蜡样质的黄色颗粒沉着，呈现出黄色，并伴有特殊的鱼腥味或蛹臭味，影响肉质。各种年龄的猪都可发生本病，但只有在屠宰、剥皮时才被发现。

（一）病因

引起猪黄脂病的主要病因是饲料中不饱和脂肪酸甘油酯含量过多，或缺乏维生素 E 所致。长期饲喂变质的鱼粉、鱼肝油下脚料、鱼类加工时的废弃物、蚕蛹等，易发生黄脂。饲喂含有黄色素的饲料，有时亦产生黄脂，如胡萝卜、南瓜、黄玉米等。因色素易溶解在脂肪中，也可使脂肪呈黄色。遗传因素也是引起本病的原因之一。有人曾对易发生黄脂病的地区做调查，发现凡是父本或母本屠宰时发现黄脂的猪，所生的后代中黄脂病发生的也多。

（二）发病机理

当维生素 E 缺乏或不足时，高度不饱和脂肪酸在体内被氧化为过氧化脂质，过氧化脂质与某些蛋白结合形成复合物，后者如被溶酶体酶分解后，可排出体外，如不能被分解，则形成棕色色素颗粒——蜡洋质，位于脂肪细胞外围，或存在于巨噬细胞内使脂肪呈现黄色。因蜡样质的腥臭味，有一定刺激性，可引起脂肪组织发炎。鱼粉霉变后，鱼类加工下脚料变质以后，维生素 E 大量破坏，加之不饱和脂肪酸过多，容易造成黄脂。实验证明，任何猪只采食优质蚕蛹，或每天给予 0.5kg 干蚕蛹连续喂 1 个月，屠宰后未见黄脂。但如有用腐败的，未去过油的蚕蛹喂猪，则可发生黄脂病。猪饲料中添加生育酚，可预防或减少疾病发生。可见，维生素 E 供应不足可能是疾病发生的重要因素。

（三）症状

病猪大多没有明显的临诊症状，较难诊断。病猪的生前表现可能有被毛粗糙，食欲减退，增重缓慢，黏膜苍白，倦怠，衰弱，有时发生跛行，通常眼有分泌物。个别猪突然死亡。

（四）病理变化

皮下及腹腔脂肪呈黄色或黄褐色，可闻到腥臭味，变黄较为明显的部位是肾周、下腹、骨盆腔、肛周、口角、耳根、眼周及股内侧的脂肪。黄脂具有鱼腥味，加热更明显。骨骼肌、心肌呈灰白色，肝脏呈黄褐色，脂肪变性，淋巴结肿胀、水肿。肾脏呈灰红色，胃肠黏膜充血。

（五）诊断

生前诊断较难，主要根据宰后剖检病变做出诊断。鉴别诊断注意与黄疸的区别。黄膘猪的肥膘及体腔内脂肪呈不同程度的黄色，其他组织无黄色现象。而黄疸使猪的皮肤、黏膜、皮下脂肪、腱膜、韧带、软骨表面、组织液、关节液及内脏等均呈黄色。

（六）防治

因本病生前很难诊断，也无法治疗。因此，应做好预防工作。

应做好品种的选育工作，即淘汰黄脂病的易发品种，选育抗该病的品种。合理调整日粮，增加维生素 E 供给，减少饲料中不饱和脂肪酸的高油脂成分，将日粮中不饱和脂肪酸甘油酯的饲料限制在 10% 以内。禁喂鱼粉或蚕蛹。日粮中添加维生素 E，每头每日 500~700mg，或加入 6% 的干燥小麦芽、30% 米糠，也有预防效果。

七、维生素缺乏症

（一）维生素 A 缺乏症

猪维生素 A 缺乏症是体内维生素 A 或胡萝卜素长期摄入不足或吸收障碍所引起的一种慢性营养缺乏症，以夜盲、干眼病、角膜角化、生长缓慢、繁殖机能障碍及脑和脊髓受压为特征，仔猪及育肥猪易发，成猪少发。

1. 病因

一般青绿饲料（青草、胡萝卜、南瓜素）及黄玉米中，胡萝卜素含量丰富。而谷类（黄玉米除外）及其加工副产品（麦麸、米糠等）中含量较少。因而长期单一使用配合饲料作日粮又不补加青绿饲料或维生素 A 时，极易引起发病。

机体对维生素 A 或胡萝卜素的吸收、转化、贮存、利用发生障碍，是内源性（继发性）病因。患胃肠炎或肝脏及疾病，导致胡萝卜素向维生素 A 的转化受阻。此外，矿物质（无机磷）、维生素（C、E）、微量元素（钴、锰）缺乏或不足，都能影响体内胡萝卜素的转化和维生素 A 的贮存。

机体对维生素 A 的需要量增多，可引起相对性维生素 A 缺乏症。妊娠和哺乳母猪以及生长发育快速的仔猪，对维生素 A 的排出及消耗增多。此外，饲养管理条件不良，猪舍污秽不洁、寒冷、潮湿、通风不良，密集饲养，过度拥挤，缺乏运动以及阳光不足等应激因素亦可促进发病。

2. 发病机理

（1）维生素 A 可维持成骨细胞及破骨细胞的正常活动　缺乏维生素 A 时软骨骨化和骨骼发育受阻，出现颅骨异常，导致脑疝或脑脊髓压升高、视神经乳头水肿、共济失调、机能减退或外周神经麻痹。

（2）维生素 A 具有维持上皮细胞完整性功能　维生素 A 不足时，上皮细胞角质化，腺体分泌细胞变为非分泌上皮细胞，导致泪腺、泌尿生殖道、甲状腺分泌减少，引起胎盘变性、干眼病、角膜硬化。

（3）维生素 A 可促进胎儿的发育　维生素 A 缺乏时，胎儿呈现多发性先天性缺损，如脑水肿、眼损害等。

3. 症状

（1）生长受阻　食欲不振、消化不良、仔猪生长缓慢、发育不良、体重下降、架子猪及成年猪营养不良、衰弱乏力，生产性能低下。

（2）眼和体表病变　眼干燥、脱屑，皮炎，被毛蓬乱缺乏光泽，脱毛，秃毛。蹄生长不良，干燥，蹄表有纵行皲裂和凹陷。

（3）神经症状　中枢神经损伤，如颅内压增高的脑病（共济失调、痉挛、惊厥、瘫痪）。外周神经根损伤引起的运动机能障碍和肌麻痹。视神经管狭窄引起的失明。

（4）繁殖力下降　公猪精液不良，母猪发情扰乱，受胎率下降，胎儿发育不全，先天性缺陷或畸形，胎儿吸收，早产，死产，所产仔猪生活力下降，体质衰弱，易死亡。

（5）抗病力低下　由于黏膜上皮角质化，腺体萎缩，极易继发鼻炎、支气管炎、肺炎、胃肠炎等疾病，或因抵抗力下降而继发感染某些产染病。

4. 诊断

根据饲养管理状况、病史、临诊症状、维生素 A 治疗效果，可做出初步诊断。确诊需进行血液、肝脏、维生素 A 和胡萝卜素含量测定及脱落细胞计数、眼底检查。

临诊病理学检查血浆、肝脏、饲料维生素 A 降低，其正常值：血浆 $0.88\mu g/L$（$25\mu g/dL$），临界值为 $0.25 \sim 0.28\mu mol/L$（$7 \sim 8\mu g/dL$），低于 $0.18\mu mol/L$（$5\mu g/dL$）可出现临诊症状。肝脏维生素 A 和 β-胡萝卜素分别为 $60\mu g/g$ 和 $4\mu g/g$ 以上，临界值分别为 $2\mu g/g$ 和 $0.5\mu g/g$，低于临界值即可

发病。

5. 治疗

饲喂富含维生素 A 的饲料，添加胡萝卜素，内服鱼肝油，仔猪 5 ~ 10mL，育成猪 20 ~ 50mL，每日 1 次，连用数日。也可肌肉注射维生素 A，仔猪 2 万 ~ 5 万 IU；每日 1 次，连用 5d。

6. 预防

主要是保持饲料中有足够的维生素 A 原或维生素 A，日粮中应有足量的青绿饲料、优质干草、胡萝卜、块根类等富含维生素 A 的饲料。妊娠母猪需在分娩前 40 ~ 50d 注射维生素 A 或内服鱼肝油、维生素 A 浓油剂，可有效地预防初生仔猪的维生素 A 缺乏。

（二）维生素 D 缺乏症

维生素 D 又名丁种维生素、抗佝偻病维生素等，维生素 D 缺乏症是由于饲料中维生素 D 含量不足或阳光照射不足所致的一种营养缺乏症。临床上主要表现为：猪成骨作用发生障碍，骨骼发育异常，出现"佝偻病"和"软骨病"，发育不良，生长受阻。

1. 病因

维生素 D 主要来源于饲料（或母乳），也可从皮肤中获取一部分。因而饲料（或母乳）中维生素缺乏或皮肤的阳光照射不足均是引起维生素 D 缺乏的根本原因。

初乳和母乳维生素 D 含量均不足或缺乏，或单纯采用脱脂乳或乳的代用品饲料喂仔猪。

断奶过早且饲料日粮中维生素 D 或钙、磷含量或其比例不当以及猪只生长速度过快，对维生素 D 的需要量增多。

患胃肠炎疾病导致维生素 D 吸收、利用障碍；肝、肾疾病导致维生素 D 的羟化作用受阻，不能转变喂具有生理活性的 1,25 – 二羟维生素 D。饲料日粮组成中，维生素 A 含量过多，可阻碍机体对维生素 D 的作用，引起相对性缺乏。

密集饲养且缺乏舍外运动、阳光照射不足等。

2. 发病机理

维生素 D 促进小肠对钙的吸收。这一过程需要钙结合蛋白（CaBP）、三磷酸腺苷和依赖性浆膜钙泵（PMCA）积极参与钙转运。

维生素 D 还能调节成骨细胞和破骨细胞的活动，促进新生骨基质的钙化和促使骨组织脱钙释放钙、磷入血，从而使骨组织不断更新，维持血钙稳定。

维生素 D 具有促进肾小管对钙、磷的重吸收作用，提高血钙和血磷水平。缺乏时，肠道对钙、磷吸收减少，血钙、血磷下降，低血钙使神经肌肉兴奋性增高，出现抽搐。由于血钙减少，甲状旁腺常分泌增加，破骨细胞活动增强，骨钙入血。同时抑制肾小管对磷和钙的重吸收，导致血中钙、磷沉积降低，致使钙、磷不能在骨骼中沉积，使仔猪可出现佝偻病，在种猪发生骨软症。

3. 症状

早期食欲减退，消化不良，精神沉郁，然后出现异嗜。发育迟滞、消瘦，出牙期延长，齿形不整齐，钙化不良。面骨、躯干骨骼变形，腹泻、咳嗽、贫血，仔猪常跪地，发抖，后期由于硬腭肿胀，导致口腔闭合困难。

4. 防治

（1）维生素 D_2（骨化醇胶性钙）注射液：0.5 万 IU，肌注。

（2）维生素 D 注射液：成年猪每千克体重 1500～3000IU，仔猪每千克体重 1000～5000IU。

（3）对妊娠、泌乳母猪除保证全价饲养外尚应补给钙、磷和维生素 D。仔猪应多进行户外运动及日光浴。

（三）维生素 E 缺乏症

维生素 E 又称生育酚，维生素 E 缺乏症是体内生育酚缺乏或不足所引起的一种营养代谢病。临床特征主要表现为成年种猪繁殖障碍，仔猪营养不良，各组织器官的生长发育受阻。各种动物均可发生，尤以幼龄仔猪多发，且常常与硒缺乏症并发，故称硒 - 维生素 E 缺乏症。

维生素 E 是体内的强氧化剂，与硒元素在生物活性方面极其相似，而且在代谢上，彼此间具有协同作用。

1. 病因

维生素 E 广泛存在于动、植物性饲料中，其化学性质很不稳定，易受许多因素的作用而被氧化破坏。长期饲喂含大量不饱和脂肪酸的饲料，如陈旧、变质的动植物油或鱼肝油以及霉变的饲料、腐败的鱼粉等。饲料中含大量维生素 E 的拮抗物质，可引起相对性缺乏症。

日粮组成中，含硫氨基酸如蛋氨酸、胱氨酸、半胱氨酸或微量元素硒缺乏，可促使发病。

母乳量不足或乳中维生素 E 含量低下，以及断奶过早是引起仔猪发病的主要原因。

2. 发病机理

维生素 E 的主要生物学效应是抗氧化作用，能抑制和减缓体内多价不饱和脂肪酸和脂肪酸过氧化所产生的过氧化物，中和氧化过程中形成的自由基，保护细胞及细胞器脂质膜结构的完整性和稳定性而不受过氧化物的损害。

维生素 E 缺乏，会使体内不饱和脂肪酸过度氧化，细胞膜和溶酶体膜遭受损害，释放出各种溶酶体酶（如 β - 葡萄糖醛酸酶、β - 半乳糖醛酸酶、组织蛋白酶等），导致器官组织的变性等退行性病变，表现为血管机能障碍（孔隙增大、通透性增强），血液外渗透（渗出性素质），神经机能失调（抽搐、痉挛、麻痹），繁殖机能障碍，公猪睾丸变性、母猪卵巢萎缩、性周期异常、不孕及内分泌机能异常等。

3. 症状

仔猪精神不振，喜卧，行走时步态强拘，站立困难，常呈前腿跪下或犬坐姿势，病程继续发展，则四肢麻痹。心跳、呼吸快而弱，有的呈现呼吸困难，心律不齐，肺部常出现湿啰音。皮肤、黏膜发绀或黄染，生长发育缓慢。下痢，尿中出现各种管型，血红蛋白尿，尿胆素增高。公猪精子生成障碍，母猪受胎率下降，流产乃至不孕。饲喂鱼粉的猪，由于微生物 E 缺乏，进入体内的不饱和脂肪酸氧化形成蜡样质，引起黄脂病。

4. 病理变化

主要表现为肌营养不良，肝脏变性、坏死，桑葚心以及胃溃疡等病理变化。

5. 诊断

根据临诊基本症候群，结合病史、病理变化以及治疗效果等，可做出初步诊断。

6. 治疗

药物治疗主要应用维生素 E 制剂。

（1）醋酸生育酚　仔猪每头 0.1～0.5g，皮下或肌肉注射，每日或隔日一次，连用 10～14d。

（2）维生素 E　仔猪每千克饲料可用维生素 E 10～15mg 饲喂。

（3）亚硒酸钠　参照硒缺乏症。

7. 预防

妊娠母猪于分娩前 1 个月，仔猪出生后，可应用维生素 E 或亚硒酸钠进行预防注射。

（四）维生素 K 缺乏症

维生素 K 缺乏症是以维生素 K 依赖性凝血因子合成障碍为病理生理学基础，以出血性素质为主要临床表现的一种营养代谢病和血液病。

1. 病因

维生素 K_1 在绿色植物，特别是苜蓿等青草中含量丰富，维生素 K_2 由肠内细菌合成，维生素 K_3 是一种合成式的维生素 K。维生素 K 缺乏常发生于下列情况：饲料中维生素 K 含量不足；长期大量投服抗菌药物，抑制了维生素 K 合成菌株的增殖；肝、胆疾病时，胰液和胆汁分泌缺乏；弥漫性小肠疾病所致的慢性腹泻，脂类吸收障碍，维生素 K 吸收受到影响。

2. 症状

病猪表现感觉过敏，贫血，厌食，衰弱，轻度或中度出血倾向，鼻出血或创伤出血不止，凝血时间显著延长，在施行外科手术时，患猪常出血不止，新生仔猪脐带出血和母猪分娩性损伤出血不止，凝血时间显著延长。

3. 诊断

根据患猪饲料中维生素 K 的含量，抗菌药物的投服情况，以及是否患有肝、胆疾病和弥漫性小肠疾病等调查结合临床症状，可作出初步诊断。

4. 治疗

可肌注维生素 K_3 注射液 10～30mg，每日 1 次，连用 3～5d，对猪出血不止有良好的止血作用。同时给予钙剂治疗效果更佳。

5. 预防

首要的是给予充足的青绿饲料，保证饲料中维生素 K 的足够含量。另外，应积极治愈肝、胆、胰疾病，保证胰液和胆汁的通畅分泌，合理使用抗菌药物，保证肠道微生态平衡。

（五）维生素 B_1 缺乏症

维生素 B_1 又称硫胺素，维生素 B_1 缺乏症是由于饲料中硫胺素不足或含有干扰硫胺素利用的物质存在所引起的一种营养缺乏病，临床表现以神经症状为特征。

1. 病因

（1）原发性维生素 B_1 缺乏　饲料中硫胺素含量不足所引起，动物体不能贮存硫胺素，只能从饲料中供给。当动物长期缺乏青绿饲料而谷类饲料又不足时，如母猪泌乳、妊娠、仔猪生长发育、慢性消耗性疾病及发热过程，出现相对性供应不足或缺乏。

（2）继发性维生素 B_1 缺乏　由于饲料中存在干扰硫胺素作用的物质，如硫胺酶，可分解硫胺素而使其丧失生物活性。吡啶硫胺素和维生素 B_1 的结构相似，而相互发生拮抗作用，咖啡酸和棉籽中的活性成分也能竞争性拮抗硫胺素的吸收。另外，动物在患急慢性腹泻时，肝功能不良，从而影响硫胺素的吸收，继发维生素 B_1 缺乏症的发生。

2. 症状

患病猪初期表现精神不振，食欲不佳，生长缓慢或停滞，被毛粗乱、瘫痪，行走摇晃，共济失调，后肢跛行；眼睑、颌下、胸腹下、后肢内侧水肿，虚弱无力；心动过缓，心肌肥大；后期皮肤黏膜发绀，体温下降，心搏亢进，呼吸促迫，最终衰弱而死。发病缓慢，病程长达 7～10d。临床上仔猪较成猪多发。

3. 诊断

根据饲料中缺乏维生素 B_1 的病史和临床上消化不良、食欲不振、麻痹、痉挛、运动障碍等神经症状，以及硫胺素治疗效果显著，可以作出诊断。

4. 治疗

治疗主要采用皮下、肌肉或静脉注射硫胺素 0.25～0.5mg/kg 体重，每日 1 次，连用 3d，每日内服酵母片 5～10g 也有治疗效果。

5. 预防

加强饲养管理，对怀孕后期的母猪和初生仔猪增喂富含硫胺素的饲料，如青饲料、谷物饲料、米糠、麸皮、酵母等。对于患急慢性腹泻的病例要早期积极治疗。

（六）维生素 B_2 缺乏症

维生素 B_2 又称核黄素，维生素 B_2 缺乏症是由于饲料中核黄素含量不足所致的一种营养缺乏病，临床上以生长发育不良、角膜炎、皮炎和皮肤溃疡为特征。

1. 病因

本病主要是由于饲料中维生素 B_2 含量不足引起，如长期单纯饲喂谷物及副产品，而缺乏青草、苜蓿、酵母、动物的肝脑肾等富含核黄素的饲料。在寒冷的条件下，动物对维生素 B_2 需要量增多，机体供应相对不足。饲料的加工、调制、贮存方法不当也可造成维生素 B_2 的破坏。此外，动物患胃肠疾病时，影响肠道对维生素 B_2 的吸收继发维生素 B_2 缺乏症。

2. 症状

当维生素 B_2 缺乏时，患猪食欲不振或废绝，生长缓慢，被毛粗糙无光泽，全身或局部脱毛，皮肤变薄、干燥，出现红色斑疹、鳞屑，甚至溃疡。该病常发生于病猪的鼻端、耳后、下腹部、大腿内侧，初期有黄豆大至指头大的红色丘疹，破溃后形成黑褐色痂。临床上可见呕吐、腹泻、溃疡性结肠炎、肛门黏膜炎以及步态僵硬、行走困难等。母猪在繁殖或泌乳期间食欲废绝或不定，早产、死产或畸形胎；新生仔猪衰弱，一般在生后48h内死亡。

3. 诊断

根据饲料中维生素 B_2 含量不足的病史和患猪生长发育不良，角膜炎、皮炎、皮肤溃疡等特征的临床症状，结合核黄素治疗效果显著，可做出诊断。

4. 治疗

治疗可采用口服或肌肉注射维生素 B_2，每头猪 0.02～0.03g，每日1次，连用3～5d。在治疗的同时饲喂青绿多汁饲料，可促进病猪的康复。

5. 预防

正常情况下猪每天每千克体重需要6～8mg核黄素，可在每吨饲料中添加核黄素2～3g。另外，配制饲料时一定要合理搭配，保证妊娠母猪或带仔母猪的营养平衡。

八、硒缺乏症

猪缺硒病是微量元素硒缺乏而引起猪的一种营养代谢障碍性疾病，俗称白肌病，发病死亡猪发生骨骼肌、心肌、肝脏变性和坏死以及渗出性素质。

（一）病因

主要病因在于饲料（植物）硒含量的不足或缺乏。而植物（饲料）中硒的含量不足或缺乏又与土壤中可利用硒（水溶性硒）的低水平密切相关，即土壤含量水平决定植物中硒缺乏的程度。一般种植在低硒（酸性）土壤上的植物，含硒量均低下，以这种缺硒的植物用作饲料，便能导致硒营养的缺乏。哺乳仔猪的硒营养缺乏，主要是由于妊娠期或哺乳期母猪的不全价饲养或低硒饲喂所致。

管理不善，猪舍不卫生，预防注射捕捉时的惊吓，长途运输，断奶过早或突然断奶等应激因素的作用，均可诱发本病。

硒缺乏症与维生素 E 缺乏症，不仅在临床症状、病理变化上有许多共同之处，而且在病因、发病机理以及防治效果效果等方面，也存在着极其复杂的相互关系。因而这两种缺乏症通常统称硒－维生素 E 缺乏症。

本病发生具有一定的地域性，即发病地区与缺硒地带相一致。但随着饲料工业和交通运输的发展，在非缺硒地区，由于从缺硒地区购进原料，也可发生本病。

我国北起黑龙江，南至云南，存在一条斜行的狭长缺硒地带。另外，在我国西北青海高原、甘肃部分地区、山东、江苏沿海各县均属贫硒或缺硒地带。

每年发病均可出现明显的季节性，特别是北方寒冷地区，由于温长的冬季饲养，又缺乏青绿饲料，易于造成某些营养的缺乏或失调。

除此之外，本病还具有群体选择性，即幼龄阶段多发。这与幼龄阶段生长发育和代谢旺盛，对营养物质需求量相对增多，对硒缺乏尤为敏感。

（二）发病机理

硒是一种天然的抗氧化剂，在机体内抗氧化作用是通过谷胱甘肽过氧化物（GSH－Px）实现的。GSH－Px 属于抗氧化系统，它能消除体内产生的过氧化物和某些自由基，对生物膜具有保护作用。硒不仅通过 GSH－Px 分解过氧化物，而且还能增强维生素 E 的抗氧化作用。

硒和维生素 E 在抗氧化作用方面，具有协同作用，硒能催化过氧化物的分解，维生素 E 可抑制过氧化脂质的生成。两者相互补偿，共同防止组织细胞免受过氧化物的损伤，保护细胞的完整性。但两者相比，硒的抗氧化效应更强。含硒蛋白的抗氧化能力比维生素 E 大 500 倍。

当机体硒缺乏，维生素 E 也不足时，过氧化物在体内大量生成并不断积聚，导致对细胞膜的毒害，使细胞完整性遭到破坏，多种器官组织发生营养不良（变性、坏死）等一系列病变。

（三）症状

运动机能障碍，喜卧，不愿走动，起立困难，肢腿僵硬，步态强拘，行动缓慢，跛行，共济失调，跪立或爬行，麻痹或瘫痪。心脏机能障碍，心跳加快，脉搏细弱，节律不齐。有时在突然的外界刺激或剧烈运动负荷情况下，可突发急性心力衰竭而死亡。消化机能障碍，食欲减退或废绝，消化不良，顽固性腹泻，个别见有吞咽障碍。神经机能紊乱，尤其伴发维生素 E 缺乏时，由于脑软化导致明显的神经症状，兴奋、抑郁、痉挛、抽搐、昏迷等。全身状态变化，体质衰弱，生长发育不良，可视黏膜苍白、黄染。繁殖功能障碍，公猪精液不良，母猪受胎率低下甚至不孕、流产、早产、产后胎衣停滞；泌乳量减少甚至停止。

仔猪硒缺乏症主要表现为肌营养不良，桑葚心病，肝营养不良。

1. 肌营养不良（营养性肌营养不良，NMD，亦称白肌病）

该病多发于 1~3 月龄或断奶后的育肥猪，通常是肝营养不良和桑葚心病的恒定性并发症。

（1）急性型　多见于生长快速、发育良好的仔猪，且往往缺乏先驱征兆而突然发病死亡。有的仔猪，仅见有精神委顿或厌食现象，翌晨突然死亡。

（2）亚急性型　病猪精神沉郁，食欲不振或废绝，腹泻，心跳加快，心律不齐，呼吸困难，全身肌肉迟缓乏力，不愿走动，行走时步态强拘、后躯摇晃、运动障碍。个别仔猪见有呕吐。

（3）慢性型　病猪精神不振，食欲减退，皮肤呈灰白或灰黄色，不愿走动，行走时步态蹒跚。严重时，起立困难，常呈前肢弯腕跪立或后躯呈犬坐姿势，继而出现四肢麻痹，卧地不起。

2. 桑葚心病

该病多见于外观发育良好的仔猪，往往缺乏明显症状或仅在短时间内出现沉郁、尖叫，继而抽搐死亡。病程较缓者，可见厌食、不活泼，喜卧，听诊心跳疾速，节律不齐，心内杂音，呼吸苦难，发绀，强迫运动时，常因心里衰竭而死亡。剖检可见心脏增大，呈圆球状，因心肌和动脉及毛细血管受损，致沿心肌纤维走向的毛细血管多发性出血，心脏呈暗红色，故称桑葚心。

3. 肝营养不良

常见于 1~4 月龄仔猪或育肥猪，具有群发性特点，死亡率较高。可分为急性型和慢性型两种。

（1）急性型　多发生在体况良好，生长较快的仔猪，往往无任何前兆而突然死亡。个别病例可见呼吸困难、呕吐、腹泻、行走不稳等症状。

（2）慢性型　病猪的皮肤可视黏膜黄染，食欲不振，消化不良，呕吐、腹泻、粪暗褐色，呈煤焦油状。贫血、红细胞数及血红蛋白降低，胆红质高达 171μmol/L。个别仔猪皮肤坏死。

肝硒水平由正常的 0.3mg/kg 湿重降至 0.068mg/kg 湿重。

成年猪硒缺乏症的临床症状与仔猪相似，但病程较长呈隐形经过。痊愈率高。此外，呈现明显的繁殖功能障碍，母猪屡配不孕，妊娠母猪早产、流产、死胎，产出仔猪虚弱，产后易发生乳房炎－子宫炎－泌乳缺乏综合症（MMA）。

（四）病理变化

主要表现为骨骼肌、心肌、肝脏的变性坏死，胰腺的变性、纤维化等病变。

骨骼肌苍白色呈煮肉或鱼肉样外观，并有灰白或黄白条纹或斑块状变性、坏死区。一般以背腰、臀、腿肌变化最明显，且呈双侧对称性发生，病变肌肉水肿、脆弱。

心脏呈圆球状，因心肌和动脉及毛细血管受损，致沿心肌纤维走向的毛细血管多发性出血，心脏呈暗红色，故称桑葚心。

肝脏急性型，红褐色健康小叶和出血性坏死小叶及淡黄色的缺血性坏死小叶相互混杂，构成彩色斑斓样的镶嵌式外观，通常称为槟榔肝或"花肝"；慢性型，出血部位呈暗红褐色，坏死部位萎缩，结缔组织增生形成瘢痕，以致肝脏表面粗糙、凹凸不平。

（五）诊断

本病在生产中多以临床中基本症候群为基础，结合病史及病理解剖学变化做出诊断，在常发地区病猪出现姿势异常与运动功能障碍，剖检时骨骼肌出现对称性变性坏死灶，应用亚硒酸钠治疗有特效。病理组织学检查确诊，采血液测定硒和谷胱甘肽过氧化物酶活性。仔猪血硒临界值 0.031 ~ 0.147mg/kg，0.03mg/kg 以下为缺乏。

（六）治疗

（1）主要以肌肉注射 0.1% 亚硒酸钠溶液为主：成年猪 10 ~ 15mL，6 ~ 12 月龄猪 8 ~ 10mL，2 ~ 6 月龄 3 ~ 5mL，仔猪 1 ~ 2mL。

（2）治疗时，在首次用药后可间隔 1 ~ 3d，再给药 1 ~ 2 次，以后则根据病状适当重复给药。对常发病地区和重症病猪，可根据实际情况酌情增量，但应遵循低浓度（一般不宜超过 0.2%）、小剂量的原则，可采取适当缩短用药的间隔时间，以确保安全无害。

（3）预防时，对低硒地区的母猪，自妊娠后期（分娩前 2 ~ 3 周），注射一次。新生仔猪于出生后 1 ~ 3 日龄、15 日龄、30 日龄，各注射一次，以后间隔 4 ~ 6 周注射一次，直至断奶后两个月为止。

（4）饲料日粮中适量添加亚硒酸钠，可提高注射用药效果。一般应使每千克日粮中含硒量为 0.1mg 较为适宜。

（5）临床上通常将维生素 E 作为防治硒缺乏症的辅助药物与亚硒酸钠合并应用，可明显提高防治效果。

（七）预防

采取在饲料中添加硒或补加含硒和维生素 E 的饲料添加剂，100kg 饲料加入 0.022g 无水亚硒酸钠，同时按每千克饲料加入 20 ~ 25IU。对低硒地区的母猪，妊娠后期（分娩前 2 ~ 3 周）注射 1 次（0.1% 亚硒酸钠注射液 10 ~ 15mL、维生素 E 500 ~ 1000mg）。

九、锌缺乏症

锌缺乏症是饲料中锌含量绝对和相对不足所引起的一种营养缺乏症状，又称皮肤不全角化症。该病是一种慢性、非炎性疾病，临床上主要以生长缓慢、皮肤角化不全、繁殖机能障碍及骨骼发育异常为特征。本病发病率高，但一般无死亡。

（一）病因

（1）原发性病因由于饲料中锌含量不足所引起，又称绝对性锌缺乏。

（2）因为其他因素干扰锌的吸收利用，如机体患有慢性消耗性疾病。特别是慢性胃肠疾患时，可妨碍锌的吸收，饲料中微量元素含量高等。

（二）发病机理

锌广泛地存在于蛋白质合成、核酸合成的各种酶中。缺锌时，这些酶的活性下降，氨基酸代谢紊乱，谷胱甘肽、DNA、RNA 合成受阻，细胞分裂、生长再受阻，动物生长发育迟缓。锌还可直接或间接作用于生殖器官，影响精子和卵子的生成，缺锌时，公猪睾丸萎缩，精子生成停止。母猪发情周期紊乱。缺硒可引起碱性磷酸酶活性降低，长骨成骨活性降低、软骨形成减少，软骨基质增多，以致形成骨短粗病。

锌与维生素 A 起维持上皮细胞生长和正常功能，可促进伤口愈合，缺锌时，可发生癞皮病。

（三）症状

病初便秘，以后呕吐腹泻，排出黄色水样液体，但无异常臭味，猪只腹下、背部、股内侧和四肢关节等部位的皮肤发生对称性红斑，继而发展为直径 3～5mm 的丘疹，很快表皮变厚，有数厘米深的裂隙，增厚的表皮上覆盖以容易剥离的鳞屑。病猪生长缓慢，被毛粗糙无光泽，全身脱毛，个别变成无毛猪。脱毛区皮肤上常覆盖一层灰白色，严重缺锌病例，母猪出现假发情，屡配不孕，产仔数减少，新生仔猪成活率降低，弱胎和死胎增加。公猪睾丸发育及第二性征的形成缓慢，精子缺乏。遭受外伤的猪只，伤口愈合缓慢，而补锌则可迅速愈合。

（四）诊断

根据日粮低锌或高钙的生活史，生长缓慢，皮肤角化不全，繁殖机能障碍和骨骼发育异常等临床表现，以及补锌的疗效迅速而又确实的特点，可建立初步诊断；测定血清和组织中锌的含量有助于确定诊断。土壤、饮水、饲料中锌及相关元素的分析，可提供病因诊断的依据。但是应注意与疥螨性皮肤病、渗出性皮炎、烟酸缺乏症、维生素 A 缺乏症及必需脂肪酸缺乏症等疾病相区别。

（五）治疗

每日一次肌肉注射碳酸锌 2～4mg/kg 体重，连续使用 10d，一个疗程即可见效。内服硫酸锌 0.2～0.5g/头，对皮肤角化不全和因锌缺乏引起的皮肤损伤，数日后即可见效，经过数周治疗，损伤可完全恢复。饲料中加入 0.02% 的硫酸锌、碳酸锌、氧化锌对本病兼有治疗和预防作用。

（六）预防

保证日粮中含有足够的锌，并适当限制钙的水平，钙锌比保持在100:1。猪日粮含钙0.4%~0.6%时，50~60mg/kg的锌可满足其营养需要，100mg/kg的锌对中度的高钙有保护作用。

十、碘缺乏症

猪碘缺乏症又称为甲状腺肿，是碘绝对或相对不足而引起的以甲状腺机能减退和甲状腺肿大为病理特征的慢性营养缺乏症。

（一）病因

1. 原发性病因

主要由于猪摄入碘不足可直接诱发原发性碘缺乏症，而动物体内的碘来自饲料和饮水，饲料和饮水中碘的含量又与土壤密切相关。这种情况多发生于远离海洋的沙漠土、灰化土、沼泽地区以及高山、盆地、水质过软或过硬的地带以及土壤富含钙质而腐殖质缺少的地带。

2. 继发性病因

某些化学物质或致甲状腺肿物质可影响碘的吸收，干扰碘与酪蛋白结合，从而诱发继发性碘缺乏症，如芜菁、甘蓝、油菜、油菜子饼、亚麻子饼等含有阻止或降低甲状腺聚碘作用的硫氰酸盐、硝酸盐。植物中致甲状腺肿素、硫脲及硫脲嘧啶也可干扰酪氨酸碘化过程，引起动物发病。

（二）发病机理

甲状腺中含有高浓度的碘，占全身总量的70%~80%，碘是合成甲状腺素所必须的元素。甲状腺素具有调节物质代谢和维持正常生长发育于生殖的作用。缺碘时，由于甲状腺素和合成和释放减少，幼猪生长发育停滞，青年猪性成熟延长，成年猪生产性能减退，繁殖能力下降，胎儿发育不全。另外，当猪缺碘或甲状腺聚碘障碍时，致使甲状腺合成和释放减少，血中甲状腺浓度降低，对腺垂体的负反馈作用减弱，促甲状腺释放激素和促甲状腺激素分泌增加，引起甲状腺增生肥大，形成甲状腺肿。

（三）症状

猪碘缺乏症表现为甲状腺明显肿大，生长发育缓慢，被毛生长不良，消瘦贫血。繁殖能力下降，母猪发生胎儿吸收、流产、死产或所产仔猪衰弱、无毛；部分新生仔猪水肿，皮肤增厚，颈部粗大，存活仔猪嗜睡，生长发育缓慢，死后剖检可见甲状腺异常肿大。临诊病理学检查，血清蛋白结合碘、尿碘及甲状腺碘含量普遍降低。

（四）诊断

根据饲料缺碘的病史，临诊症状见甲状腺肿大、生长发育迟缓、繁殖性能减退、被毛生长不良可做出诊断。必要时进行实验室检查，测定饲料、饮水或食盐的含碘量，测定血清蛋白结合碘含量，测定尿碘量等。

（五）治疗

补碘是最根本和最有效的防治措施。对于病猪，可使用碘化钠或碘化钾 0.5~2.0g，每天 1 次内服，连用数天。也可内服复碘液（含碘 5%、碘化钾 10%）每天 10~12 滴，20d 为一疗程，间隔 2~3 个月重复用药，或饲料中加喂碘盐（10kg 食盐中加碘化钾 1g）。

（六）预防

减少饲喂致甲状腺肿的植物饲料；饲料中添加碘盐；妊娠母猪 60 日龄时，每月在饲料或饮水中加入碘化钾 0.5~1g，或每周在颈部皮肤上涂抹 3% 碘酊 10mL。另外在饲喂十字花科植物及子实副产品时，饲料中碘的含量应比正常需要量增加 4 倍。

十一、锰缺乏症

锰缺乏症是饲料中锰含量绝对或相对不足引起的一种营养缺乏病，临诊特征为骨骼畸形、繁殖机能障碍及新生仔猪运动失调。因为该病常表现为四肢骨短粗，顾又称为"骨短粗症"。

（一）病因

1. 原发性病因

锰缺乏主要由于饲料中锰含量不足所引起，在缺锰地区，植物性饲料中锰含量较低，从而使该病的发病率较高。以玉米、大麦和大豆作为基础日粮时，因锰含量低也可引起锰缺乏。

2. 继发性病因

主要是由于存在影响动物机体对锰吸收利用不良的因素。饲料中钙、磷、铁、钴及植酸盐含量过高，可影响机体对锰的吸收利用，从而发生继发性的锰缺乏症。

（二）发病机理

锰在体内主要参与许多代谢活动，是精氨酸、丙酮酸羧化物、超氧化物歧化酶等许多酶的组成成分，还是丙酮酸激酶、肌酸激酶等的激活剂，参与能量物质代谢如促进糖的利用，具有抗氧化作用。锰与胆碱有协同关系，可减少体脂沉积。锰与黏多糖中的硫酸软骨素形成有关，而硫酸软骨素是软骨及骨组织的重要成分，因此缺锰可导致软骨生长受损，骨骼发育畸形。锰还可促进维生素 K 与凝血酶原的生成，与凝血过程有关。此外，锰具有类似抗体活性及结合糖和凝集细胞的天然外源凝集素的功能。因此，锰对生长、发育、繁殖及某些内分泌机能均有良好的作用。

（三）症状

缺锰主要表现为生长发育受阻，骨骼畸形，繁殖机能障碍，新生仔猪运动失调以及类脂和糖代谢扰乱等症状。具体表现为母猪乳腺发育不良，发情期延长，不易受胎，出现流产、死胎、弱胎。新生仔猪弱小，呻吟震颤，站立困难，行走蹒跚，断乳仔猪生长缓慢，饲料利用率降低，体脂沉积减少，管状骨变短，骨骺端增厚，临床可见步态强拘或跛行。有的表现出类似佝偻病的症状。

（四）诊断

主要根据病史调查，临床症状进行诊断，必要的情况下对饲料中锰含量、动物血锰含量进行测定，则有助于进一步确诊。

（五）治疗

正常情况下，猪对锰的需要量为每天每千克体重平均 0.3mg。对于缺锰地区猪和患病猪只，通过改善饲养合理调配日粮，给予富锰饲料，可有效地达到治疗和预防本病的目的，一般认为青绿饲料和块根饲料对锰缺乏有良好的预防作用。此外，精饲料如小麦、糠麸等均含有较丰富的锰，可作为猪的基础日粮或饲料中适量配合使用。

（六）预防

预防用量为每千克饲料中加 12～24g 硫酸锰或用 1：3000 高锰酸钾液作饮水，在猪的日粮中含 20～25mg/kg 锰便可预防本病。另外，在补锰的同时还应积极消除妨碍动物机体对锰吸收利用的一切不利因素，如合理调配日粮，保证饲料中各种微量元素的适当比例，及早治疗各种胃肠疾病等。

十二、铜缺乏症

猪铜缺乏症是由于猪在日常的饲养中，机体缺乏铜元素而引起的一类营养代谢病，病猪会出现发育缓慢，贫血、不孕、流产以及异嗜等症状。

（一）病因

1. 原发性病因

主要是由于饲料中铜含量不足引起，一般认为饲料含铜量低于 3mg/kg，便可引起发病，8～11mg/kg 为正常值，3～5mg/kg 为临界值。这种情况在缺乏铜地区较为常见，如长期饲喂在低铜土壤上生长的植物性饲料。

2. 继发性病因

主要是由于饲料中钼含量过高引起，另外，硫、锌、镉、银、锰、硼和抗坏血酸等都是铜的拮抗因素，均不利于铜的吸收，而引起铜缺乏症。当猪患各种胃肠疾病时，影响铜的吸收，也可继发铜缺乏症。

（二）发病机理

血浆铜蓝蛋白不足，引起铁元素吸收和利用障碍，使 Fe^{3+} 难被还原为 Fe^{2+} 而难以合成血红蛋白，导致造血机能障碍而发生贫血。缺铜时，组织细胞氧化机能下降，角蛋白中巯基（—SH）难于氧化成二硫基（—S—S—），酪氨酸酶和单胺氧化酶合成减少，结果致使骨胶原的稳定性与强度降低，出现骨骼变形和关节畸形。铜是构成超氧化物歧化酶的辅基，缺铜则难以促进脑磷脂的合成；铜又是细胞色素氧化酶的辅基，起传递电子的作用，保证 ATP 的正常生成。缺铜时，细胞色素 C 氧化酶的活性减弱，ATP 生成减少，磷脂合成发生障碍，患病猪共济失调，后肢麻痹。而腹泻为钼中毒引起铜缺乏的特有症状，这可能是由于钼与肠道儿茶酚胺结合，降低其抑菌作用，使肠道细菌异常繁殖，或于钼直接刺激肠壁有关。

铜缺乏主要表现为贫血、骨和关节变形、运动障碍、被毛退色、神经机能紊乱及繁殖力下降。不同动物又有不同的表现。

（三）症状

猪缺乏铜时，生长发育缓慢，消化不良，食欲不振，腹泻，贫血，被毛粗糙，无光泽，弹性差，且大量脱落，毛色由深变淡，关节过度屈曲，呈犬坐姿势，有的出现共济失调，即行走时左右摇摆，急转弯时，常向一侧摔倒。骨骼弯曲，关节肿大，表现僵硬，触之敏感，跛行、站立困难，不愿行走，重症病例，后驱瘫痪，出现异嗜，吃泥土，啃木桩，舔墙壁，嚼异物。此外，个别母猪出现发情异常，不孕、流产，尸体解剖特征性病变是消瘦和贫血，肝、脾、肾呈广泛性含血铁黄素沉着。

（四）病理变化

剖检特征性病变是消瘦和贫血，肝、脾、肾呈广泛性血铁黄素沉着。

（五）诊断

根据病史和临诊症状进行诊断，必要时可做实验室检查，检测饲料和血铜、肝铜的含量。测定血浆铜蓝蛋白活性可为铜缺乏症的早期诊断提供依据。

（六）治疗

补铜是治疗本病的主要方法，除了神经系统和心肌已发生严重损害的病例，一般都能完全治愈。口服硫酸铜 1.5g，视病情轻重每周或隔周 1 次，或每千克饲料加硫酸铜 250mg 饲喂，或每升饮水加 0.2g 硫酸铜。另外，铜、钴合并使用效果更好。

（七）预防

每千克饲料中铜的需要量为母猪 12～15mg、哺乳仔猪 11～20mg、育成猪 3～4mg，按此量添加可预防铜缺乏症。食盐中加入 1%～5% 硫酸铜制成铜盐，混入饲料中喂猪；硫酸铁 2.5g，硫酸铜 1g，开水 1000mL，溶解过滤，涂母猪乳头上让仔猪吃奶时吸入；氯化铜 1g，硫酸铁 1g，开水 100mL，溶解后供 1 窝 10 头仔猪内服。饲养上补铜方法有每吨饲料加硫酸铜 1kg；补铜时，不宜超量，饲喂时间不宜过长，否则可发生铜中毒（即食欲减退，全身黄疸，贫血、便血）。另外，还应积极治愈各种影响铜吸收的胃肠疾病，合理调配日粮，保持微量元素之间的适当比例，消除妨碍铜吸收的不良因素。

单元五 | 猪其他内科疾病

一、猪应激综合征

猪应激综合征（PSS）是猪遭受多种不良因素的刺激引发的非特异性应激反应。死亡或屠宰后的猪肉，表现苍白、柔软及水分渗出等特征性变化，此猪肉俗称白猪肉或水猪肉，其肉质低劣，营养性及适口性均差。本病在世界各地均广泛发生，我国各地均有发生，已日益受到重视。

（一）病因

引起猪应激综合征的病因有：

1. 饲养管理

多因受到饲养管理中某些不良环境因素的刺激时，产生应激反应以提高机体对内外环境的适应。常见的能引起应激反应的应激原包括感染、创伤、中毒、高温、噪声、运输、饥饿、缺氧、重新分群、运输、交配、产仔等，这些应激原刺激机体，导致机体垂体-肾上腺皮质系统引起特异性障碍与非特异性的防御反应，产生应激综合征。

2. 遗传因素

该病与遗传因素有关。该病最常发生于瘦肉型、肌肉丰满、腿短股圆而身体结实的猪，如皮特兰猪、波中猪、兰德瑞斯某些品系猪，红细胞抗原为H系统血型的猪也多为应激易感猪。

（二）临床症状

根据应激的性质、程度和持续时间，猪应激综合征的表现形式有以下几种。

1. 猝死性（或突毙）应激综合征

该型多发生于运输、预防注射、配种、产仔等受到强应激原的刺激时，并无任何临诊病征而突然死亡。死后病变不明显。

2. 恶性高热综合征

病猪体温过高，皮肤潮红，有的呈现紫斑，黏膜发绀，全身颤抖，肌肉僵硬，呼吸困难，心搏过速，过速性心律不齐直至死亡。死后出现尸僵，尸体腐败比正常快；内脏呈现充血，心包积液，肺充血、水肿。此类型病征多发于拥挤和炎热的季节且死亡率高。

3. 急性背肌坏死征

多发生于兰德瑞斯猪，在遭受应激之后，急性综合征持续约2周左右时，病猪背肌肿胀和疼痛，棘突拱起或向侧方弯曲，不愿移动位置。当肿胀和疼痛消退后，病肌萎缩，而脊椎棘突凸出，几个月后，可出现某种程度的再生现象。

4. 白猪肉型（即 PSE 猪肉）

病猪最初表现尾部快速的颤抖，全身强拘而伴有肌肉僵硬，皮肤出现形状不规则苍白区和红斑区，然后转为发绀。呼吸困难，甚至张口呼吸，体温升高，虚脱而死。死后很快尸僵，关节不能屈伸，剖检可见某些肌肉苍白、柔软、水分渗出的特点。死后 45min 肌肉温度仍在 40℃，pH 低于 6。这与死后糖原过度分解和乳酸产生有关，肉 pH 迅速下降，色素脱失与水的结合力降低所致。此种肉不易保存，烹调加工质量低劣。有的猪肉颜色变得比正常的更加暗红，称为"黑硬干猪肉"（即 DFD 猪肉）。此种情况多见于长途运输而挨饿的猪。

5. 胃溃疡型

猪受应激作用引起胃泌素分泌旺盛，形成自体消化，导致胃黏膜发生糜烂和溃疡。急性病例，外表发育良好，易呕吐，胃内容物带血，粪呈煤焦油状。有的胃内大出血，体温下降，黏膜和体表皮肤苍白，突然死亡。慢性病例，食欲不振，体弱，行动迟钝，有时腹痛，拱背伏地，排出暗褐色粪便。若胃壁穿孔，继发腹膜炎死亡。有的猪只在屠宰时才发现胃溃疡。

6. 急性肠炎水肿型

临诊上常见的仔猪下痢、猪水肿病等，多为大肠杆菌引起，与应激反应有关。因为在应激过程中，机体防卫机能降低，大肠杆菌即成条件致病因素，导致非特异性炎性病理过程。

7. 慢性应激综合征

由于应激原强度不大，持续或间断反复引起轻微反应，易被忽视。实际上它们在猪体内已经形成不良的累积效应，致使其生产性能降低，防卫机能减弱，容易继发感染引起各种疾病的发生。其生前的血液生化变化为血清乳酸升高、pH 下降、肌酸磷酸激酶活性升高。

（三）诊断

1. 剖检

在对死于 PSS 的猪进行剖检时，常无特异性肉眼变化，有时可见急性心力衰竭的病变，包括肺充血、气管和支气管水肿、肝充血、胸腔积液。新鲜胴体迅速开始僵直，血液暗黑色。肌肉苍白或灰白，多汁质地松软，并带有酸味。病理组织学检查经常显示肌纤维高度收缩，偶然可见肌纤维变性，肌纤维由于水肿而分离，特别是背最长肌和半腱肌。

2. 氟烷激发试验

在典型氟烷激发试验中，2~3 月龄猪在人工保定下通过面罩吸入 3%~6% 氟烷加氧气（2~5L/min），4~5min 或直至出现伸肌强直反应。出现肌肉强直的猪被认为属阳性反应，阳性猪可能于 24h 内死亡。

3. DNA 检测法

放大特定的 DNA 片段，再进行限制性片段多态性分析。

（四）治疗

治疗原则就是镇静和补充皮质激素。首先将病猪转移到非应激环境内，用凉水喷洒皮肤。症状轻微的猪可自行恢复，但皮肤发紫、肌肉僵硬的猪则必须使用镇静剂、皮质激素和抗应激药物。如选用盐酸氯丙嗪作为镇静剂，剂量为 $1 \sim 2mg/kg$ 体重。一次肌肉注射，或安定 $1 \sim 7mg/kg$ 体重，一次肌肉注射。也可选用维生素 C、亚硒酸钠维生素 E 合剂、盐酸苯海拉明、水杨酸钠等。使用抗生素以防继发感染，可静脉注射 5% 的碳酸氢钠溶液防止酸中毒。

（五）预防

（1）应加强遗传育种选育繁殖工作，通过氟烷试验或肌酸磷酸激酶活性检测和血型鉴定，逐步淘汰应激易感猪。

（2）尽量减少饲养管理等各方面的应激因素对猪产生压迫感而致病。如改善饲养管理，减少各种噪音，避免过冷或过热、潮湿、拥挤，减少驱赶、抓捕、麻醉等各种刺激。运输时避免拥挤、过热，屠宰前避免驱赶和用电棒刺激猪。在可能发生应激之前，使用镇静剂氯丙嗪、安定等并补充硒和维生素 E，从而降低应激所致的死亡率。

二、中暑

中暑是日射病和热射病的总称，是猪在外界光或热作用下或机体散热不良时引起的机体急性体温过高的疾病。日射病是指猪受到日光照射，引起大脑中枢神经发生急性病变，导致中枢神经机能严重障碍的现象。热射病为猪在炎热季节及潮湿闷热的环境中，产热增多，散热减少，引起严重的中枢神经系统功能紊乱现象。

（一）病因

在炎热的夏季，日光照射过于强烈、且湿度较高，猪受日光照射时间长、或猪圈狭小且不通风，饲养密度过大；长途运输时运输车厢狭小，过分拥挤，通风不良，加之气温高、湿度大，引起猪心力衰竭等而发生中暑。

（二）症状

本病发病急剧，病猪可在 $2 \sim 3h$ 内死亡。病初呼吸迫促，心跳加快，体温升高，四肢乏力，走路摇摆；眼结膜充血，精神沉郁，食欲缺乏，有饮欲，常出现呕吐。严重时体温升高到 42℃ 以上，进一步发展最后昏迷，卧地不起，四肢乱划，因心肺功能衰竭而死。

（三）病理变化

剖检可见脑及脑膜充血、水肿、广泛性出血，脑组织水肿，肺充血、水肿，胸膜、心包膜以及肠系膜都有淤血斑和浆液性炎症。日射病时可见到紫外线所致的组织蛋白变性、皮肤新生上皮的分解。

（四）诊断

临床诊断过程中注意与脑膜炎区别，中暑是由于强烈日光照射或天气闷热而引起大脑中枢神经发生急性病变，与脑膜炎相似，但将病猪立即转移至凉爽通风处，并用凉水泼洒头部和全身，轻症病例，很快就能恢复，较重者亦能逐渐好转，且本病只发生在炎热夏季。脑膜炎不只发生在夏季，采取上述降温措施效果不明显。

（五）治疗

发病后，立即将病猪转移至阴凉通风处，保持安静，并用冷水泼洒头部及全身或冷水灌肠，或从尾部、耳尖放血。可用氯丙嗪，每千克体重 3mg 肌肉注射，或混于生理盐水中静脉注射；安钠咖 5～10mL 肌肉注射；严重脱水者可用 5% 葡萄糖和生理盐水 100～500mL，静脉注射或腹腔注射，同时用大量生理盐水灌肠；为防止肺水肿，可用地塞米松，每千克体重 1～2mg，静脉注射。也可用中药治疗，如甘草、滑石各 30g，绿豆水为引，内服，或西瓜 1 个捣烂，加白糖 100g，或淡竹叶 30g，甘草 45g，水煎，一次灌服。

（六）预防

炎热夏季，应注意防暑降温，保证充足饮水。运输猪只时，须有遮阳设施，注意通风，不要过分拥挤。

三、僵猪

僵猪是由于先天营养不良所导致的一种疾病，俗称"小老猪"、"小赖猪"。临床表现为精神状况尚好，饮、食欲较为正常，比同窝仔猪明显偏小，抑或是青年期及其以后生长速度极慢。

（一）病因

1. 胎僵

由于近亲繁殖所造成的后代品种退化，生长发育停滞，种猪的年龄过大，体质降低，为孕产储备不足，或是过早地进行交配，种畜自身发育不良而导致后代的发育不良形成僵猪。

2. 奶僵

孕期中因母猪的营养水平低下，日粮中缺乏蛋白质、矿物质、微量元素及维生素，或者母猪隐性发病，造成某些营养物质的不能吸收，导致胎儿先天发育不良，影响后天生长。或者由于新生仔猪的护理不当，如小猪出生后没有及时固定乳头，弱仔猪吃不到好乳头，加之母猪泌乳能力差，乳汁少，质量次，致使乳猪不能满足营养需要，生长停滞。

3. 食僵

仔猪断奶后，日粮品质不良，营养缺乏，或育成仔猪同群饲养，强者多吃食，弱者吃不到足够的料而处于饥饿状态，久而久之形成僵猪。

4. 病僵

仔猪患伤寒、白痢、慢性胃肠炎、支原体肺炎、蛔虫病、肺丝虫、姜片吸虫、螨虫、痘病及其他慢性病，阻碍仔猪生长发育，据临床统计，各种疾病中由寄生虫所引起的僵猪比例最大，占到70%～80%的比例。

（二）症状

该病多发于10～20kg的仔猪。临床表现为被毛粗乱，体格瘦小，圆肚子，尖屁股，大脑袋，拱背缩腹，精神尚可，只吃不长。对于病僵，随疾病的不同临床表现各异，如喘气病有咳嗽和气喘症状；患仔猪副伤寒的猪长期腹泻且时好时坏；患寄生虫猪表现为贫血，并且有异嗜现象。

（三）治疗

1. 驱虫、洗胃、健胃

驱虫第5天开始健胃，驱虫药的选择可区别不同情况选择两类以上交替使用。健胃药多选择中成药剂，同时使用苏打片，每10kg体重用2片，分3次拌入料中。

2. 调整日粮，保证营养

在日粮中合理地加入添加剂，如维生素、矿物质、赖氨酸等营养物质。

3. 中药治疗

（1）枳实、厚朴、大黄、甘草、苍术各50g，硫酸锌、硫酸铜、硫酸铁各5g共研细末，混合均匀，按每千克体重0.3～0.5g喂服，每日2次，连用3～5d。

（2）蛋壳粉50g、骨粉100g、苍术和松针各20～30g、磷酸氢钠10～20g、食盐5g共研细末，分3次喂服。

4. 药物疗法

每头肌注乳酸钙1～3mL，维生素 B_{12} 10～15mL，氢化可的松5～10mL，每天1次，连用数日，即可收到良好效果。

四、母猪产前不食综合征

母猪产前不食综合征是指母猪在妊娠末期发生的一种以饮食大幅下降或不食而体温不高为主要特征的疾病。母猪产前短时间的食欲稍有减退是正常的现象，对母体及所产仔猪不会产生影响。但母猪在距预产期前较长时间就发生食欲大幅度下降，甚至出现绝食，则会对母仔产生不利影响。

（一）病因

1. 激素分泌失调

母猪在妊娠中期（41～80d），激素的调节作用开始变化，妊娠期后1/3时（即90d至分娩），孕酮、雌激素等处于急剧变化阶段。此时，如果因某些原因（应激、疾病等）发生激素分泌失调，就会造成植物神经紊乱，继而导致消化系统功能障碍，引起妊娠母猪食欲锐减。

2. 饲料原因

母猪妊娠中期以后，随着胎儿的生长发育加快，机体内代谢率下降，脂肪分解作用加强，机体组织处于降解状态。因此，怀孕期母猪营养价值应采取前低后高的原则。发病妊娠母猪如果不喂全价料，出现营养严重失调，特别是矿物质、微量元素和维生素严重不平衡，由此引起消化紊乱，出现食欲减退或异食。有的饲料中含有超标的黄曲霉毒素或别的有害成分，严重损害肝功能而引起食欲下降。

3. 死胎

死胎的病因比较复杂，有的是属于母猪患有繁殖障碍性疾病；有的可能是营养代谢障碍或中毒引起。这些死亡的胎儿，特别是已腐败的死胎，会对母体造成很大的伤害，从而引起食欲下降。

4. 母猪运动不足

妊娠后期，胎儿体积增大，压迫了消化道和消化腺，妊娠中、后期的母猪如果不进行适当的运动，会严重影响正常的消化机能而造成食欲减退。

（二）症状

体温不高，后期体温下降。病初饮欲、食欲不振，排干粪，喜卧地，后期食量逐渐减少并出现异食，喜饮脏水，最后拒绝饮食，卧地不起。如不及时加强管理和治疗，最后可导致衰竭死亡。

（三）防治

做好传染病的防疫工作，特别是做好猪繁殖障碍疾病的防疫，如猪瘟、猪细小病毒、猪乙型脑炎、伪狂犬病和猪繁殖与呼吸障碍综合征等。给妊娠母猪以全价的优质饲料，满足孕期母猪的各种营养需求。

妊娠母猪要经常运动，对发病的要定期强制驱赶运动，以增加胃肠的活动强度。出现食欲降低后，特别对伴有排干粪的病例，可以加喂一些青绿饲料，如青菜、瓜类或将青草打成浆等；根据猪嗜甜的特点，在饲料和饮水中可加入一定量的葡萄糖，也可以喂一些带有香味的膨化饲料。

对病猪进行多方面的饲喂调节。病猪可内服或注射维生素 B_1，调理胃肠功能，促进食欲。重者必须及时进行补液，补充机体所需要的能量、电解质和维生素等，如葡萄糖注射液、复方氯化钠注射液和维生素 C 等。深部灌肠可起到促进胃肠蠕动、排除肠内积粪和补液的作用。

对于接近临产的顽固病例，可以进行人工引产，胎儿产出后，多数病猪能较快的恢复食欲。具体方法：地塞米松 30～40mg 静脉输入 1～2 次，一般可达引产目的。如果病猪努责无力，在确认子宫颈口开张的情况下，再注射催产素 20～40IU，胎儿即可产出。

五、猪咬癖

猪咬癖是指猪只相互啃咬为特征的一种恶癖。

（一）病因

（1）饲养密度大、太拥挤，或者公母不分栏、大小猪同栏，为争饲料和饮水位置而引起相互间的打斗，或猪只以大欺小、小公猪的攻击性爬跨引起的争斗。猪只最易受伤出血的部位是耳和尾，加上猪有嗜血癖，一旦有一头猪某一部分出血，将会引起其他猪的啃咬，并发展成相互间咬尾咬耳。

（2）舍内环境卫生差、通风不良，使得舍内有害气体浓度过高，以及舍内光照太强、温度过高或过低等，都将诱发猪之间的相互争斗。

（3）微量元素及维生素的缺乏都会引起咬癖症的发生。如维生素 B 族缺乏，会导致猪体内代谢机能紊乱，引起咬癖现象。

（4）体外寄生虫、皮肤真菌、湿疹、葡萄球菌性皮炎、关节炎等因素引起的猪只皮肤瘙痒，经猪自身啃咬、摩擦、拱咬而损伤出血，诱发其他猪的群起啃咬。

（5）日粮中蛋白质或某氨基酸缺乏和不足，会引起猪的咬癖症。

（6）体表机械性外伤，如撞伤、击伤、刀伤等，引起出血而诱发咬癖症。

（7）饲料中某些药物添加过量，如硫酸铜、喹乙醇等，会导致胃肠刺激或溃疡。

（二）症状

在同一个猪圈舍内，猪相互之间咬尾或相互咬耳，造成猪的皮肤咬伤、出血与感染。有的将尾尖咬下，一旦尾巴出血，很多猪都追赶着咬被咬破的猪尾，甚至将整个尾巴咬下。咬耳症可能是饲槽不足因争食而引起，但也有不是因争饲槽而咬耳的。咬耳症导致耳背、耳尖大面积被撕裂，并伴发出血、感染、化脓等症状。

（三）诊断

根据临床症状即可做出诊断。

（四）防治

（1）调整饲养密度。每头猪占有面积，1~3 月龄 0.3~0.5m²，3~4 月龄 0.5~0.6m²，4~6 月龄 0.6~0.8m²，7 月龄以上 1~1.2m²。

（2）合理安排同栏猪的大小，公母猪分群，小公猪适时去势，对体弱、有病猪单独饲养。

（3）保证猪舍清洁卫生，做到通风良好、防水防潮、避免强光照射，冬季防寒保暖，夏季防暑降温。

（4）使用优质的预混饲料，营养要丰富全面，预防蛋白质、矿物质、微量元素、维生素的缺乏；防止药物性添加剂（如喹诺酮、硫酸铜等）过量使用。

（5）猪舍、用具做好定期消毒，猪群要定期驱虫。

（6）对咬癖严重的猪应及时隔离饲养，必要时可用镇定剂使其安静，对症治疗。

（7）猪舍内挂上铁链，让猪自由啃咬，这样既能防止发生咬癖，又能防止猪缺铁。

（8）保持猪舍安静，防止惊吓及人为造成猪皮肤损伤。

（9）为防止应激诱发猪咬癖，可通过饲料和饮水或其他途径给予抗应激药物。这些药物一般分为三类，即应激预防剂：通常有安定止痛剂（氯丙嗪、二氢拉嗪、氟哌啶醇）、安定剂（氯二氢甲基苯基苯并二氮杂卓酮、溴氯苯基二氢苯并二氮杂卓酮）；镇静剂（苯纳嗪、溴化钠、盐酸地巴唑）；促适应剂：参与糖类代谢物质（柠檬酸、琥珀酸等），缓解酸中毒和维持酸碱平衡的物质（$NaHCO_3$、NH_4Cl 等）、微量元素（锌、硒等）、微生态制剂、琼脂组织制剂、中草药制剂、维生素制剂（维生素 C 和维生素 E 效果最好）、对症治疗药物或应激缓解剂，如杆菌肽。

知识链接

一、 猪消化系统的临床检查

消化系统的发病率，不论在大猪或小猪都比较高，此外，许多传染病、寄生虫病以及中毒等，也都在消化器官表现明显的变化。因此，消化系统的检查有着特别重要的意义。

（一）食欲及饮水

食欲的好坏和饲料的性质、种类，以及是否突然变换等有关系。吃食减少是病猪首先表现出来的重要症状之一，常见于一般的疾病和热性病。胃的各种疾病均有食欲缺乏的表现。吃食不定，多为慢性消化器官疾病，从一点不食转为开始吃一点，表现疾病有所好转。如果病猪吃食从减少转为不吃，则表现病势在加重。猪只吃食平时不吃的东西如砖、木、石等称作异嗜，可能是缺乏某些矿物质或维生素。大量失水的疾病如呕吐、下泻等，病猪饮水增加。病猪体温升高，常常喜饮少量的水。一直不饮水，一般预后不良。如在疾病过程中饮水逐渐恢复，则为疾病好转的现象。

（二）呕吐

猪只 1 次呕吐大量正常胃内容物，并在短时间内不再呕吐的常为过食的现象。吃食后迅速发生呕吐，多见于胃的疾病。在吃食后，经过较长的时间，发生呕吐，可能是肠阻塞，呕吐物中有血液，见于出血性胃炎及猪瘟等疾病。十二指肠阻塞时，呕吐物常被胆汁染成黄色。大肠阻塞时，呕吐物类似粪便。

（三）口腔检查

检查时用木棒或开口器张开猪嘴。猪患口蹄疫时，常常唇及口腔内发现水泡。口腔内有出血点或溃疡常见于猪瘟。在热性病及肠胃病时，舌背上可见一层灰黄色的舌苔，口腔过于湿润，一般见于口炎、咽炎、口蹄疫及破伤风等，常牙关紧闭，不易将嘴张开。

（四）腹部检查

猪的腹部触诊，可用两手同时进行检查，判定腹壁的感觉和健康程度。腹部容积增大，见于怀孕、积气、积食和积液。猪的积食多在胃内，积气是腹部上方膨大，腹壁紧张。叩诊发生鼓音，积液的特征是腹部两侧下方膨大。触诊有波动，腹部的局限性隆凸，见于腹壁疝，水肿或脓肿。腹部容积缩小，体质衰弱，主要由于营养不良及慢性下痢等原因造成，发生腹膜炎时，触诊时病猪因痛感而用力挣扎。当便秘或胃肠内有异物时，于腹部可以摸到硬固的粪块或异物。猪的腹部听诊时，健康猪的小肠音如同流水或漱口的音响，大肠音响则如远处鸣炮或雷鸣的咕噜噜音响。发生肠炎时，肠音响亮而快，连续不断。发生便秘时，肠音短而稀少，甚至完全听不见。

（五）粪便检查

健康猪的粪便性状与饲料有一定的关系，但一般比较柔软，成圆的一节节状，有时比较湿润。在患疾病的情况下，粪便有时干燥硬固，排便次数减少，排粪困难，这种现象通常见于便秘以及猪瘟，猪丹毒、猪肺疫、流行性感冒等急性热性的初期。有时相反，粪便稀薄如水样，或呈稀泥状，排粪次数增加，甚至发生大便失禁，主要见于肠炎、饲料中毒、肠内寄生虫以及猪瘟的后期，仔猪下痢时，排泄物呈灰白色、灰黄色或黄色，有时稀薄如水，并带有酸臭味。在一般情况下，粪便内发生黏液、假膜、脓汁、血液及寄生虫等都有重大诊断意义。正常粪便表面附着微薄的黏液，当长期便秘时，粪便表面黏液层增厚，当肠阻塞时，黏液量特别增多，当患坏死性肠炎时，随粪便排出假膜，当直肠有化脓病灶时，粪便混有脓液，粪便中的血液来源于前部肠管的，颜色黑暗，来源于直肠的，颜色鲜红。粪便内混有泡沫，这是肠内发酵腐败的现象。

二、呼吸系统的临床检查

呼吸系统临床检查的内容包括：呼吸运动检查，呼出气体、鼻液及咳嗽检查，上呼吸道检查和胸肺检查等。

（一）呼吸运动检查

呼吸运动是指畜禽在呼吸时，呼吸器官及辅助呼吸器官所表现的一种有节律而协调的运动。呼吸运动检查主要包括；呼吸频率、呼吸方式（类型）、呼吸节律、呼吸困难、呼吸的匀称性（对称性）和呃逆等。

1. 呼吸数

测定方法：呼吸数以次/分表示，呼吸 1 次包括吸气和呼气两个动作。通过视诊或触诊，根据胸腹壁的起伏、呼出气流（冬季）、听诊气管或肺部呼吸音等计算呼吸数。

2. 呼吸类型

健康畜禽呼吸时胸壁和腹壁的动作协调，强度大致相等，称为胸腹式呼吸或混合式呼吸。病理情况下则出现胸式或腹式呼吸。

（1）胸式呼吸是指胸壁起伏比腹壁明显的一种呼吸方式，表明病多在腹部，是由于腹壁活动受到限制的结果。常见于急性胃扩张、肠膨胀、腹膜炎、腹腔积液、膈疝等。另外，妊娠后期的家畜也可出现此种呼吸方式。

（2）腹式呼吸是指呼吸时腹壁起伏比胸壁明显，病多在胸部。常见于心包炎、肺泡气肿、胸膜炎、胸腔积液、肋骨骨折等。

3. 呼吸节律

健康畜禽的呼吸有一定的节律，吸气后紧接着进行呼气，一呼一吸为一个呼吸周期。每次呼吸之后有一短暂的休息，随之进行下一次呼吸，周而复始，很有规律。呼吸有一定的深度和长度，呼气一般比吸气要长一些。呼吸的深度随呼吸次数增加而减少，呼吸次数减少时，则呼吸加深。病理情况下，主要有以下几种变化：

（1）吸气延长　由于空气进入肺脏发生障碍，使得吸气时间明显延长。见于上呼吸道狭窄（如鼻炎、喉和气管的炎症及有异物时）、隔肌收缩运动受阻等。

（2）呼气延长　由于肺泡内气体排出受阻，正常的呼气动作不能将气体顺利排出。主要见于细支气管炎、慢性肺泡气肿和膈肌舒张不全等。

（3）断续性呼吸　特征是在吸气和呼气的过程中，出现多次短暂间歇的动作。这是由于家畜先抑制呼吸后，又出现短时间的代偿性呼气或吸气。见于细支气管炎、慢性肺泡气肿、胸膜炎和胸腹痛性疾病。另外，在脑炎、中毒时，由于呼吸中枢的兴奋性降低，也可出现断续性呼吸。

（4）陈-施二氏呼吸　其特征是呼吸开始逐渐加强、加快、加深，达到顶峰后又逐渐变弱、变慢、变浅，经过较长的时间（15～30s）间隔，又出现上述特点的呼吸。因为这种呼吸像潮水一样，又称之为潮式呼吸。主要原因是呼吸中枢的兴奋性降低，是呼吸机能衰竭的早期表现。主要见于脑炎、中毒及各种濒危病畜，多预后不良。

（5）毕欧特氏呼吸　这种呼吸的特点是，呼吸深度基本正常或稍加深，呼吸过程中出现有规律的间歇期（暂停），也称之为间歇性呼吸。这是由于呼吸中枢兴奋性显著降低的结果，表明病情多属危重。

（6）库斯摩尔氏呼吸　其特点是呼吸不中断但是明显深长，频率减慢，而且带有明显的呼吸杂音。通常又称此呼吸为深长呼吸或大呼吸。这种呼吸的出现，说明呼吸中枢极度衰竭，多预后不良。

4. 呼吸困难

呼吸运动加强，呼吸频率、方式、节律发生改变，辅助呼吸肌也参写活动时，称之为呼吸困难。呼吸困难的表现形式有以下几种。

（1）吸气性呼吸困难　特征为吸气用力，时间延长，鼻孔扩张，头颈伸直，肘头外展，肋骨上举，肛门内陷，同时听到类似吹口哨的狭窄音。主要是由于上呼吸道狭窄造成的，常见于鼻腔、喉和气管的炎症，喘鸣症（返回神经麻痹），猪的传染性萎缩性鼻炎等。

（2）呼气性呼吸困难　表现为呼气用力，时间延长，脊柱弓曲，腹肌收缩，腹部容积变小，肛门突出，出现明显的二段呼气（二重呼气），并在肋骨和助软骨的交汇处形成一条沟或线（称为喘沟、喘线、息劳沟）。主要见于细支气管炎、慢性肺泡气肿等细支气管狭窄和肺泡弹性降低的疾病。

（3）混合性呼吸困难　表现为吸气与呼气均发生困难，常伴发呼吸次数增多，是临床上最为常见的一种表现形式。往往是由于肺的呼吸面积减少，气体交换不全，使血液中氧气缺乏，二氧化碳增多，导致呼吸中枢兴奋所致。按其发生原因可分为以下几种类型。

①肺源性呼吸困难：当呼吸器官本身发生病变，气体的吸入、排出障碍，肺呼吸面积减少，肺组织弹性降低，使血液中氧气缺乏，二氧化碳增多，导致呼吸中枢兴奋所致。如上呼吸道狭窄的疾病，慢性肺泡气肿，各种肺炎、肺水肿、胸膜肺炎、胸膜炎等。另外，在一些传染病中也可见到，如猪肺疫、猪喘气病等。

②心源性呼吸困难：由于心脏机能异常，导致循环功能障碍，尤其在肺循环障碍时，换气受到影响，氧气和二氧化碳的吸入和排出紊乱，造成混合性呼吸困难。可见于心力衰竭、心肌炎、心包炎和心内膜炎等。

③血源性呼吸困难：由于血液中红细胞数量减少或血红蛋白变性，携氧能力下降，血氧不足，导致呼吸困难。可见于各型贫血等。

④中毒性呼吸困难：体内代谢产生的有毒物质，直接作用于呼吸中枢；或由体外进入的有毒物质，作用于血红蛋白，使携氧能力下降，血氧缺乏，二氧化碳蓄积，导致呼吸困难。见于代谢性酸中毒、尿毒症、酮血症、亚硝酸盐中毒、氢氰酸中毒等。

⑤中枢性呼吸困难：主要是由于重症脑部疾病，使颅内压升高和炎性产物刺激呼吸中枢，引起呼吸困难。见于脑溢血、脑水肿、脑部肿瘤、脑膜炎等。

⑥腹压增高性呼吸困难：在急性胃扩张、肠膨胀、急性瘤胃膨气、腹腔积液等情况下，腹部对胸部产生巨大的压力，使呼吸运动受阻从而导致呼吸困难。

5. 呼吸对称性检查

呼吸对称性也称匀称性，是指呼吸时，两侧胸壁起伏强度一致。当一侧有病，该侧胸壁起伏运动受到限制，而健侧则出现代偿性增加，如一侧性胸膜炎、肋骨骨折、胸腔积液、积气等。若两侧同时患病，病重一侧呼吸明显减弱。

6. 呃逆

呃逆是由于膈神经受到刺激后，膈肌发生有节律的痉挛性收缩所引起，故又称之为"膈肌痉挛"。临床表现为腹部或肷部节律性跳动，所以，也称为"跳肷"。常见于某些中毒病（棉籽饼中毒等）、胃扩张、肠便秘、消化不良等。

（二）呼出气、鼻液、咳嗽的检查

1. 检查方法

多采用嗅诊、视诊、听诊。注意嗅闻呼出气及鼻液有无特殊臭味；观察鼻液的量、颜色及混有物；听取喷嚏、咳嗽的声音、性质及咳嗽反应，必要时做人工诱咳试验。检查时，首先要看鼻液来自一侧或两侧鼻腔，然后弄清鼻液量的多少，性状如何，有无混合物和弹力纤维等。

2. 正常状态

健康动物在人工诱咳时可引起一两声咳嗽或不咳嗽。

3. 病理变化

（1）当呼出气有腐败臭味时，表示上呼吸道或肺脏的化脓或腐败性炎症，在肺坏疽时更为典型，也可见于霉菌性肺炎及副鼻窦炎；有尿臭味时，见于尿毒症；有酸臭味时，见于消化不良、急性胃扩张；有大蒜臭味时，多为有机磷农药中毒。另外，对腐败臭味还应该判别来自一侧或两侧，若是一侧，则多为该侧鼻腔或副鼻窦的疾病。

（2）鼻液（除正常状态的水牛外）常是呼吸道及肺脏的病理产物。单侧性鼻液多为喉头以上的呼吸器官病变，如一侧性急性鼻炎、副鼻窦炎等；双侧性鼻液多为喉头及其以下呼吸器官的病变，如急性喉炎、气管及支气管炎、大叶性肺炎、小叶性肺炎、肺坏疽等。当然，在双侧鼻腔同时炎症时，也可见到双侧流鼻液。鼻液量可反映炎症、渗出的范围、程度及病期。鼻液颜色及混有物是判断炎症性质的重要根据：灰白色、浆性、黏液性鼻液是卡他性炎症的产物；黄色、黏稠甚呈干酪样鼻液是化脓性炎症的特征；铁锈色鼻液是大叶性肺炎的特征性症状；混有血液，多为呼吸器官的出血性病变，可见于鼻出血、肺出血、猪的传染性萎缩性鼻炎等。

鼻液混有多量小气泡，反映病理产物来源于细支气管或肺泡，见于肺气肿、肺水肿、肺出血、支气管肺炎、支气管炎等；混有唾液及食物残渣提示伴有吞咽机能障碍、食道疾病（阻塞、麻痹等）；当小肠发生阻塞、变位时，鼻腔可能流出粪水或黄绿色（胆汁）胃肠内容物；鼻液中弹力纤维的出现，表明肺组织溶解破坏，或出现空洞，见于肺坏疽、结核、脓肿。

（3）喷鼻或喷嚏，提示鼻炎或鼻腔内异物，猪则应注意传染性萎缩性鼻炎。

（4）呼吸过程中伴发狭窄音、喘鸣音（尤以吸气期为明显），是上呼吸道狭窄的特征；猪应注意传染性萎缩性鼻炎、急性猪肺疫和咽炭疽。

（5）咳嗽，是呼吸道及胸膜受刺激的结果。检查时应注意咳嗽的性质、频度、强弱及有无疼痛等特点。

①干咳：咳嗽声清脆，洪亮，干而短，有痛苦表现，表明呼吸道内没有或仅有少量黏稠分泌物。可见于喉及气管内有异物，呼吸器官的慢性炎症及急性炎症的早期。

②湿咳：咳嗽声音钝浊而湿长，表明呼吸道内有大量稀薄分泌物。见于喉炎、气管炎及肺炎。

③痛咳：咳嗽的声音短弱低沉，并有呻吟、摇头、头颈伸直等痛苦表现。可见于急性喉炎、胸膜炎、肋骨骨折等。

④痉挛性咳嗽：表现为咳嗽剧烈，连续发作，并有痛苦。常是呼吸道内有异物强烈刺激所致。

⑤稀咳：每次仅咳嗽一两声，常发生在清晨、饲后或运动之后，多是呼吸器官慢性疾病的显示，应特别注意轻度的猪支原体肺炎。

⑥频咳：咳嗽频频出现，连续不断，常为喉、气管炎的特征；猪的频繁而剧烈甚至呈痉挛性咳嗽，多见于重症的支原体肺炎、慢性猪肺疫，当肺丝虫病时常见阵发性咳嗽。咳嗽的同时动物表现疼痛、不安、尽力抑制，则为疼痛性的表现，可见于喉炎或胸膜炎。

（三）上呼吸道的检查

1. 鼻面部及副鼻窦的检查

（1）检查方法　观察鼻面部及副鼻窦的外形有无改变及其表在病变；一般检查方法多用视诊、触诊和叩诊。亦可用 X 射线检查。此外，还可应用圆锯手术探查和穿刺术检查。

（2）病理变化　鼻面部的肿胀、膨隆和变形：猪的鼻面部短缩、歪曲、变形，是传染性萎缩性鼻炎的特征。

2. 鼻腔检查

（1）检查方法　借助自然光线或借助人工光源进行视诊。用单手法时，一只手握笼头，另一只手（右手）的拇指和中指夹住其外鼻翼并向外拉开，食指将其内鼻翼挑起；用双手法时，由助手保定并抬起动物的头部，检查者分别用两手拉开动物的两侧鼻翼即可。检查时，应注意鼻黏膜的颜色、有无肿胀、结节、溃疡或瘢痕。

（2）正常状态　健康动物的鼻黏膜为蔷薇红色或淡青红色，湿润，有光泽。

（3）病理变化　鼻黏膜潮红、肿胀主要见于鼻卡他及流行性感冒；若有水疱，可见于水疱病、口蹄疫。

3. 喉、喉囊和气管的检查

（1）检查方法　猪可开口直接对喉腔及其黏膜进行视诊。气管的检查，主要用外部触诊法。应注意其有无变形、弯曲及周围组织肿胀等。

（2）病理变化　喉部周围组织和附近淋巴结有热感、肿胀，主要急性猪肺疫或猪炭疽等；喉囊卡他表现局部敏感，叩诊可呈浊音或浊鼓音。

（四）胸肺检查

1. 胸、肺部的视诊和触诊

（1）检查方法　胸部视诊主要观察胸廓外形变化，两侧胸廓是否对称等。触诊胸部主要感触胸壁的温度、敏感性及有无震颤，并注意肋骨有无变形或骨折等。

（2）病理变化　桶状胸表现为两侧胸廓明显膨隆，左右横径显著增加，状如圆桶，常见于严重的肺气肿；扁平胸表现为两侧胸廓狭窄而扁平，左右横径显著狭小，可见于骨软症、营养不良，慢性消耗性疾病；单侧气胸时可见胸廓左右不对称。

触诊胸壁时，家畜回视、不安、呻吟、躲闪，是胸壁敏感反应，主要见于胸膜炎、肋骨骨折；纤维素性胸膜炎时，可感知胸壁震颤。

2. 胸、肺部的叩诊

（1）检查方法　中小动物可用指指叩诊法。叩诊的目的，主要在于发现叩诊音的改变，并明确叩诊区域的变化，同时注意对叩诊的敏感反应。

（2）正常状态　叩诊健康动物的肺区，叩诊呈清音。正常的肺部叩诊清音区多呈近似的直角三角形。

（3）病理变化　叩诊胸部时，家畜表现回视、躲闪、反抗等疼痛不安现象，提示胸壁敏感，是胸膜炎的重要特征。肺脏叩诊清音区扩大（主要表现为后下界的扩大），提示肺气肿。

（4）叩诊音的变化

①浊音、半浊音：浊音、半浊音的出现，说明肺泡内含有液体或肺组织发生实变，含气量减少或消失。大片状浊音区见于大叶性肺炎。

②水平浊音：是指能叩出上界呈水平状态的浊音区。说明胸腔内有一定量的液体存在。可见于渗出性胸膜炎、胸腔积液等。浊音区的变化随体位变化而变化。

③鼓音：在大叶性肺炎的充血水肿期和溶解消散期及小叶性肺炎时，肺泡内含有气体和液体，弹性降低，传音增强；或病健肺组织掺杂存在，其周围健康组织叩之鼓音；气胸时，胸腔内有大量气体，叩诊呈鼓音；胸腔积液时，在水平浊音界之上叩诊呈鼓音（肺组织膨胀不全所致）。

④过清音：为清音和鼓音之间的一种过渡性声音，类似敲打空盒的声音，

故亦称空盒音，是肺泡内含气量大增所致，主要见于肺气肿。

⑤金属音：如叩打金属容器之响声。当肺脏有大的含气空洞，且位置浅在、洞壁光滑时，能叩出此声。

⑥破壶音：类似敲打破瓷壶发出的响声。此乃肺脏有与支气管相通的大空洞，当叩诊时，洞内气体通过狭窄的支气管向外排时发出的声音。肺脏空洞可见于肺脓肿、肺结核、肺坏疽等病理过程中。

3. 肺部的听诊

（1）检查方法 听诊区同叩诊区或稍大。在听诊区内，应普遍进行听诊；每一听诊点的距离为3~4cm，每处听3~4次呼吸周期，先听中1/3部，再听上、下1/3部，从前向后听完肺区。如果呼吸微弱、呼吸音响不清时，可人为地加强动物运动，也可短时间掭住动物的鼻孔并于放开之后立即听诊；或使动物做短暂的运动后听诊。宜应注意排除呼吸音以外的其他杂音。

（2）正常状态 健康动物可听到微弱的肺泡呼吸音，于吸气阶段较清楚，状如吹风样或类似"呋、呋"的声音。整个肺区均可听到肺泡呼吸音，但以肺区的中部为最明显。

（3）病理变化

①肺泡呼吸音变化：可分为肺泡呼吸音增强和肺泡呼吸音减弱。肺泡呼吸音普遍增强在整个肺区均能听到重读的"呋"声，见于热性病、代谢亢进及其他伴有一般性呼吸困难的疾病；肺泡呼吸音局限性增强，见于大叶性肺炎、小叶性肺炎、渗出性胸膜炎等。这是因为，病区肺小叶功能低下或丧失，其周围健康肺小叶代偿性呼吸增强的结果。肺泡呼吸音减弱或消失，可见于肺组织含气量减少（支气管炎、各型肺炎等）、肺泡壁的弹性降低（如慢性肺泡气肿等）、肺与胸壁间距离加大（如渗出性胸膜炎、胸壁浮肿、胸腔积气积液等）。

②支气管呼吸音或混合呼吸音：在肺区内听到明显支气管呼吸音，即系病态，可见于肺的炎症与实变。如在吸气时有肺泡音，呼气时有支气管音，称混合呼吸音或支气管肺泡音，可见于大叶性肺炎或胸膜肺炎的初期。

（4）病理性呼吸音

①啰音：是伴随呼吸出现的附加音，也是一种重要的病理征象。干性啰音，音调强、长而高朗，如笛声、咝咝声，主要是支气管黏膜肿胀、管腔狭窄、气流不畅或其内有少量黏稠分泌物、气流通过时发生振动的结果，可见于支气管炎、支气管肺炎。湿性啰音，音响如水泡破裂音、沸腾音、漉漉音或含漱音，是由于支气管、细支气管及肺泡内有大量稀薄液体，气流通过时，水泡的生成或破裂所致，可见于支气管炎症、细支气管炎症、肺水肿、异物性肺炎等。

②捻发音：当肺泡内有少量液体时，肺泡壁发生黏合，气体进入肺泡时，黏合的肺泡壁被冲开而发出类似捻转头发的音响，见于肺水肿、小叶性肺炎、大叶性肺炎等。

③空瓮性呼吸音：类似吹狭口瓶发出的声音。是由于肺脏出现了与支气管相通的大空洞，当气体由支气管进入肺空洞时，即发出此声音。

④胸膜摩擦音：当胸膜发生纤维素性渗出性炎症，渗出液较少，胸膜脏、壁层又不黏连时，随着呼吸运动，两层粗糙的膜相互摩擦就发出类似皮革摩擦的音响，即胸膜摩擦音。

⑤拍水音：当胸腔内有一定量的液体和气体时，随着呼吸运动，发出类似水击河岸的音响，即胸腔击水音（拍水音），主要见于腐败性胸膜炎。

三、动物毒理学的基本知识

（一）毒物及其分类

1. 毒物

在一定条件下，能对活的有机体产生损害作用或使机体出现异常反应甚至造成死亡的物质，称为毒物。毒物是一个相对概念，与非毒物之间无绝对界限，在特定的条件下，几乎所有的外源化学物都有引起机体损害的潜力。一种物质是否有毒，不仅取决于毒物本身的结构和理化性质，还取决于接触外源化学物的剂量、途径、动物种类和机能状态等。

2. 毒素

毒素是由活的机体产生的一类特殊毒物。毒素根据其来源分为植物毒素、动物毒素、霉菌毒素和细菌毒素等。细菌毒素又分为内毒素和外毒素。凡是通过叮咬（如蛇、蚊子）或蜇刺（如蜂类）传播的动物毒素称为毒液。一种毒素在确定其化学结构和阐明其特性后，往往按它的化学结构重新命名。

3. 毒物的分类

（1）内源性毒物　内源性毒物指在动物体内形成的毒物，主要是机体的代谢产物。正常情况下，由于自体解毒机制或排泄作用，这些物质对机体不产生毒性作用，当机体正常生理机能发生紊乱时，即可产生毒性作用，如肾功能障碍引起的尿中毒、代谢障碍引起的酸中毒等。

（2）外源性毒物　外源性毒物即环境毒物，在一定条件下，从自然环境中进入机体内的毒物，致病作用往往较强，有些还能促进内源性毒物的形成，加重中毒的临床症状和病理过程，因此，外源性毒物对动物中毒的发生和发展具有特别重要的作用。目前常用的"外源化学物"一词通常都是指毒物。外源化学物根据其用途和分布范围可分为以下几类。

①与工业化学物生产有关的毒物：包括生产原料、辅料以及生产过程中产生的中间体、副产品、杂质、废弃物和成品等。

②与食品或饲料有关的毒物：包括各种食品添加剂、饲料添加剂、着色剂、调味剂、防霉剂、防腐剂以及食品和饲料变质后产生的毒素等。

③与药用化学物有关的毒物：包括人医和兽医用于诊断、预防和治疗的化

学物，以及各种消毒剂、改善畜禽生产性能的各种药物添加剂等。

④与环境有关的毒物：如环境中的各种污染物，生产过程产生的废水、废气和废渣中的各种化学物等。

⑤与日用化学物有关的毒物：如化妆品、洗涤用品、家庭卫生防虫杀虫用品等。

⑥与农用化学物有关的毒物：包括农药、化肥、除草剂、植物生长调节剂、瓜果蔬菜保鲜剂等。

⑦生物毒素：如动物毒素、植物毒素、霉菌毒素和细菌毒素等。

⑧军事毒物：如芥子气等化学武器毒剂。

此外，毒物还可按化学结构与理化性质、毒作用的性质、毒性的级别、作用的靶器官、毒作用机制等进行分类，如肝脏毒物、无机毒物、剧毒毒物、膜毒物等。

（二）毒性、危险性及安全性

1. 毒性

（1）毒性的概念　毒性即毒力，是指外源化学物对机体产生有害生物学作用的能力。一种外源化学物对机体产生有害生物学作用的能力越大，则其毒性就越大。"有毒"、"无毒"是相对的，外源化学物的毒性也是相对的，只要达到一定的剂量水平，所有的化学物均具有毒性，而如果低于某一剂量时，又都不具有毒性。对于某种外源化学物来说，其引起某种有害生物学作用所需剂量越小，则毒性越大，即毒性较高的化学物以较小剂量或浓度即可对机体造成一定的损害，而毒性较低的化学物则需较高的剂量或浓度才能呈现毒性作用。因此，机体接触毒物的剂量是影响化学物毒性的关键因素。除此之外，还应考虑化学物的化学结构、接触条件、所接触的物种等影响因素。

（2）毒性的计算单位　通常采用外源化学物引起实验动物产生某种毒性反应所需的剂量来表示。剂量常采用毒物的毫克数与动物体重的千克数之比来表示，即 mg/kg；禽类的剂量用毒物在饲料中的含量（mg/kg）表示；鱼类的剂量用毒物在水中的质量浓度（mg/L）表示；若为吸入性毒物，用毒物在空气中的含量表示（mg/m^3 或 mg/L）。

（3）毒性参数　毒性参数是用来判断外源化学物的毒性大小、毒作用特点及比较不同外源化学物毒性的指标。常用的有以下几种。

①绝对致死量或浓度（LD_{100} 或 LC_{100}）：是指外源化学物引起受试动物全部死亡的最低剂量（或浓度）。在一个动物群体中，不同个体之间对外源化学物的耐受性存在差异，LD_{100} 也常有很大的波动性。因此，一般不把 LD_{100} 作为评价化学物毒性大小或对不同化学物毒性进行比较的参数。

②最小致死量或浓度（MLD、LD_{01} 或 MLC、LC_{01}）：是指外源化学物引起受试动物群体中个别死亡的最小剂量（或浓度）。

③最大耐受量或浓度（LD_0 或 LC_0）：是指外源化学物不引起受试动物死

亡的最高剂量（或浓度）。

④半数致死量或浓度（LD_{50}或LC_{50}）：是指给受试动物一次或者24h内多次染毒后引起半数动物死亡的最小剂量（或浓度）。是根据实验数据，经统计学处理获得。

⑤半数耐受量（TLm）：半数耐受量与半数致死量属于同一概念，在评价水产用药物、饵料添加剂和对水质产生污染的环境化学物的毒性时经常使用。半数耐受量是指水中受试化学物在规定时间内使半数水生生物（如鱼类）存活的质量浓度，单位为mg/L。

（4）阈剂量和无作用剂量　在饲料或动物组织中检出某种化学毒物的存在，不一定说明这种饲料是有毒的或者该动物中了毒。对于大多数化学毒物来说，都有其无作用剂量和阈剂量。

①阈剂量：又称最小作用剂量（MEL），指在一定时间内，某种外源化学物按一定的方式与机体接触，使机体产生不良效应的最低剂量。阈剂量又有急性阈剂量和慢性阈剂量之分，急性阈剂量是与化学毒物一次接触所得的阈剂量，慢性阈剂量则为长期反复多次与化学毒物接触所得的阈剂量。

②无作用剂量（NOEL）：又称最大无作用剂量，是指某种外源化学物在一定的时间内，按一定方式与机体接触后，未能观察到对机体产生不良效应的最高剂量，也称为未观察到损害作用剂量。

对于同一种化学物，在不同的试验中，由于动物种类、染毒方法和染毒时间等不同，可以得出不同的无作用剂量和阈剂量。无作用剂量是制定日许量和各种卫生标准的依据。

（5）日许量　日许量即每日允许摄入量（ADI），是指人类终生每日随同食物、饮水和空气摄入某外源化学物而对健康不引起任何可观察到损害作用的剂量。ADI是根据该化学物的无作用剂量来制定。一般情况下，化学物的无作用剂量来自于动物试验结果，但由于人和动物对化学物的敏感性不同，并且人群中的个体差异也较大，所以用有限的实验动物资料外推到接触人群，把动物数值换算为人类的数值时，需要有一个安全系数，一般为100。ADI = 实验动物的最大无作用剂量/安全系数。

毒作用带是表示外源化学物毒作用特点和评价危险性的主要参数之一，包括急性毒作用带、慢性毒作用带和吸入中毒危险性指数。

①急性毒作用带（Zac）：是指外源化学物半数致死量与急性阈剂量的比值。如果化学物的急性毒作用带越窄，即比值越小，说明该化学物从产生可观察的损害到导致急性死亡的剂量范围窄，引起急性致死的危险性就越大；反之，则引起急性致死的危险性就越小。即外源化学物急性毒作用带的大小与其引起急性致死的危险性成反比。

②慢性毒作用带（Zch）：是指外源化学物急性阈剂量与慢性阈剂量的比值。如果化学物的慢性毒作用带越宽，即比值越大，说明该化学物的急性阈剂

量与慢性阈剂量之间的范围大，由极轻微的毒效应发展到较为明显的中毒表现之间的发生发展过程缓慢，难于觉察，故发生慢性中毒的危险性越大；反之，则发生慢性中毒的危险性就越小。即外源化学物慢性毒作用带的大小与其引起慢性中毒的危险性成正比。

③吸入中毒危险性指数（Iac）：是指气体性或易挥发的化学物在20℃时的饱和蒸汽浓度与半数致死浓度的比值。如果化学物的吸入中毒危险性指数越高，即比值越大，说明在常温下空气中毒物浓度越高或极易挥发，引起急性吸入致死的危险性就越大；反之，则引起急性吸入致死的危险性就越小。

根据外源化学物毒作用带的大小，把化学毒物对动物和人群产生的危险性分为极度危险、高度危险、中度危险和轻度危险四级（表3-1）。

表3-1 外源化学物危险性分级

级别	急性毒作用带	慢性毒作用带	吸入中毒危险性指数
极度危险	<6	>10	>300
高度危险	6~13	5~10	30~300
中度危险	13~54	2.5~5	3~30
轻度危险	>54	<2.5	<3

2. 危险性

危险性表示外源化学物对机体引起有害生物学作用的可能性大小。危险性与外源化学物的毒性大小、机体接触外源化学物的可能性及程度有关。有些化学物的毒性很大（如肉毒杆菌毒素），极小量就可以致死，但实际上人们接触到它的机会很少，其危险性就小；相反，有些化学物的毒性较小（如乙醇），却很容易接触到，经常有不少中毒病例发生，则危险性就大。对外源化学物的危险性进行评价时，一般根据外源化学物对机体可能存在的损害作用，损害作用的类型和特点，可能接触的动物种类、数量和特征，以及接触的剂量、途径和接触持续时间等进行综合评价。

3. 安全性

安全性与危险性是两个相对应的概念，安全性是指无危险性（零危险度）或危险性达到可忽略的程度。而实际上不可能存在绝对的无危险性。

（三）剂量-效应关系和剂量-反应关系

1. 剂量

剂量通常是指机体接触外源化学物的量或给予受试物的量，单位为mg/kg体重。当一种化学毒物经不同的途径（如胃肠道、呼吸道、皮肤、注射等）与动物机体接触时，其吸收的量和吸收速率各不相同，因此在说明剂量时，必须标注染毒途径，并且除静脉注射外，其他各种染毒途径均需考虑该化学物的吸收系数，即吸收进入血液的量与染毒量之比。

2. 效应

在毒理学研究中，效应是指外源化学物与动物机体接触后引起的有害生物学改变，又称毒效应。包括两大类：一类效应的观察结果属于计量资料，有强度和性质的差别，可以被定量测定，而且所得的资料是连续性的，如有机磷农药抑制血中胆碱酯酶的活性，其程度可用酶活性单位的测定值表示，为量效应；另一类效应的观察结果是"全"或"无"现象的计数资料，没有强度的差别，不能以具体的数值来表示，只有发生与不发生两种结果，常以"阴性"或"阳性"、"有"或"无"来表示，如死亡或存活、中毒或未中毒，这类效应称质效应。在一定的条件下，量效应可以转换成质效应。

3. 反应

反应指外源化学物引起质效应的个体数量在群体中所占的比率，一般以百分比或比值来表示，如死亡率、发病率、阳性率以及肿瘤发生率等。

4. 剂量 – 效应关系和剂量 – 反应关系

（1）剂量 – 效应关系　该关系表示外源化学物的剂量与其在个体或群体中引起的某种量效应强度间的关系。例如，空气中的一氧化碳浓度（表示剂量）增加，导致红细胞中碳氧血红蛋白含量（表示效应）随之升高。

（2）剂量 – 反应关系　该关系表示某种外源化学物的剂量与其引起某种质效应的个体在群体中所占比例的关系。例如，在急性毒性试验中，给实验动物某种受试物，随着受试物的剂量增加，各组动物的死亡率相应增高，表示二者之间存在剂量 – 反应关系。

5. 剂量 – 效应（或反应）关系的表示方法

剂量 – 效应（或反应）关系可以用曲线来表示，即以表示效应强度的单位（表示反应的百分率或比值）为纵坐标，以剂量为横坐标，绘制散点图所得到的曲线。不同的外源化学物在不同的接触条件下产生的效应或反应类型不同，可表现为不同的曲线形式。常见的曲线有下列三种形式。

（1）S 形曲线关系　该曲线为两端平缓，中间陡峭的"S"形曲线（图3 – 1）。在生物学实验中，大部分外源化学物的剂量 – 反应关系曲线为 S 形曲线，其特点是在较低和较高剂量范围内，剂量的增减对反应或效应强度的影响不明显，在中等剂量范围内，剂量的较小变化往往引起反应或效应强度的急速变化，即该曲线中间部分（反应率 50% 左右），斜度最大，反应最灵敏，此处剂量略有变动，反应或效应即有较大增减，便于做不同化学物间的毒性比较，如 LD_{50} 等。

（2）抛物线关系　营养品、某些生命所需的微量元素和维生素的剂量 – 效应或反应关系呈抛物线形（图 3 – 2）。即剂量过大会引起动物中毒，过小对健康也会带来影响，只有在一定的范围内剂量的增加对机体才是有益的。

（3）直线关系　外源化学物的剂量改变与效应强度或反应率的改变成正比，即随着剂量的增加，效应或反应也随着增强，这种剂量 – 反应（效应）

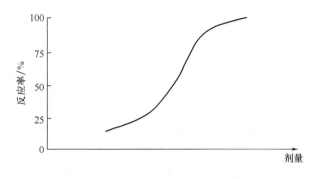

图 3 – 1 剂量 – 反应曲线（对称 S 形曲线）

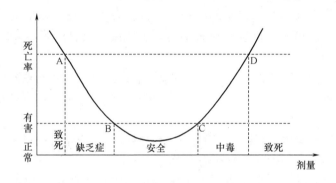

图 3 – 2 抛物线形剂量 – 反应关系曲线

A—致死的最低剂量 B—适合健康的最低剂量

C—适合健康的最高剂量 D—不致死的最高剂量

关系曲线是一条直线，在生物学试验中，此种直线形关系极为少见，只有在某些体外试验或离体器官试验中，在一定剂量范围内，才可能显示这种直线关系。

同一种外源化学物，其不同的效应可有各自的剂量 – 反应和剂量 – 效应关系曲线。

（四）中毒

1. 中毒概念及分类

中毒是指毒物进入机体后引起的病理过程。中毒可分为急性中毒、亚急性中毒、慢性中毒三种类型。急性中毒是动物在短时间内一次或多次接触或摄入较大剂量的毒物而引起的中毒；慢性中毒是指动物在较长时间内（几天、几个月甚至几年）连续摄入或接触较小剂量的毒物，逐渐引起的中毒；亚急性中毒介于急性中毒与慢性中毒之间，一般是指在几天或几个月内，动物多次接触毒物引起的中毒过程。

2. 中毒原因

动物中毒原因很多，总体上分自然因素引起的中毒和人为因素引起的中毒，两者之间有时没有明显的界限，由于人为因素的干预常使自然状态存在的危险物进入动物机体引起中毒。

（1）自然因素引起的中毒　自然因素包括有毒矿物质、有毒植物、有毒动物等引起的中毒。

①有毒矿物引起中毒：主要是某些地区土壤中的有毒矿物质或某种正常的元素含量过高，使饮水、牧草或饲料中含量亦增高，引起动物急慢性中毒。如动物采食聚硒植物，引起急慢性硒中毒；某些地区土壤中含氟量很高，易引起地方性氟中毒。这些因素引起的动物中毒都有明显的地区性。

②有毒植物引起中毒：主要是人畜误食有毒植物而引起中毒。有毒植物主要有自身能产生天然有毒物质的植物、能蓄积有毒物质（如重金属、氟、硒及亚硝酸盐）的植物，也包括被有毒物质、病虫害及农药等污染的植物及条件性有毒植物等。

③有毒动物引起中毒：分泌毒液的爬虫和昆虫叮咬或随同牧草被食入等可引起动物中毒，如蛇毒中毒、蜂毒中毒、斑蝥毒中毒、瞻蜍毒中毒及蚜虫毒中毒等。

④霉菌和藻类中毒：某些霉菌在一定条件下，能产生霉菌毒素，如黄曲霉毒素。死水中的蓝绿藻能引起动物中毒。

（2）人为因素引起的中毒　人为因素包括来自工业污染和农药、兽药的使用不当以及劣质饲料或饮水等。

①工业污染引起中毒：工业"三废"中的有毒物质，未经无害化处理进入环境，污染空气、牧草、土壤及饮水引起动物中毒。放射性物质等均可污染饲草、饲料和饮水而引起动物中毒。

②农药、兽药引起中毒：因为农药、兽药使用管理不当或滥用，使动物误食、过量等引起畜禽中毒，甚至死亡。

③饲料毒物引起中毒：饲料配合调制不当、混合不匀或饲喂有毒饲料等引起动物中毒。如长期大量饲喂未经脱毒处理的棉籽饼或菜籽饼引起中毒；饲料在保管、贮存不当时，发霉腐败而产生有毒物质，引起动物中毒，如霉玉米中毒、发芽的马铃薯中毒等。此外，饲料营养物质不全可提高中毒病的发生率，如缺钙可促进氟中毒的发生，缺维生素 A 可促进棉籽饼中毒的发生。

④饲料添加剂引起中毒：饲料添加剂使用不当，如用量过大、应用时间过长、配比不当，或添加剂中有毒杂质含量过高等，均可引起动物中毒甚至大批死亡。

⑤恶意投毒：恶意投毒引起家畜中毒事件时有发生，多是破坏活动。

⑥其他方面：有毒气体和军用毒剂中毒。

复习思考题

1. 猪胃溃疡的发病原因有哪些？如何治疗？

2. 猪胃肠炎的发病原因及防治措施有哪些？

3. 猪肠便秘的临床症状有哪些？

4. 如何治疗猪肠变位？

5. 如何治疗猪支气管炎？

6. 猪支气管肺炎的发病原因及防治措施有哪些？

7. 猪大叶性肺炎发病原因有哪些？如何治疗？

8. 母猪产前不食综合征的病因有哪些？如何防治？

9. 新生仔猪溶血病临床症状及病理变化有哪些？

10. 猪风湿病的临床症状有哪些？如何治疗？

11. 猪中暑的急救措施及治疗方法是什么？

12. 猪有机磷农药中毒时怎么进行解救？所用的各种解毒剂有什么优缺点？

13. 猪亚硝酸盐中毒的原因、临床特点及特效解毒药是什么？

14. 猪黄曲霉毒素中毒的主要临床特点和病理变化是什么？

15. 仔猪缺铁性贫血临床症状有哪些？如何防治？

16. 如何进行新生仔猪低血糖症的有效预防？

17. 猪的各种维生素缺乏症有哪些？如何防治？

18. 猪佝偻病的临床症状及病理变化有哪些？

19. 猪软骨病的病因是什么？如何进行防治？

20. 猪硒缺乏症的临床症状及病理变化是什么？

21. 猪锌缺乏症的临床症状有哪些？如何进行防治？

22. 猪碘缺乏症的发病机理是什么？如何进行防治？

23. 猪锰缺乏症的临床症状有哪些？如何进行防治？

模块四
猪外产科疾病及其防治

单元一 | 猪外科疾病

一、猪疝 （赫尔尼亚）

疝又称赫尔尼亚，是畜体腹部的内脏器官通过腹壁天然孔或人工的孔道脱至皮下或其他腔孔的一种常见病，临床多见于猪、牛、羊、犬，马也有发生。猪疝是临床上常见的一种外科疾病，先天性疝多因某些解剖孔（脐孔、腹股沟环）发育不良，闭锁不全所致，主要见于仔猪；后天性疝则是因机械性外伤或小母猪阉割不当引起，可见于各种年龄的猪。

（一）组成

疝由疝轮（疝孔）、疝囊、疝内容物组成。

1. 疝轮（疝孔）

疝轮（疝孔）系自然孔的异常扩大（如脐孔、腹股沟环）或是腹壁上任何部位病理性的破裂孔（如钝性暴力造成的腹肌撕裂），内脏可由此而脱出。疝孔是圆形、卵圆形或狭窄的通道，由于解剖部位不同和病理过程的时间长短不一，疝孔的结构也不一样。初发的新疝孔，多数因断裂的肌纤维收缩，使疝孔变薄，且常被血液浸润。陈旧性的疝多因局部结缔组织增生，使疝孔增厚，边缘变钝。

2. 疝囊

疝囊由腹膜及腹壁的筋膜、皮肤等构成，腹壁疝的最外层常为皮肤。根据各地通过手术治疗的病例，发现腹壁疝的腹膜也常破裂。典型的疝囊应包括囊口（囊孔）、囊颈、囊体及囊底。疝囊的大小及形状取决于发生部位的局部解剖结构，可呈鸡卵形、扁平形或圆球形。小的疝囊常被忽视，大的疝囊可达人头大或更大，在慢性外伤性疝囊的底部有时发生脱毛和皮肤擦伤等。

3. 疝内容物

疝内容物为通过疝孔脱出到疝囊内的一些可移动的内脏器官，常见的有小肠肠襻、网膜，其次为瘤胃、真胃，较少为子宫、膀胱等，几乎所有病例疝囊内都含有数量不等的浆液——疝液。这种液体常在腹腔与疝囊之间互相流通。在可复性的疝囊内此种疝液常为透明、微带乳白色的浆液性液体。当箝闭性疝时，起初由于血液循环受阻，血管渗透性增强，疝液增多，然后肠壁的渗透性被破坏，疝液变为混浊、呈紫红色，并带有恶臭腐败气味。在正常的腹腔液中仅含有少量的嗜中性粒细胞和浆细胞。当发生疝时，如果血管和肠壁的渗透性发生改变，则在疝液中可以见到大量崩解阶段的嗜中性粒细胞，而几乎看不到浆细胞，依此可作为是否有箝闭现象存在的一个参考指征。当疝液减少或消失后，脱到疝囊的肠管等就和疝囊发生部分或广泛性黏连。

（二）症状

1. 脐疝

在脐部出现一时大时小的局限性肿胀，质地柔软、有的紧张，囊壁底部有损伤性瘢痕，甚至出现粪瘘（皮肤磨破损伤黏连的肠管所致）；触诊可摸到疝轮及疝内容物，当囊壁增厚、腹压大时可能摸不到疝轮。肠嵌闭时出现症候性腹痛等。

2. 腹股沟阴囊疝

多呈现出一侧性（双侧性少）阴囊增大，皮肤紧张发亮，触诊柔软有弹性，将两后肢提起，稍加挤压有可能回至腹腔；嵌闭性疝少见，但全身症状重，剧烈腹痛；小母猪则在肛门下及腹部出现时大时小的局限性囊肿。

3. 外伤性腹壁疝

小母猪阉割不当或其他钝性损伤病史，突然出现一平坦柔软的局限性肿胀，继之出现炎性肿胀，不易摸清疝轮及疝内容物，多发生小肠，后期囊壁增厚。

（三）诊断

根据病史及症状，结合临床检查即可作出诊断，应注意与血肿、脓肿、肿瘤、蜂窝组织炎、淋巴外渗相鉴别。

（四）手术方法

1. 脐疝

本病多见于仔猪，一般是先天性的，因仔猪发育不全，脐孔闭锁不全或完全没有闭锁，加上剧烈运动，使腹腔内压增高而引起腹腔内脏器官（多为小肠及网膜）进入皮下，形成脐疝。

仔猪可复性脐疝脱出的肠管还纳腹腔时，局部用绷带压迫，脐孔可闭锁而愈。如果脐孔较大或发生肠嵌闭时，须进行手术疗法，对可复性疝先切开疝囊，但不切开腹膜，将腹膜与疝内容物送入腹腔之后，对症孔进行袋口缝合或纽孔状缝合，皮肤结节缝合，当疝内容物与疝囊黏连时，应小心切开症囊，仔细剥离黏连，防止损伤肠管，送回内容物后缝合疝孔和皮肤，切开疝囊后如见肠管坏死，应截除坏死肠段后，行肠管吻合术。术后不宜喂食过早。

2. 腹股沟阴囊疝

公猪若腹股沟管过大，常在出生时发生或出生后剧烈运动和外界暴力，如踢打、捕捉等引起腹压增高，使腹腔的肠管（连同肠系膜）经过腹股沟，即发生腹沟阴囊疝。

对可复性腹股沟阴囊疝，将猪两后肢拧取倒立保定并固定，术部常规处理，切开阴囊皮肤，剥离总鞘膜至腹股沟外环处，将睾丸连同总鞘膜捻转数圈至腹股沟外环处（此时肠管已挤压还纳腹腔内），在外环处作环形结扎，再在环形结扎外进行贯穿结扎并将缝线固定于腹股沟外环上即可。对肠管发生黏连的猪则采用正常去势部位切开阴囊皮肤，再小心切开总鞘膜，分离黏连的肠管，同时在腹股沟外环处切开皮肤，小心切开腹股沟管鞘膜，将疝内容物还纳腹腔，结扎精索，除去睾丸，切除多余的总鞘膜，缝合腹股沟外环，结节缝合腹股沟外环处皮肤。仔母猪同样采两后肢拧取倒立保定并固定，术部常规处理，在患侧最后乳头稍后方纵行皱褶切开皮肤，剥离总鞘膜至腹股沟外环处（也可以切开总鞘膜仅分离腹膜），将总鞘膜或腹膜捻转数圈至腹股沟外环处（此时肠管已挤压还纳腹腔内），在外环处作环形结扎，再在环形结扎外进行贯穿结扎并将缝线固定于腹股沟外环上即可。护理：术后不宜喂食过早、过饱，适当限制活动。

3. 外伤性腹壁疝

对可复性外伤性腹壁疝，采用仰卧保定（依部位而定），并将两后肢拉直固定，术部常规处理，在疝囊底部或基部皱褶切开皮肤，小心分离囊壁后，将肠管还纳于腹腔，除去增生的结缔组织囊壁（一定要切除脆弱的结缔组织），纱布隔离，修整疝轮，纽扣状闭锁疝轮并结节缝合，必要时将肌肉及筋膜进行兰伯特氏样缝合，剪去多余的皮肤后结节缝合，对肠管发生黏连的猪，则在切开皮肤，小心分离囊壁后，先作小肠和小肠襻与囊壁组织的钝性分离，其余切开，然后再将多余的附在肠管上的组织剪切掉，不能除去的部分则可不管，将肠管还纳于腹腔，其余同前。护理，禁饲半天、给容易消化的饲料，适当运动，1个月内避免剧烈运动，抗感染3d，1周后痊愈。

二、猪肢蹄病

猪肢蹄病是指猪四肢和四蹄疾病的总称，又称跛行病，是以姿势、步态和站立不正常、支持身体困难为特征的一种普通病，该病成为现代集约化养猪场淘汰种猪的重要原因之一。

（一）原因

主要有四个方面，营养方面缺乏维生素、矿物质等引起的感染；管理方面造成的硬伤（如水泥地）及其引起的混合感染；某些疾病引起的症状及继发感染；选育过程中的品种及其遗传原因。

1. 营养因素

（1）能量 猪日粮能量缺乏或过高，都会引发肢蹄病的发生。

（2）蛋白质 高蛋白质日粮结构，易引起猪的肢蹄病发生。

（3）矿物质和微量元素 日粮中钙、磷比例不应低于 1.0。日粮中锰过量，会损伤猪的胃肠功能，生长发育受阻，易引起钙、磷利用率降低，导致佝偻病和软骨症。8～12 周龄猪易因缺锌导致皮肤不全角化症。饲料中砷和硒的含量超标，猪会出现慢性中毒，也会引起蹄部的病变。

（4）维生素 维生素 D 缺乏可导致后腿痉挛，蹄开裂，病蹄不能着地。有些猪场饲料中添加霉菌毒素吸附剂，如硅酸盐类，可导致矿物质、维生素大量流失，引起蹄裂、感染。

2. 管理因素

（1）运动的影响 规模化养殖猪场，为了提高饲料的利用率，采用限位栏、高床饲养，由于猪运动受到限制，致使肢蹄病发生增多。

（2）机械损伤 在种猪的日常管理、转栏并栏及种猪出售时的驱赶当中，由于饲养管理人员的粗暴、猪打架、途经粗劣路面、跨越沟壑等原因，造成肢蹄外伤。继发感染葡萄球菌、链球菌、化脓杆菌，引起跛行或者不敢站立。

（3）地板的材质和粗糙程度 集约化养殖场基本上采用水泥地面或砖地面，不论何种材质圈舍都应有适当的平滑度，较好的猪舍地面，应具备坚实、平坦、不硬、不滑、温暖、干燥、不积水（坡度以 3°～5° 为宜）、易于清扫和消毒、采光、通光良好的要求。

（4）消毒后清洗不够 如果消毒过的栏舍清洗不够，地面残留的消毒液容易腐蚀蹄壳，蹄部会受损伤。

（5）秋冬干燥季节，养猪场裂蹄病几率增大。

3. 疾病因素

猪患有猪丹毒、猪链球病、葡萄球菌，多发性关节炎、布氏菌病、乙型脑炎、口蹄疫等细菌、病毒性疾病时，临床上均可表现出关节炎、跛行等症状。

4. 遗传因素

纯繁种猪场和人工授精站，应采取更加严格的清除措施，不留隐患，提高猪群整体素质。

（二）防治措施

1. 预防

（1）强化种猪的饲养与管理　要加强运动，多晒太阳，增强种猪的四肢支撑能力，可以降低该病的发生率；同时要保证日粮中氨基酸平衡、富含维生素及矿物元素，适当的钙、磷比例；注意添加锌、硒制剂，并注意逐级预混，保证混合均匀，应严格控制砷制剂的添加。

（2）搞好猪场设计与建设　仔细检查母猪舍地面及周边设施，尤其是新场地，保证坡度在3°~5°，用砖或机械将过于粗糙的地面及设施磨平，舍内铺垫干草可护肢蹄。

（3）加强猪舍的环境卫生管理，保持猪舍清洁干燥　采用其他降温措施，减少冲栏次数；在使用集中制冷时，冷气出口处不宜再安放猪；认真计划栏舍周转，在栏舍用强酸、强碱、强氧化性消毒剂消毒后，应仔细清洗干净，待干燥后转入新猪。

（4）要勤观察，精心护理　经常检查猪的蹄壳，特别是秋冬季节天气转冷时，尤其是高龄母猪，发现过于干燥应隔3~5d涂抹一次凡士林、鱼石脂或植物油，以保护蹄壳，防止干裂并有消炎的作用。

2. 治疗

对已经发生肢蹄病的猪，没有特效的治疗方法，只有根据发病原因，标本兼治。

挫伤是肢蹄受到打击、斗咬、冲撞、跌倒等钝性挫伤，局部皮肤无伤口。轻度的，病初肿胀不明显，以后肿胀坚实明显，体温升高，有时疼痛跛行，严重的受伤部位迅速肿胀，疼痛剧烈。当发生组织炎和坏死时，感觉消失，运动障碍。治疗方法：将患部剪毛后消毒，用生理盐水冲洗患部，再用鱼石脂软膏涂于患部或涂布龙胆紫。

蹄裂是指生猪蹄壳开裂，或裂缝有轻微出血，蹄尖着地，疼痛跛行，不愿走动，其他症状轻微，但生长受阻，繁殖能力下降。治疗方法：可用0.1%的硫酸锌涂抹，并每日1~2次在蹄壳涂抹鱼肝油或鱼石脂，可滋润蹄部，并促进愈合。若有炎症可先清除病蹄中的化脓组织或异物，然后进行局部消毒，用青霉素按猪体重5万IU/kg，链霉素50mg，混合用氯化钠注射液20mL溶解后，肌肉注射，每日2次，连注3d。

链球菌和葡萄球菌病：用青霉素按猪体重每千克5万IU，链霉素50mg，混合用氯化钠注射液20mL溶解后，肌肉注射，每日2次，连注3d。也可用磺胺甲嗪或磺胺-6-甲氧嘧啶，按猪体重每千克首次量0.1g，维持量70mg，肌肉注射，每日1次。连注3d。在关节肿病例较多时，应在饲料中添加磺胺或阿莫西林类药物预防。

三、猪直肠脱

直肠脱是直肠末端黏膜的一部分或大部分脱出于肛门之外，而不能自动缩回的一种疾病。同其他家畜相比，猪极易发生直肠脱出，从出生后 1～2d 到成年猪各个年龄段均有发生。

（一）病因

导致肠道脱出的基本原因是腹压增加，破坏了骨盆的肌肉支持结构，从而使直肠无法保持在原来的正常位置。由于育种和性别差异增加了个体对直肠脱垂的易感性。造成猪直肠脱的病因比较复杂，不同年龄、不同季节均有该病发生，但一般多发生在 15～50kg 体重的猪及年老、瘦弱猪或是分娩前后的母猪，并且多在冬季寒冷、潮湿的环境下发生。这是由于不同的因素引起肛门括约肌松弛及肛门周围组织结构移位所导致。

1. 遗传因素

有习惯脱肛史母猪所产仔猪的直肠脱病例明显增多。

2. 疾病因素

长期便秘、顽固性腹泻以及便秘和腹泻交替出现容易继发直肠脱；各种引起腹压增加的疾病，如剧烈咳嗽，也会造成直肠异位而脱出。

3. 毒素因素

如果饲料中存在大量的霉菌毒素，猪只采食后可导致直肠肿胀引起脱肛；饲料中长期大量添加棉子粕也会引起猪只中毒脱肛。

4. 药物因素

部分抗生素，如林可霉素或泰乐菌素长期作为饲料添加剂喂猪，不仅会引起猪只肠道菌群失调形成便秘，而且可导致直肠边缘肿胀，进而发生直肠脱出。

5. 生理因素

母猪过肥或怀孕后期腹压过高，子宫压迫直肠，肛门括约肌松弛等原因，会诱发母猪脱肛。

6. 管理因素

在天气寒冷环境温度过低时，猪只扎堆拥挤，过度挤压，造成机械性脱肛；饲养管理中的各种应激因素，如撕咬、奔跑、剧烈运动，也会引起猪只脱肛。另外猪只运动不足，其分泌机能和肠胃消化功能受到影响，致使肠内容物停滞，也会因便秘而脱肛。

（二）症状

发病初期，病猪仅在排粪后有半球状肿物外翻，但仍能恢复。随着病情的发展，直肠黏膜脱出，可于肛门口外见到淡红色圆球形肿物。如果是直肠壁的全层脱出，则可于肛门外见到呈圆筒状的肿胀物下垂。随着脱出时间的延长，黏膜下的水肿也逐渐加重，出现局部肿胀，肿物呈暗红色，黏膜表面糜烂、坏死。同时，因受外界环境的污染，脱出的直肠表面污秽不洁，常粘有泥土和草屑等。时间过长，还会造成直肠壁干燥龟裂，并有黄色透明的渗出液，有时混有血或有化脓性分泌物附着，加之机械损伤，会造成局部表层组织坏死出现感染。此时，病猪常出现全身症状，体温升高、食欲减退、精神萎顿。如得不到及时治疗，病情进一步恶化，也可引起死亡。

（三）防治

1. 预防

在留用后备母猪时，应淘汰有习惯脱肛史的母猪，以防遗传因素对后代仔猪产生影响；要加强饲养管理，保持猪舍清洁干燥和饮水的清洁，预防能导致猪直肠脱的疾病，如肠炎和便秘等疾病的发生。另外，对仔猪要加强冬季保暖，避免仔猪直接睡卧在水泥地板上。科学饲喂营养丰富的全价料，同时多补给一些青绿饲料，保持适当的运动；防止饲料霉变。

2. 治疗

（1）如脱出体外的直肠段较短，可用温热的0.1%高锰酸钾溶液洗净脱出的肠管及肛门周围，提起猪的两只后腿，缓慢送回腹腔，观察半小时，无脱出，即可放入单圈隔离饲养。

（2）脱肛严重的猪需要通过手术治疗。对于水肿严重的可用注射针头轻刺水肿的黏膜，再用手轻轻挤出水肿液；如果黏膜溃烂坏死，应剥去烂肉清洗干净，但注意不要损伤肠管肌层。然后将脱出部分轻轻整复送入肛门内，并在肛门周围作荷包口状缝合。缝合后打结应适当，既能使猪顺利排粪，又要防止肿物脱出。为了防止剧烈努责造成肠管再次脱出，可于交巢穴注射1%盐酸普鲁卡因液5~10mL与青霉素80万IU的混合液，给与少量粥样食物。一般3~5d即可恢复正常。脱肛非常容易复发，对顽固脱肛的猪只，进行淘汰处理，出现脱肛的母猪也不宜继续留做种用。

（3）服用补中益气汤。方剂为：黄芪95g、当归60g、党参60g、柴胡30g、甘草45g、陈皮60g、白术65g、升麻30g，共研末，一次灌服。

单元二 ｜ 猪产科疾病

一、乳房炎

母猪乳房炎主要由细菌侵入乳房而引起，中兽医俗称"奶痛"。若哺乳母猪发生乳房炎，以乳房发生红、肿、热、痛为主要临床特征，乳汁质量下降，重者母猪拒绝仔猪吮乳。导致仔猪发生腹泻等肠道疾病，仔猪逐渐消瘦而死亡，给养猪生产造成很大的经济损失。

（一）病因

1. 饲养管理不当

由于产房拥挤、通风不良等原因常常导致母猪难产、分娩无力，产程过长导致母猪劳累过度，血流循环受阻，腹腔内压大，乳房容易水肿，从而引起母猪乳腺发病。特别是初产母猪，更容易发生乳房炎。初产母猪由于产仔数偏少，使得部分乳头得不到充分吮吸而发病。

2. 营养调控不科学、乳汁分泌过多

初养母猪者因担心母猪泌乳不足，采取的补饲方法不当，补饲时间早，往往在母猪分娩后就补饲，且补饲的饲料质量过好，数量过多，导致泌乳量过多，若仔猪过小，吮乳量有限时可因乳汁凝滞而引发乳房炎。过剩的乳汁压迫乳房血管，使血液循环受阻，造成乳房组织氧和营养物质的缺乏，乳房组织发生坏死，也会继发乳房炎。另外，仔猪断奶时，没有相应减少母猪精料喂量，常会导致过多的乳汁得不到及时的吮吸而发生炎症。

3. 卫生条件差

由于环境不洁，猪舍卫生差，湿度大，不注意乳房卫生，加之母猪分娩后肌体抵抗力降低，细菌通过松弛的乳头孔进入，或乳房、乳头受体表寄生虫侵袭，从而诱发乳房炎。

4. 不合理用药

乱用、滥用兽药引起猪只药源性内分泌紊乱，如氯噻嗪不合理的使用可致使动物乳房肿胀、分泌脓性乳汁样分泌物，乳腺诱发炎症。又如肾上腺皮质激素类药物氢化可的松、地塞米松等激素在临床上被大量的乱用、滥用直接导致本病的暴发与流行。

5. 遗传因素

由于遗传因素导致乳头发育不良，乳头管呈漏斗形，弹性小，不利乳猪吸乳或乳猪拒绝吸食。过剩的乳汁压迫乳房，造成血管周围血流不畅，经络受阻，导致发生乳房炎。

（二）临床症状

1. 母猪局限性乳房炎是一种常见病，局限于 1 ~ 3 个乳区发生炎症。若发病时，患猪精神尚好，特别是食欲并无异常，只是发病乳区肿大、潮红、发热、疼痛，不让仔猪吮乳，多数病例经过治疗后可痊愈。

2. 扩散性乳房炎多数于分娩后发病，1 ~ 2d 内全乳区急剧肿胀，几乎无乳汁分泌，母猪分娩时间过长、发生难产或者助产时损伤产道黏膜，易被化脓性细菌侵入感染。全乳区发炎后，猪体温升高到 40℃ 以上。乳房分泌黄色黏稠水样脓汁乳。常引起仔猪腹泻。时间久之，乳房肿胀部位会化脓、溃烂，甚至流出腥臭脓汁。

（三）防治措施

应贯彻"以防为主，防治结合"的方针，采用中西兽医结合治疗，效果更好。

1. 预防

（1）科学饲养与管理 ①首先要掌握好母猪分娩前后的喂养方法：一般于产前 5d 开始减料至分娩当天不喂料，产后第 2d 喂料 0.5kg，以后逐渐加料，至第 5 ~ 7d 达到 2.5kg。第 8 ~ 14d 要达到哺乳母猪喂料标准。即每天饲喂基础料 2.5kg +（0.3 ~ 0.5kg）×仔猪数。日喂 3 次，饮充足清洁水，避免或减少母猪分娩后泌乳过多而发生乳房炎。②母猪于断乳前 3d 开始减料喂养。至断乳当天不喂料。断乳后第 2d 喂少量饲料，3d 后实行短期优饲，给予饱食，促进母猪正常发情、排卵，可提高母猪繁殖率和减少母猪断乳前后发生乳房炎。③规模猪场要注意母猪产房或高床设备不要过于粗糙。以防擦伤乳房皮肤被细菌感染而引发乳房炎。④仔猪出生后 3d 内要做好"断齿、断尾、补注铁制剂"，以防贫血、咬架等现象，可避免仔猪吮乳过程咬伤乳房皮肤被细菌感染而引发乳房炎。

（2）严格消毒 要严格执行卫生消毒制度，一般舍外环境用 2% ~ 4% 氢氧化钠热溶液。每 15d 消毒 1 次，舍内环境（包括产房）用百毒杀、消特灵或消毒威等每 7d 消毒 1 次，要交替使用，避免细菌产生耐药性，增强消毒效果。母猪入产房前，猪体要清洗干净，后用 0.1% 新洁尔灭溶液喷洒猪体。分娩后母猪乳房、乳头、胸腹和臀部要洗干净，再用 0.1% 高锰酸钾溶液消毒，擦干，可避免或减少母猪乳房被细菌感染而发生乳房炎。

（3）药物预防 ①西药：母猪分娩前后 8h 可注射长效土霉素 5mL，预防仔猪发生黄痢、白痢和避免母猪发生乳房炎，重者隔 2 ~ 3d 重复注射 1 次，每千克体重 0.1mL，一次注射部位剂量不超过 5mL，若超过 5mL 以上，可分点注射。②中药：母猪分娩后第 23d 可取新鲜鱼腥草、益母草各 150 ~ 200g（干草用量减半），铁马鞭 50 ~ 100g，洗净后加 2 ~ 3 倍清水煎汁，通常在煮沸后再熬 8 ~ 10min，随后将煎液拌料喂母猪，1 次/d，连用 3 ~ 4d，可防母猪发生乳房炎。

2. 治疗

（1）轻症，即对局限性乳房炎的治疗 ①热敷：在乳房肿胀初期。可在肿胀下部的血管上针刺放血，后配合使用浸透热烫温水的毛巾（温度一般为50～60℃）按摩乳房，每隔几小时挤乳10～15min，有助于减轻乳房肿胀和疼痛。②涂擦药物：首先要隔离仔猪，挤掉患病乳腺的乳汁，局部涂擦10%鱼石脂软膏或碘软膏或樟脑油等。③封闭疗法：母猪侧卧保定，局部用酒精棉球消毒，以0.5%盐酸普鲁卡因溶液30～40mL加入青霉素240万～400万IU，分别在左、右侧距乳房肿胀边缘2cm处，针头刺入1cm，分数点注射，每点注射3～4mL，1次/d，连用3～4d。④药物注射：按母猪每千克体重肌注青霉素2万～4万IU（与氨苄青霉素交替使用）、链霉素1.5万IU，1次/d，连用3～4d，伴有疼痛和体温升高者用10%安痛定或复方氨基比林10～20mL肌注，地塞米松磷酸钠20～30mg肌注，1次/d，连用3～4d。为维持药物持续杀菌消炎，可选用12%复方磺胺间甲氧嘧啶，每千克体重肌注0.01～0.02g，1次/d，连用3～4d，首次量加倍。经上述用药。一般可治愈。

（2）重症，即扩散性乳房炎的治疗 重症除采用上述一些治疗方法外，必须采取以下有效方法治疗。①手术：乳腺发生脓肿时必须经过严格消毒后切开排脓，用锌明胶绷带保护伤口，乳腺发生坏疽时，应予切除，以防引起脓毒血症。②全身疗法：每头母猪可用氨苄青霉素3～4g或头孢唑林钠34g（两种药物可交替使用）、地塞米松磷酸钠20～30mg、维生素C 15～20mL、0.5%樟脑磺酸钠溶液5～6mL或10%安钠咖溶液5～6mL、0.9%生理盐水500mL、10%葡萄糖溶液500～1000mL，混合静注，1次/d，连用5～6d为一疗程。对预防败血症和治疗扩散性乳房炎有较好的治疗效果。

（3）中兽医疗法应辨证施治，以清热解毒、散瘀通经为总则

①热毒壅盛型：用瓜蒌50g，牛蒡子、花粉、金银花、连翘各30g，黄芩、栀子、柴胡、当归、赤芍、王不留行、穿山甲、青皮各25g，甘草15g，共研末，每日1剂。分2～3次拌料喂服或灌服。

②气血淤滞型：用当归、赤芍、白芍、柴胡、香附、郁金、丝瓜络、王不留行各30g，陈皮、青皮各25g，甘草15g，共研末，每日1剂，分2～3次拌料喂服或灌服。

③子宫内膜炎继发乳房炎：用桃仁、金银花、栀子各45g，连翘30g，红花、生地、赤芍、当归、川芎、王不留行、穿山甲、陈皮各25g，甘草15g，共研末，每日1剂，分2～3次拌料喂服或灌服。

④可选用的其他处方：黄花地丁、紫花地丁、芙蓉花各50g，大蓟40g，煎汁喂服，每日1剂，其渣敷患处，或用鲜草捣汁内服，其渣敷患处，效果更好。也可试用蓖麻仁、松香、冰片研碎按5∶18∶0.5的比例用热水调成糊状，冷却后成蓖麻膏。用时，将膏涂于乳房患处，然后用纱布包敷数日。该药膏对畜体无名肿块、疔痛、疮等疗效也佳。采取上述综合防治措施。除久病和个别

重症病例外，一般可治愈。

二、猪子宫内膜炎

母猪子宫内膜炎是导致母猪繁殖障碍的主要疾病之一，对母猪造成的危害主要有：危害精子的生存；影响受精及胚胎的生长发育和着床；引起胎儿死亡而发生流产；母猪屡配不孕或妊娠后流产；子宫复旧时间延长；产后发情时间推迟；给养猪业造成严重的经济损失。

（一）病因

1. 病原生物

（1）病毒 猪瘟、细小病毒病、猪伪狂犬病、猪流行性乙型脑炎、猪繁殖与呼吸障碍综合征、圆环病毒。

（2）细菌 结核杆菌、布氏杆菌；条件性致病菌，大肠杆菌、链状杆菌和葡萄球菌多见，其他如绿脓杆菌、变形杆菌、化脓杯状杆菌、沙门氏菌、克雷伯氏菌、假单胞菌、嗜水气单胞菌、枸橼酸杆菌。

（3）寄生虫 弓形虫、滴虫。

（4）其他 衣原体、钩端螺旋体、支原体。

2. 人为因素

引起母猪子宫内膜炎的人为因素主要有：难产时手术不洁；人工授精时消毒不彻底；自然交配时公猪生殖器官或精液内有炎性分泌物。

产后子宫内膜炎的发生主要是由于在分娩时、分娩后感染；在难产、胎衣不下、子宫脱出、流产、死胎滞留时出现。

（二）分类

母猪子宫内膜炎大体分为三类：急性子宫内膜炎、慢性子宫内膜炎（多见）、隐性子宫内膜炎。

1. 急性子宫内膜炎

病猪精神不振、食欲减少或不食；体温升高，鼻盘干燥；不时见拱背努责，频频排尿；阴门不时流出灰黄色或灰白色、污秽有腥臭味分泌物，有时夹有胎衣碎片，卧下时更明显；哺乳母猪泌乳量减少，不愿给仔猪哺乳。

2. 慢性子宫内膜炎

较为多见，病猪有轻度全身反应，症状明显，精神沉郁，体温升高，食欲减少或不食，鼻镜干燥，尿少赤黄。主要在种母猪尾根、阴门周围有恶臭味的黏稠分泌物，干后形成薄颜色为淡灰色、白色、黄色、暗灰色等，站立时不见黏液流出，卧地时流量较多；母猪拒绝给仔猪哺乳，或泌乳量减少、无乳，或乳汁质量差，致使哺乳仔猪拉稀；发情周期紊乱，屡配不孕；或产仔少，产死胎；有的患病猪进行性消瘦，继发感染败血症者可能以死亡终结。

3. 隐性子宫内膜炎

　　发生隐性子宫内膜炎的病猪一般无明显的全身症状，食欲时好时差，发情周期不正常且无规律，屡配不孕；冲洗子宫时回流出略浑浊似清鼻液的液体。

（三）症状

1. 急性子宫内膜炎

多于产后或流产后数日发病，病猪的体温升高，食欲减退或废绝，卧地不愿站立，鼻盘干燥。本病的特有症状是病猪常有排尿动作，不时努责，阴道流出红色污秽而又腥臭的分泌物，常夹有胎衣碎片，附着在尾根及阴门外。如不及时治疗，可形成败血症，脓毒血症或转为慢性。

2. 慢性子宫内膜炎

往往由急性炎症转变而来，全身症状不明显，食欲、泌乳稍减，卧地时常从阴道中流出灰白色、黄色黏稠的分泌物。站立时不见黏液流出，但在阴户周围可见到分泌物的结痂。病猪表现消瘦、发情不正常或延迟，或屡配不孕，即使受孕没过多久又发生胚胎死亡或流产。

（四）诊断

依据病史，临床症状可做出初步诊断。如诊断有困难，可采集阴道分泌物，了解出现分泌物的生殖周期，全身症状，分泌物气味并进行显微镜观察等综合因素进行确诊。

（五）治疗

治疗原则：控制感染，排出内容物和促进子宫收缩。

1. 冲洗子宫输药法

冲洗子宫是急、慢性子宫内膜炎的一种有效疗法，对子宫内分泌物较多的尤为重要。但全身症状较重的不适合本法。冲洗药液可用 1% ~ 2% 食盐水，0.1% 雷夫奴尔溶液或 0.1% 高锰酸钾溶液。冲洗液的温度为 35 ~ 42℃，药液能引起子宫充血，加速炎症的消散，每次药液量为 1000mL，反复冲洗，直至排出透明液体为止。子宫内液体排净后，注入抗生素植物油混悬油剂 20mL。连用 2d。

2. 直接药液输入法

慢性子宫内膜炎，子宫内渗出物不多时，不需冲洗子宫，直接注入抗生素植物油混悬油剂 20mL，连用 2d。处方：青霉素 160 万 IU，红霉素 0.6g，链霉素 100 万 IU，植物油 20mL（经高压灭菌）。

三、难产

　　母猪正常的分娩时间约为 2 ~ 4h，如果分娩时间超过 5h 可视为难产，一般表现为强烈努责，但不见胎儿产出，体温升高、呼吸加快、频频排尿、举尾、收腹，有的母猪产出几个仔猪后轻微努责或不再努责，长时间静卧。难产的原因有母猪和胎儿两个方面。

（一）病因

1. 母猪方面的原因

（1）产道狭窄性难产　多见于初产母猪，由于母猪配种怀孕后还处于生长发育阶段，骨盆口太小，虽然母猪的子宫强烈收缩，但胎儿仍排不出子宫口造成难产。

（2）产力虚弱性难产　多见于体弱、疾病、高胎次或产仔多的母猪，由于疲劳造成子宫收缩无力，无法将胎儿排出产道，引起难产。

（3）膀胱积尿性难产　多见于体弱、疾病等原因引起膀胱麻痹，尿液不能及时排出，膀胱积聚大量尿液，挤压产道引起的难产。

（4）外界刺激引起的应激性难产　多见于初产、胆小的母猪，由于受到突然惊吓或分娩环境不安静等外界强烈的刺激，起卧不安，子宫不能正常收缩，引起难产。

（5）其他因素引起的难产　如母猪过于肥胖、产道畸形、有疾病或发育不良等引起难产。

2. 胎儿方面的原因

（1）胎儿过大性难产　多见于母猪产仔太少，胎儿发育过大引起难产。

（2）胎位不正性难产　多见于胎儿在产道中姿势不正，堵塞产道引起难产。

（3）畸形胎儿性难产　胎儿畸形不能顺利通过产道，引起难产。

（4）死胎性难产　胎儿在母体内死亡时间较长，引起胎儿水肿发胀造成难产，两头胎儿同时进入产道引起难产，比较少见。

（二）临床症状

母猪怀孕并已到产期，出现努责等分娩现象，但不能顺利产出仔猪。因分娩无力的难产，表现努责次数少、力量弱，分娩开始后长时间不能产出胎猪。因胎儿异常引起的难产，往往产道开张情况和分娩力正常，但不见胎猪产出。因产道狭窄的难产，表现阴门松弛开张不够，分娩力正常。但仅流出一些胎水，而不能产出胎猪。如果产程过长，救治不当，则母猪衰弱，心跳减弱，呼吸轻微，严重的母猪在 2～3d 内死亡。

（三）防治措施

1. 助产方法

根据助产前检查的结果，如膀胱积尿性难产需要先行导尿。生产力弱性难产可以多次适量注射缩宫素助产。其他原因难产均可用以下方法解决。

（1）徒手牵拉法　仔猪头向外正生时，可将四指伸至仔猪两耳后用力拉出，还可用拇指与食指捏紧仔猪下颌间隙部用力拉出；仔猪倒生时，用弯曲呈钩状的食指和中指夹紧仔猪两后肢飞节上部，拇指压紧两后肢用力拉出；当发生胎位不正时，先把仔猪向里推矫正胎位后助产；两头仔猪同时挤入产道形成难产时，把后面一头向里推，然后拉出外面的仔猪即可。

（2）器械助产法　母猪器械助产最常用的工具为产科钩和进口产科钳。产科钩长 35～40cm 为宜，钩前端稍尖，钩的直径 0.7～1.0cm，产科钩的粗细可用直径 5mm 的钢筋。产科钳长 50 ~ 60cm，前端是两个微凹椭圆形，柄后有个弯钩。

产道狭窄或胎儿过大徒手牵拉无法拉出时，应用产科钩配合产科钳，先用产科钩经手臂过手心，通过手指感触把产科钩尖挂在仔猪下颌上，让助手轻拉产科钩，术者用产科钳缓慢伸入产道内凭感觉钳住仔猪的头，钳时用力不应过大，缓慢拉出仔猪。

（3）手术助产法

①保定：病猪取横卧保定。

②术前准备：术部清洗剃毛，涂擦 5% 碘酊，铺消毒纱布或毛巾，局部用 2% 盐酸普鲁卡因 20mL 沿切口线皮下和肌肉层作浸润麻醉。

③手术部位：于左侧（或右侧）腹壁上从髋骨结节向腹部引一垂线，再从已向后牵引的后肢膝关节处向前引一平行线，在离此两线交点的前上方约 5cm 处为切口上方的开端，沿此处略向前下切开皮肤，切口长度约 15 ~ 20cm。

④手术步骤：用刀柄钝性分离皮下脂肪、肌肉及肌膜。为避免损伤肠管，切开腹膜之前，可用两把钳子夹住腹膜往上提起，由两钳之间剪开腹膜。取出一侧子宫孕角，放在消毒布上，沿着大弯在子宫体近侧，作一约 10cm 长的纵形切口，切口长度以方便取出胎儿为宜。子宫切口两端用丝线固定，以防撕裂。先取出靠近切口的胎儿，其他胎儿依次用手指压之向前移到切口处取出。再取出另一只子宫角，其中的胎儿应先用手指压到子宫体，再压到切口处取出。为了取出胎儿方便，也可在另一只子宫角上另作一切口。如破水较久，胎儿不易推压取出时，可用手直接伸入子宫角腔取出，在手术中应防止子宫内血水流入腹腔。胎儿全部取出后，子宫角腔及子宫外露部分用灭菌生理盐水洗净后拭干，子宫角创缘先用肠线或丝线将浆膜层和肌肉层作连续缝合，撒上少量磺胺结晶，再作一层内翻结节缝合后把子宫角放回腹腔。最后用灭菌生理盐水洗净腹腔切口，撒上磺胺结晶，用肠线或丝线逐层连续缝合腹膜、肌肉。用 16 号丝线结节缝合皮肤，切口周围涂擦碘酊，打结系绷带，为防止感染，可肌注长效抗生素，1 次/d，连用 5d，伤口隔 2d 打开一次，涂擦一次碘酊。

2. 母猪助产的注意事项

（1）向外牵拉仔猪助产时应与母猪的努责同步进行，母猪不努责，一般不要强硬拉出，以免损伤产道，引起大出血。

（2）对胎儿已死亡多日的助产，产道一般比较干涩，必要时应加入温肥皂水或者食用油作润滑。

（3）助产时助产人员手臂上下应无障碍物，以防母猪突然起卧而扭伤手臂。

（4）使用产科钩时，母猪必须保定确实，并且要由技术人员亲自操作，以免钩尖损伤母猪产道，或损伤操作人员手臂。

（5）用铁丝助产比较简单、方便、易行，但要注意铁丝的硬度和粗细要适当。

（6）助产时操作人员的手臂和助产工具都要严格消毒。

（7）助产结束一定要做好母猪的产后护理。

3. 产后护理

经过助产的母猪产仔结束后，要冲洗子宫，冲洗子宫的药液可用生理盐水或 500mL 蒸馏水、青霉素 400 万 IU、链霉素 200 万 IU 和缩宫素 5~6 支混合一起，用输精管导入子宫内进行冲洗；对于产后很虚弱的母猪要进行输液治疗，可用 500mL 生理盐水加氨苄西林 10~12g 或头孢噻呋 6~8g，1000mL 葡萄糖注射液加 10% 葡萄糖酸钙注射液 30~50mL 一次静脉输液，连用 2~3d；对于产后精神较好的母猪可以直接肌肉注射长效土霉素 20~30mL 消炎，每天 1 次，连用 3d，以上处理方法能有效的防治母猪子宫炎症。

四、产后缺乳

母猪产后缺乳症是母猪产仔后乳量明显不足，甚至完全无乳以及乳络不通，产乳不畅的一种病症。常和母猪乳房炎、子宫炎同时发生，因此又称无乳综合征。初产母猪的发病率高于经产母猪。

（一）病因

1. 应激型缺乳

圈舍更换，圈舍温度、湿度的改变，妊娠末期母猪受到驱赶，日粮改变，噪音，母猪分娩、哺乳以及注射用药等引起应激性缺乳或少乳。应激因素使垂体分泌催产素受阻及甲状腺机能降低所致。发病机理为发病母猪对应激因素敏感，导致肾上腺皮质机能增强，而其分泌的皮质醇又抑制变形核的细胞功能，从而引起乳房炎，导致无乳。

2. 内分泌紊乱缺乳

母猪产前和产后血液成分及体内激素浓度都有明显变化，体内的生殖激素对母猪的乳腺发育和泌乳上起着重要作用。从生殖激素来讲，雌激素结合生长素和肾上腺皮质激素可以促进乳腺管系统发育，孕酮和催乳素可促使腺泡发育，雌激素可直接刺激垂体前叶的催乳素合成也可间接刺激丘脑下部释放因子的分泌；催产素可引起乳腺腺泡外的肌上皮细胞收缩而发生放乳。缺乳症母猪，是产后母猪体内这些生殖激素紊乱造成的，其结果是产生母猪无乳、少乳。

3. 营养不良型缺乳

分娩前不久变更的饲料或妊娠期、哺乳期母猪饲料单一，营养不丰富，均可导致母猪脾胃虚弱，消化不良，气血亏损，引起虚弱性少乳或无乳；也可导致消化功能紊乱，内分泌失调，泌乳功能紊乱，引起缺乳或少乳。

4. 炎症型缺乳

因接产消毒不严格，产道机械性刺伤，仔猪吮乳损伤乳头等因素均可能引起母猪患乳腺炎、子宫内膜炎，从而导致感染型少乳或缺乳。另外母猪患一些传染性疾病也可引起缺乳或少乳。

（二）临床症状

母猪厌食、精神萎靡、乳房肿硬、疼痛干瘪、乳房泌乳不足或无乳，不让乳猪吮乳。而乳猪表现为全窝突然腹泻、乳猪吮乳时间延长、经常用头撞击乳房、用嘴拉长乳头、始终不停地拱母猪乳房，吸吮乳头无乳后转抢吸吮其他乳头，发出尖叫声。随着时间延长，因饥饿缺乏营养，渐渐消瘦，鼻镜干燥，被毛粗乱，皮肤苍白，嗜睡、死亡；有的无力，睡在母猪周围的被母猪踩死或压死，个别幸存者生长迟缓，体质虚弱。

（三）防治措施

1. 创造适宜分娩环境

哺乳猪舍结构合理，舍内保持温暖、干燥、通风、防暑降温、卫生，及时清除圈内排泄物，定期消毒猪舍、走道及用具；尽量减少噪音，保持产房安静，避免外界刺激应激。

2. 适当控制母猪膘情

怀孕 90d 前，每日约 1.4～1.8kg 饲料，保持"前低后高"的饲料饲喂量；怀孕 90d 以后，加大饲喂量至每日 2.8～3.2kg 饲料，保证分娩前不能过肥；产前 7d 开始，饲料中添加钙制剂和维生素 A、维生素 D，可以避免母猪缺钙引起产力不足；在分娩前 3d 至分娩后 2d，每天减少 0.5kg 日粮，每天喂 3～5 次麦麸食盐水。临产的当天不喂精料。产后 3d 再逐渐增加全价日粮至常量，宜喂生湿料。

3. 配制科学合理日粮

一是平衡配制母猪日粮。按照饲料标准，既要保证适宜的能量和蛋白蛋水平，又要保证矿物质和维生素，以提高泌乳量，防止产后瘫痪。二是科学地饲喂饲料，即定时定量，饲喂次数以日喂 3 次为佳，且早晚饲喂饲料量要大，如此有利于增加采食量，减少缺乳现象。三是注意饲料稳定，不要频繁变换饲料品种。

4. 预防产后涨奶

产前 1 周就用过硫酸氢钾复合粉（1∶1000）清洗消毒过的产房，产后再清洗和消毒母猪乳房、腹侧和臀部一次。并将母猪移入彻底清洗消毒的产房，产后再清洗和消毒母猪乳房腹侧和臀部，尤其要按摩乳房，每日按摩 3～5 次，每次 20～30min，并且每隔几小时挤奶 10～15min，可促进泌乳。

5. 产后可肌注催产素

促进子宫收缩和泌乳，排出胎衣碎片和炎症分泌物。

6. 疾病因素导致的缺乳及防治措施

（1）对母猪（包括怀孕母猪）每季度驱虫一次，用伊维菌素预混剂、芬苯达唑预混剂 1～1.5kg 拌料 1t 饲喂，连喂 7d，可清除体内外各种寄生虫。

（2）在母猪产前 7d 开始每天应用荆防败毒散 1kg 拌料 1t，另加（复合电解多维素）0.5kg，连喂 7d，20d 后再重复一次，可有效增强母猪体质，预防病毒感染；母猪产前 3d 和产后 24h 以内各肌注一次硫酸大观霉素、盐酸林可霉素复方注射液或土霉素注射液（0.1mL/kg 体重）可有效净化母体环境，预防各种细菌感染引起的腹泻、子宫炎和乳房炎等疾病。

（3）对产后高热症，肌肉注射硫酸大观霉素、盐酸林可霉素注射液及对乙酰氨基酚注射液（0.1mL/kg 体重），每日 1 次，连用 3d，可基本治愈。

五、产后瘫痪

母猪产后瘫痪又称"产后风"，是母猪分娩后突发或渐进性发生的一种以知觉丧失和四肢瘫痪为主要特征的急性低血钙症，主要发生在母猪产后和哺乳过程中，病猪常表现为半身麻痹，多因饲养管理不当，饲料中钙、磷比例失调，运动和光照不足，圈舍潮湿昏暗所致。本病严重影响母猪的生产和仔猪的成活率。

产后瘫痪是母猪常见的营养代谢性疾病，急症于产后 6~10h 出现临床症状，慢者 2~5d。本病一年四季均可发生，但冬、春季易发，发病急，恢复慢，若不及时治疗，50%~60% 的病猪在发病后 7~10d 内死亡。

（一）病因

母猪产后瘫痪发生的原因很多，主要有营养因素、环境因素、母猪因素及胎儿因素等。

1. 营养因素

（1）母猪日粮中钙、磷不足　当日粮中钙、磷不足时，母猪产仔前后就会动用骨骼中的钙和磷，时间一长，就会导致母猪体内钙、磷缺乏，特别是高产母猪更易发生该病。产仔 20d 后，母猪泌乳量达到高峰时，病情大多趋于严重。

（2）饲料中钙、磷比例失调　粗饲料在日粮中的比例较低或猪的生产力较高，使母猪日粮中的钙、磷比例失调，导致瘫痪。

（3）精料中谷类、豆类比例过大　谷类、豆类中所含磷大多以植酸磷的形式存在，这种磷不仅不易被猪吸收，反而会妨碍钙的吸收，使猪体组织中钙、磷严重不足，导致瘫痪。

（4）日粮中缺乏维生素 A　缺乏维生素 A 会造成神经系统病变，骨骼肌麻痹而呈现运动失调，最初见于后肢，然后见于前肢。

（5）产后的母猪消耗大量能量和营养物质，如未能得到及时补充，或由于饲料单一，缺乏矿物质、维生素以及钙、磷比例失调等，可引起母猪发生软骨症。

（6）长期饲喂玉米、酒糟、豆渣等，致使外源词料含钙不足而暴发瘫痪。

2. 环境因素

（1）在湿度大、气候寒冷的季节较易发生该病。母猪因产后活动少，长期躺卧于阴冷潮湿的栏舍内哺乳，自身抵抗力较差，加之贼风侵袭等因素，易发生风湿性后躯瘫痪。

（2）产后气血亏损，母体受潮湿，寒风袭击而使经络阻滞而导致瘫痪。

（3）长期圈养，户外运动不够。日照时间短，机体内维生素 D 合成下降，抵抗力降低而发病。

3. 母猪因素

（1）母猪分娩后，大量泌乳，血钙及血糖进入乳汁，并随乳汁大量排出；甲状旁腺分泌的甲状旁腺素数量减少，机体动用骨钙的能力降低，以致不能保持体内血钙的平衡；另外，由于分娩后的母猪胰腺活动增强，导致母体血糖浓度降低，从而导致瘫痪。

（2）胃肠疾病，使机体的消化吸收功能发生障碍，对钙的吸收困难而发生。

（3）后备母猪配种过早，头胎母猪自身四肢骨骼处在生长发育阶段，未达到体成熟，骨中钙储存不足，产后从乳中排出的钙质超过了日粮供给的从肠道吸收及骨骼动员出来钙数量的总和，血钙呈负平衡而导致本病的发生。

（4）经产母猪，尤其是年老母猪，不仅因为怀孕能引起钙的缺乏，而且还有每次妊娠、分娩，哺乳缺钙的积累。如果产仔比较多（哺乳 10 头以上仔猪的母猪），泌乳力强，骨盐降解速度较快，则更易引起本病。

（5）怀孕母猪随着胎儿的生长，胎水的增多压迫腹腔器官，降低胃肠的活动和消化机能，也影响小肠对钙的吸收功能。在产前易于发生腰椎和后肢骨质变薄，容易出现截瘫和骨折。而且一旦分娩，腹内压突然下降，腹内器官被动充血，以及血液进入乳房，引起脑贫血，使大脑抑制程度加深，甲状腺分泌机能亦因之减退，以致不能保存体内钙的平衡，易引起知觉丧失和四肢瘫痪。

4. 胎儿因素

母猪分娩由于胎儿过大，胎位不正，难产，以及强力拉出胎儿造成闭孔神经和臀神经受到压迫或损伤引起麻痹，导致瘫痪。

（二）发病机理

本病的发病机理目前尚不完全清楚，但引起本病最直接的原因就是缺钙、镁、磷等。血钙不足，引起动用骨骼中储存的钙离子，从而引起骨钙不足而发生瘫痪，而在发病瘫痪的过程中出现的痉挛现象可能与缺镁有一定的关系。

（三）临床症状

瘫痪之前，母猪体温正常，食欲减退或者不食，行动迟缓，粪便干硬成算盘珠状，喜欢清水，有拱地、啃砖、食粪等异嗜现象；瘫痪发生后，起立困难，精神抑郁，初期体温 39～40℃，食欲减退，少吃不喝，大便干燥结块，排尿较正常，扶起后呆立，站立不能持久，行走时后躯摇摆、无力。驱赶时后肢拖地行走，皮肤神经敏感度提高，并有尖叫声，最后瘫卧不动；到后期，个别病例出现局部肌肉震颤、发抖，食欲废绝，尿量减少，产奶量下降，神志迟钝，再不及时治疗，会因心力衰竭而死亡，瘫痪后的母猪泌乳力明显下降，对仔猪置之不理，有的拒绝哺乳，饮食困难或不食，消瘦，直至死亡。

（四）诊断与鉴别诊断

1. 诊断要点

产前，食欲、体温、知觉反射均正常，后肢起立困难，强制行走，后躯摇摆；产后，分娩几小时或 2 ~ 5d 突然减食或废食，体温正常或偏低，精神委顿、昏迷，后肢麻痹，最后四肢瘫痪，丧失知觉。

2. 鉴别诊断

（1）钙、磷缺乏症　相似处：产后发病，病时食欲减退或废绝，卧地不起，瘫痪等。不同处：钙、磷缺乏导致卧地不起，食欲废绝，多发生在产后20 ~ 40d。

（2）腰椎骨折　相似处：体温不高，母猪瘫痪不起，食欲废绝等。不同处：腰椎骨折不一定在产前产后发病，多在放牧驱赶急转弯时因腰椎骨折随即瘫卧，腰椎有痛点，针刺痛点前方敏感，而针刺痛点后方无知觉，停止排粪、尿。

（3）股骨骨折　相似处：体温不高，僵卧不起，食欲废绝等。不同处：股骨骨折不一定在产前产后发病，检查股部有疼痛，活动肢体时有骨质摩擦音。

（五）治疗与预防措施

合理搭配饲料，使日粮营养均衡。充分利用本地的自然资源，尽量多喂青绿饲料或优质干草粉，并补喂矿物质饲料和添加剂等，可有效提高母猪生产力和预防母猪瘫痪。对处于怀孕期和哺乳期的母猪，每日每头可喂优质骨粉，食盐各20g，同时注意补充维生素 A、维生素 E 等。

1. 中医方剂疗法

（1）乌蛇 16g，防风 16g，地鳖虫 13g，地龙 16g，血蝎 9g，当归 16g，红花 13g，研磨温水调服，白酒 60g 为饮，连服 1 ~ 2 剂。

（2）黄芪 50g，党参 60g，升麻 30g，当归 40g，香附 10g，白术 15g，陈皮 20g，红花 30g，防风 20g，川芎 30g，细辛 20g，牛膝 20g，甘草 10g，连服3 剂。

（3）秦防牡蛎散：秦艽 50g，龙骨 50g，牡蛎 40g，防杞 40g，附子 30g，党参 30g，白术 30g，川芎 30g，当归 30g，薏苡仁 20g，杜仲 20g，升麻 20g，桑寄生 20g，牛膝 15g，厚朴 15g，甘草 20g，煎水灌服，日服 2 次，连服 2 ~3 剂。

（4）大防风汤：黄芪 10g，白术 10g，当归 18g，党参 10g，防风 10g，羌活 10g，附子 6g，川芎 8g，白芍 10g，熟地 10g，甘草 10g，生姜 10g，每天 1剂，连服 3d。

（5）炒苍术 30g，煅牡蛎 50g，杜仲 30g，牛膝 30g，川断 30g，秦艽 30g，木瓜 30g，焦艾叶 30g，炮姜 30g，制附子 15g，独活 30g，研细末拌料饲喂，连用 3 剂；奶量不足者，加王不留行 50g，通草 30g，漏芦 30g，食欲不佳者，加焦三仙各 50g，木香 50g，大黄 30g；粪球干结难出者，加枳实 30g，芒硝 100g，石蜡油 500mL，一次胃管投服。

2. 西医疗法

（1）维生素 B_1 10～20mL，维丁胶钙 1mL/5kg 体重，分左右颈部肌注，每日 1 次，连用 3～5d，严重时加 10% 葡萄糖酸钙溶液 20～50mL 静注，每日 1 次，连用 2～3d。同时在饲料中添加磷酸氧钙和亚硒酸钠维生素 E，并多晒太阳，可加快病畜痊愈。

（2）25% 葡萄糖注射液 100～150mL，10% 氯化钙注射液 40～60mL，一次静脉注射，每日 1 次，连注 3～5d。

（3）维生素 A、维生素 D 各 2～5mg 或维丁胶性钙 2～4mL，一次肌肉注射，隔日 1 次，连注 2～3 次即可。

（4）地塞米松注射液 5～10mL，一次肌肉注射，每日 1 次。对重病猪，可用 10% 葡萄糖酸钙溶液 100～200mL，12.5% 维生素 C 溶液 10mL，复方水杨酸钠溶液 20mL，50% 葡萄糖溶液 500mL，一次静脉注射，每隔 5d 一次，重复用药一次，效果较佳。

（5）10% 葡萄糖酸钙溶液 100～500mL，25%～50% 葡萄糖溶液 200～500mL，一次静脉注射，每日 1～2 次，连用 3 次，同时深部肌肉注射维丁胶性钙 20～40mL，体质较差者，肌肉注射 20% 安钠咖 5～10mL，胃尔舒 10～20mL。

3. 中西医结合疗法

维生素 B_1 10～20mL，2% 盐酸普鲁卡因溶液 10～20mL 或维生素 B_1 10～20mL，30% 安乃近 10～20mL 混合百会穴（最后腰椎与荐椎棘突凹陷处）注射，每日 1 次，交替注射，连用 3～5d。10% 水杨酸钠溶液 20～30mL，5% 当归注射液 10～20mL，混合耳静脉注射，1 次/d，连用 3～5d。若伴有产后感染或发热，辅以抗菌消炎药便秘时加大黄、芒硝，或行深部灌肠，更能提高疗效。

4. 送风疗法

采用乳房送风器向乳房内打入空气，使乳房内的压力升高，乳房的血管受到压迫，流向乳房的血液减少，停止泌乳，引起全身的血压升高，血糖及血磷含量同时增高。另外，向乳房内打入空气可以刺激乳腺的神经末梢，刺激传至大脑可提高其兴奋性，消除抑制状态。此具体操作是：首先将乳房内积奶挤干，向每个乳池注入青霉素溶液 5 万～10 万 IU，再用 75% 酒精溶液消毒乳头和进气针头，一人打气，一人固定好进气针头，不让空气溢出。打气时，开始可以打快些，乳房将胀满时放慢打气速度，视乳房皮肤紧张状态，乳腺基部边缘清楚并且变厚，用手轻压有坚实感或轻敲乳房呈现鼓响音，即可停止打气。

然后用纱布条扎住乳头中间，扎勒乳头时不要太松，也不要太紧，以空气不逸出和不使乳头受伤为宜。

在抓紧治疗的同时，应进一步加强饲养管理，母猪产后，防止贼风吹袭，冬天注意防寒保暖，夏天注意防暑降温。同时要喂给容易消化的饲料。注意保持猪舍干净卫生，增加垫草厚度，经常帮助母猪翻身，以防发生褥疮。此外，增加光照将病畜移放置在光照充足，通风良好、干燥的畜舍，以增加光照射，增加维生素 D 的自身合成，促进康复，妊娠母猪要定时运动，多晒太阳，哺乳期，勤用粗布擦拭猪只皮肤以促进血液循环和神经机能恢复，还要尽量减少环境中的应激因素，以利母猪康复。

六、产褥热

母猪产褥热又称产后败血症，是母猪在分娩过程中或产后，由于在排出或助产取出胎儿时，软产道受到损伤，或恶露排出迟滞引起感染而发生。母猪产后 1～3d，因子宫感染病原菌而引起高热。在兽医临床上较为多见，如治疗不及时或方法不当，常会导致病猪久卧不食，极易继发乳房炎，严重者会导致乳房化脓性破溃。患病母猪产后 1～2d 采食基本正常，到 3～5d 废食喜饮水。体温升高 40℃ 以上，伴随仔猪下痢，造成母、仔共亡，且母猪淘汰率很高。

（一）病因

该病多发于夏秋季节。天气高热、高湿。初产高龄、肥胖、体弱母猪易生此病。

1. 自身感染

产后由于机体内环境的改变，易可引起发病。正常母猪阴道内原有的细菌；寄生在机体呼吸道、消化道、泌尿道或皮肤的细菌、或感染灶的病原菌可能在血液循环或接触传播至产道引起感染；还有产道内原有炎性病灶内潜伏的细菌，都可成为产褥热感染的来源。

2. 外来感染

（1）助产时，消毒不严格；胎儿过大，造成子宫黏膜损伤。

（2）猪舍条件差、潮湿、不卫生等因素，均可使外界细菌侵入产道引起感染。

（3）母猪产前营养不良，饲料单一，缺乏青绿饲料，母猪瘦弱，缺乏运动，机体抵抗力下降，分娩时易造成感染。

（4）母猪由于分娩应激，其代谢水平骤然下降，导致消化机能紊乱，造成母猪厌食，机体抵抗力下降，产后易发病。

（二）临床症状

有产后热病史，母猪体质较差，孕期患过其他疾病，便秘，消化功能较差，产前 1~2d 食欲下降，气候温差大。圈舍保温、散热、通风条件差，特别是舍内闷热，易患此病。

随病程不同，临床症状有异。病初精神沉郁，食欲下降。若正遇分娩，易难产或产下死胎，进而食欲废绝，尿赤便秘，体温升高，呼吸加快。若在产后，卧地不起，拒绝哺乳，仔猪常患黄痢，约再过 1d，体温会升高到 41℃。呼吸加快或气喘；听诊：呼吸音粗粝，重者为干、湿性啰音。

（三）防治措施

1. 预防

（1）加强母猪饲养管理，后期更要注意营养全面，适当搭配青饲料，控制食量，加强运动。母猪分娩前最初几天喂一些轻泻性饲料，减轻母猪消化道的负担。

（2）做好产房的清洁消毒工作。产床、产圈要严格消毒，褥草要经过日光照射或消毒后使用。

（3）注意保持圈舍适宜的温度和湿度。防止贼风侵入。

（4）准备好常用消毒、消炎、抗生素药品。助产及术者要严格遵守无菌操作，修短指甲，清洗手臂，消毒和涂抹液体石蜡油，避免损伤子宫，保证阴道无创伤，以免发生感染。

（5）在分娩前，用 0.1% 高锰酸钾溶液擦洗腹部、乳房及外阴，再从每个乳头中挤出前几滴奶水。

（6）产后 3d 内饲料要清淡，3d 后在逐渐饲喂全价料，增加营养。避免一些因营养不良引起的瘫痪。

（7）如高热不退，肌注 30% 安乃近 5~10mL、青霉素 160 万~320 万 IU，链霉素 100 万 IU，12h 肌注一次。地塞米松 2~6mL 皮下注射。

2. 治疗方法

（1）中兽医以清热凉血，解毒化淤，益气养元，改善枢机，疏通乳络为原则。桂枝 45g、柴胡 45g、升麻 25g、大黄 35g、泻叶 30g、川木香 35g、陈皮 35g、黄柏 45g、黄芩 30g、建曲 50g、山楂 45g、黄芪 25g、甘草 15g，水煎服。用三棱针点刺山根、承浆、耳尖、尾尖、鼻中穴见血。再刺乳基穴。

（2）西医以抗菌消炎、散肿、降温为主。轻症：病猪体温在 40.5℃ 左右，少食，精神尚可，用青霉素 160 万 IU 和链霉素 1.5g 混合肌注，每日 2 次，连注 2~3d。重症：病猪体温 41℃ 以上，精神沉郁，喜卧不食，颤抖，恶露较多，用 10~20% 安钠咖溶液 10mL 加入 250mL 葡萄糖滴注，再用 80 万 IU×8 支青霉素加入 0.9% 生理盐水 250mL 内滴注。

一、手术的基本操作

（一）软组织切开技术

1. 组织切开

切口需接近病变部位，最好能直接到达手术区，并能根据手术需要，便于延长扩大；切口在体侧、颈侧以垂直于地面或斜行的切口为好，体背、颈背和腹下沿体正中线或靠近正中线的矢状线的纵向切口比较合理；切口避免损伤大血管、神经和腺体的输出管，以免影响术部组织或器官的机能；切口应该有利于创液的排出，特别是脓汁的排出；二次手术时，应该避免在瘢痕上切开，因为瘢痕组织再生力弱，易发生弥漫性出血。按上述原则选择切口后，在操作上需要注意下列问题：

（1）切口大小必须适当。切口过小，不能充分显露；作不必要的大切口，会损伤过多组织。

（2）切开时，须按解剖层次分层进行，并注意保持切口从外到内的大小相同。切口两侧要用无菌巾覆盖、固定，以免操作过程中把皮肤表面细菌带入切口，造成污染。

（3）切开组织必须整齐，力求一次切开。手术刀与皮肤、肌肉垂直，防止斜切或多次在同一平面上切割，造成不必要的组织损伤。

（4）切开深部筋膜时，为了预防深层血管和神经的损伤，可先切一小口，用止血钳分离张开，然后再剪开。

（5）切开肌肉时，要沿肌纤维方向用刀柄或手指分离，少作切断，以减少损伤，影响愈合。

（6）切开腹膜、胸膜时，要防止内脏损伤。

（7）切割骨组织时，先要切割分离骨膜，尽可能地保存其健康部分，以利于骨组织愈合。

在进行手术时，还需要借助拉钩帮助显露。负责牵拉的助手要随时注意手术过程，并按需要调整拉钩的位置、方向和力量。并可以利用大纱布垫将其他脏器从手术野推开，以增加显露。

2. 软组织分离

分离是显露深部组织和游离病变组织的重要步骤。分离的范围，应根据手术的需要进行，按照正常组织间隙的解剖平面进行分离。分离分为钝性分离和锐性分离两种。

锐性分离：用刀或剪刀进行。用刀分离时，以刀刃沿组织间隙作垂直的、轻巧的、短距离的切开。用剪刀时，以剪刀尖端伸入组织间隙内，不宜过深，然后张开剪柄，分离组织，在确定没有重要的血管、神经后再予以剪断。锐性分离对组织损伤较小，术后反应也少，愈合较快。但必须熟悉解剖，在直视下辨明组织结构时进行。动作要准确、精细。

钝性分离：用刀柄、止血钳、剥离器或手指等进行。方法是将这些器械或手指插入组织间隙内，用适当的力量，分离周围组织。这种方法最适用于正常肌肉、筋膜和良性肿瘤等的分离。钝性分离时，组织损伤较重，往往残留许多失去活性的组织细胞，因此，术后组织反应较重，愈合较慢。在瘢痕较大、黏连过多或血管、神经丰富的部位，不宜采用。

（1）切开皮肤　皮肤切开法分为紧张切开法和皱襞切开，皮肤切开最常用的是直线切口，根据手术需要也可以做弧线切口或者折线切口。

（2）皮下组织及其他组织的分离　切开皮肤后组织的分割宜用逐层切开的方法，以便识别组织，避免或减少对大血管、大神经的损伤，只有当切开浅层脓肿排脓时，才采用一次切开的方法。

皮下疏松结缔组织多用钝性分离。方法是先将组织刺破，再用手术刀柄、止血钳或手指进行剥离。

（3）筋膜和腱膜的分离　用刀在其中央作一小切口，然后用弯止血钳在此切口上、下将筋膜下组织与筋膜分开，沿分开线剪开筋膜。筋膜的切口应与皮肤切口等长。若筋膜下有神经血管，则用手术镊将筋膜提起，用反挑式执刀法作一小孔，插入有沟探针，沿针沟外向切开。

（4）肌肉的分离　一般是沿肌纤维方向作钝性分离。方法是顺肌纤维方向用刀柄、止血钳或手指剥离，扩大到所需要的长度，但在紧急情况下，或肌肉较厚并含有大量腱质时，为了使手术通路广阔和排液方便也可横断切开。

（5）腹膜的分离　腹膜切开时，为了避免伤及内脏，可用组织钳或止血钳提起腹膜作一小切口，利用食指和中指或有沟探针引导，再用手术刀或手术剪分割。

（6）肠管的切开　肠管侧壁切开时，一般于肠管纵带上纵行切开，并应避免损伤对侧肠管。

（7）索状组织的分离　索状组织（如精索）的分割，除了可应用手术刀（剪）作锐性切割外，还可用刮断、拧断等方法，以减少出血。

（8）良性肿瘤、放线菌病灶、囊肿及内脏黏连部分宜用钝性分离。

3. 硬组织的分离技术

骨组织的分割，首先应分离骨膜，然后再分离骨组织。

蹄和角质的分离属于硬组织的分离，对于蹄角质可用蹄刀、蹄刮挖除，浸软的蹄壁可用柳叶刀切开。闭合蹄壁上的裂口可用骨钻、铽子钳和铽子。截断牛羊角时可用骨锯或断角器。

（二）止血

1. 全身预防性止血法

在手术前给家畜注射增高血液凝固性的药物和同类型血液，借以提高机体抗出血的能力，减少手术过程中的出血。

2. 局部预防性止血法

应用肾上腺素作局部预防性止血，常配合局部麻醉进行，但此方法一般不用于体腔出血的止血，以防内出血。

3. 止血带止血

适用于四肢、阴茎和尾部手术。

4. 手术过程中的止血

常用机械止血法（压迫止血、钳夹止血、钳夹扭转止血、钳夹结扎止血、创内留钳止血、填塞止血），电凝及烧烙止血法（电凝止血和烧烙止血），局部化学及生物学止血法（麻黄素、肾上腺素止血，止血明胶海绵止血，活组织填塞止血和骨蜡止血）。

（三）缝合

1. 缝合的原则

严格遵守无菌操作，缝合前必须彻底止血，清除凝血块、异物及无生机的组织，为了使创缘均匀接近，在两针孔之间要有相当距离，以防拉穿组织；缝针刺入和穿出部位应彼此相对，针距相等，否则易使创伤形成皱襞和裂隙；凡无菌手术创或非污染的新鲜创经外科常规处理后，可作对合密闭缝合；具有化脓腐败过程以及具有深创囊的创伤可局部缝合；在组织缝合时，一般是同层组织相缝合，除非特殊需要，不允许把不同类的组织缝合在一起。缝合、打结应有利于创伤愈合，如打结时既要适当收紧，又要防止拉穿组织，缝合时不宜过紧，否则将造成组织缺血；创缘、创壁应互相均匀对合，皮肤创缘不得内翻，创伤深部不应留有死腔、积血和积液。在条件允许时，可作多层缝合；缝合的创伤，若在手术后出现感染症状，应迅速拆除部分缝线，以便排出创液。

2. 缝合材料

按照在动物体内吸收的情况，分为吸收性缝合材料和非吸收性缝合材料，缝合材料按照其材料来源，分为天然缝合材料和人造缝合材料。

（1）肠线　适用于胃肠、泌尿生殖道的缝合，不能用于胰脏手术，因肠线易被胰液消化吸收。肠线的缺点是易诱发组织的炎症反应，张力强度丧失较快，有毛细管现象，偶尔能出现过敏反应。

（2）丝线　优点是价廉，广泛应用；容易消毒；编织丝线张力强度高，操作使用方便，打结确实。丝线缺点是缝合空隙器官时，如果丝线露出腔内，易产生溃疡。缝合膀胱、胆囊时，易形成结石。因此，丝线不能用于空腔器官的黏膜层缝合，也不能缝合被污染或感染的创伤。

（3）不锈钢丝　生物学特性为惰性，植入组织内不引起炎症反应。在植入组织内能保持其张力强度，适用于愈合缓慢组织，筋膜、肌腱缝合，皮肤减张缝合。

（4）尼龙缝线 分为单丝和多丝两种。其生物学特性为惰性，植入组织内对组织反应小，张力强度较强。单丝尼龙缝线无毛细管现象，在污染的组织内感染率较低，可用于血管缝合；多丝尼龙缝线适用于皮肤缝合，但是不能用于浆膜腔和滑膜腔缝合，因为埋植的锐利断端能引起局部摩擦刺激而产生炎症或坏死，其缺点是操作使用较困难，打结不确实，要打三叠结。

（5）组织黏合剂 最广泛使用的是腈基丙烯酸酯，腈基丙烯酸酯的单分子通过聚合作用从液态而转化为固态，这一转化过程是在组织表面存在少量水分子起催化作用而进行的。根据涂抹厚度和湿度不同，其凝结时间不同，一般凝结时间在 2～60s 之间。组织黏合剂用于实验性和临床实践上的口腔手术、肠管吻合术。

缝合材料的选择，要根据缝合材料的生物学、物理学和兽医临床需要情况来决定。虽然一般没有理想的缝合材料，但选择缝合材料应遵循下列原则：缝合材料张力强度丧失应该和被缝合组织获得张力强度相适应；缝线机械特性应该与被缝合的组织特性相适应，不同组织使用不同的缝合材料：皮肤缝合使用丝线、尼龙等非吸收性缝线。皮下组织使用人造可吸收性缝线是适宜的。筋膜缝合，腹壁和许多其他部位的筋膜张力强度较大，愈合慢，需要缝线强度较强。应用中等规格尼龙等非吸收性缝线是适宜的。对张力较小部位的筋膜，可以应用人造可吸收性缝线。肌肉缝合应用人造可吸收性或非吸收性缝线。空腔器官缝合应用肠线、聚乙醇酸缝线和单丝非吸收性缝线。腰的修补通常应用尼龙、不锈钢丝等。血管缝合需要最小致凝血酶原性缝线。聚丙烯缝线、尼龙缝线用于血管缝合。神经缝合要考虑对缝合组织无反应性，应用尼龙和聚丙烯缝线。

3. 缝合方法

（1）结节缝合 结节缝合又称单纯间断缝合。缝合时，将缝针引入 15～25cm 缝线，于创缘一侧垂直刺入，于对侧相应的部位穿出打结。每缝一针，打一次结。缝合要求创缘要密切对合。缝线距创缘距离，根据缝合的皮肤厚度来决定，小动物 3～5mm，大动物 8～12mm。缝线间距要根据创缘张力来决定，使创缘彼此对合，一般间距 5～15mm。打结在切口一侧，防止压迫切口。用于皮肤、皮下组织、筋膜、黏膜、血管、神经和胃肠道缝合。

（2）单纯连续缝合 用一根长的缝线自始至终连续地缝合一个创口，最后打结。第一针和打结操作同结节缝合，以后每缝一针以前，对合创缘，避免创口形成皱褶，使用同缝线以等距离缝合，拉紧缝线，最后留下线尾，在一侧打结。常用于具有弹性、无太大张力的较长创口。用于皮肤、皮下组织、筋膜、血管和胃肠道缝合。

（3）表皮下缝合 该法适用于小动物的表皮下缝合。缝合在切口一端开始，缝针刺入真皮下，再翻转缝针刺入另侧真皮，在组织深处扫结。应用连续水平褥式缝合平行切口。最后缝针翻转刺向对侧真皮下打结，埋置在深部组织内。一般选择可吸收性缝合材料。

（4）压挤缝合　用于肠管吻合的单层间断缝合法。犬、猫肠管吻合的临床观察认为，该法是很好的吻合缝合法，也用于大动物的肠管吻合。缝针刺入浆膜、肌层、黏膜下层和黏膜层进入肠腔。在越过切口前，从肠腔再刺入黏膜到黏膜下层。越过切口，转向对侧，从黏膜下层刺入黏膜层进入肠腔。在同侧从黏膜层、黏膜下层、肌层到浆膜刺出肠表面。两端缝线拉紧、打结。这种缝合是浆膜、肌层相对接；黏膜、黏膜下层内翻。这种缝合是肠组织本身组织的相互压挤，防止液体泄漏的作用良好，肠管吻合对接密切并可保持正常的肠腔容积。

（5）十字缝合　从第一针开始，缝针从一侧到另一侧作结节缝合，第二针平行第一针从一侧到另一侧穿过切口，缝线的两端在切口上交叉形成 X 形，拉紧打结。用于张力较大皮肤缝合。

（6）锁边缝合法　与单纯连续缝合基本相似，在缝合时每次将缝线交锁。此种缝合能使创缘对合良好，并使每一针缝线在进行下一次缝合前就得以固定。多用于皮肤直线形切口及薄而活带动性较大的部位缝合。

（7）内翻缝合　用于胃肠、子宫、膀胱等空腔器官的缝合。伦勃特氏缝合法是胃肠手术的传统缝合方法，又称垂直褥式内翻缝合法。分为间断与连续两种，常用的为间断伦勃特氏缝合法。在胃肠或肠吻合时，用以缝合浆膜肌层。

（8）库兴氏缝合法　又称连续水平褥式内翻缝合法，这种缝合法是从伦勃特氏连续缝合演变来的。缝合方法是于切口一端开始先做一浆膜肌层间断内翻缝合，再用一缝合平行于切口做浆膜肌层连续缝合至切口另一端。适用于胃、子宫浆膜肌层缝合。

（9）康乃尔氏缝合法　与连续水平褥式内翻缝合相同，仅在缝合时缝针要贯穿全层组织，当将缝线拉紧时，则肠管切面即翻向肠腔。多用于胃、肠、子宫壁缝合。

（10）间断垂直褥式缝合　这是一种张力缝合。针刺入皮肤，距离创缘约8mm，创缘相互对合，越过切口到相应对侧刺出皮肤。然后缝针翻转在同侧距切口约 4mm 刺入皮肤，越过切口到相应对侧距切口约 4mm 刺出皮肤，与另一端缝线打结。该缝合要求缝针刺入皮肤时，只能刺入真皮下，接近切口的两侧刺入点要求接近切口，这样皮肤创缘对合良好，不能外翻。缝线间距为5mm。

（11）间断水平褥式缝合　这是一种张力缝合，特别适用于马、牛和犬的皮肤缝合。针刺入皮肤，距创缘 2~3mm，创缘相互对合，越过切口到对侧相应部位刺出皮肤，然后缝线与切口平行向前约 8mm，再刺入皮肤，越过切口到相应对侧刺出皮肤，与另一端缝线打结。该缝合要求，缝针刺入皮肤时，要求刺在真皮下，不能刺入皮下组织，这样皮肤创缘对合才能良好，不出现外翻。根据缝合组织的张力，每个水平褥式缝合间距为4mm。

（12）近远—远近缝合　这也是一种张力缝合。第一针接近创缘垂直刺入皮肤，越过创底，到对侧距切口较远处垂直刺出皮肤。翻转缝针，越过创口到第一针刺入侧，趴创缘较远处，垂直刺入皮肤，越过创底，到对侧距创缘近处垂直刺出皮肤，与第一钊缝线末端拉紧扫结。

（13）骨缝合　应用不锈钢丝或其他金属丝进行全环扎术和半环扎术。

（四）打结

常用的结有方结、三叠结和外科结。常用的打结方法有三种，即单手打结、双手打结和器械打结。

打结的注意事项：打结收紧时左手、右手的用力点与结扎点成一直线；第一结和第二结的方向不能相同；用力均匀，两手的距离不宜离线太远，理在组织内的结扎线头，在不引起结扎松脱的原则下尽量剪短，以减少组织内的异物。丝线、棉线一般留3~5mm，较大血管的结扎应略长，以防滑脱，肠线留4~6mm，不锈钢丝5~10mm；应将钢丝头扭转入组织中。

正确的剪线方法是术者结扎完毕后，将双线尾提起略偏术者的左侧，助手用稍张开的剪刀尖沿着拉紧的结扎线滑至结扣处，再将剪刀稍向上倾斜，然后剪断，倾斜的角度取决于要留线头的长短。

（五）拆线

拆线是指拆除皮肤缝线。缝线拆除的时间，一般是在手术后7~8d进行，凡营养不良、贫血、老龄动物、缝合部位活动性较大、创缘呈紧张状态等，应适当延长拆线时间，但创伤已化脓或创缘已被缝线撕断不起缝合作用时，可根据创伤治疗需要随时拆除全部或部分缝线。

拆线方法为：用碘酊消毒创口、缝线及创口周围皮肤后，将线结用镊子轻轻提起，剪刀插入线结下，紧贴针眼将线剪断，拉出缝线；拉线方向应向拆线一侧，动作要轻巧，如强行向对侧硬拉，则可能将伤口拉开。过后再次用碘酊消毒创口及周围皮肤。

（六）引流

引流用于治疗，其适应症为皮肤和皮下组织切口严重污染，经过清创处理后仍不能控制感染时，在切口内放置引流物，使切口内渗出液排出，以免蓄留发生感染，一般需要引流24~72h。脓肿切开排脓后，放置引流物，可使继续形成的脓液或分泌物不断排出。使脓腔逐渐缩小而治愈。

引流种类分为纱布引流和胶管引流。引流的应用：创伤缝合时，引流管插入创内深部，创口缝合，引流的外部一端缝到皮肤上。在创内深处一端，由缝线固定。引流管不要由原来切口处通出，而要在其下方单独切开一个小门通出引流管。引流管要每天清洗，以减少发生感染要机会。引流管放置创内时间越长，引流引起感染的机会则增多，如果认为引流已经失去引流作用时，应尽快取出。应该注意，引流管本身是异物，引流管放置在创内，要诱发产生创液。

（七）包扎法

包扎法是利用敷料、卷轴绷带、复绷带、夹板绷带、支架绷带及石膏绷带等材料包扎止血，保护创面，防止自我损伤，吸收创液，限制活动，使创伤保持安静，促进受伤组织的愈合。

1. 包扎法的类型

根据敷料、绷带性质及其不同用法，包扎法有以下几类：

（1）干绷带法　干绷带法又称干敷法，是临床上最常用的包扎法。凡敷料不与其下层组织黏连的均可用此法包扎。本法有利于减轻局部肿胀，吸收创液，保持创缘对合，提供干净的环境，促进愈合。

（2）湿敷法　对于严重感染、脓汁多和组织水肿的创伤，可用湿敷法。此法有助于除去创内湿性组织坏死，降低分泌物黏性，促进引流等。根据局部炎症的性质，可采用冷、热敷包扎。

（3）生物学敷法　生物学敷法指皮肤移植。将健康的动物皮肤移植到缺损处，消除创面，加速愈合，减少瘢痕的形成。

（4）硬绷带法　硬绷带法指夹板和石膏绷带等。这类绷带可限制动物活动，减轻疼痛，降低创伤应激，缓解缝线张力，防止创口裂开和术后肿胀等。

2. 包扎材料及其应用

常用敷料有纱布、海绵纱布及棉花等。绷带多由纱布、棉布等制作成圆筒状，故称卷轴绷带，用途最广。另根据绷带的临床用途及其制作材料的不同，还有其他绷带命名，如复绷带、夹板绷带、支架绷带和石膏绷带等。

3. 基本包扎

卷轴带多用于家畜四肢游离部、尾部、头角部、胸部和腹部等。卷轴绷带的基本包扎有环形包扎法、螺旋形包扎法、折转包扎法、蛇形包扎法和"8"字形包扎法等。

4. 复绷带

按畜体一定部位的形状而缝制，具有一定结构、大小的双层盖布，在盖布上缝合若干布条以便打结固定。复绷带虽然形式多样，但都要求装置简便，固定确实。

5. 结系绷带

或称缝合包扎，是用缝线代替绷带固定敷料的一种保护手术创口或减轻伤口张力的绷带。结系绷带可装在畜体的任何部位，其力法是在圆枕缝合的基础上，利用游离的线尾，将若干层灭菌纱布固定在圆枕之间和创口之上。

6. 夹板绷带

借助于夹板保持患部安静，避免加重损伤、移位和使伤部进一步恶化的制动作用的绷带，可分为临时夹板绷带和预制夹板绷带两种。前者通常用于骨折、关节脱位时的紧急救治；后者可作为较长时期的制动。

7. 支架绷带

在绷带内作为固定敷料的支持装置。这种绷带应用于家畜的四肢时，用套有橡皮管的软金属或细绳构成的支架，借以牢靠地固定敷料，而不因动物走动失去它的作用。在小动物四肢常用改良托马斯支架绷带，其支架多用铝棒，根据动物肢体长短和肢上部粗细自制。应用在鬐甲、腰背部的支架绷带为被纱布包住的弓状金属支架，使用时可用布条或细软绳将金属架固定于患部。

8. 石膏绷带

在淀粉液浆制过的大网眼纱布上加上锻制石膏粉制成。这种绷带水浸后质地柔软，可塑制成任何形状敷于伤肢，一般十几分钟后开始硬化，干燥后成后成为坚固的石膏夹。根据这一特性，石膏绷带应用于整复后的骨折、脱位的外固定或矫形都可收到满意的效果。

9. Vet – Lite 绷带

一种热熔可塑型的塑料，浸满在网孔的纺织物上，如将其放在水中加热71～77℃，则变得很软，并可产生黏性。然后置室温下冷却，几分钟后就可硬化。Vet – Lite 绷带多用于小动物的硬化夹板。

10. 纤维玻璃绷带

由一种树脂黏合材料制作而成。绷带浸泡冷水中10～15s就起化学反应，随后在室温条件下几分钟则开始热化、硬固。纤维玻璃绷带主要用于四肢的圆筒形，也可用作夹板，具有重量轻、硬度强、多孔及防水等特性。

二、妊娠和分娩

妊娠是指从卵细胞受精开始，经由受精卵阶段、胚胎阶段、胎儿阶段，直至分娩（妊娠结束）的整个生理过程。

（一）受精

1. 配子的运行

（1）射精部位　公猪在交配过程中，精液直接射到子宫或子宫颈中。母猪因为没有明显的子宫颈阴道部，使得精液能顺利射入子宫颈、子宫内。

（2）精子获能　精子在受精之前必须先在雌性生殖道内停留一段时间，并发生一系列生理性、机能性变化，才具有与卵母细胞受精的能力，这种现象称为精子获能。公猪精子需在母猪生殖道内6～8h的时间获能。

（3）受精部位　在输卵管上1/3的壶腹部受精。

（4）顶体反应　精子获能之后，在穿越透明带前后，精子顶体开始膨大，精子质膜和顶体外膜开始融合，使精子顶体形成泡状结构，通过空泡间隙释放出透明质酸酶，放射冠穿透酶和顶体酶等，可溶解放射冠、透明带等，这一过程称顶体反应。

（5）卵子接纳　排卵时输卵管伞部充血，并因伞部系膜的肌肉收缩与卵巢表面接触；卵巢依卵巢固有韧带收缩而围绕长轴转动，保护排出卵子进入伞部，这些活动受卵巢激素控制。

（6）卵子运动　卵子自身不会运动，主要靠输卵管纤毛摆动和输卵管液流动而运动。卵子在壶腹部运动较快；壶峡连接部，有小的生理括约肌（排卵后水肿），卵子在这停留一段时间，等待精子入卵，卵子进入峡部受精能力下降，一旦进入子宫完全无受精能力。

（7）卵子在受精前的准备　母猪卵子在第二次减数分裂中期，等待精子入卵，入卵后激活卵子完成第二次成熟分裂，放出第二极体。

（8）配子维持受精能力的时间　公猪精子在母猪生殖道内维持受精能力时间为 24~48h；卵子为 8~10h。

2. 受精过程

（1）精子穿过放射冠　卵子周围被放射冠细胞包围，这些细胞以胶样基质黏连；精子发生顶体反应后，可释放透明质酸酶，溶解胶样基质，使精子接近透明带。

（2）精子穿越透明带　当精子与透明带接触后，有短期附着和结合过程，有人认为这段时间前顶体素转变为顶体酶，精子与透明带结合具有特异性，在透明带上有精子受体，保证种的延续，避免种间远缘杂交，顶体酶将透明带溶出一条通道，精子借自身的运动穿过透明带。

（3）透明带反应　当第一个精子接触卵黄膜，激活卵子，同时卵黄膜发身收缩，释放一种物质（皮质颗粒），迅速传播卵黄膜表面，扩散到卵黄周隙，它能使透明带发生变化，拒绝接受其他精子入卵。透明带这种变化称为透明带反应。猪的透明带反应不迅速，有额外精子进入透明带，称补充精子。

（4）精子穿过卵黄膜　精子头部接触卵黄膜表面，卵黄膜的微绒毛抓住精子头，然后精子质膜与卵黄膜相互融合形成统一膜覆盖于卵子和精子的外部表面，精子带着尾部一起进入卵黄，在精子头部上方卵黄膜形成一突起。

（5）卵黄封闭作用（多精入卵阻滞）　当卵黄膜接纳一个精子后，拒绝接纳其他精子入卵的现象称为卵黄封闭作用。可严格控制多精入卵。

（6）原核形成　精子入卵后，引起卵黄紧缩，并排出少量液体至卵黄周隙；精子头部膨大，尾部脱落，细胞核出现核仁，并形成核膜，构成雄原核；由于精子入卵刺激，使卵子恢复第二次成熟分裂，排出第二极体，卵子核膜、核仁出现，形成雌原核。两原核同时发育，在短时间内体积增大 20 倍。

3. 早期胚胎发育

（1）卵裂　早期胚胎细胞有丝分裂是在透明带内进行，整个体积并未增加，这种分裂称为卵裂。

（2）桑葚期　早期胚胎卵裂至 32 细胞时，在透明带内形成致密细胞团，其形状像桑葚，称桑葚胚。

（3）囊胚期　桑葚胚进一步发育，细胞团中间出现充满液体小腔，这时胚胎叫囊胚，此时称囊胚期。这个腔称囊胚腔；胚胎由输卵管入子宫。

（4）内细胞团　分裂球含大量核蛋白、碱性磷酸酶，分裂缓慢，发育为胎儿本身。

（5）滋养层　含有黏多糖类和酸性磷酸酶，细胞体积小，分裂快，发育速度快，发育成为胎儿的胎膜。

（6）孵化　囊胚后期，由于细胞进一步分裂，体积增大，囊胚从透明带中脱出的过程。

（7）原肠胚　囊胚后，胚胎器官分化之前阶段，开始出现的三个胚层，是未来器官发育原基。

（二）妊娠

1. 妊娠识别

（1）妊娠识别　卵子受精后至附植之前，早期胚胎产生激素信号，传给母体，母体产生相应反应，识别胎儿存在，并与之建立密切联系的生物现象。

（2）识别信号　母猪配种后 11～14d，胚胎可产生雌激素，是早期妊娠信号，可促进黄体功能，改变子宫分泌 PGF_2 的去向，从子宫静脉（进入卵巢动脉、溶黄体）改变为向子宫腔，即 PGF_2。由内分泌改变为外分泌，胎盘可分泌类似 HCG 物质，促进黄体功能。

母猪在发情后的 11～14d 接触到雌激素及其类似物如己烯雌酚、催情散等之后，可引起配种没有配上的母猪、没有配种的母猪出现假妊娠；雌激素还是发育较快早期胚胎分泌的激素，用来抑制发育较慢的胚胎的发育，导致发育较慢的胚胎着床失败而死亡，从而达到发育较快胚胎有更好的子宫内环境和生存空间。因此，母猪在配种后早期（3 周内）接触到雌激素或其类似物，不仅引起母猪的假妊娠，而且导致着床胚胎数量下降，即窝产数减少。建议母猪应远离雌激素及其类似物如己烯雌酚、三合激素、催情散等，由于发霉饲料原料（如玉米）产生的霉菌毒素如玉米赤霉烯酮，与雌激素结构和功能相似，也会造成母猪假妊娠和产仔数明显下降等繁殖障碍。

2. 妊娠建立

（1）妊娠建立　随着孕体（胎儿、胎膜、胎水构成的综合体）和母体之间信息传递和应答后，使双方关系逐渐固定下来的生理过程。

（2）胚泡的附植（着床）　囊胚进入子宫角后，由于液体增多，迅速增大，当透明带消失后，囊胚变为透明的泡状，称为胚泡。胚泡在子宫内初期处于游离状态，以后凭借胎水的压力而使其外层（滋养层）吸附于子宫黏膜上，位置亦固定下来，滋养层逐渐与子宫内膜发生组织生理联系过程叫附植。附植部位：①子宫血管稠密，可供丰富营养；②距离均等，平均分布两子宫角。

3. 胎盘和脐带

（1）胎盘　胎盘是指胎膜的尿膜绒毛膜和妊娠子宫黏膜共同构成接体，前者称胎儿胎盘，后者称母体胎盘。猪的胎盘属于弥散型（上皮 - 绒毛膜胎盘），绒毛膜基本上均匀分布绒毛膜上，绒毛膜入子宫上皮腺窝内，其特点为：分娩顺利，结构简单，联系松弛，易流产，产后子宫恢复较快。

（2）胎盘的功能　①交换功能：包括 O_2 的获得、CO_2 排出、营养物质的获得及代谢废物的排出；②产生激素：胎盘是一个临时性分泌器官，可分泌促性腺激素，如 PMSG、HCG 等，类固醇激素，如雌激素、孕激素等；③免疫功能：胎儿和胎儿胎盘对母体是异物，但并没有出现免役排斥现象，显然胎盘是免疫保护器官。

（3）脐带　脐带是胎儿与胎膜相连系的带状物，包括脐尿管、两条脐动脉、一条脐静脉、肉冻样间充质和卵黄囊组织遗迹，外有羊膜包被。

（三）早期妊娠诊断

在配种之后为及时掌握母畜是否妊娠、妊娠的时间及胎儿和生殖器官的异常情况，采用临床和实验室的方法进行检查，称之妊娠诊断。妊娠诊断的方法，基本上分为两大类——临床检查法和实验室诊断法。

1. 临床检查法

（1）外部检查法　母畜妊娠以后，一般表现为周期发情停止，食欲增进，营养状况改善，毛色润泽光亮，性情变得温顺，行为谨慎安稳。对猪、羊等中等体型动物，在妊娠中期后，可隔着腹壁直接触诊胎儿，较为实用可靠。

（2）直肠检查法　直肠检查就是隔着直肠壁触诊母畜生殖器官形态和位置变化诊断妊娠的一种方法。通过直肠触诊卵巢子宫、子宫动脉的变化，孕体是否存在而进行判断，因此，操作简便，结果准确，是大家畜最常用的妊娠诊断方法。检查时应注意对怀孕症状要全面考虑，综合分析，综合判断，尤其是做早期怀孕检查时，不能只根据个别症状就轻易判断。不要单检查子宫角的形状、大小、质地的变化，还要结合卵巢的变化，作出综合的判断。

（3）阴道检查法　主要观察阴道黏膜的色泽、干湿状况、黏液性状（黏稠度、透明度及黏液量）、子宫颈形状位置，这些性状的表现，各种家畜基本相同，只是稍有差异。一般于配种后经过一个发情周期以后进行检查，这时如果未妊娠，同期黄体作用已消失，所以阴道不会出现妊娠时的征象。如果已妊娠，由于妊娠黄体分泌孕酮的作用而发生妊娠变化。

（4）超声波诊断法　超声波诊断是利用超声波的物理特性和动物组织结构声学特点密切结合的一种物理学检验方法。主要用于探查猪的胎动、胎儿心搏及子宫动脉的血流。此外，可根据超声波在不同脏器组织中传播时产生不同的反射规律，通过在示波屏上显示一定的波形而进行诊断。

目前，用于妊娠诊断的超声波妊娠诊断仪有 A 型超声诊断仪、D 型超声（多普勒）诊断仪和 B 型超声诊断仪。A 型和 D 型都是通过发射一束超声波进行诊断，探查的范围较窄呈线状。A 型超声探查子宫的液体，反应迅速，但无特异性。D 型超声通过探查子宫动脉血流和胎儿的各种活动来诊断妊娠，妊娠初期宫血音也无特异性，胎儿的各种活动虽有明显的特异性，但出现得都较晚

些。因此，临床上常两者配合使用，先用 A 型仪确定子宫的为止，然后用 D
型仪在其中找胎血音或胎心音。B 型仪是同时发射多束超声波，在一个面上进
行扫描，显示是被查部位的一个切面断层图像。诊断结果远较 A 型和 D 型清
晰、准确，而且可以复制。

2. 实验室诊断法

（1）孕酮含量测定法　母畜配种后，如果未妊娠，母畜的血浆孕酮含量
因黄体退化而下降，而妊娠母畜则保持不变或上升。这种孕酮水平差异是动物
早期妊娠诊断的基础。孕酮含量测定法多采用放射免疫测定法（RIA）和酶联
免疫测定法（ELISA）。一般认为猪配种后 40～45d，测定准确率较高。

（2）早孕因子（EPF）检侧法　早孕因子是妊娠早期母体血清中最早出
现的一种免疫抑制因子。交配受精后 6～48h 即能在血清中测出。目前，普遍
采用玫瑰花环抑制试验来测定 EPF 的含量。

（四）分娩的预兆

妊娠期满，胎儿发育成熟，母体将胎儿及其附属物从子宫排出休外，这一
生理过程称为分娩。

1. 分娩前乳房的变化

乳房在分娩前膨胀增大，乳头和乳汁发生的变化有助于判断分娩时间。猪
产前 3d 左右，乳头向外侧伸张，中部两对乳头可以挤出少量清亮液体；产前
1d 左右，可以挤出 1～2 滴白色初乳。产前约半天，前部乳头能挤出 1～2 滴
白色初乳。

2. 分娩前软产道的变化

猪阴唇的肿大开始于产前 3～5d。产前数小时有时排出黏液。

3. 分娩前行为的变化

母畜在产前一般都出现精神抑郁及徘徊不安等现象。产畜都有离群寻找安
静地以分娩的习性，临产前食欲不振，轻微不安、时起时卧，尾根抬起、常做
排尿姿势，排泄量少而次数增多，脉搏呼吸加快。猪在产前分娩前 6～12h 有
衔草做窝现象，表现不安，时起时卧，阴门中见有黏液排出。上述各种现象，
都是分娩即将来临的预兆。但在预测分娩时不可单独依靠其中某一种变化，必
须全面观察，才能作出正确判断。

（五）分娩的启动

一般认为，分娩的发生不是由某一特殊因素引起的，而是由内分泌、机械
性、神经性及免疫等多种因素之间复杂的相互作用、彼此协调所促成的。

1. 胎儿内分泌变化

胎儿的丘脑下部—垂体—肾上腺轴系，特别在羊及牛，对于发动分娩起着
决定性作用。

2. 母体内分泌变化

（1）孕酮　孕酮浓度下降时，子宫肌收缩的抑制作用被解除，使子宫内

在的收缩活性得以发挥而导致分娩，这可能是启动分娩的一个重要诱因。

（2）雌激素 随着妊娠期的增长，在胎儿皮质醇增加的影响下，胎盘产生的雌激素逐渐增加，分娩前达到最高峰。孕激素与雌激素的比值发生改变，子宫肌对催产素的敏感性增高，产生规律性收缩；PGE_2能使子宫颈、阴道、外阴及骨盆韧带变得松软。在分娩时，雌激素能增强子宫肌的自发性收缩。

（3）前列腺素 母体胎盘不但能合成前列腺素，而且临产前雌激素增多也刺激前列腺素的产生及释出，分娩时羊水中的前列腺素较分娩前明显增高，母体子叶中含量更高，而且比羊水中的出现得要早。前列腺素对分娩所起的作用为：对子宫肌有直接刺激作用，使子宫收缩增强；溶解黄体，减少孕酮的抑制作用；刺激垂体释放催产素。

（4）催产素 催产素在胎头通过产道时出现高峰，使子宫发生强烈收缩，因而可能不是启动分娩的主要因素。但它能刺激前列腺素的释出，前列腺素对启动及调节子宫收缩具有一定作用。

（5）松弛素 松弛素参与分娩，一是控制子宫收缩，二是使子宫结缔组织、骨盆关节及荐坐韧带松弛，子宫颈扩张。它可能与催产素共同作用，使子宫产生节律性收缩，其间歇期即与松弛素有关。

3. 机械性因素

到妊娠末期，胎儿发育成熟，子宫容积和张力增加，子宫内压增大，使子宫肌紧张并伸展，子宫肌纤维发生机械性扩张，刺激子宫颈旁边的神经节。这种刺激通过神经传至丘脑下部，促使垂体后叶释放催产素，从而引起子宫收缩，启动分娩。

4. 神经性因素

神经系统对分娩过程具有调节作用，但并非是决定因素。胎儿的前置部分对宫颈及阴道发生刺激，通过神经传导使垂体释放催产素，增强子宫收缩。

5. 免疫学因素

胎儿带有父母双方的遗传物质，对母体免疫系统来说，胎儿乃是一种异物，应能引起母体产生排斥作用。但在正常妊娠期间，因为有多种因素制约，使这种排斥作用受到抑制，所以胎儿不会受到母体排斥，妊娠得以继续维持。分娩时，由于孕酮浓度急剧下降，胎盘的屏障作用减弱，因而出现排斥现象而将胎儿排出体外。

（六）分娩的影响因素

分娩主要取决于三个因素，即产力、产道及胎儿。如果这三个因素正常，能够互相适应，分娩就顺利，否则可能造成难产。

1. 产力

将胎儿从子宫中排出的力量，称为产力，由子宫肌及腹肌有节律的收缩共同构成。子宫肌的收缩，称为阵缩，是分娩过程中的主要动力。腹壁肌和膈肌的收缩，称为努责，它在分娩中与子宫收缩协同，对胎儿的产出也起着十分重要的作用。

阵缩是一阵阵的，有节律的。起初，子宫的收缩短暂、不规律、力量也不强，以后则逐渐变得持久、规律、有力。两次阵缩都是由弱到强，持续一个时期后又减弱消失。两次阵缩之间有间歇。每次间歇时，子宫肌的收缩暂停，但并不弛缓，因为子宫肌纤维除了缩短以外，还发生皱缩。因此，子宫壁逐渐加厚，子宫腔也逐步变小。

在分娩的开口期中，子宫壁的纵行肌和环行肌发生蠕动收缩及分节收缩。在单胎动物，收缩从孕角尖端开始，而且两角的收缩通常不是同时进行的。在多胎动物，子宫的收缩则首先是由靠近子宫颈的部分（胎儿之后）开始，子宫角的其他部分仍呈安静状态。

产出期中，阵缩的次数及持续时间增加。努责比阵缩出现得晚，停止得早，但与阵缩密切配合，并且逐渐加强。胎儿的粗大部分通过骨盆的狭窄处时，努责十分强烈。

胎衣排出期中，腹壁肌不再收缩，子宫肌仍继续收缩数小时，然后收缩的次数及持续时间才减少。子宫肌的收缩促使胎衣被排出。胎衣先从子宫角尖端黏膜上分离下来，形成内翻，然后脱出于阴门之外。

2. 产道

产道是胎儿产出的必经之路，其大小、形状、是否松弛等，能够影响分娩的过程。产道由软产道及硬产道共同构成。

（1）软产道　软产道指由子宫颈、阴道、前庭及阴门这些软组织构成的管道。子宫颈是子宫的门户，怀孕时紧闭，分娩之前开始变得松弛、柔软，分娩时扩张，适应胎儿的通过。分娩之前及分娩时，阴道、前庭、阴门也相应地变得松弛、柔软、能够扩张。

（2）硬产道　硬产道就是骨盆，分娩是否顺利，和骨盆大小、形状、能否扩张有重要的关系。必须了解骨盆各部分的构造，才能正确进行助产，使胎儿顺利通过骨盆，同时不致损伤骨盆腔内的软组织及胎儿。

3. 胎儿与母体产道的关系

分娩过程正常与否，和胎儿与盆腔之间以及胎儿本身各部分之间的相互关系十分密切。

（1）胎向　胎向即胎儿的方向，也就是胎儿身体纵轴与母体身体纵轴的关系。胎向有三种。

①纵向：是胎儿的纵轴与母体的纵轴相互平行。正生是胎儿的方向和母体的方向相反，头和（或）前腿先进入或靠近盆腔。倒生是胎儿的方向和母体的方向相同，后腿或臀部先进入或靠近盆腔。

②横向：是胎儿横卧于子宫内，胎儿的纵轴与母体的纵轴呈十字形的垂直。背部向着产道称为背部前置的横向（背横向），腹壁向着产道（四肢伸入产道）称为腹部前置的横向（腹横向）。

③竖向：是胎儿的纵轴向上与母体的纵轴垂直。有的背部向着产道，称为背竖向，有的腹部向着产道，称为腹竖向。

纵向是正常的胎向，横向及竖向是反常的胎向。

（2）胎位　胎位即胎儿的位置，也就是胎儿的背部和母体的背部或腹部的关系。胎位也有三种。

①上位（背荐位）：是胎儿伏卧在子宫内，背部在上，接近母体的背部及荐部。

②下位（背耻位）：是胎儿仰卧在子宫内，背部在下，接近母体的腹部及耻骨。

③侧位（背髂位）：是胎儿侧卧于子宫内，背部位于一侧，接近母体左或右侧腹壁及髂骨。

上位是正常的，下位和侧位是反常的。

（3）胎势　胎势即胎儿的姿势，也就是胎儿各部分是伸直的或屈曲的。

（4）前置　前置是指胎儿的某些部分和产道的关系，哪一部分向着产道，就叫哪一部分前置，在胎儿性难产，常用"前置"这一术语来说明胎儿的反常情况。

（七）分娩的过程

整个分娩期是从子宫开始出现阵缩起，至胎衣排出为止。分娩是一个连续的完整过程，为叙述方便起见，人为地将它分成三个时期，即子宫开口期、胎儿产出期及胎衣排出期。

1. 子宫开口期

也称宫颈开张期，是从子宫开始阵缩起，至子宫颈充分开大或能够充分开张为止。这一时期一般仅有阵缩，没有努责。产畜出现临产前的行为变化，其表现有畜种间的差异，个体间也不尽相同，经产母畜一般较为安静。

2. 胎儿产出期

胎儿产出期是从子宫颈充分开大，胎囊及胎儿的前置部分楔入阴道，或子宫颈已能充分开张，胎囊及胎儿楔入盆腔，母畜开始努责，至胎儿排出或完全排出为止。在这一时期，阵缩和努责共同发生作用。

3. 胎衣排出期

胎衣排出期是从胎儿排出后算起，到胎衣完全排出为止。胎儿排出后，产畜即安静下来。几分钟后，子宫再次出现阵缩。这时不再努责或偶有轻微努责。阵缩持续的时间长，间歇期也长，力量也减弱。胎衣排出的快慢，因各种家畜的胎盘组织构造不同而异。猪的胎衣分两堆排出，胎衣排出期平均为30min（10～60min），但也有的达1.5～2h。

（八）猪的分娩特点

猪在开口期表现不安，时起时卧，阴门有黏液排出。子宫除了纵的收缩以外，还有分节收缩。收缩先由距子宫颈最近的胎儿紧前方开始，子宫的其余部分则不收缩，然后两子宫角轮流收缩，逐步达到子宫角尖端，依次将胎儿完全排出来。母猪在这一期中多为侧卧，努责时伸直后退，挺起尾巴，每努责数次或一次产出一个胎儿。一般是每次排出一个胎儿，少数情况下可连续排出2个，偶尔连续排出3个。猪的胎水极少，胎膜不露出阴门之外，每排出一个胎儿之前有时可能看到少量胎水排出。

（九）接产

接产的目的在于对母畜和胎儿进行观察，并在必要时加以帮助，避免胎儿和母体受到损伤，达到母子安全。但应特别指出，接产工作一定要根据分娩的生理特点进行，不要过早过多地进行干预。为使接产能顺利进行，必须做好必要的准备。

1. 产房

为了使母畜安全生产，农牧场和饲养单位应准备专用的产房或分娩栏。产房要求清洁、干燥、阳光充足、安静、通风良好、宽敞、配有照明设备。墙壁及饲槽必须便于消毒。褥草必须经常更换。为了避免母猪压死小猪，猪的产房内还应设小猪栏。天冷的时候，产房须温暖，特别是猪，温度应不低于15～18℃，否则分娩时间可能延长，且小猪的死亡率也增高。根据预产期，应在产前7～15d将母畜送入产房，以便让它熟悉环境。每天应检查母畜的健康状况并注意分娩预兆。

2. 用品和药械

在产房里，接产用具及药械应齐备，并放在固定的地方。用品主要包括细绳、毛巾、肥皂、脸盆、大块塑料布；药械主要包括70%酒精、2%～5%碘酒、消毒溶液、催产药物等；注射器及针头，棉花、纱布，常用产科器械，体温表，听诊器，产科绳都应事先准备好。条件许可时，最好备有一套常用的手术助产器械。助产前必须准备好热水。

3. 接产人员

农牧场和生产单位应当有接产人员，并应受过接产训练，熟悉各种幼畜分娩的规律，严格遵守接产操作规程及必要的值班制度，尤其是夜间的值班制度。

（十）新生仔畜的处理

1. 擦干羊水

胎儿产出后，要及时擦净鼻孔内的羊水，防止新生仔畜窒息，并观察呼吸是否正常。如无呼吸，必须立即抢救。然后擦干身上的羊水，以防仔畜受凉，对牛、羊，可让母畜舔干羊水。

2. 处理脐带

胎儿产出后，脐血管可能由于前列腺素的作用而迅速封闭。处理脐带的目的并不在于防止出血，而是促进脐带干燥，避免细菌侵入。断脐时脐带断端不宜留得太长；断脐后将脐带断端在碘酒内浸泡片刻，或在脐带外面涂以碘酒，并将少量碘酒倒入羊膜鞘内，脐带即能很快干燥，然后脱落。断脐后如持续出血，需加以结扎后处理。

3. 帮助哺乳

扶助仔猪站立，并帮助吃奶。在仔猪接近母猪乳房以前，最好先挤出 2~3 把初乳，然后擦净乳头，让它吮乳。如母猪拒绝仔猪吮乳，须帮助仔猪吮乳，并防止母猪伤害它们。母猪分娩结束之前，即可帮助已出生的仔猪吮乳，以免它们的叫声紊乱母猪继续分娩。对于特别虚弱或不足月的仔猪，进行人工哺乳。

（十一）子宫复旧

产后期生殖器官中变化最大的是子宫。怀孕期中子宫所发生的各种改变，在产后期中都要恢复原来的状态，这称为复旧。子宫复旧的过程是渐变的，由于子宫肌纤维的回缩，子宫壁由薄变厚，容积逐渐恢复原状。但子宫并不会完全恢复原来的大小及形状，因而经产多次的母畜子宫比未生产过的要大，且松弛下垂。

复旧的快慢因家畜的种类、年龄、胎次，是否哺乳，产程长短，是否有产后感染或胎衣不下等而有差异。健康状况差、年龄大、胎次多、哺乳、难产及双胎怀孕、产后发生感染或胎衣不下的母畜，复旧较慢。一般情况下，产后母猪子宫复原需 25~28d。

（十二）恶露

母畜分娩后，子宫黏膜发生再生现象，再生过程中变性脱落的母体胎盘，残留在子宫内的血液，胎水以及子宫腺的分泌物被排出来，称为恶露。恶露最初是呈红褐色，内有白色、分解的母体胎盘碎屑。以后颜色逐渐变淡，血液减少，大部分为子宫颈及阴道分泌物。最后变为无色透明，停止排出。正常恶露有血腥味，但不臭，如果有腐臭味，便是有胎盘残留或产后感染。恶露排出期延长，且色泽气味反常或呈脓样，表示子宫中有病理变化，应及时予以治疗。母猪产后恶露很少，在产后 2~3d 即停止排出。

三、猪繁殖障碍疾病

猪的繁殖障碍性疾病的特征为母猪发生流产、早产、产死胎、木乃伊胎、畸形胎、产弱仔，有的甚至导致不育症。引起猪繁殖障碍的传染性因子有细菌、病毒和寄生虫等。引起的母猪繁殖障碍疾病主要有猪繁殖与呼吸综合征、猪伪狂犬病、猪乙型脑炎、猪细小病毒病、猪瘟、猪布鲁氏菌病、猪李氏杆菌病、猪钩端螺旋体病、猪衣原体病和猪弓形虫病等。

（一）病原微生物引起的猪繁殖障碍疾病

1. 猪繁殖与呼吸综合征

又被称为猪神秘病（MSD）、猪不育和呼吸系统综合症（SIRS）、猪流行性流产和呼吸系统综合征（PEARS）、蓝耳病、猪繁殖与呼吸系统综合征（PRRS）等。本病是一种高度接触性传染病，呈地方性流行。主要侵害繁殖母猪和仔猪，而育肥猪发病温和。

（1）流行病学　该病毒可以通过多种途径传播，病猪和带毒猪是主要的传染源。病毒由病猪的鼻腔分泌物、尿和病公猪精液排出。猪场卫生条件差、气候恶劣、饲养密度大，可促进本病的流行。

（2）临床症状　种母猪发热、精神倦怠、厌食、咳嗽、不同程度的呼吸困难。妊娠母猪后期发生早产、流产、产死胎、木乃伊胎及弱仔等。少数猪的耳部、腹部皮肤发紫，有的母猪产后少乳或无乳，胎衣停滞。新生仔猪发热、呼吸困难、咳嗽、打喷嚏、流泪、结膜炎和结膜水肿、肌肉震颤、后肢麻痹、共济失调，少数仔猪耳部、体表皮肤发紫。2～28 日龄感染症状明显，死亡率高达 80%。种公猪发病率较低，感染后表现呼吸困难、咳嗽、打喷嚏、精液质量下降。

（3）病理变化　主要病变是肺弥漫性间质性肺炎并伴有细胞浸润和卡他性肺炎区。流产及死胎猪脐带出现区带性/弥漫性水肿或出血性水肿。

2. 猪伪狂犬病

本病是由伪狂犬病病毒引起的一种急性传染病。伪狂犬病病毒属于疱疹病毒亚科。在我国广泛存在，给养猪业带来严重危害。

（1）流行病学　猪是本病毒的主要贮主，可经接触、皮肤伤口感染，也可由空气和配种时传播。乳猪吃了带病毒的乳而感染本病，日龄越小，发病率和死亡率越高。

（2）临床症状　新生仔猪和哺乳猪患本病症状严重，死亡率高。表现出有特征性的神经症状，兴奋、唇颤，无目的地前进或作圆圈运动，肌肉痉挛，四肢麻痹，卧地，作游泳状运动。新生仔猪极少康复，3～4 周龄猪死亡率可达 40%～60%。妊娠母猪表现咳嗽、发热，接着发生流产，生产死胎、弱仔或木乃伊。产下的弱仔猪 1～2d 出现呕吐和腹泻、运动失调、痉挛、角弓反张，通常在 24～36h 死亡。种公猪睾丸肿胀或萎缩，丧失性欲。

（3）病理变化　一般无特征性病变，如有神经症状，则表现为脑膜明显充血、出血、水肿，肝、脾有散在坏死点。流产胎儿的脑和臀部皮肤有出血点，肾、心肌出血，肝、脾有灰白色坏死灶。

3. 猪乙型脑炎

本病是由流行性乙型脑炎病毒引起的一种以中枢神经系统病变为主要特征的人兽共患病。乙型脑炎病毒属于黄病毒科黄病毒属。

（1）流行病学　本病主要通过带病毒的蚊虫叮咬而传播，有明显的季节性，多发于 7～9 月份。蚊虫不仅是本病传播媒介，也是病毒的贮存宿主。猪为本病的主要危害对象，发病年龄多在性成熟期前后。猪感染后可产生毒血症，血中含毒素较高。具有感染率高、发病率低的特点，病愈后不再复发，成为带毒者。

（2）临床症状　妊娠母猪感染后，多在妊娠后期突然发生流产。流产前体温升高，流产后体温恢复正常。流产的胎儿多为死胎、木乃伊或濒于死亡的弱仔。母猪流产后对继续繁殖无影响。种公猪体温升高后发生睾丸炎，一侧或两侧睾丸明显肿大，肿胀消退后变小、变硬，丧失配种能力。

（3）病理变化　剖解病变主要见脑和脊髓充血、出血和水肿。子宫内膜充血、水肿，黏膜上覆盖黏稠的分泌物。流产胎儿常见脑水肿，腹水增多，皮下有血样浸润。

4. 猪细小病毒病

猪细小病毒可引起母猪繁殖障碍。本病在我国许多养殖场普遍存在。本病毒属于细小病毒科细小病毒属。

（1）流行病学　猪是唯一的易感动物，不同年龄、性别都可感染，初产母猪最易感。呈地方流行性或散发。如怀孕母猪早期感染，其胚胎和胎猪死亡率高达80%～100%。本病经交配、人工授精或胎盘感染，也可通过被污染的饲料和环境经呼吸道和消化道感染。

（2）临床症状　母猪不同孕期感染，所表现繁殖障碍的症状不同。在怀孕30～50d感染时，主要产木乃伊胎，怀孕50～60d，多出现死产，怀孕70d以后感染，母猪多能正常生产。

（3）病理变化　主要病变见母猪子宫内膜有轻度炎症，胎盘有部分钙化，胎儿在子宫内有被溶解、吸收的现象。感染的胎儿表现不同程度的发育障碍和生长不良，可见胎儿充血、出血、水肿、体腔积液脱水（木乃伊化）及坏死等病变。

5. 猪瘟

（1）流行病学　猪瘟病毒毒力有强弱之分，强毒株引起死亡率高的急性猪瘟，中毒力毒株一般引起亚急性和慢性猪瘟，低毒力毒株可引起胚胎感染或初生仔猪感染而导致死亡。近来研究证实低毒力毒株可引起母猪繁殖障碍。

（2）临床症状　当猪瘟病毒低毒力株感染妊娠母猪时，病毒可侵袭子宫中的胎儿，造成流产、死产或产出不久就死去的弱仔；或产出的仔猪出现先天性肌肉震颤；有的胎儿木乃伊化、畸形。

（3）病理变化　胎儿全身皮下水肿，胸、腹腔有较多积液。皮肤和内脏实质器官常有出血点。

6. 猪布鲁氏菌病

本病是由布鲁氏菌引起的人兽共患传染病。布氏杆菌分为牛、羊、猪三型，各型对相应种类动物的毒力很大，对其他动物的毒力较小。

（1）流行病学　病猪及带菌猪是主要的传染源。病原体随病畜的多种排泄物和分泌物排出体外，污染环境，可通过消化道、皮肤及黏膜而传染，交配和吸血昆虫也可传播本病。

（2）临床症状　本病患畜多为隐性经过，部分出现临床症状。明显的症状是猪在妊娠4～12周发生流产。流产前数天母猪阴唇和乳房肿胀，流出淡黄色黏液。病畜还常发生关节炎，公畜则发生睾丸炎。

（3）病理变化 主要病变见胎衣绒毛膜充血、出血、坏死、糜烂，绒毛膜下组织呈胶样水肿。睾丸及附睾的实质中有豌豆大坏死灶或化脓灶。

7. 猪李氏杆菌病

（1）流行病学 本病是一种散发性传染病，家畜主要表现脑膜脑炎、败血症和妊畜流产。多发生在冬天及早春，病程1~3d，死亡率高。

（2）临床症状 猪患病后运动失调、作圆圈运动、无目的行走或头抵地不动。有的头颈后仰、前肢或后肢张开，呈典型的观星姿势。有的表现咳嗽、腹泻、肺水肿、呼吸困难、皮肤发绀、有皮疹。妊娠母猪发生流产，仔猪多呈败血症。

（3）病理变化 流产母猪子宫内膜充血以至广泛坏死，胎盘子叶常见有出血和坏死。血液中单核白细胞增多。

8. 猪衣原体病

本病是由鹦鹉热衣原体所引起的传染病，使多种动物和禽类发病，人也有易感性，成为兽医公共卫生的一个重要问题。本病原体是衣原体科衣原体属的微生物，系专性细胞内寄生物，能在鸡胚和易感的脊椎动物细胞内生长繁殖。

（1）流行病学 病猪和带菌猪经粪、尿、乳汁及流产的胎儿、胎衣和羊水排出衣原体，污染饲料和水源，经消化道、呼吸道和眼结膜感染也可通过交配感染。

（2）临床症状 本病多发生于初产母猪，流产率40%~90%。怀孕母猪感染后往往突然发生流产、产死胎，有的产弱仔胎，多在产后数日死亡。公猪发生睾丸和附睾炎症、阴茎炎和尿道炎、精子活力明显下降。

（3）病理变化 剖检病变见流产的胎儿皮肤上有淤血斑，胎儿水肿，肝出血、肿大。子宫内膜水肿、充血，并有大小不等的坏死灶。公猪睾丸变硬，阴茎水肿、出血和坏死。

9. 猪钩端螺旋体病

（1）流行病学 本病是一种重要而复杂的人兽共患病和自然疫源性传染病，7~10月为流行高峰。幼龄仔猪常呈急性经过，呈地方性流行或暴发，损失严重。

（2）临床症状 主要表现有发热、黄疸、血红蛋白尿、出血性素质、流产、皮肤和黏膜坏死、水肿等，致死率为50%~90%。

（3）病理变化 怀孕母猪感染后可发生流产，流产率20%~70%。流产的胎儿有死胎、木乃伊胎，也有弱仔，常于产后不久死亡。

10. 猪弓形虫病

（1）流行病学 本病又称弓浆虫病，是一种人兽共患病的原虫病。病原为龚地弓形体，人和猪、羊、鼠等动物是弓形体原虫的中间缩主（假宿主）。弓形体在中间宿主体内形成滋养体和包囊，每个包囊中含有数千个虫体。包囊是本病的主要传播方式，患病动物的肉制品是本病的传染源。垂直传染主要是通过胎盘、子宫，产道和初乳等传给下一代，水平传染则多经消化道和呼吸道传染易感动物。

（2）临床症状　主要表现有体温升高、呼吸困难，耳、下腹部、下肢等处，发生出血斑或较大面积发绀为本病的特征性症状。体表淋巴结肿胀，怀孕母猪多流产、产死胎或畸形胎。

（3）病理变化　肝有小点坏死。全身淋巴结硬肿，并有大小不等的坏死灶，肠系膜淋巴结最明显。肺间质性水肿。有出血点。

（二）诊断

引起猪的繁殖障碍疾病的症状都很相似，仅根据临床症状很难诊断。只有诊断正确，才能有针对性地提出有效的防治措施，从而有效控制猪繁殖障碍性疾病的发生。所以，确诊是由哪种传染病引起的尤为重要。

1. 初步诊断

根据以上几种传染病的流行病学特点、特征性临床症状和病变可作出初步诊断。确诊则需要进行实验室诊断。

2. 实验室诊断

病原分离和鉴定是传染病最可靠的诊断方法。可根据各种病原的生物学特性进行分离培养，分离出来的病毒应用阳性血清作中和试验或免疫荧光抗体技术进行鉴定。

（1）布鲁氏杆菌、李氏杆菌可作血清凝集试验来鉴定。伪狂犬病可用病猪和流产胎儿的脑组织和脊髓接种兔，接种部位发生奇痒，不久死亡，这种方法可确诊伪狂犬病。

（2）血清学诊断方法。以上十种传染病都可以采用补体结合试验、荧光抗体技术和酶联免疫吸附（ELISA）等方法进行检验。ELISA 应用最广，它可以检测抗体，也可以检测抗原，具有快速、特异性高、敏感等特点，目前广泛应用于流行病学调查和发病时的快速诊断。猪伪狂犬病、猪细小病毒病感染、猪衣原体病、猪弓形虫病、猪布鲁氏菌病还可以应用间接血凝试验进行确诊；猪钩端螺旋体病、猪细小病毒病和猪乙型脑炎可用凝集溶解试验来确诊。

近几年随着分子生物学的发展，一些分子诊断技术如聚合酶链式反应（PCR）和核酸探针诊断技术等也逐步用于疾病的诊断，并且这些方法具有更加准确、特异、敏感、微量的优点。

（三）防治措施

引起猪繁殖障碍疾病的因素很多，要减少和控制繁殖障碍疾病的发生，既要针对传染性疾病的因素，又不能忽略非传染性因素。因此，防治措施应该是综合性的。

1. 减少非传染性因素

加强母猪和种公猪的饲养管理，提高抗病能力。根据不同时期合理调配饲料营养，不喂霉变、变质饲料。降低饲养密度，搞好圈舍内及周围环境的卫生，避免或减少传染源污染猪场的环境。

2. 传染性因素的防治措施

（1）做好猪场的免疫预防工作 对全场的猪进行血清学检查，如果没有注射过上述传染病疫苗的猪群出现某些传染病的血清阳性率高，证实该猪场已感染某些传染病，可将该猪场列为某些传染病的污染场。

①猪繁殖与呼吸障碍综合征（PRRS）：目前有弱毒疫苗和灭活苗。弱毒疫苗有散毒的危险，只能限用于疫区污染猪场。灭活苗一般在配种前进行两次免疫，即配种前 2 个月免疫 1 次，间隔 1 个月第二次免疫。灭活苗很安全，一般用在受威胁区或轻度污染猪场。没有本病的猪场可以不用疫苗，但要加强防范措施，坚持自繁自养，严禁从有 PRRS 病史的猪群引进种猪和精液。

②猪伪狂犬病：目前有弱毒疫苗、弱毒灭活苗、野毒灭活苗及基因缺失苗。欧洲国家规定只能用灭活苗，严禁使用弱毒苗。我国在污染不严重的地区，建议用灭活菌，安全性好。

在配种前免疫 1 次，间隔 4~6 周加强免疫一次，断奶后仔猪免疫 1 次。基因缺失苗也可按上述免疫法。一般无本病的猪场应禁用疫苗。带毒鼠是本病的传染源，因此，搞好环境卫生，消灭老鼠，能有效地防止本病的传播。

③猪乙型脑炎：消灭传播媒介，积极开展防蚊灭蚊工作，定期进行预防接种。在每年蚊子出现前，南方 3~4 月份，北方 4~5 月份，对畜禽用乙型脑炎疫苗免疫接种。种母猪第一年间隔 4 周作第 2 次免疫注射，可进一步增强免疫效果，以后每年注射 1 次，可有效地预防母猪流产。

④猪细小病毒病：对初产母猪进行免疫接种。在配种前 1~2 个月接种灭活苗。4~6 月龄作两次接种，间隔 3 周。对新引进的猪要加强检疫，防止带毒猪进入猪场。

⑤猪布鲁氏菌病：坚持自繁自养，如需引进种猪一定要经严格检疫，血清阴性猪经 2 个月隔离饲养后，再经检疫确认血清阴性者，才能混入本猪场饲养，以后定期检疫。发现血清阳性猪要坚决淘汰。

⑥猪瘟：猪瘟免疫失败是由于亚临床感染猪瘟病毒的怀孕母猪经胎盘感染胎儿所致。因此，母猪在怀孕期间不能用猪瘟弱毒疫苗接种，一般在母猪配种前免疫。免疫后猪群应定期检测抗体消长情况。多数猪抗体在 0.5 以下必须进行加强免疫。

⑦猪李氏杆菌病：预防本病主要是不从疫区引进病猪，消灭猪圈附近的老鼠，驱除体内外寄生虫。发现病猪及时隔离治疗，消毒被污染的场合、用具等，病愈猪常带菌，应分开饲养。

⑧猪衣原体病：每年对种公猪和母猪用猪衣原体流产灭活苗免疫接种，连续 2~3 年。

⑨猪钩端螺旋体病：做好灭鼠工作。对病猪及带菌猪实行严格控制，进行全群治疗。常发地区用钩端螺旋体多价苗进行预防接种。怀孕母猪产前 1 个月

连续饲喂土霉素饲料。

⑩猪弓形虫病：猪场禁止养猫，发现野猫，应设法消灭。猪场还应灭鼠。本病治愈后的猪，不能留作种用，应淘汰。

（2）加强对传染性疾病的检疫　对某些传染病的血清抗体阳性率低或呈阴性的猪群，要坚持淘汰血清阳性猪，保留血清抗体阴性猪群，经过多次检疫证实血清抗体为阴性，方可确认为健康猪群并坚持自繁自养，严禁从疫区引进种猪和精液。对必须引进的猪，要加强检疫，隔离饲养一段时间后，再经检疫确认血清阴性者才能混入猪场饲养，防止带毒（菌）猪进入猪场，确保猪群的健康。

（3）强化免疫监测　不论使用何种疫苗（弱毒苗或灭活苗），在猪群免疫后 10 ~ 14d，抽样采血，分离血清，检测血清抗体消长情况。这种措施可以及时了解疫苗的效果。如果发现血清抗体很低，说明疫苗存在问题，或母源抗体的影响，再经 1 周左右检测一次。

3. 建立消毒制度

消毒是控制和扑灭传染病很重要的措施之一，消毒可以切断传播途径，阻止疫病蔓延。对病猪及带毒菌猪排出体外的病原微生物，使用消毒药品可及时杀灭。同时，要采取措施，做好猪场的杀虫、灭鼠工作。

复习思考题

1. 猪疝的发病原因有哪些？如何治疗？
2. 规模化猪场肢蹄病的发病原因及防治措施有哪些？
3. 猪乳房炎的临床症状有哪些？如何防治？
4. 猪难产的发病原因和防治措施是什么？
5. 猪产后瘫痪的发病原因和防治措施是什么？
6. 猪繁殖障碍疾病的发病原因是什么？
7. 规模化猪场如何防治猪繁殖障碍疾病的发生？

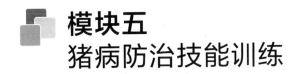

模块五
猪病防治技能训练

实训一 | 猪一般临床检查方法

【技能目标】

（1）能初步掌握问、视、触、叩、听、嗅等诊断方法及其应用范围和注意事项。

（2）通过训练能初步掌握临床检查的基本程序，熟悉病畜登记的项目和病理记录的书写。

（3）能独立应用基本诊断方法对病例进行临床检查。

（4）能根据临床检查搜集的资料进行分析，对临床病例作出初步诊断。

【实训条件】

1. 动物

病猪。

2. 材料与工具

体温计、病例本、秒表、来苏儿、水缸、穿刺针、注射器、猪保定器等。

【方法与步骤】

1. 临床检查的基本方法

（1）问诊　向畜主调查了解猪群或病猪有关发病的各种情况，一般在着手进行病猪或猪群体检前进行。问诊的主要内容包括：

①既往史：病猪过去患过什么病？本地区是否有地方性流行病？还应了解母猪的妊娠等情况。

②现病历：本次发病的时间、地点、病猪的主要表现，发病的同群猪或邻

近猪是否有类似疾病发生；对发病原因的估计，发病的经过及所采取的治疗措施与效果。

③平时的饲养、管理及防疫情况：包括日粮的种类、数量、质量以及饲喂方法，猪舍的环境卫生，免疫接种情况等。

④有关流行病学情况的调查：特别是有可能发生传染或群发现象时，应详细问诊。

⑤语言要通俗，态度要和蔼，要取得畜主的很好配合。

⑥在内容上既要有重点，又要全面搜集情况；一般可采取启发的方式进行询问。

⑦对问诊所得到的材料，应结合现症检查结果，进行综合分析。

（2）视诊　视诊通常用肉眼直接观察被检病猪或猪群的状态，必要时，可利用各种简单器械作间接视诊。视诊可以了解病猪的一般情况和判明局部病变的部位、形状及大小。直接视诊时，一般先不要接近病猪；也不宜进行保定，应尽量使猪保持自然的姿势。检查者站在猪舍过道处，首先观察其全貌。然后由前向后，从左到右，边走边看；观察病猪的头、颈、胸、腹、脊柱、四肢。当到正后方时，应注意尾、肛门及会阴部；并对照观察两侧胸，腹部是否有异常；为了观察运动过程及步态，可进行驱赶；最后再接近进行局部检查。视诊的注意事项：

①视诊时，检查者应与猪保持一定的距离，太远不易看清，太近容易惊吓到猪。

②最好在天然光照的场所进行。

③在整体视诊的前提下要反复进行局部视诊。

④收集症状要客观而全面，不要单纯根据视诊所见的症状就确定诊断，要结合其他方法检查的结果，进行综合分析与判断。

（3）触诊　一般在视诊后进行。对体表病变部位或有病变可疑的部位，用手触摸，以判定其病变的性质。触诊的方法因检查的目的与对象的不同而不同：

①检查体表的温度、湿度或感知某些器官的活动情况（如心搏动、脉搏等）时，应以手指、手掌或手背接触皮肤进行感知。

②检查局部与肿物的硬度，应以手指进行加压或揉捏，根据感觉及压后的现象去判断。

③以刺激为目的而判定猪的敏感性时，应在触诊的同时注意猪的反应及头部、肢体的动作，如猪表现回视、躲闪或反抗，常是敏感、疼痛的表现。

④对内脏器官的深部触诊，须依被检猪的个体特点及器官的部位和病变情况的不同而选用手指、手掌或拳进行压迫、插入、揉捏、滑动或冲击的手法进行。

（4）叩诊　叩诊就是敲打猪的体表，由于被敲打部位内容物性质的不同，所发出的声响也不一致，因此可根据发出的声响性质，推断体内的病理变化。叩诊所发生的声响，即叩诊音，可分为清音、浊音、鼓音、非鼓音、高音及低音等。

（5）听诊 听诊是听取病畜某些器官在活动过程中所发生的声音，借以判定其病理变化的方法。主要听取病猪或猪群是否有咳嗽、喘气声、喷嚏、尖叫、呻吟、叫声嘶哑等异常音响。

（6）嗅诊 是借助检查者的嗅觉器官，对病猪的分泌物、排泄物（粪、尿）、呼出气及皮肤气味的一种检查方法。如尿毒症的尿臭味、酮病的醋酮味、皮肤坏疽的尸臭味等。

2. 全身状态的观察

（1）精神状态 主要观察病猪或猪群的神态。根据其耳、眼的活动，面部表情及各种反应、动作而判定。健康猪表现为头耳灵活，眼光明亮，反应迅速，行动敏捷，被毛平顺并富有光泽。仔猪则显得活泼好动。患病猪则可表现为：

①抑制状态：一般表现为耳耷头低，眼半闭，行动迟缓或呆然站立，对周围淡漠而反应迟钝；重者可见嗜睡或昏迷。

②兴奋状态：轻者左顾右盼，惊恐不安，重者不顾障碍地前冲、后退，痉挛与癫痫样动作，四肢呈游泳状运动。

（2）营养 主要根据肌肉的丰满程度，皮下脂肪的蓄积量及被毛情况而判定。健康猪营养良好，肌肉丰满，骨骼棱角不显露，被毛光滑平顺；患病猪多表现为营养不良，消瘦并骨骼表露明显，被毛粗乱无光。

（3）发育 主要根据骨骼的发育程度及躯体的大小而定。健康猪发育良好，体躯发育与年龄相称、肌肉结实、体格健壮；发育不良猪可表现为躯体矮小，发育程度与年龄不相称，出现僵猪。

（4）躯体结构 主要注意患猪的头、颈、躯干及四肢、关节各部的发育情况及其形态、比例关系。健康猪的躯体结构紧凑而匀称，各部的比例适当；患病猪可表现为：腰背凸凹、四肢弯曲、关节粗大（如佝偻病）；腹围极度膨大，胁部胀满（如肠臌气）；鼻面部歪曲、变形（如传染性萎缩性鼻炎）。

（5）姿势与步态 主要观察病猪表现的姿势特征。健康猪姿势自然，于采食后喜欢躺卧，生人接近时迅速起立，逃避。典型的异常姿势可见有：

①全身僵直：表现为头颈挺伸，肢体僵硬，四肢不能屈曲，尾根挺起，呈木马样姿势（如破伤风）。

②异常站立姿势：前肢或后肢无力或瘫痪（如仔猪水肿病）。

③站立不稳：躯体歪斜或四肢叉开，依靠墙壁而站立（如伪狂犬病）；

④异常躺卧姿势：出现腹卧姿势。

⑤步态异常：常见有各种跛行，步态不稳，四肢运步不协调或呈蹒跚、跄踉、摇摆、跌晃，而似醉酒状（如脑脊髓炎症）。

3. 被毛和皮肤的检查

（1）鼻盘的检查　通过视诊、触诊检查作出判定。健康猪鼻盘均湿润，并附有少量水珠，触诊有凉感；病猪可表现为鼻盘干燥与增温，甚至龟裂，白猪的鼻盘有时可见到发绀现象。

（2）被毛检查　主要通过视诊观察被毛的清洁、光泽、脱落情况。健康猪的被毛、平顺而富有光泽；病猪可表现为被毛蓬松粗乱，失去光泽。检查被毛时，要注意被毛的污染情况，尤其注意污染的部位（体侧或肛门、尾部）。

（3）皮肤检查　主要通过视诊和触诊进行。颜色白色皮肤的猪，其颜色易于检查，可见有皮肤小点状出血（指压不褪色），较大的红色充血性疹块（指压退色），皮肤青白或发绀。适度用手或手背触诊检查，可检查耳及鼻端，病猪可表现为全身皮温的增高或降低，局部皮温的升高或降低，或皮温分布不均。温度通过视诊和触诊进行，可见有出汗与干燥现象。丘疹、水泡和脓疱检查时要特别注意被毛稀疏处、眼周围、唇、蹄趾间等处。

（4）皮下组织的检查　皮下或体表有肿胀时，应注意肿胀部位的大小，形状，并触诊判定其内容物性状、硬度、温度、移动性及敏感性等。常见的肿胀类型及其特征有：

①皮下浮肿：表面扁平，与周围组织界线明显，用手指按压时有生面团样的感觉，留有指压痕，且较长时间不易恢复，触诊时无热、无痛；而炎性肿胀则有热痛；有或无指压痕。

②皮下气肿：边缘轮廓不清，触诊时发出捻发音（沙沙声），压迫时有向周围皮下组织窜动的感觉。颈侧、胸侧、肘后的皮下气肿，多为窜入性，局部无热痛反应；而厌气性细菌感染时，气肿局部有热痛反应，且局部切开后可流出混有泡沫的腐败臭味的液体。

③脓肿及淋巴外渗：外形多呈圆形突起，触之有波动感，脓肿可触到较硬的囊壁，可用穿刺进行鉴别。

④疝：触诊有波动感，可通过触到疝环及整复试验而与其他肿胀鉴别。猪常发生阴囊疝及脐疝。

4. 眼结膜的检查

首先观察眼睑有无肿胀、外伤及眼分泌物的数量、性质，然后再打开眼睑进行检查。检查眼结膜时，一手食指第一指节置于上眼睑中央的边缘处，拇指放在下眼睑，其余三指屈曲并放于眼眶上面作为支点。食指向眼窝略加压力，拇指则同时拨开下眼睑，即可使结膜露出而检查。健康猪眼结膜呈粉红色。

结膜颜色的变化可表现为：潮红（可呈现单眼潮红、双眼潮红、弥漫性潮红及树枝状充血），苍白，黄染、发绀及出血（出血点或出血斑）。

检查眼结膜时最好在自然光线下进行，因为红光下对黄色不易识别，检查时动作要快，且不宜反复进行，以免引起充血。应对两侧眼结膜进行对照检查。

5. 浅表淋巴结的检查

检查浅表淋巴结时主要进行触诊。检查时应注意其大小、形状、硬度、敏感性及在皮下的可移动性。猪常检查腹股沟淋巴结。淋巴结的病理变化有：

①急性肿胀：表现淋巴结体积增大，并有热痛反应，常较硬，化脓后可有波动感。

②慢性肿胀：多无热、痛反应，较坚硬，表面不平，且不易向周围移动。

6. 体温、脉搏及呼吸数的测定

（1）体温的测定 测直肠温度。首先甩动体温计使水银柱降至35℃以下，然后用酒精棉球擦拭消毒并涂以润滑剂后再行使用。被检猪应适当地保定。测温时，检查者站在猪的后方，以左手提起其尾根部并稍推向对侧，右手持体温计经肛门慢慢捻转插入直肠中，再将带线绳的夹子夹于尾根上方被毛上，经3~5min后取出，用酒精棉球擦除粪便或黏附物后读取度数。用后再甩下水银柱并放入消毒瓶内备用。测温时注意事项：

①体温计在用前应统一进行检查、验定，以防有过大的误差。

②对门诊病猪，应使其适当休息并安静后再测。

③对病猪应每日定时（午前与午后各一次）进行测温，并逐日绘成体温曲线表。

④测温时要注意人畜安全；体温计的玻璃棒插入的深度要适宜。

⑤注意避免产生误差，用前须甩下体温计的水银柱。

⑥测温的时间要适当（按体温计的规格要求），勿将体温计插入宿粪中。

（2）脉搏数的测定 测定每一分钟脉搏的次数，以次/分表示。

猪可在后肢股内侧的股动脉处检查。检查脉搏时，应待猪安静后再测定。一般应检测一分钟，当脉搏过弱而不感于手时，可用心跳次数代替。

（3）呼吸次数的测定 测定每分钟的呼吸次数，以次/分表示。

一般可根据胸腹部起伏动作而测定，检查者站在猪的侧方，注意观察其胸腹部的起伏，一起一伏为一次呼吸。在寒冷季节也可观察呼出气流来测定。测定呼吸数时，应在猪休息、安静时检测。一般应检测1min。观察猪鼻翼的活动或将手放在鼻前感知气流的测定方法不够准确，应注意。必要时可用听诊肺部呼吸音的次数来代替。

猪正常体温、脉搏及呼吸数见表5-1。

表5-1 猪正常体温、脉搏及呼吸数

体温/℃	脉搏数/（次/分）	呼吸数/（次/分）
38.0~39.5	60~80	10~20

【结果与分析】

记录操作过程、检查结果，并进行结果分析。

实训二 | 病猪尸体剖检诊断

【技能目标】

（1）能独立进行病猪尸体剖检。

（2）能正确地描述病猪尸体的病理变化。

（3）能根据病猪尸体剖检结果进行猪病的初步诊断。

【实训条件】

1. 动物

病猪或尸体。

2. 材料与工具

（1）器材 剥皮刀、外科刀、外科剪、镊子、骨锯、凿子、斧子、磨刀棒、量杯、搪瓷盘和桶、酒精灯、注射器、针头、青霉素瓶、广口瓶、高压灭菌器、载玻片、灭菌纱布、脱脂棉花等。

（2）药品 2%碘酊、0.1%新洁尔灭、70%酒精溶液。

（3）其他 工作服、口罩、帽、胶鞋、乳胶手套、毛巾、肥皂、脸盆。

【方法与步骤】

1. 了解病史

在进行尸体检查前先仔细了解死猪的生前情况主要包括临床症状、流行病学、防治情况等。通过对病史的了解缩小对所患疾病的怀疑范围以确定剖检的侧重点。

2. 尸体的外部检查

猪死亡后受体内存在的酶和细菌的作用以及外界环境的影响逐渐发生一系列的死后变化，其中包括尸冷、尸僵、尸斑、血液凝固、尸体自溶及腐败。正确地辨认尸体的变化可以避免把死后变化误认为是生前的病理变化。

3. 尸体剖检

（1）固定 尸体取背卧位，一般先切断肩胛骨内侧和髋关节周围的肌肉（仅以部分皮肤与躯体相连），将四肢向外侧摊开，以保持尸体仰卧位置。

（2）剖开腹腔 从剑状软骨后方沿腹壁正中线由前向后至耻骨联合切开腹壁，再从剑状软骨沿左右两侧肋骨后缘切开至腰椎横突。腹壁被切成大小相等的两楔形，将其向两侧分开，腹腔脏器即可全部露出。剖开腹腔时，应结合进行皮下检查。看皮下有无出血点、黄染等。在切开皮肤时需要检查腹股沟浅淋巴结看有无肿大、出血等异常现象。

（3）腹腔器官的采出与检查 腹腔切开后，须先检查腹腔脏器的位置和有无异物等。腹腔器官的取出，有以下两种方法。

①胃肠全部取出：先将小肠移向左侧，以暴露直肠，在骨盆腔中单结扎。

切断直肠，左手握住直肠断端，右手持刀，从向前腰背部分离割断肠系膜根部等各种联系，至膈时，在胃前单结扎剪断食管，取出全部胃肠道。

②胃肠道分别取出：在回盲韧带（将结肠圆锥体向右拉，盲肠向左拉，即可看到回盲韧带），游离缘双结扎，剪断回肠，在十二指肠道，双结扎剪断十二指肠。左手握住回断端，右手持刀，逐渐切割肠系膜至十二指结扎点，取出空肠和回肠。先仔细分离十二指肠、胰与结肠的交叉联系，再从前向后分离割断肠系膜根部和其他联系，最后分离并单结扎剪断直肠，取出盲肠、结肠和直肠。取出十二指肠，胃和胰。取出腹腔的各器官后要逐一细细检查，可按脾、肠、胃、肝、肾的次序检查。

脾：注意脾的大小、质量、颜色、质地、表面和切面的状况。如败血性炭疽时，脾可能高度肿大，色黑红，柔软。急性猪瘟时脾发出血性梗死。

肠：检查肠壁的薄厚黏膜有无脱落、出血。肠淋巴结有无肿胀等。患猪副伤寒的猪肠黏膜表面覆盖糠麸样物质。

胃：检查胃内容物的性状、颜色剖去内容物看胃黏膜有无出血、脱落穿孔等现象。

肝：检查肝的颜色、质地等。

胆：看胆囊的外观是否肿大，划破胆囊看胆汁的颜色是否正常。

肾：两个肾先做比较看大小是否一样有无肿胀。剖去肾包膜看肾脏表面有无出血点。然后将肾平放横切后观察肾盂、肾盏有无肿大、出血等。

膀胱：看膀胱的弹性、膀胱内膜有无出血点等。

（4）胸腔剖开与各器官的检查　先检查胸腔压力，然后从两侧最后肋骨的最高点至第一肋骨的中央作锯线，锯开胸腔。用刀切断横膈附着部、心包、纵膈与胸骨间的联系，除去锯下的胸骨胸腔即被打开。

另一剖开胸腔的方法是：用刀（或剪）切断两侧肋软骨与肋骨结合部，再把刀伸入胸腔划断脊柱左右两侧肋骨与胸椎连接部肌肉，按压两侧胸壁肋骨，折断肋骨与胸椎的连接，即可敞开胸腔。打开胸腔后先看肾包膜有无黏连、是否有纤维状物渗出传染性胸膜肺炎时有此症状。

①肺：看左右肺的大小、质地、颜色等。支原体肺炎肺变为肉样、放在水中下沉，正常的肺放在水中是不下沉的。猪肺疫时肺脏表面因出血水肿呈大理石样外观。

②心脏：看心包膜有无出血点切开心脏看二尖瓣、三尖瓣有无异常现象。猪丹毒溃疡性心内膜炎，心内膜增生，二尖瓣上有灰白色菜花赘生物，检查时应特别注意。

（5）颅腔剖开　清除头部皮肤和肌肉，先在两侧眶上突后缘作一横锯线，从此锯线两端经额骨、顶骨侧面至枕崤外缘作二平行的锯线再从枕骨大孔两侧作一"V"形锯线与二纵线相连。此时将头的鼻端向下立起用槌敲击枕崤即可揭开颅顶露出颅腔。看有无出血点、萎缩、坏死现象。

（6）口腔和颈部器官采出　剥去颈部和下颌部皮肤后，用刀切断两下颌支内侧和舌连接的肌肉，左手指伸入下颌间隙将舌牵出，剪断舌骨，将舌、咽喉、气管一并采出。看气管有无黏液、出血点等；扁桃体有无肿大、出血点等。

【注意事项】

（1）在猪死亡以后尸体剖检进行得越快、准确诊断的机会越多。尸体剖检必须在死后变性不太严重时尽快进行。夏季须在死后 4~8h 之内完成，冬季不得超过 18~24h。

（2）剖检中要做记录，将每项检查的各种异常现象详细记录下来，以便根据异常现象做出初步诊断。

（3）剖检过程中要注意个人的防护，剖检人员必须戴手套防止手划伤感染。

（4）尸体剖检应在规定的解剖室进行剖检，然后要进行尸体无害化处理如抛到规定的火碱坑内。剖检完后所用的器具要用消毒液浸泡消毒。解剖台、解剖室地面等都要进行消毒处理，最后进行熏蒸消毒处理。防止病原扩散，以便下次使用。解剖人员剖检完后应换衣消毒，特别应注意鞋底的消毒。

【结果与分析】

记录操作过程、检查结果，并进行结果分析。

实训三 | 实验室检验病料采集、处理、送检

【技能目标】

（1）能够学会病料采集的方法及操作规范。

（2）能对不同病料进行合理地保存、包装并送检。

【实训条件】

1. 动物

新鲜动物尸体。

2. 材料与工具

煮沸消毒器、外科刀、外科剪、镊子、试管、平皿、西林瓶、广口瓶、记号笔、注射器、采血针头、脱脂棉、载玻片、酒精灯、火柴、塑料袋，磨口瓶、保温箱或保温瓶、碳酸氢钠、50%甘油盐水、0.5%石炭酸、0.1%升汞溶液、10%福尔马林、来苏儿溶液等。

【方法与步骤】

1. 病料的采取

采取病料前需作尸体检查，当怀疑是炭疽时，不可随意解剖，应先由末梢血管采血涂片镜检。操作时应特别注意，勿使血液污染他处。不是炭疽时采取有病的组织器官。

（1）采取病料的时间 最好死后立即采取，以不超过6h为宜。

（2）采取病料器械的消毒 刀、剪、镊子等可煮沸消毒30min；玻璃器皿等可高压灭菌或干热灭菌，或于0.5%～1%碳酸氢钠溶液中煮沸30min用软木塞和橡皮塞于0.5%石炭酸溶液中煮沸10～15min；载玻片在1%～2%碳酸氢钠溶液中煮沸10～15min。水洗后用清洁纱布擦干，将其保存于酒精与乙醚等份液中备用。注射器和针头放于清洁水中煮沸即可。一套器械与容器，只能采取或容装一种病料，不可用其再采其他病料或容纳其他脏器材料。

（3）各种组织脏器病料的采取 采取病料应无菌操作。采取病料的种类，应根据不同疾病相应地采取其脏器和内容物。

①淋巴结及内脏：应在解剖尸体后选择病变明显的组织脏器立即进行无菌采集，在与外界接触过的脏器采病料时，可先用烧红的热金属片在器官表面烧烙，然后除去烧烙过的组织，从深部采病料，取2～5cm³的小方块即可，也可取完整的器官，迅速放在消毒好的容器（如灭菌试管或平皿或西林瓶）内封好，注意一个脏器用一套灭菌器械，取各脏器的触片或压片数张。

②脓汁及渗出液：用注射器或吸管抽取，置于灭菌试管中。若为开口病灶或鼻腔等，可用无菌棉签浸蘸后放在试管中。

③心血：心血通常在右心房采取，先用烧红的铁片或刀片烙烫心肌表面，

然后用灭菌的注射器自烧烙处扎入吸出血液，盛于灭菌试管或西林瓶中。

④血清：以无菌操作采取血液10mL，置于灭菌的试管中，待血液凝固析出血清后，以灭菌滴管吸出血清置于另一灭菌试管内。如供血清学反应时，可于每毫升血清中加入3%～5%石炭酸溶液1～2滴。

⑤全血，以无菌操作采取全血10mL，立即放入盛有5%柠檬酸1mL的灭菌试管中，搓转混合片刻即可。

⑥乳汁：乳房和挤乳者的手用新洁尔灭等消毒，同时把乳房附近的毛刷湿，弃去最初所挤的3～4股乳汁，再采集10mL左右的乳汁于灭菌的试管中。若仅供镜检，则可于其中加入0.5%的福尔马林溶液。

⑦胆汁：采取方法同"心血烧烙采取法"。

⑧肠：用线扎紧一段肠道（约5～10cm）两端，然后将两端切断，置于灭菌器皿中。亦可用烧烙采取法采取肠管黏膜或其内容物。

⑨皮肤：取大小约10cm×10cm的皮肤一块，保存于50%甘油缓冲溶液中，或10%饱和盐水溶液，或10%福尔马林溶液中。

皮肤要取病变明显且带有一部分正常皮肤的部位。被毛要取病变明显部位，并带毛根，放入灭菌平皿内。采取扑杀后或死后的皮逐日追风病料，用灭菌的器械取病变部位及与之的小部分健康皮肤；活猪的病变皮肤如水疱皮、结节、痂皮等可直接剪取。

⑩胎儿：将整个尸体包入不透水的塑料薄膜、油布或数层油纸中，装入箱内送检。

⑪脑、脊髓、管骨：可将脑、脊髓浸入50%甘油盐水中，或将整个头割下，或将整个管骨包入浸过0.1%升汞溶液的纱布或油布中，装箱送检。

（4）镜检的涂片　先将脓汁、血、黏液等病料置于玻片上，再用一灭菌签均匀涂抹，或用另一玻片抹之。组织块、致密结节及脓汁等，亦可夹在两张玻片之间，然后沿水平面向两端推移，制成推压片。用组织块作触片时，持小镊子将组织块的游离面在玻片上轻轻徐抹即可。每份病料制片不少于2～4张。制成后的涂片自然干燥，彼此中间垫以火柴棍或纸片，充盈后用线缠往，用纸包好。每片应注明号码，并附说明。

2. 病料的保存

病料采取后，如不能立即检验，或需送往有关单位检验，应当加入适量的保存剂，使病料尽量保存在新鲜状态，以免病料送达实验室时已失去原来状态，影响正确诊断。盛有病料的器皿应封口，再放入冰瓶内（内放冰块和食盐或干冰和酒精），在此低温条件下保存和送检病料。

（1）病毒检验材料　一般用灭菌的50%甘油缓冲盐水，或鸡蛋生理盐水。

（2）细菌检验材料　一般用灭菌的液体石蜡，或50%甘油缓冲盐水，或饱和氯化钠溶液。

（3）血清学检验材料　固体材料（小块肠、耳、脾、肝、肾及皮肤等）

可用硼酸或食盐处理。液体材料如血清等可在每毫升中加入 3%～5% 石炭酸溶液 1～2 滴。

（4）病理组织材料 用 10% 福尔马林溶液或 95%～100% 酒精等固定。

3. 病料的包装和运送

（1）病料的包装 液体病料（如黏液、渗出液、尿及胆汁等）最好收集在灭菌细玻璃管中，管口用火焰封闭，封闭时注意勿使管内病料受热。将封闭的玻璃管用棉花纸包裹，装入较大的试管中，再装盒运送。用棉签蘸取的鼻液及脓汁等物，可置于灭菌试管内，剪除多余的棉签，严密加塞，用蜡密封管口，再装盒送寄。病理组织学送检病料固定好后，将组织块用脱脂纱布包裹好，放入塑料袋，再结扎备用。

盛材料的器皿和塞子用蜡封口后，置于内容器中，内容器中需垫充棉花或废纸。气候温暖时须加冰块，但避免病料与冰块直接接触，以免冻结。外容器内垫以废纸、木屑、石灰粉等，装入内容器后封好，外容器上需注明上下方向，最好以箭头注明，并写明"病理材料"、"小心玻璃"等标记。当怀疑为危险传染病（炭疽、口蹄疫等）的病料时，应将盛病料的器皿置于金属匣内，将病匣焊封加印后装入木盒寄送。

（2）编号 送检病料时，应将尸检病例号、病料种类器官名称、块数编号、采取时间写在包装签上。

（3）送检 病料装于容器内至送到检验部门的时间应越快越好。运送途中应避免病料接触高温及日光，以免材料腐败或病原微生物死亡。送检应将整理过的尸体剖检记录及临床流行病学材料，送检目的要求、组织块名称、数量等一并送检，此外，送检的病料、本单位应保存一套，以备必要时复查用。

病料送检应附病料送检单（表 5 - 2），该单需复写 3 份，其中一份留为存根，两份寄往检验室，待检查完毕后，退回一份。

【注意事项】

（1）采取微生物检验材料时，要严格按照无菌操作手续进行，并严防散布病原。

（2）要有秩序地进行工作，注意消毒，严防本身感染及造成他人感染。

（3）正确保存和包装病料，正确填写送检单。

（4）通过对流行病学、临诊病状、剖检材料的综合分析，慎重提出送检目的。

【结果与分析】

记录操作过程、检查结果，并进行结果分析。

附件：

表 5-2 病料送检单

送检单位		地址		检验单位		材料收到日	
病畜种类		发病日期		检验人		结果通知日期	
死亡时间		送检日期					
取材时间	年月日时	取材人		检验名称	微生物学检查	血清学检查	病理组织学检查
疾病流行情况							
主要临床症状							
曾用何种治疗				检验结果			
病料序号名称		病料处理方法					
送检目的				诊断和处理意见			

实训四 | 猪瘟的诊断方法

【技能目标】

（1）能够掌握猪瘟兔体交互免疫试验的操作方法及判定标准。

（2）能独立进行猪瘟荧光抗体检测的操作，并能正确使用荧光抗体显微镜进行观测。

（3）能够理解酶标抗体检测的原理，并能按照操作规程独立完成检测任务。

【实训条件】

1. 动物

家兔（体重1.5kg以上，未做过猪瘟试验），疑似猪瘟的新鲜病料（淋巴结、脾、血液、扁桃体等）。

2. 材料与工具

剪刀、镊子、滤纸、载玻片、手术刀片、冰冻切片机、荧光显微镜、饱和湿度箱、煮沸消毒锅、蓝心玻璃注射器（1mL）、体温计、试管、离心机、冰箱、细玻棒、清洁玻片、盖片、染色缸、灭菌乳钵、注射器。

3. 试剂

甘油缓冲液、PBS、5%吐温 – 80、3.8%枸橼酸钠溶液、0.1%伊文思蓝溶液、冷丙酮、阿拉伯胶液、生理盐水、1% H_2O_2、1% $NaNO_3$、pH8.0的0.0125mol/L Tris – HCl缓冲液、DAB（3,3 – 二氨基联苯胺四盐酸盐）、青霉素（结晶），猪瘟兔化弱毒冻干疫苗、猪瘟荧光抗体、猪瘟酶标抗体（冻干）。

【方法与步骤】

1. 临床综合诊断

体温升高到40.5~41℃，呈稽留热，有脓性结膜炎，病初便秘，后腹泻；在病猪耳后、腹部、四肢内侧等毛稀皮薄等处，出现大小不等的红点或红斑，指压不退色；公猪有包皮发炎，用手挤压时，有恶臭混浊液体射出，急性病例多在1周左右死亡，死亡率可达60%~80%；小猪有神经症状，慢性病例体温时高时低，食欲时好时坏，便秘与腹泻交替发生，病猪明显消瘦，行走不稳。一般病程可达20d或以上，死亡居多。

剖检皮肤或皮下有出血点；颚凹、颈部、鼠蹊、内脏淋巴结肿大，呈暗红色，切面周边出血；肾脏色淡，不肿大，有数量不等的小点出血；脾脏边缘梗死；喉头黏膜、会厌软骨、膀胱黏膜、心外膜、肺及肠浆膜黏膜有出血。慢性病猪特征性变化是盲肠、结肠及回盲口处黏膜上形成扣状溃疡。

2. 兔体交互免疫试验

（1）选择健康、体重1.5kg以上、未做过猪瘟试验的家兔4只，分成2

组，试验前连续测温 3d。每天 3 次，间隔 8h，体温正常者可使用。

（2）采用可疑病猪的淋巴结和脾脏等病料制成 1∶10 悬液，取上清液加青霉素各 500IU 处理后，给试验组肌注，每头 5mL。如用血液需加抗凝剂，每头接种 2mL。另一组不注射，作对照。

（3）继续测温，每隔 6h 测温一次，连续 3d。

（4）7d 后，用猪瘟兔化弱毒 1∶20～1∶50 的清液各 1mL 静脉注射，每隔 6h 测温一次，连续 3d。第二组也同时作同样处理，供对照。

（5）记录体温，根据发生的热反应，进行诊断（表 5-3）。

①如试验组接种病料后无热反应，后来接种猪瘟兔化弱毒也不发生热反应，则为猪瘟。因一般猪瘟病毒不能使兔发生热反应，但可使之产生免疫力。

②如试验组接种病料后有热反应，后来接种猪瘟兔化弱毒不发生热反应，则表明病料中含有猪瘟兔化弱毒。

③如试验组接种病料后无热反应，后来接种猪瘟兔化弱毒发生热反应，或接种病料后有热反应，后来对猪瘟兔化弱毒又发生热反应，则都不是猪瘟。

表 5-3　　　　　　　　　　兔体交叉免疫试验结果判定

接种病料后体温反应	接种猪瘟兔化弱毒后体温反应	结果判定
-	-	含猪瘟病毒
-	+	不含猪瘟病毒
+	-	含猪瘟兔化弱毒
+	+	含非猪瘟病毒热源性物质

"+"表示试验结果呈阳性；"-"表示试验结果呈阴性。

3. 荧光抗体检查法

（1）用猪扁桃体采样器采取猪瘟活体扁桃体，或取淋巴结、脾、其他组织，用滤纸吸干上面的液体。

（2）取灭菌干燥载玻片一块，将组织小片切面触压玻片，作成压印片，置于室温内干燥，或用所采的病理组织，做成切片（4μm），吹干后，滴加冷丙酮数滴，置于 -20℃固定 15～20min。

（3）用磷酸盐缓冲液（PBS）洗涤，阴干。

（4）滴上标记荧光抗体，置 37℃饱和湿度箱内处理 10～30min。

（5）用 pH7.2 的 PBS 漂洗 3 次，每次 5～10min。

（6）干后，滴上甘油缓冲液数滴，加盖玻片封闭，用荧光显微镜检查。

（7）如细胞胞浆内有弥散性、絮状或点状的亮黄绿色荧光，为猪瘟；如仅见暗绿或灰蓝色，则不是猪瘟。

（8）对照试验用已知猪瘟病毒材料压印片先用抗猪瘟血清处理，然后用猪瘟荧光抗体处理。如上检查，应不出现猪瘟病毒感染的特异荧光。

（9）标本染色和漂洗后，如浸泡于含有5%吐温-80的pH7.3、0.01mol/LPBS中1h以上，可除去非特异染色，晾干后，用0.1%伊文思蓝复染15～30s，检查判定同上。

4. 酶标抗体检查法

（1）采病猪血2～5mL，注入1mL 3.8%枸橼酸钠液的试管内，混匀，静置2h左右。吸取上面的血浆部分，尽量避免吸取红细胞，以2000r/min离心10min，除去上清液，沉淀的白细胞用5～10倍量的0.83%氯化铵溶液处理30min，使残留的红细胞溶解，以1500～2000r/min离心5～10min，除去上清液，再用氯化钠溶液处理，白细胞沉淀物用生理盐水洗2～3次，然后用生理盐水将白细胞沉淀物配成适当浓度的悬液，用细玻棒在清洁玻片上作成薄涂片，晾干，即以4℃的丙酮固定10min，干后保存于冰箱内待检。

扁桃体、淋巴结、脾、肾等应去净外面结缔组织和脂肪，横切，在清洁玻片上作压片，干后立即用4℃丙酮固定10min。干后，置冰箱保存备用。

（2）量取pH7.2、0.015mol/L PBS 100mL盛入染色缸中，再加入1% H_2O_2、1% $NaNO_3$溶液各1mL，混匀。将上述涂片或触片放入室温内处理30min，倒去缸内液体，加PBS，浸泡1～2min，倒去，如此反复泡洗5～6次，再用无离子水同样泡洗3次，取出玻片，晾干。

（3）取猪瘟酶标抗体（冻干）加pH7.2、0.015mol/L PBS，经1:8～1:10稀释后，滴加于涂片或触片，留一小部分不加酶标抗体，放入有湿纱布的盒内，置37℃内45min，取出玻片，置染色缸内，按上法用PBS泡洗6次，取出玻片，晾干。

（4）取pH8.0、0.0125mol/L Tris-HCl缓冲液100mL，加入DAB（3,3-二氨基联苯胺四盐酸盐）76mg，避光放置30min，用无离子水泡洗6次以上，晾干。

（5）将染色好的玻片，滴阿拉伯胶液一小滴，加盖玻片，先以低倍镜找到染色的细胞，然后用400～600倍显微镜或油镜检查。

（6）细胞浆呈棕黄色，细胞核不染色或呈淡黄色，则为猪瘟，未用酶标抗体染色的部分，细胞浆应无色或与背景呈同样颜色。

【注意事项】

（1）冻干的猪瘟酶标抗体使用时，应详细检查安瓿瓶有无破洞，发现有潮解、干缩、变质或加稀释液后不溶时，禁止使用。

（2）冻干的猪瘟酶标记抗体，应置于4℃以下保存，临用前按要求稀释，稀释后的抗体不得反复冻融。

（3）制触片的组织一定要新鲜，采集后立即制成触片，或冻结保存后再制成触片或切片，但不得反复冻融。

（4）染片时使用的器材，一定要洁净，不得沾灰尘，不得有任何污染，必要时要经灭菌处理。

（5）使用的试剂纯度要化学纯以上，不得潮解、变质。配制的溶液要新鲜（现配现用）。

（6）在染被检片的同时应设几种对照，最好设阴性片对照，或者设同一标本片不加酶标抗体对照，以便正确判定和分析操作中的正误问题。

【结果与分析】

记录操作过程、检查结果，并进行结果分析。

实训五 | 猪链球菌病的诊断方法

【技能目标】

（1）能够熟悉猪链球菌病临床诊断要点，利用临床诊断的方法对本病做出初步诊断。

（2）能够利用实验室诊断方法对本病做出确诊。

【实训条件】

显微镜，剪子；镊子，试管架，血液琼脂培养基，5%碘酊棉球，70%酒精棉球，2～5mL玻璃注射器，20～22号针头，灭菌生理盐水，革兰氏染色液或美蓝染色液，家兔或小鼠等。

【方法与步骤】

1. 临床综合诊断

（1）流行病学要点 猪链球菌病败血型和脑炎型多见于仔猪，淋巴结脓肿型多见于成年猪。

（2）临诊诊断要点 败血型体温升高、厌食、便秘、流浆液性鼻液、精神沉郁、眼结膜潮红、流泪、部分猪可见皮肤潮红或紫红色斑块，剖检病死猪淋巴结肿大、出血，脾脏肿大、出血，胸腹腔有较多呈黄色浑浊液体、含微黄色纤维素絮片样物质，心包积液、内有纤维素性物质，心外膜和心包膜常黏连；关节炎性可见关节肿胀，疼痛、跛行；淋巴结脓肿型可淋巴结肿大。

2. 实验室诊断

（1）病料的采集 可采取病猪淋巴结、特别是肿胀的颈部淋巴结；败血性链球菌可采取病猪的血液、肝脏、脾脏、肺脏、脓肿的关节液、气管分泌物等。

（2）涂片镜检 将新鲜病料（心脏血、肝、脾、肾、肺、脑、淋巴结或胸水等）制成涂片，用革兰氏染色或碱性美蓝染色法染色后镜检。链球菌的直径为0.5～1.0μm，圆形或椭圆形，成对或3～5个菌体排列成短链。偶尔可见30～70个菌体相连接的长链，但不成丛、成堆，不运动，无芽孢，偶见有荚膜存在。革兰氏染色阳性，经数日培养的老龄链球菌可染成革兰氏阴性。

（3）分离培养 将脓汁或其他分泌物、排泄物划线接种于血液琼脂平板上，置37℃培养24h或更长。已干涸的病料棉拭可先浸于无菌的脑心浸液或肉汤中，然后挤出0.5mL进行培养。为了提高链球菌的分离率，先将培养基置于37℃温箱中预热2～6h。培养基中加有5%无菌的绵羊血液，细菌生长良好并可发生溶血。有的实验室用牛血琼脂平板进行划线接种培养较为满意，链球菌在普通培养基上多生长不良。

链球菌在血液琼脂上呈小点状，培养24h溶血不完全，48～72h菌落直径大约为1mm，呈露珠状，中心浑浊，边缘透明，有些黏性菌株融合黏连，菌落呈单凸或双凸，有 α - 溶血（绿色）、β - 溶血（完全透明）或 γ - 溶血（无变化），这在链球菌的鉴定中是很重要的。多数具有致病性的链球菌呈 β - 溶血。

（4）培养特性　本菌在有氧及无氧环境中都能生长。呈灰白色、半透明、露滴状菌落。在血液琼脂平板上生长良好，菌落周围呈 β 型溶血。在血清肉汤用厌氧肉汤中均匀浑浊，继而于管底形成沉淀，上部澄清，不形成菌膜。实验动物中，小鼠、家兔、仓鼠、鸽等对此菌敏感，而豚鼠、鸡、鸭等无感受性。

（5）生化特性　分群鉴定链球菌的方法主要是血清学试验和生化试验。其中，血清学试验比较简单可靠，但标准阳性血清不易获得；生化试验只能鉴定到群，无法进行定型鉴定（表5-4）。

表5-4　　　　　　　　　　　猪链球菌的生化反应

链球菌种类	β型溶血	纤维蛋白溶酶	0.1%美蓝牛乳	6.5%氯化钠	40%胆汁	60℃、30min培养	pH9.6	马尿酸钠水解	淀粉水解	糖类发酵											
										葡萄糖	蔗糖	乳糖	蕈糖	菊糖	棉实糖	木糖	阿拉伯糖	甘露醇	山梨醇	水杨苷	七叶苷
猪链球菌	+	/	−	−	−	−	−	−	−	+	+	+	−	−	−	−	−	−	−	+	+

判定标准："＋"表示大多数（90%～100%）菌株为阳性；"－"表示大多数（90%～100%）菌株为阴性；"／"表示没有优势菌株。

（6）动物接种　实验动物中家兔和小鼠最为敏感。将病料制成5～10倍生理盐水悬液，接种家兔和小鼠，剂量为兔腹腔注射1～2mL，小鼠皮下注射0.2～0.3mL。接种后的家兔于12～26h死亡；小鼠于18～24h死亡。死亡后采心血、腹水、肝、脾抹片镜检，均见有大量单个、成对或3～5个菌体相连的球菌。也可用细菌培养物制成的菌液或肉汤培养物接种家兔或小鼠。

【结果与分析】

记录操作过程、检查结果，并进行结果分析。

实训六 | 猪场免疫程序的制定

【技能目标】

（1）能够掌握猪场免疫程序制定的方法和步骤。

（2）能根据猪场实际情况制定出个性化的免疫程序。

（3）能够实施免疫接种，并能独立地进行免疫效果的评价。

【实训条件】

可以小组的形式通过互联网或其他通讯设施和实习猪场、学校周边猪场及当地动物防疫站、兽医技术服务人员进行深入调查了解，并做好详细记录。

【方法与步骤】

1. 本猪场及周边猪场疾病流行情况调查

制定适合猪场的免疫程序，需要根据本场疫病实际发生情况，考虑当地疫病流行特点，结合猪群种类、年龄、饲养管理、母源抗体干扰及疫苗类型、免疫途径等各方面的因素和免疫监测结果等。因此，制定免疫程序时首先要对当地流行病学进行调查，根据本猪场以及周边猪场已发生过什么病、发病日龄、发病频率及发病批次，确定免疫疫苗的种类和时机。确保疾病来袭之前，猪群疫苗抗体水平足以有效抵抗疾病感染。

2. 制定免疫计划，确定免疫病种

根据流行病学调查的情况，确定本场应免疫疾病的种类。当地流行的重大疫病应该是免疫的重中之重，特别是猪瘟、口蹄疫、蓝耳病、伪狂犬病的流行往往给养殖业造成重创，必须列入免疫计划。对于有可能在该地区暴发与流行的疾病，如最近流行和正在临近养殖场流行的疾病，根据猪场实际情况列入免疫计划。对于本地区尚未证实发病的新流行疾病，建议不做相应疫苗免疫。另外能够及时治疗的疾病，如细菌性传染病可不列入免疫范围，以免造成不必要的开支和引入传染源，如果某种细菌性传染性对猪场的危害较大，可考虑列入免疫计划。

3. 免疫程序的制定

根据上述调查结果和制定的免疫计划，合理地制定免疫程序，具体可参照以下步骤进行操作：

（1）免疫优先次序的确定　根据猪的生理和免疫特性以及传染性疾病的发病规律，确定免疫时间。事实上，一个猪场通常需要接种多种疫苗，且多数疫苗需要加强免疫 1~2 次，因而导致免疫特定时间段非常拥挤，有的猪场甚至缩短免疫间隔，以安排更多的接种次数，往往会导致免疫失败。因此，如何合理选择疫苗和安排疫苗的免疫次序，显得非常重要。

所谓免疫优先次序，是指猪场依据当地的疾病流行状况，选择哪些疫苗是必须接种的、哪些是次要的、而哪些是可以不接种的，以期合理有效地利用有限的免疫特定时间，使所接种的疫苗能发挥最大的保护效力。

（2）免疫时间的确定

①根据流行季节确定免疫时间：有些疾病的流行具有一定的季节性。比如夏季流行乙型脑炎，秋冬季流行传染性胃肠炎和流行性腹泻。因此要把握适宜的免疫时机，需要特别指出的是，在免疫接种后，如果猪场短期内感染了病毒，由于抗原（疫苗）竞争，机体对感染病毒不产生免疫应答，这时的发病情况有可能比不接种疫苗时还要严重。大型猪场不提倡季节性免疫，而是按生产流程分猪群分阶段分批次规律性免疫。

②根据母源抗体确定免疫时间：母源抗体水平是制定免疫程序的重要参数，因此，仔猪母源抗体水平是确定首免时间的主要依据。了解仔猪的母源抗体水平、抗体的整齐度和抗体的半衰期及母源抗体对疫苗不同接种途径的干扰，有助于确定首免时间。在仔猪母源抗体水平合格的情况下，盲目注射疫苗不仅造成浪费，而且更重要的是不能刺激机体产生抗体，反而中和了具有保护力的母源抗体，使得仔猪面临更大的染病危机。

没有条件的猪场也可凭经验进行免疫。在母猪带毒严重，垂直感染引发哺乳仔猪猪瘟的猪场应进行超前免疫，一般情况是 20 日龄进行首免，口蹄疫是 35 日龄左右进行首免。

③注意免疫间隔时间，避免疫苗间干扰：不同疫苗之间存在着互相干扰现象。在使用两种以上弱毒苗时，应相隔适当的时间，以免因免疫间隔太短，导致前一种疫苗影响后一种的免疫效果，比如免疫猪伪狂犬弱毒疫苗时必须与猪瘟疫苗免疫间隔 1 周以上。蓝耳活疫苗对猪瘟的免疫也有干扰作用。因此，不同疫苗之间一般应间隔 5 ~ 7d 以上才可以免疫，以保证免疫效果。

（3）疫苗毒株的选择　有的疫病由于存在毒株众多，所以，会制作出不同毒株的疫苗；由于佐剂可以增强免疫原性，所以可以制作出不同的灭活苗。要了解不同疫苗的特点和优势，合理的选用疫苗，以达到更好的防病效果。因此，我们在制定免疫程序时应该根据当地疾病流行情况而选用相对应毒株的疫苗。

（4）免疫途径的选择　合理的免疫途径能刺激机体快速产生免疫应答，而不合适的免疫途径可能导致免疫失败和造成不良反应，同种疫苗采用不同的免疫途径所获得的免疫效果不同。因此，必须要根据疫苗的类型、疫病特点来选择恰当的免疫途径，才能获得满意的免疫效果。例如：灭活苗、类毒素和亚单位疫苗一般采用肌肉注射。伪狂犬病基因缺失苗对仔猪采用滴鼻效果更好，它既可建立免疫屏障又可避免母源抗体的干扰。

（5）免疫检测　疫苗免疫之后，是否达到了预期的免疫效果，只有通过免疫检测方能获知，通过免疫检测可以测定免疫后的免疫效果，只有免疫后达到理想的抗体水平才是成功的免疫，不成功的免疫可以根据具体情况确定再次免疫或提前再次免疫，所以使用免疫检测技术对疫苗免疫具有很高的指导意义。

【注意事项】

（1）必须使用经国家批准生产或已注册的疫苗，并做好疫苗管理，按照疫苗保存条件进行贮存和运输。

（2）免疫接种时应严格按照疫苗产品说明书要求规范操作，并对废弃物进行无害化处理。

（3）免疫过程中要做好各项消毒，同时要做到"一猪一针头"，防止交叉感染。

（4）经免疫监测，免疫抗体合格率达不到要求时，尽快实施一次加强免疫。

（5）当发生动物疫情时，应对受威胁的猪进行紧急免疫。

（6）建立完整的免疫档案。

（7）免疫程序不是通用的、一成不变的。地区不同、流性病状况不同、猪场防疫环境不同、猪群健康状况不同等，免疫程序也不同。但免疫程序一旦确定，就要在 1~2 年内相对稳定，并严格执行。猪场免疫程序示例见表 5-5。

表 5-5　　　　　　　　　　猪场免疫程序示例

疫苗种类	后备猪	种公猪	经产母猪	仔猪及育肥猪
乙脑弱毒苗（上海产）	配种前 1 个月两次，间隔 3 周，1 头份	每年 3~4 月份，1 头份	每年 3~4 月份，1 头份	
细小病毒弱毒苗	配种前 1 个月两次，间隔 3 周，1 头份			
伪狂犬弱毒苗（BL）	配种前 1 个月两次，间隔 3 周，1 头份	每年 3 次，每次 1 头份	每年 3 次，每次 1 头份	仔猪 1~3 日龄喷鼻，4~9 周龄二免，1 头份
猪瘟弱毒细胞苗	7 月龄 4~6 头份	每年 2 次，4~6 头份	产仔后 25d 与仔猪同时 4~6 头份	25 日龄 2~3 头份，50~60 日龄 4 头份
口蹄疫进口佐剂灭活苗	6 月龄左右 1 次，2mL	每 3 个月 1 次，2mL	每 3 个月 1 次，2mL	60 日龄 1 次，2mL
猪链球菌多价苗	6~7 月份，2 头份	每年 2 次，每次 2 头份	每年 2 次，每次 2 头份	3~5 周 1 次，1 头份
猪大肠杆菌多价苗	产前 2 次，间隔 2~3 周，2 头份		产前 3~4 周 1 次，2 头份	

续表

疫苗种类	后备猪	种公猪	经产母猪	仔猪及育肥猪
T-P二联（中国农业科学院哈尔滨兽医研究所）	11月~翌年3月份，母猪产前30~40d 4mL，种公猪、育肥猪4mL，仔猪2mL	11月~翌年3月份，母猪产前30~40d 4mL，种公猪、育肥猪4mL，仔猪2mL	11月~翌年3月份，母猪产前30~40d 4mL，种公猪、育肥猪4mL，仔猪2mL	11月~翌年3月份，母猪产前30~40d 4mL，种公猪、育肥猪4mL，仔猪2mL
喘气病疫苗（BL）	7月龄左右1次，2mL	每年2次，每次2mL	每年2次，每次2mL	仔猪15~20日龄1次，2mL
萎缩性鼻炎疫苗	配种前1次，2mL	每年2次，每次2mL	产仔25~30d 1次，2mL	

【结果与分析】

记录训练过程，并制定免疫程序。

实训七 | 粪便检查

【技能目标】

（1）能够掌握用于虫卵检查的粪便的采集、保存和寄送方法、要领。

（2）能够掌握饱和盐水漂浮集卵法的操作要领。

（3）能够掌握沉淀集卵法的操作要领。

（4）能够掌握锦纶筛兜集卵法的操作要领。

【实训条件】

1. 器材

载玻片、牙签、烧杯、镊子、铜筛、φ5~10mm 铁丝圈、试管、显微镜。

2. 试剂

甘油、饱和食盐水（在 1000mL 水中加食盐 380g，相对密度约为 1.18）、硫代硫酸钠溶液（100mL 水中加硫代硫酸钠 1750mg，相对密度约为 1.4）。

【方法与步骤】

1. 粪便采集

被检粪便应该是新鲜无污染的，最好从直肠采取。可将食指或中指伸入直肠，勾取粪便。采用自然排出的粪便，需采取粪堆或粪球上部未被污染的部分。粪便采好后按头编号装入清洁的容器内（小广口瓶、塑料袋等），采集用具应避免交叉污染。每采一份，清洗一次。

采取的粪便应尽快检查，不能立即检查急需转送寄出的，应放在冷暗处或冰箱内保存，若需寄出检查或长期保存，可将粪便浸入加温至 50~60℃ 的 5%~10% 的福尔马林溶液中，使粪便中的虫卵失去活力，起固定作用，又不改变形态，还可防止微生物繁殖。

2. 直接涂片法

取一片洁净的载玻片，在玻片中央滴加 1~2 滴 50% 甘油生理盐水，然后用镊子或牙签挑取少量粪便，与甘油生理盐水混匀，并将粗粪渣推向一边，涂布均匀，作成涂片，涂片的厚薄以放到书上隐约可见下面的字迹为宜，加上盖玻片，置显微镜下检查，检查时先在低倍镜下顺序查找，如发现虫卵，再换高倍镜仔细观察。如无甘油生理盐水时可以用水代替，加甘油可使标本清晰，易于观察，并可防止涂膜很快变干燥。但是检查原虫的滋养体，必须以生理盐水进行稀释，不应加甘油，否则会影响其运动而妨碍观察。

本法操作简单，能检查各种蠕虫卵，但检出率不高，特别是轻度感染时，往往得不到可靠结果，因此，本法只能为辅助的诊断方法，并且每次检查要重复观察 8~10 片，才能收到确实的效果。

3. 饱和盐水漂浮法

（1）原理　采用相对密度比虫卵大的溶液，使虫卵浮集于液体的表面，形成一层虫卵液膜，然后蘸取此液膜，进行镜检。

（2）方法　先配制饱和盐水溶液，配制时先将水煮开，然后加入食盐搅拌，使之溶解，边搅拌边加食盐，直加至食盐不再溶解而生成沉淀为止（1000mL 沸水中约加食盐 380g），再以双层纱布或棉花过滤至另一干净的容器内，待凉后即可使用。（溶液凉后如出现食盐结晶，则说明该溶液是饱和的，合乎要求，其相对密度为 1.18，此溶液应保存于温度不低于 13℃的情况下，才能保持较高的相对密度）。

取粪便 5 ~ 10g，置于 100 ~ 200mL 的烧杯中，先加入少量饱和盐水，把粪便调匀，然后加入约为粪便的 12 倍量的饱和盐水，并搅拌均匀，用纱布或铜筛过滤于另一干净的烧杯内，滤液静置 30 ~ 40min，此时比饱和盐水相对密度轻的虫卵，大多浮于液体表面，再用铂耳或直径 0.5 ~ 1cm 的铁丝圈蘸取此液膜，并抖落在载玻片上，进行镜检，或者将此滤液直接倒入试管内，补加饱和盐水使试管充满，加上载玻片（盖玻片应与液面完全接触，不能留有气泡），静置 30 ~ 40min，取下盖玻片，贴在载玻片上进行镜检，可以收到同样效果（图 5 - 1）。

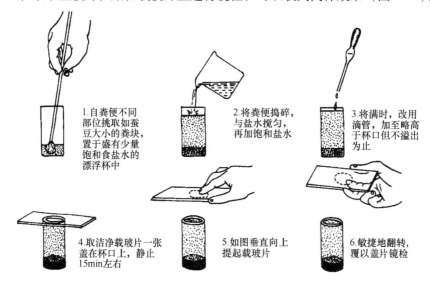

1. 自粪便不同部位挑取如蚕豆大小的粪块，置于盛有少量饱和食盐水的漂浮杯中

2. 将粪便捣碎，与盐水搅匀，再加饱和盐水

3. 将满时，改用滴管，加至略高于杯口但不溢出为止

4. 取洁净载玻片一张盖在杯口上，静止 15min 左右

5. 如图垂直向上提起载玻片

6. 敏捷地翻转，覆以盖片镜检

图 5 - 1　饱和盐水漂浮法操作方法

本法检出率高，在实际工作中广泛应用，可以检查大多数的线虫卵和绦虫卵，为了提高漂浮效果，可用其他饱和溶液代替饱和盐水。如在检查相对密度较大的后圆线虫时，可先将猪粪便按沉淀法操作，取得沉渣后，在沉渣中加入饱和硫酸镁溶液，进行漂浮，收集虫卵。

4. 沉淀法

采用普通清水处理被检粪便，使虫卵沉淀集中，便于检查。本法适用于检查各种虫卵，而相对密度较大的虫卵，如吸虫卵、棘头虫卵等尤宜采用此法。

本法根据需要和条件又可分为自然沉淀法和离心沉淀法。

（1）自然沉淀法　取粪便约 5～10g，放在干净的烧杯内，加水搅拌，充分混匀称悬浮液，然后用 40 目铜丝筛过滤至另一干净量杯中，滤液静止 10～15min 后，将上清液倒掉，再加水沉淀，再静止 10～15min，倒掉上清液，如此反复多次，直至上清液澄清为止，把上清液倒掉，取沉渣做成涂片镜检。

（2）离心沉淀法　取粪便 1～2g，放在干净的小烧杯中，约加 10 倍量的水，充分混匀成悬浮液，再用 250～260μm（40～60 目）钢筛过滤至另一干净的离心管中，放入离心机内，也可以用上法处理过的滤液倒入离心管中，放入离心机内，以 1500r/min 的速度离心 2～3min，此时，因虫卵相对密度大，经离心后沉于管底，然后倒去上清液，取沉渣进行镜检（图 5 - 2）。

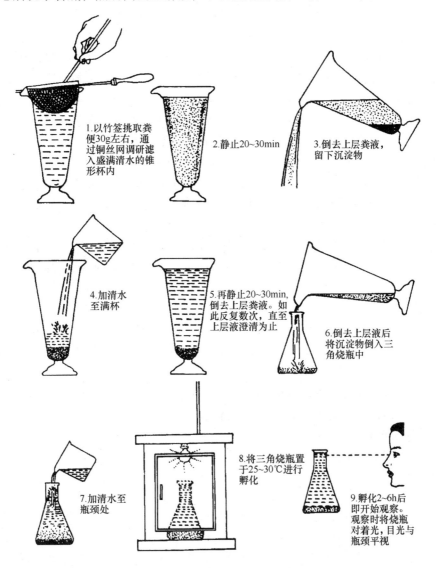

图 5 - 2　粪便沉淀法操作方法

5. 锦纶筛兜集卵法

检查较大的虫卵时，虫卵直径再 60 μm 以上，如片形吸虫、姜片吸虫、同盘科吸虫、日本分体吸虫等的虫卵，可取上述经 250 μm（40 目）铜筛过滤的滤液倒入 58 μm（260 目）的锦纶筛兜中过滤，反复用水冲洗，直到洗出液体清澈透明为止，而后挑取兜中粪渣做抹片检查，可获得满意的结果。

6. 镜检

（1）吸虫卵　多呈卵圆形或椭圆形，大小不一，卵壳有数层卵膜组成较坚实；大多数吸虫卵其一端有一个卵盖（日本血吸虫卵、嗜眼吸虫卵除外），卵内含有许多卵黄细胞及一个胚细胞，还含有一个已成形的毛蚴；颜色多为黄色或黄褐色，有的呈灰白色。

（2）绦虫卵　因种类不同，形状差异很大，虫卵多数无色，少数为黄色或黄褐色，在高倍镜下可见到三对小钩状物。圆叶目绦虫卵壳脆弱，无卵盖，卵壳在虫卵排出时已破裂脱落，常见的所谓"卵壳"实际上是胚膜，在带科绦虫胚膜的两层间呈辐射纹，虫卵圆形或不正圆形，内含六钩蚴；裸头科绦虫卵呈圆形，方圆形或三角形，内有一个含六钩蚴的梨形器；假叶目绦虫卵椭圆形，卵壳颇厚，一端常有卵盖，胚膜被有许多纤毛，内含一个钩球蚴。

（3）线虫卵　一般呈椭圆形，大小不一，无色透明，有的呈灰白色，或褐色或黄褐色，多数虫卵两侧对称，卵可多半由最外层的蛋白质膜，中间几丁质膜和内层的卵黄膜组成，有些线虫如圆形科和毛圆科的虫卵无蛋白质膜，有的卵壳平滑，有的凹凸不平或呈蜂窝状，虫卵内含单个或多个卵细胞或已发育的幼虫。

（4）棘头虫卵　多呈椭圆形或长椭圆形，卵壳很厚，外膜上常呈点窝状或蜂窝状的构造，卵内中央有一个长椭圆形的胚胎，胚胎的一端有六个小钩，颜色多呈棕黄色。

【注意事项】

（1）在操作中，粪便不能互相感染，已经使用过的工具，必须进行消毒，或另换工具，才能检查第二个粪样，粪样更不能搞错，特别在大面积普查工作中，一定要做好登记编号，每次检查都要有详细记录。

（2）粪便要求新鲜，防止暴晒、腐败而失效。

（3）镜检时一定要详细观察，严格区别虫卵与非虫卵。

【结果与分析】

记录操作过程、检查结果，并进行结果分析。

实训八 | 螨病的检查

【技能目标】

（1）能准确选择皮肤病变部位并规范地采集病料。

（2）能正确地处理病料，并利用放大镜或显微镜进行虫体检查与识别。

【实训条件】

1. 动物

疑似疥螨病猪或皮肤病料，患螨病的猪或含螨料。

2. 材料与工具

实体显微镜、手持放大镜、平皿、试管、试管夹、手术刀、镊子、载片、盖片、温度计、带胶乳头移液管、离心机、污物缸、纱布、疥螨和痒螨 PPT 课件、投影仪、5% 氢氧化钠溶液、10% 苛性钾溶液、60% 硫代硫酸钠溶液、煤油。

【方法与步骤】

1. 病料的采取

在螨病的检查中，病料采集的正确与否是检查螨准确性的关键。疥螨、痒螨等大多数寄生于动物的体表或皮内，刮取皮屑的方法很重要，应选择患病皮肤与健康皮肤交界处，这里的螨较多。采集时剪去该部的被毛，用经过酒精灯火焰消毒的外科刀，使刀刃和皮肤垂直用力刮取病料，一直刮到微微出血为止。刮取的病料置于消毒的小瓶或带塞的试管中。刮取病料处用碘酊消毒。

蠕形螨病，可用力挤压病变部，挤出脓液，将脓液涂于载玻片上供检查。

2. 检查方法

（1）直接检查法 在没有显微镜的情况下，可将刮下的干燥皮屑，放于培养皿内或黑纸上，在日光下曝晒，或用热水或酒精灯等对皿底或黑纸底面给以 40~50℃ 的加温，经 20~40min 后，移去皮屑，用肉眼观察或用放大镜（如在培养中，在观察时则应在皿下衬以黑色背景），可见白色虫体在黑色背景上移动。此法仅适用于体形较大的螨，如痒螨。

（2）煤油浸泡法 将刮下的皮屑，放于载玻片上，滴加 1 滴煤油，覆以另一张载玻片，两片搓压使病料散开，分开载玻片，覆以盖玻片，置显微镜下检查。煤油有透明皮屑的作用，使其中的虫体易被发现，但虫体在煤油中容易死亡。

（3）皮屑溶解法 将病料浸入盛有 5%~10% 苛性钠（或苛性钾）溶液的试管中，经 1~2min 痂皮软化溶解，弃去上层液后，用吸管吸取沉淀物，滴于载玻片上加盖片检查。

为加速皮屑溶解，可将病料浸入 10% 苛性钾溶液的试管中，在酒精灯上加热煮沸数分钟，痂皮全部溶解后将其倒入离心管中，用离心机分离 1～2min 后倒去上层液，吸取沉淀物制片镜检。

（4）漂浮法　在上法的基础上，在沉淀物中再加入60%的硫代硫酸钠溶液，然后进行离心分离，最后用金属圈蘸取液面薄膜，抖落于载片上，加盖片镜检。

【结果与分析】

记录操作过程、检查结果，并进行结果分析。

实训九 | 血液寄生虫病的检查

【技能目标】

（1）掌握动物血液原虫病的血液涂片技术和染色方法。

（2）正确判断各种常见血液原虫的形态特点。

【实训条件】

1. 动物

病鸡或病猪。

2. 材料与工具

（1）器材　生物显微镜、载玻片、注射针头、剪刀和染色缸。

（2）药品　姬姆萨氏染色液、甘油、甲醇、香柏油。

（3）示教标本　伊氏锥虫、双芽巴贝斯虫、环形泰勒虫、卡氏住白细胞虫、沙氏住白细胞虫。

【方法与步骤】

1. 血涂片的制作

（1）薄片法　适合观察红细胞内的虫体，如巴贝斯虫。

①用消毒注射针头刺破鸡翅下静脉。

②用洁净载玻片的一端，从鸡的翅下静脉穿刺处接触血滴表面，蘸取少量血液。

③另取一片表面光滑的载玻片，作为推片，先将此推片的一端，置于血滴的前方，然后稍向后移，触及血滴，使血液均有涂布于两载玻片之间，形成一线。

④推片载玻片与血片载玻片形成30°～45°角，平稳地向前推进，使血液接触面散布均匀，即成薄的血片。

⑤抹片完成后，立即置流动空气中干燥，以防血球皱缩或破裂，并加甲醇固定，待干。

（2）厚滴法　适于观察血浆内虫体，如伊氏锥虫。

①取血液1～2滴置洁净载玻片上。

②用另一块载玻片之角，将血滴涂散至直径1cm即可。

③置室温中待其自然干燥（至少经1h之久，否则血膜附着不牢，染色容易脱落）。

④染色前，先将血片置蒸馏水中，使红细胞溶解，血红蛋白脱落，血膜至灰白色为止，再进行染色。

2. 血涂片的染色

（1）血片用甲醇固定2min。

（2）将血片置于 10 份蒸馏水加一份染液稀释的染色缸中 30min。或将蒸馏水与染液按 2:1 稀释好的染色液直接滴加到血片上，染色 10min。

（3）血片取出后，用洁净的水冲洗，待干镜检。

【注意事项】

（1）采血前先用酒精棉消毒待干，以免皮屑污染血片和酒精溶血。

（2）取血时必须是在针头刺破后流出的表层血液，用玻片迅速蘸取，以免血液凝固。

（3）涂片时血膜不宜过厚，使红细胞均匀涂布于载玻片上。

（4）血片必须充分干燥后用甲醇固定，以免血膜脱落。

【结果与分析】

记录操作过程、检查结果，并进行结果分析。

实训十 | 肌肉旋毛虫的检查

【技能目标】

（1）能够掌握样品采集的部位和方法。

（2）能够掌握肌肉旋毛虫压片镜检法、消化法的操作规程和方法。

【实训条件】

1. 动物

被检胴体或待检膈肌脚。

2. 材料与工具

（1）器材 载玻片，剪刀，镊子，天平，显微镜，捣碎机，磁力搅拌棒，磁力搅拌器，分离漏斗，滤筛，采样盘或塑料袋，平皿，量筒（50mL）。

（2）药品 50%甘油生理盐水，稀盐酸，胃蛋白酶，蒸馏水。

【方法与步骤】

1. 旋毛虫压片镜检法

（1）采样 自胴体左右两侧横膈膜的膈肌脚，各采膈肌1块，并与肉体编成相同号码。每块肉样不少于20g，记为一份肉样，送至检验台检查。如果被检对象是部分胴体，可从腰肌、肋间肌或咬肌等处采样。

（2）肉眼检查 撕去被检样品肌膜，将肌肉拉平，在良好的光线下仔细检查表面有无可疑的旋毛虫病灶。未钙化的包囊呈露滴状，半透明，细针尖大小，较肌肉的色泽淡；随着包囊形成时间的增加，色泽逐步变深而为乳白色、灰白色或黄白色。若见可疑病灶时，做好记录且告知总检将可疑肉尸隔离，待压片镜检后做出处理决定。

（3）制片 取清洁载玻片1块放于检验台上，并尽量靠近检验者。取左右膈肌脚肉样0.5～1g，剪成3mm×10mm的24个小粒，将剪下的肉粒依次均匀地附贴于载玻片上且排成两行，每行12粒。然后，再取一清洁载玻片盖放在肉片的载玻片上，并用力适度捏住两端轻轻加压，把肉粒压成很薄的薄片，以能通过肉片标本看清下面报纸上的小字为标准。

（4）镜检 把压片标本放在低倍（4×10）显微镜下，从压片的一端第一块肉片处开始，顺肌纤维依次检查。镜检时应注意光线的强弱及检查速度，切勿漏检。

（5）结果判定

①未形成包囊的旋毛虫幼虫：在肌纤维之间，虫体呈直杆状或蜷曲状态，有时因压片时压力过大而把虫体挤在压出的肌浆中。

②形成包囊后的旋毛虫：在淡黄蔷薇色的背景上，可见到发亮透明的圆形或椭圆形包囊，囊内有蜷曲的旋毛虫。有时因压片致包囊破裂，幼虫游离于包

囊外周。

③发生机化的包囊幼虫：由于其周围的结缔组织增生，使包囊明显增厚，眼观为一较大的白点，压片镜检时，呈云雾状，如果滴加 50% 甘油透明剂，数分钟后检样透明，镜检时发现虫体或虫体崩解后的残骸。

④钙化的旋毛虫：在包囊内可见数量不等、浓淡不均的黑色钙化物，包囊周围有大量结缔组织增生。由于钙化的不同发展过程，有时可能看到下列变化：包囊内有不透明黑色钙盐颗粒沉着；钙盐在包囊腔两端沉着，逐渐向包囊中间扩展；钙盐沉积于整个包囊腔，并波及虫体，尚可见到模糊不清的虫体或虫体全部被钙盐沉着。此外，在镜检中有时也能见到由虫体开始钙化逐渐扩展到包囊的钙化过程（多数是由于虫体死亡后而引起的钙化）。发现钙化旋毛虫时，可以通过脱钙处理，滴加 10% 稀盐酸将钙盐溶解后，可见到虫体及其痕迹，与包囊毗邻的肌纤维变性，横纹消失。

2. 旋毛虫集样消化法

（1）采样　取肉样 100g 放在采样盘或塑料袋内送检。

（2）捣碎、加热、消化、集虫　将肉样置捣碎机容器中，放入 3000mL 烧瓶内，将 10g 胃蛋白酶溶于 2000mL 蒸馏水中后，倒入烧瓶内，在加入 25% 的盐酸 16mL，放入磁力搅拌棒，将烧瓶至于磁力搅拌器上，设温于 44～46℃，搅拌 30min 后，将消化液用 180μm 的滤筛滤入 2000mL 的分离漏斗中，静置 30min 后，取 40mL 放入 50mL 量筒内，静置 10min，吸去上清液 30mL，再加水 30mL，摇匀后静置 10min，再吸去上清液 30mL。剩下的液体倒入带有格线的平皿内，用 20～50 倍显微镜观察。

（3）镜检　将平皿移于镜检台的圆孔上，旋转圆盘使平皿中心底部置于物镜头下，将平皿前后、左右晃动数次，使有形成分集中于皿底中心，用 40 倍物镜检查有无旋毛虫虫体、包囊以及虫体碎片或空包囊。

【结果与分析】

记录操作过程、检查结果，并进行结果分析。

实训十一 | 肠便秘的诊断及灌肠法的操作技术

【技能目标】

（1）能够掌握猪肠便秘的临床诊断要点，通过临床诊断做出初步确诊。

（2）通过实训能独立利用灌肠术进行便秘的治疗。

【实训条件】

1. 动物

患病猪或健康猪。

2. 材料与工具

灌肠器、吊桶、注射器（50mL 或 100mL）、塞肠器（有木质塞肠器与球胆塞肠器）、微温肥皂水、3%～5% 单宁酸溶液、0.1% 高锰酸钾溶液、2% 硼酸溶液等。

【方法与步骤】

1. 临诊综合诊断

病猪出现减食、停食、体温不高；腹胀，不安，频频努责，排粪迟滞，量少、干硬或无粪便排出，或只排出少量干硬粪球，外面覆盖一层黏液或附有血丝；深部腹腔触诊可触摸到圆柱或串珠状干硬粪球；结合饲养管理上的原因即可作出初步诊断。

2. 灌肠术

灌肠术是指将无刺激性的药物灌入病猪直肠内，由直肠内黏膜予以吸收。当猪患口腔疾病不易吞咽食物时，通常采用灌肠法补充猪只营养。猪便秘时，也可以灌肠促进肠管内的粪便排出。治疗用的灌肠剂主要是温水、生理盐水或1% 的肥皂水。灌注营养物时，首先灌注温水，待把病猪直肠内的粪便排除后，再灌注营养物质。

（1）猪的保定 术者一手抓住猪的一只后肢并提起，另一手紧抓该肢同侧膝前皱褶，顺势将猪横卧于地，随后两手分别抓住前后肢，助手用绳缚紧四肢而固定成前高后低的姿势。

（2）吊桶灌肠法 将灌肠液或注入液盛于漏斗（或吊桶）内，术者将灌肠器的胶管另一端涂上油类或肥皂水，缓缓插入肛门直肠深部，然后高举灌肠桶，或漏斗使药液或营养液徐徐注入直肠内，边注入边向漏斗（或吊桶）内添加溶液，直至灌完。并随时用手指刺激肛门周围，使肛门紧缩，防止注入的溶液流出，灌完后拉出胶管。灌注结束以后，必须使病猪保持安静。当病猪有要排粪的表现时，立即用手掌在其尾根上部连续拍打几下，使其肛门括约肌收缩，防止药液或营养液外流。

（3）也可用 50mL 注射器连接胶管注入溶液。

【注意事项】

（1）直肠内存有宿粪时，按直肠检查要领取出宿粪，再进行灌肠。

（2）防止粗暴操作，以免损伤肠黏膜或造成肠穿孔。

（3）溶液注入后由于排泄反射，易被排出。为防止排出，用手压迫尾根，或于注入溶液的同时以手指刺激肛门周围，也可按摩腹部。最好的办法是用塞肠器塞住肛门。

（4）灌肠之前，可先用1%～2%盐酸普鲁卡因溶液10～20mL，在尾根下凹窝内（后海穴）与脊椎平行刺入5～10cm，进行注射，使肛门与直肠弛缓之后，将塞肠器插入肛门固定。

【结果与分析】

记录操作过程、实验结果，并撰写实验报告。

实训十二 | 猪亚硝酸盐中毒诊断及解救

【技能目标】

1. 能够掌握亚硝酸盐中毒的诊断要点。

2. 能熟悉亚硝酸盐中毒的简易检验方法。

3. 能够掌握亚硝酸盐中毒的解救方案，并能独立进行施救。

【实训条件】

1. 动物

猪亚硝酸盐中毒病例，或用猪做人工复制病例（取猪 2 只，分别称量，并观察记录其呼吸、体温及可视黏膜的颜色。然后，按每千克体重 58～77mg 的 4% 亚硝酸钠溶液静脉注射）。

2. 材料与工具

注射器、针头、白瓷反应盘、微量滴管、小试管、定性滤纸、玻璃容器、茶色玻瓶、亚甲蓝、甲苯胺蓝、甲萘胺、维生素 C 注射液、10% 葡萄糖注射液、注射用水、蒸馏水、碘酊棉、酒精棉、亚硝酸钠等。

【方法与步骤】

1. 临诊综合诊断

（1）同槽有数头以上的猪，同时或相继出现症状和病理变化基本相似的疾病。

（2）有饲喂或偷食腐烂发霉或堆积发热以及文火煮热而又密闭于容器内的富含硝酸盐的白菜、青菜、甜菜、萝卜、大头菜、甘薯藤、青草及野菜等情况。

（3）发病急，死亡快，呼吸困难，皮肤黏膜发绀，体温正常或降低，肌肉震颤，血呈棕色酱油样，且凝固不良，末期出现强直性痉挛。

2. 实验室检验

（1）检品的采取及处理　采取可疑的剩余饲料、呕吐物、胃肠内容物及血液等检品约 10g，加蒸馏水及 10% 醋酸液数毫升使其呈酸性后，搅拌成粥状，放置约 15min，然后用定性滤纸过滤，所得滤液，用作亚硝酸盐定性试验。

（2）偶氮色素反应（格利斯反应）

①原理：亚硝酸盐在酸性条件下，与氨基苯磺酸作用生成重氮化合物，再与甲萘胺偶合生成一种紫红色偶氮染料。

②偶氮色素反应试剂（格利斯试剂）配制方法：取氨基苯磺酸 0.5g，注于 150mL 30% 醋酸中为甲液；取甲萘胺 0.1g，注于 20mL 蒸馏水中过滤，滤液再加 150mL，30% 醋酸混合为乙液。甲、乙液分别保存于棕色瓶中备用，用

前将甲、乙液等量混合即为格利斯试剂。

③操作方法：取检材 5～10g，加水搅拌振荡数分钟，如有颜色时，加入少量活性炭脱色。取滤液 1～2mL 置于小试管中，然后加格利斯试剂数滴，振摇试管，观察颜色变化。若有亚硝酸盐存在，即显玫瑰色，颜色的深浅表示亚硝酸盐含量的多少（表 5－6）。

表 5－6 亚硝酸盐概略定量表

显色程度	亚硝酸盐含量/（mg/mL）
微玫瑰色	<0.01
淡玫瑰色	0.01～0.1
玫瑰色	0.1～0.2
鲜玫瑰色	0.2～0.5
深玫瑰色	>0.5

本法灵敏度高，出现阴性反应，可做否定结论：出现阳性反应，需在红色以上，即含量在 0.1 以上才有诊断价值。

本反应也可在白瓷盘上进行：取格利斯试剂少许于瓷盘上，加 3～5 滴检液，用小玻棒搅匀，如显深玫瑰色或紫红色，即为阳性。

（3）联苯胺冰醋酸反应（灵敏度 1∶400000）

①原理：亚硝酸盐在酸性溶液中，将联苯胺重氮化生成黄色或红棕色醌式化合物。

②联苯胺冰醋酸反应试剂（联苯胺冰醋酸溶液）配制方法：取联苯胺10mg，溶于冰醋酸 10mL 中，加水稀释至 100mL，过滤即成联苯胺冰醋酸溶液，置于棕色玻瓶中保存备用。

③操作方法：取检液数滴置于小试管中，加联苯胺冰醋酸溶液数滴（与检液的滴数相等）。如有亚硝酸盐存在，即呈红棕色反应；若亚硝酸盐含量不多，则呈黄色反应。

本反应也可在白瓷盘上进行：取检液滴于白瓷盘上，加联苯胺冰醋酸溶液1 滴，用小玻棒搅匀。如有亚硝酸盐存在，即呈红棕色反应；若亚硝酸盐含量不足，则呈黄色反应。

（4）亚硝酸盐试粉法快速检验

①原理：同偶氮色素反应。

②亚硝酸盐试粉法快速检验（格利斯固体试剂）配制方法：取酒石酸8.9g，对氨基苯磺酸10mg，甲萘胺 0.1g，置乳钵中研成细末，混匀后即，应密封保存于棕色玻瓶中备用。

③操作方法：取检液 2mL 于试管中，加格利斯固体试剂 15～25mg 振荡。如有亚硝酸盐存在，呈紫红色。但试剂必须密封避光保存，若变为红色者，即

为失效，不能使用。

3. 解救

（1）特效解毒药　可用亚甲蓝 1～2mg/kg 或甲苯胺蓝 5mg/kg 配成 5% 溶液静脉注射，若与维生素 C 和高渗葡萄糖（亦有较弱的还原作用）溶液合用，则疗效更佳。

（2）强心升压　可用 0.1% 的肾上腺素 0.2～1mL 皮下或肌肉注射；或 10% 安钠咖 3～5mL 肌肉或静脉注射。

（3）兴奋呼吸中枢　可用尼可刹米注射液（0.25g/mL）1～4mL，肌肉或静脉注射。

【结果与分析】

记录操作过程、实验结果，并撰写实验报告。

实训十三 | 猪食盐中毒诊断及解救

【技能目标】

（1）能熟练掌握猪食盐中毒的临床诊断要点。

（2）能利用简易的检验方法对中毒病例进行检验，并结合临诊诊断进行确诊。

（3）应熟悉食盐中毒解救的方法和步骤，并能独立进行施救。

【实训条件】

1. 动物

食盐中毒病例，或用实验动物（猪或兔）做人工病例复制。

2. 眼结膜囊内液氯化物检测器材

量筒、电子天平、微量吸管、蒸馏水、酸性硝酸银试液（取硝酸银1.75g，硝酸25mL，蒸馏水75mL溶解后即得）。

3. 肝中氯化物测定器材

剪子、电子天平、玻璃容器、三角瓶、玻棒、烧杯、试纸、5mL滴定管、10mL移液管、100mL容量瓶、新华滤纸、5%铬酸钾溶液、0.1mol/L硝酸银溶液（称取硝酸银17g，加水稀释至1000mL，然后用0.1mol/L氯化钠溶液标定）、0.01mol/L硝酸银溶液（用已标定的0.1mol/L硝酸银溶液稀释）。

【方法与步骤】

1. 临诊综合诊断

（1）同舍有数头动物，同时或相继出现症状和病理变化基本相似的疾病。有采食过量食盐的病史。

（2）急性中毒病例主要表现为极度口渴，流涎和典型的神经症状。病猪饮欲明显增强，流涎，兴奋不安，向前无目的地行走或后退，运步失调和转圈运动，肌肉震颤和阵发性痉挛。有的在痉挛发作时，从头颈痉挛向后部抽搐，角弓反张，重心后移而后退或呈犬坐姿势。后期出现后躯麻痹，倒地，四肢作游泳动作，最后昏迷。通常于发病后1~2d内死亡。中毒特别严重的，也有在出现兴奋和阵发性惊厥后很快转为昏迷而迅速死亡。

体温一般正常，病猪还呈现呼吸困难，便秘或腹泻。

（3）慢性中毒时主要表现为食欲不振，口渴，机体脱水，逐渐消瘦，贫血，精神沉郁，头抵障碍物或转圈运动。

（4）病理变化以出血和水肿为主。主要表现为胃肠黏膜充血、出血、水肿，严重者伴有纤维素性肠炎，胃黏膜常有溃疡；皮下组织、骨骼肌水肿；心包、腹腔积液；肺淤血、水肿；软脑膜显著充血，脑回变平，脑实质偶有出血；慢性食盐中毒时，胃肠病变多不明显，主要病变在脑，表现为大脑皮层的软化、坏死。

2. 实验室检验

(1) 眼结膜囊内液氯化物的检查

①原理：氯化钠中的氯离子在酸性条件下与硝酸银中的银离子结合，生成不溶性的氯化银白色沉淀。

②操作方法：取纯水或蒸馏水 2～3mL 放入洗净的试管中，再用小吸管取眼结膜囊内液少许，放入小试管中，然后加入酸性硝酸银试液 1～2 滴，如有氯化物存在就呈白色混浊，量多时混浊程度增大。

(2) 肝中氯化物含量测定

①原理：氯化物与硝酸银作用生成氯化银，当硝酸银稍过量即可与指示剂铬酸钾作用，生成铬酸银砖红色沉淀，以此来判定终点，从硝酸银的消耗量可换算出氯化物的含量。

②操作方法：取肝组织约 10g，放入一个干净的 50mL 离心管（或小玻瓶）中，用干净小剪子剪碎，然后称取 3.0g，放入 150mL 三角瓶中，加蒸馏水 80～90mL，在 30℃ 情况下（夏季可在室温，冬季可用水浴）浸泡 15min 以上，不时地用玻璃棒搅拌或用手摇动，然后用定性滤纸过滤，将滤液过滤到 100mL 容量瓶（或 100mL 刻度量筒）中，用水洗滤纸直至使总体积达到刻度为止。如果滤液无色透明（一般经放血迫杀的猪肝滤液无色），可直接进行下项操作。如果滤液有红色或不透明时，可将滤液转入小烧杯中，加热煮沸 1～2min，然后再用滤纸过滤到 100mL 容量瓶中，加水至刻度。

用 10mL 移液管取 10mL 上项制备的滤液，放入小烧杯中，加入 5% 铬酸钾指示剂 0.5mL，以 5mL 滴定管用 0.01mol/L 硝酸银缓缓滴定，当溶液刚刚出现明显砖红色混浊时为止，再加水 50mL 左右稀释，如果经放置片刻砖红色不消失并有红色沉淀生成时，说明已达到终点。如果溶液又变黄，说明没达到终点，需要继续用硝酸银滴定，直至砖红色不消失为止，记下样品消耗硝酸银的毫升数。再多加 1 滴作为参比溶液。

分别取 3 份样品，每份 10mL 滤液，各加 0.5mL 5% 铬酸钾指示剂，作为正式样品，分别用 0.01mol/L 硝酸银溶液滴定至出现明显砖红色混浊并不消失为止（与参比溶液对照观察）。记录每份样品消耗 0.01mol/L 硝酸银的毫升数，取其平均值，进行计算。

计算公式：

$$肝中氯化物的含量（\%） = \frac{0.000585 \times a \times d \times 100}{b \times c} \times 100$$

式中　a——滴定时所消耗 0.01mol/L 硝酸银的体积（毫升数）

　　　b——取来滴定滤过物的量（即滴定时取样量的毫升数）

　　　c——取来分析标本的量（即做分析时取检材的克数）

　　　d——滤过物的总体积（毫升数）

例如：取肝 3.0g，滤过物总体积为 100mL，取样量为 10mL，滴定时所消耗的 0.01mol/L 硝酸银溶液量为 2.5mL，则氯化物的含量（以氯化钠计算）为：

$$肝中氯化物的含量 = \frac{0.000585 \times 2.5 \times 100 \times 100}{10 \times 3.0} \times 100\% = 48.75\%$$

猪正常时肝中氯化物含量（以氯化钠计算）为 0.17% ~ 0.20%，当中毒时可增高至 0.4% ~ 0.6%。

3. 食盐中毒的治疗

（1）停止毒物的食用　发现中毒后应立即改用无盐而易消化的日粮。

（2）排出毒物　病初为排出消化道内尚未吸收的食盐，可内服油类泻剂，也可给予催吐剂。

（3）对症治疗　少量多次地给予饮水，既要保证必要的饮水量，又要防止无限制地暴饮，否则会加重脑水肿等病情。可喂淀粉、牛奶、豆浆等包埋剂，防止食盐损伤消化道黏膜。

为恢复体内离子平衡，可静脉注射钙制剂，如 5% 葡萄糖酸钙溶液 50 ~ 80mL。有时对猪难以进行静脉注射，可分点皮下注射 5% 氯化钙明胶溶液（氯化钙 10g 溶于 200mL 1% 明胶溶液），剂量按氯化钙每千克体重 0.2g 计算，每点注射量不得超过 50mL，以减轻局部刺激。

为缓解脑水肿，降低颅内压，可静脉注射 25% 山梨醇溶液或高渗葡萄糖溶液。为促进钠的排出和减轻水肿，可应用利尿剂双氢克尿噻。

为缓解兴奋和痉挛，可用溴化钾或氯丙嗪等镇静解痉药。

【注意事项】

（1）关于指示剂的用量问题　各文献介绍不一致，一般取样 10mL，滴定液总体积不超过 50 ~ 60mL 时，加 0.5mL 指示剂已足够，但如果滴定总体积超过 70mL，甚至达到 100mL 时，可再多加 0.5mL 指示剂。

（2）关于滴定液的 pH 问题　用肝脏为检材，如果没有腐败，滤液接近中性，可直接滴定。摩尔法滴定要求的酸碱度为 pH6.5 ~ 10.5。如果检材滤液pH 低于 6.5 时，可加硼砂或碳酸氢钠调整滤液的 pH，高于 7.0 以上时，再进行滴定。

（3）关于取样量和滴定时所使用的硝酸银的浓度问题　如果取样量较多，此时可用 0.05mol/L 硝酸银溶液滴定。如果取样品 3g 制成 100mL 滤液，取20mL，进行滴定时，可用 0.02mol/L 硝酸银溶液滴定或用 10mL 滴定管用0.01mol/L 硝酸银溶液滴定均可，这些条件可自行拟定。

（4）滴定不能在热的情况下进行，所以经煮沸后的滤液应冷到室温后再进行滴定。因为随着温度升高，硝酸银的溶解度亦增加，因而对银离子的灵敏度降低，所以欲得到良好的结果，须在室温下进行。

【结果与分析】

记录操作过程、实验结果，并撰写实验报告。

实训十四｜猪有机磷中毒诊断及解救

【技能目标】

（1）能对有机磷中毒病例作出初步的诊断。

（2）能掌握有机磷中毒的简易检验方法。

（3）能对有机磷中毒病例进行正确的施救。

【实训条件】

1. 动物

有机磷中毒病例，或用实验动物（猪或兔）做人工病例复制。

2. 器材

测瞳尺、瓷反应板、瓷蒸发皿、乳钵、分液漏斗、分液漏斗架、离心机、培养皿、玻璃容器、量筒、棕色玻瓶、玻棒、微量吸管、25mL滴管、注射器、针头、听诊器、体温计、定性滤纸、新华滤纸、试纸、纱布、脱脂棉、剪刀、解剖器械、载玻片、皮筋等。

3. 试剂

氯仿、氯化乙酸胆碱、溴麝香草酚蓝、无水乙醇、干燥马血清、饱和溴水、0.4mol/L氢氧化钠溶液、二氯甲烷、酒石酸、苯、三氯醋酸、无水硫酸钠、弗罗里矽土、丙酮、石油醚、蒸馏水、注射用水。

【方法与步骤】

1. 临床综合诊断

病猪有接触有机磷药物的病史；表现出典型的临床症状，如痉挛、出汗、口吐白沫、瞳孔缩小等。剖检肝充血，局灶性肝细胞坏死，胆汁淤积；脑水肿，充血；肺水肿、气管及支气管内有大量泡沫样液体，肺胸膜有点状出血；心外膜下出血，心内膜有不整形白斑，心肌断裂、水肿；胃肠黏膜弥漫性出血，胃黏膜易脱落，肠系膜淋巴结肿胀、出血，胃肠内容物有蒜臭味、韭菜味、胡椒味。有的眼斜，静脉怒张，大小便失禁。

2. 实验室诊断

（1）检品的采取和处理　选取可疑有机磷中毒的剩余饲料、胃肠内容物（活体采取胃肠内容物时如采不出来，可用普通水洗胃，但不能用碱性液体洗胃，以防有机磷水解）、血液、尿液及内脏等被检病料迅速检验。如不能立即检验时，可按100～150mL/kg加入酒精或苯后，置于冰箱内保存，以防有机磷挥发。血液、尿液及内脏中的有机磷能迅速异化，常难以检出，故一般不做血液、尿液和内脏的保存。

（2）有机磷检验

①酶化学纸片法

原理：胆碱酯酶能将乙酰胆碱分解为胆碱和乙酸，因而 pH 变低。当有机磷中毒时，抑制了乙酰胆碱酯酶的活性，水解乙酰胆碱产生胆碱和乙酸的能力降低，所以 pH 升高。根据 pH 的变化，以溴麝香草酚蓝（BTB）作为指示剂，以推断有机磷的中毒情况。

试剂：乙酰胆碱试纸片：称取氯化乙酰胆碱 1g，溴麝香草酚蓝 0.084g，溶于 95% 乙醇中使之成 28.6mL。取新华滤纸，剪成 5cm×11cm 纸条，在上述溶液中浸透后取出晾干，然后剪成 2cm×2cm 的试纸块密封于茶色瓶中，置于干燥器内避光保存备用。马血清：如为市售干燥马血清，临用时打开安瓿，按量用水稀释备用。溴水：取 1mL 饱和加水 4mL 稀释。

方法：用滴管取检液 1 滴（约 0.05mL）于白瓷板上，另加马血清 1 滴（约 0.05mL）混合，加盖乙酰胆碱试纸片，10～20min 后观察试纸片颜色。若呈绿色或蓝色，为有机磷中毒；若为黄色，则为阴性。同时应做空白对照试验。

注意事项：本法以 pH 判定结果，应避免酸碱的干扰，故所用白瓷板要在临用前洗净吹干。

②B. T. B 全血试纸片法

原理：有机磷能抑制血中胆碱酯酶分解乙酰胆碱的活性，故胆碱酯酶与乙酰胆碱作用所产生的乙酸亦相应降低，其降低程度，可由 BTB 试纸的颜色变化表示，并能粗略判定有机磷中毒的严重程度。

试纸片制备：称取溴麝香草酚蓝 0.14g，用无水乙醇 20mL 溶解，加溴化乙酰胆碱 0.23g（或氯化乙酰胆碱 0.185g），以 0.4mol/L（约 1.6%）氢氧化钠溶液调至黄绿色（pH 约为 6.8）。然后将定性滤纸浸入溶液中，待浸透以后取出挂在室温中自然阴干（为橘黄色）。再剪成 2cm×2cm 的试纸块，密封于茶色瓶中，置于干燥器内避光保存备用。

方法：取制备好的试纸片两块，分别放在清洁干燥的载玻片两端，用毛细滴管加病猪被检末梢血 1 滴于一端试纸片中央，另一端试纸片加健康猪末梢血 1 滴并行标记。待血滴扩散成小圆斑点后，立刻加盖另一清洁干燥玻片，用橡皮筋扎紧，在 37℃ 恒温箱中（或体温）保存 15～20min 后，观察血滴中心部位的颜色变化。

结果判定：见表 5－7。ChE 的抑制水平代表有机磷农药中毒的程度。

表 5－7　　　　　　　B. T. B 全血试纸方法结果判定

	红色	紫色	深紫	黑（黑灰）
碱酯酶活性	80%～100%	60%	40%	20%
胆碱酯酶的抑制程度	正常	轻度抑制	中度抑制	深度抑制

3. 解救

（1）防止毒物继续吸收 立即停用可疑饲料和饮水；经皮肤吸收的用清水、生理盐水、肥皂水等清洗皮肤；经消化道吸收的要洗胃。

（2）特效解毒药 解磷定 15～30mg/kg，配制成 2.5% 的水溶液，静脉缓慢注射，2～3h 后减半量重复注射一次。硫酸阿托品 0.5～1mg/kg，肌肉注射，1 次/2h，一直达到阿托品化（瞳孔散大，心跳加快）。

（3）对症治疗 肺水肿时应用高渗剂减轻水肿；并同时应用兴奋呼吸中枢的药物，如樟脑磺酸钠等；兴奋不安时，使用氯丙嗪等镇静剂。

【注意事项】

（1）血液应滴于试纸片中央，血滴不可过大或过小，以斑点直径为 0.6～0.8cm 为宜。

（2）每头可疑病畜，应做两个标记，以免发生误差。

（3）血斑要看反面，看时不要直接对准光线，应与光线成一斜角。

（4）玻片及滴管要清洁干燥，防止酸碱干扰。

（5）每次测定前，先用健康血检查试纸片，如试纸片加健康血不变蓝，经 30min 后又不变红，表明试纸片失效。

（6）敌百虫中毒不可用碱液清洗，因其在碱性环境下，形成毒性更强的敌敌畏。因此，药物不明时最好用清水清洗。

【结果与分析】

记录操作过程、实验结果，并撰写实验报告。

实训十五 | 阴囊疝的手术整复法

【技能目标】

（1）能够掌握猪瘟兔体交互免疫试验的操作方法及判定标准。

（2）能独立进行猪瘟荧光抗体检测的操作，并能正确使用荧光抗体显微镜进行观测。

（3）能够理解酶标抗体检测的原理，并能按照操作规程独立完成检测任务。

【实训条件】

1. 动物

阴囊疝病猪。

2. 材料

外科刀、缝合针、缝合线、2%～5%碘酊、高锰酸钾、普鲁卡因、青霉素。

【方法与步骤】

1. 术前检查

助手抓仔猪耳朵向上提起，仔猪叫时，阴囊及腹股沟环处鼓起。用手即可判断为单侧或双侧阴囊疝，同时判断出属于腹股沟疝、阴囊外疝还是阴囊疝。

2. 保定与麻醉

将猪倒吊起来，或由保定人员抓住猪的两后肢使头朝下，术部进行局部浸润麻醉。

3. 术部消毒

确定切口位置后，用2%～5%碘酊进行消毒。

4. 手术方法

（1）阴囊结扎法　将阴囊内小肠送回腹腔，然后切开阴囊壁皮肤，不切破总鞘膜，剥离总鞘膜至腹股沟管外，捏住睾丸同总鞘膜，将精索捻转3～4周，在接近腹股沟外环处用消毒棉线横穿一针再结扎，在结扎外方剪断鞘膜及精索，睾丸即被摘除。

（2）腹股沟环缝合法　此法适合任何一种阴囊疝手术。对双侧阴囊疝，可在股中线与两腹股沟孔横线交叉处做纵形切口，长约5cm。切开皮肤后，先向疝囊大的一侧做钝性分离，分离出总鞘膜固定睾丸，切开总鞘膜取出睾丸剪断阴囊韧带，结扎精索送回腹腔。对腹股沟环口的肌肉和腹膜（后面阴囊内牵着）一起做连续性缝合，视野不清可扩创，将皮肤拉开对腹股沟孔进行完全修复，再用同样方法对另一侧施行手术。两腹股沟孔缝合完毕后撒消炎粉，对外部皮肤做节结缝合，注意在钝性分离时要避开输尿管。对单侧阴囊疝，可在单侧腹股沟环上面将皮肤切开 2~3cm 切口，手术方法同上，另一侧按正常方法去势。

（3）切开鞘膜还纳法 于倒数第一对乳头外上方的皮下环处做一个 4~6cm 长与鞘膜管平行的皮肤切口，分离腹外斜肌、筋膜，显露总鞘膜管，然后在鞘膜管上剪一小口，从切口内深入手指，将肠管经腹股沟内环向腹腔内推送，直至将所有进入鞘膜腔内的肠管全部还纳回腹腔内。闭合鞘膜管。将切口内的鞘膜管向内环处分离，在靠近内环处用缝线结扎鞘膜管，然后缝合皮肤切口。皮肤切口行结节缝合。术部用 2%~5% 碘酊消毒后，解除对猪的保定。

（4）经腹壁切开还纳肠管、缝合内环法 切开腹壁，还纳脱出肠管。手术切口位于肠脱出侧倒数第二对乳头外侧 3~4cm 处，平行腹白线做一个 5~6cm 长的切口，切开腹壁，手指伸入腹腔，从内环处将阴囊鞘膜内的肠管引入腹腔内。缝合内环和腹壁切口，用弯圆针于腹腔内对内环间断缝合 2~3 针，腹壁切口进行全层间断缝合。

【注意事项】

（1）术后 3d 内给予少量的流质饲料，3d 后即可转入正常饲喂。

（2）应注意圈舍及环境卫生，防止切口污染。

（3）猪栏应保持干燥，仔猪不宜剧烈活动，也不应长期卧睡，热天切忌仔猪卧于污水中，术后注射青霉素和安痛定以防感染。

（4）做手术前一定要认真检查，若肠管送不回腹腔则为肠黏连，将肠管分离后再做手术；若肠管坏死，则切除坏死部，吻合肠管后做手术。

【结果与分析】

记录操作过程、实验结果，并撰写实验报告。

实训十六 | 乳房炎局部封闭及温敷操作方法

【技能目标】

（1）能够掌握猪乳房封闭的操作方法和要点。

（2）能独立进行乳房封闭的操作。

（3）能够掌握温敷法的操作规范及注意事项。

【实训条件】

1. 动物

病猪。

2. 材料与工具

注射器、封闭针头、酒精棉球、脱脂棉、镊子、5%碘酊、0.5%的盐酸普鲁卡因、青霉素、链霉素、1%～3%的醋酸铅溶液或10%～20%的硫酸镁溶液。

【方法与步骤】

1. 局部封闭法

母猪侧卧保定，乳房用清水擦洗干净，再用5%碘酊和酒精棉球局部消毒，用16号15cm长针头，将0.25%～0.5%的盐酸普鲁卡因20mL，配青霉素160万IU、链霉素100万IU的注射液，在乳房基部边缘2cm处呈45°角刺入，然后边注射边退针，当针尖距皮肤约2cm时，停止注射，抽针于皮下，再向另一侧刺一针，注射方法同上。注射完毕后，用脱脂棉压迫一会儿针眼处，以免出血（乳房血管丰富，极易出血）。症状轻微的注射1次，严重的注射2次。一般有3～5个乳房患病需要治疗，每个乳房一次注射5mL左右。

2. 温敷法

可用毛巾或纱布等浸上38～42℃ 1%～3%的醋酸铅溶液或10%～20%的硫酸镁溶液，热敷在患病乳房上，每次30～60min，每天2～3次。

【注意事项】

（1）温敷法主要适用于非化脓性乳房炎。

（2）温敷时温度要适宜，不易过冷或过热，以38～42℃为宜。

【结果与分析】

记录操作过程、实验结果，并撰写实验报告。

实训十七 | 难产的救助方法

【技能目标】

（1）能识别常用产科器械的种类，并掌握其使用方法。

（2）能学会判断胎儿异常的种类，并进行正确的救助。

（3）能学会剖腹产的操作术式并能独立地实施手术。

【实训条件】

1. 动物

难产母猪，骨盆腔及橡胶胎儿模型 1~4 套，或自制骨盆腔胎儿模型 1~4 个。猪怀孕足月的胎儿标本各 4 个或用橡胶制（或布制）做的胎儿标本若干个。

2. 材料与工具

各种胎儿姿势不正的挂图，幻灯片若干套，产科器械 1 套。

【方法与步骤】

首先由老师用标本模型、幻灯或挂图进行讲解，然后学生分组识别产科器械，练习胎儿姿势异常引起难产的助产方法。

1. 识别产科器械

（1）牵引器械（产科绳、绳导、产科钩、产科钳等）。

（2）矫正器械（产科梃）。

（3）碎胎器械（隐刃刀、指刀、产科刀、产科凿、产科线锯等）。

2. 难产救助

（1）牵引术　胎儿过大或母畜阵缩和努责微弱，而且胎儿姿势正常时，必须进行牵引术。

①方法：先用产科绳将胎儿前置部分捆缚住拉紧。正生时捆住胎儿头部或两前肢，倒生时捆住两后肢。配合母猪的阵缩和努责缓慢牵拉胎儿，并上下左右反复活动胎儿。

②注意事项：牵拉胎儿时术者应注意保护胎儿及产道；当胎儿胸部通过子宫颈、阴门时，要稍停留片刻以利于这些地方充分扩张，并用手保护阴门，以防造成阴门裂伤。

（2）矫正术与牵引术结合　该方法多用于胎儿姿势异常引起的难产。教师在骨盆腔模型内把胎儿模型摆成异常姿势，让学生动用所学知识，进行矫正，练习助产技能。

①方法：首先用产科梃或手将胎儿推回子宫内，然后用手将胎儿姿势矫正，在矫正过程中配合牵拉，把屈曲的部位拉直，然后配合母猪的努责和阵缩将胎儿拉出。

②注意事项：推胎儿时产科梃一定要顶牢，术者用手固定，令助手慢慢向前推，严防滑脱而穿破子宫；推四肢时，先要用产科绳拴住，绳的另一端留在阴门外，以便牵引胎儿。

（3）剖腹产术　多用于产道狭窄或胎儿过大引起的难产。

①麻醉与保定：侧卧保定，左侧卧、右侧卧皆可，分别保定头、前肢和后肢。行硬膜外麻醉或用安定进行全麻，配合局部浸润麻醉，用3%盐酸普鲁卡因20~40mL，在切口周围菱形注射。

②术部准备：剪毛或剃毛，其范围是大于预定切口1倍的区域，用温水清洗干净。采用5%碘酊消毒，75%酒精脱碘。

③切口定位：在髋结节下方8~10cm处，并在膝皱襞之前，向下沿腹内斜肌纤维方向做斜行切口，或在距腰椎横突下方8~10cm的下方，切口长度为15~25cm，左右腹皆可。

④术式：依次切开皮肤、皮下组织和腹壁肌层，及时止血。然后小心切开腹膜。术者仔细探查子宫及孕角，确定胎儿的数量及其在子宫中的位置。隔着子宫壁并握住胎儿，把子宫从腹腔中拉出于切口外。同时，在暴露的子宫角上覆盖温生理盐水纱布，以防止子宫浆膜干燥。子宫切口要尽可能靠近子宫体附近，在子宫角大弯上做1个长约10cm的纵切口，以便可以从同一切口掏出两侧子宫角中的胎儿。

取胎时应在子宫外面推挤，使胎儿靠近切口以便取出。切口侧子宫内胎儿取尽后，再以同样的方法将另侧子宫的胎儿挤至切口处取出。

取胎完毕，检查整个子宫是否有胎儿遗漏，特别是子宫颈、阴道前端等处。修整子宫切口，擦除污血及血凝块。

缝合子宫切口，第一道用圆针连续缝合子宫浆膜层和肌层切口，针距保持0.5cm，进针距切口0.8cm；第二道做连续或间断内翻垂直褥式浆膜肌层缝合。缝合好子宫后，用加有青霉素的温生理盐水将暴露的子宫表面洗干净，蘸干并充分涂抹抗生素软膏，然后还纳于腹腔内，使之处于原解剖位置。注意肠缠绕、子宫扭转等病症。

连续缝合腹膜（用10~18号缝合丝线），结节缝合肌肉层，结节缝合皮肤，用5%的碘酊消毒皮肤表面。结系绷带，用普通毛巾或消毒纱布都可。

【注意事项】

（1）防止感染，加强护理。应用抗生素青霉素钠（钾）盐静脉注射1600万~1920万IU或肌肉注射1600万IU，连用5~7d；适当运动，给予易消化饲料和清洁饮水。适时拆线，一般7~10d后进行。

（2）剖腹场所必须选择光线良好、地面清洁、无风、无尘、温度适宜的室内或室外。清除猪体被毛上的脏物，最好在手术的一侧用消毒液浸湿。要有足够的助手、保定人员（通常4~6人）、保定绳、木杆等。

（3）整个取胎的过程必须快速，助手应该用沾有温生理盐水的消毒纱布随时覆盖子宫，以保持子宫的温度，以免温度过低使子宫过早地收缩，导致术者伸手取胎发生困难。

【结果与分析】

记录操作过程、实验结果，并撰写实验报告。

参考文献

[1] 孙洪梅. 猪疾病防治基本技术. 北京：北京师范大学出版社，2011.
[2] 王志远. 猪病防治. 2版. 北京：中国农业出版社，2010.
[3] 邢军. 养猪与猪病防治. 北京：中国农业大学出版社，2012.
[4] 张宏伟. 猪疫病. 北京：中国农业出版社，2009.
[5] 邱汉辉. 家畜寄生虫图谱. 南京：江苏科技出版社，1983.
[6] 孔繁瑶. 家畜寄生虫病. 北京：中国农业大学出版社，1997.